国家级职业教育规划教材
人力资源社会保障部职业能力建设司推荐

全国技工院校计算机类专业教材（中／高级技能层级）

Rhino产品造型设计

主　编　杨彩红
副主编　陈志成　朱　峰
主　审　杨振虎　周玮俐

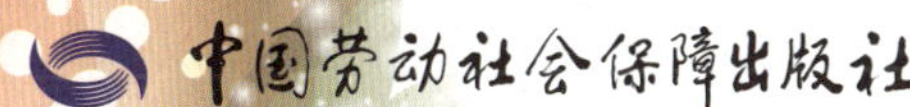

简介

本书主要内容包括 Rhino 7 软件的基本操作、平面图绘制、基础造型、高级造型、产品造型和 KeyShot 渲染等。

本书由杨彩红任主编，陈志成、朱峰任副主编，习樱莉、彭承意、梁俊文、徐艳滕、田园园、刘碧云、卢国洪、邹霖昊参加编写；杨振虎、周玮俐任主审。

图书在版编目（CIP）数据

Rhino 产品造型设计 / 杨彩红主编. -- 北京：中国劳动社会保障出版社，2023
全国技工院校计算机类专业教材. 中 / 高级技能层级
ISBN 978-7-5167-5830-4

Ⅰ. ①R… Ⅱ. ①杨… Ⅲ. ①产品设计 - 计算机辅助设计 - 应用软件 - 技工学校 - 教材 Ⅳ. ①TB472-39

中国国家版本馆 CIP 数据核字（2023）第 112439 号

中国劳动社会保障出版社出版发行
（北京市惠新东街 1 号 邮政编码：100029）

*

北京宏伟双华印刷有限公司印刷装订 新华书店经销

787 毫米 ×1092 毫米 16 开本 15.5 印张 304 千字
2023 年 7 月第 1 版 2023 年 7 月第 1 次印刷
定价：39.00 元

营销中心电话：400-606-6496
出版社网址：http://www.class.com.cn
http://jg.class.com.cn

前 言

为了更好地满足全国技工院校计算机类专业的教学要求，适应计算机行业的发展现状，全面提升教学质量，我们组织全国有关学校的一线教师和行业、企业专家，在充分调研企业用人需求和学校教学情况、吸收借鉴各地技工院校教学改革的成功经验的基础上，根据人力资源社会保障部颁布的《全国技工院校专业目录》及相关教学文件，对全国技工院校计算机类专业教材进行了修订和新编。

本次修订（新编）的教材涉及计算机类专业通用基础模块及办公软件、多媒体应用软件、辅助设计软件、计算机应用维修、网络应用、程序设计、操作指导等多个专业模块。

本次修订（新编）工作的重点主要有以下几个方面。

突出技工教育特色

坚持以能力为本位，突出技工教育特色。根据计算机类专业毕业生就业岗位的实际需要和行业发展趋势，合理确定学生应具备的能力和知识结构，对教材内容及其深度、难度进行了调整。同时，进一步突出实际应用能力的培养，以满足社会对技能型人才的需求。

针对计算机软、硬件更新迅速的特点，在教学内容选取上，既注重体现新软件、新知识，又兼顾技工院校教学实际条件。在教学内容组织上，不仅局限于某一计算机软件版本或硬件产品的具体功能，而是更注重学生应用能力的拓展，使学生能够触类旁通，提升综合能力，为后续专业课程的学习和未来工作中解决实际问题打下良好的基础。

创新教材内容形式

在编写模式上，根据技工院校学生认知规律，以完成具体工作任务为主线组织教材内容，将理论知识的讲解与工作任务载体有机结合，激发学生的学习兴趣，提高学生的实践能力。

在表现形式上，通过丰富的操作步骤图片和软件截图详尽地指导学生了解软件功能并完成工作任务，使教材内容更加直观、形象。结合计算机类专业教材的特点，多数教材采用四色印刷，图文并茂，增强了教材内容的表现效果，提高了教材的可读性。

本次修订（新编）工作还针对大部分教材创新开发了配套的实训题集，在教材所学内容基础上提供了丰富的实训练习题目和素材，供学生巩固练习使用，既节省了教材篇幅，又能帮助学生进一步提高所学知识与技能的实际应用能力。

提供丰富教学资源

在教学服务方面，为方便教师教学和学生学习，配套提供了制作素材、电子课件、教案示例等教学资源，可通过技工教育网（http://jg.class.com.cn）下载使用。除此之外，在部分教材中还借助二维码技术，针对教材中的重点、难点内容，开发制作了操作演示微视频，可使用移动设备扫描书中二维码在线观看。

致谢

本次教材修订（新编）工作得到了河北、山西、黑龙江、江苏、山东、河南、湖北、湖南、广东、重庆等省（直辖市）人力资源社会保障厅（局）及有关学校的大力支持，在此我们表示诚挚的谢意。

编者

2023 年 4 月

目　录

CONTENTS

项目一　Rhino 7 软件的基本操作 …… 001

任务　小车造型的简单操作 …… 001

项目二　平面图绘制 …… 030

任务 1　简单平面图绘制 …… 030

任务 2　产品平面图绘制 …… 047

项目三　基础造型 …… 061

任务 1　商标造型 …… 061

任务 2　加湿器造型 …… 072

任务 3　煮水器造型 …… 098

任务 4　破壁料理机造型 …… 112

项目四　高级造型 …… 124

任务 1　儿童玩具造型 …… 124

任务 2　台灯造型 …… 143

任务 3　便捷充电宝造型 …… 154

任务 4　雨伞收集器造型 …… 166

项目五　产品造型 …… 173

任务 1　运动水壶造型 …… 173

任务 2　智能音响造型 …… 193

项目六 KeyShot 渲染 ………… 214

任务 1 投影仪造型渲染 ………… 214

任务 2 煮水器造型渲染 ………… 234

项目一
Rhino 7 软件的基本操作

任务　小车造型的简单操作

1. 了解 Rhino 和 KeyShot 的特点及应用。
2. 了解 Rhino 的启动和退出方法。
3. 熟悉 Rhino 的工作界面和环境设置操作。
4. 熟悉造型的操作方法。
5. 掌握操作轴、图层和群组的操作方法。
6. 掌握 Rhino 的文件管理方法。

本任务通过完成对图 1-1-1 所示的小车造型的操作，熟悉 Rhino 的工作界面、环境设置操作及造型的操作方法，并掌握操作轴、图层和群组的操作方法及文件管理方法。

图 1-1-1 小车造型

小贴士

教材中涉及的素材均可通过技工教育网（http://jg.class.com.cn）免费下载。

一、Rhino 和 KeyShot 简介

Rhino 的中文名称是“犀牛”，是一款基于 NURBS（non-uniform rational B-spline，非均匀有理 B 样条）的 3D 建模软件，也是一款强大的专业 3D 造型软件，广泛地应用于工业设计、建筑艺术和航空技术等领域。它能输出 obj、dxf、igs、stl 和 3dm 等不同格式的文件，以匹配几乎所有 3D 软件的格式要求。

Rhino 是一款可以在系统中建立、编辑、分析和转换 NURBS 曲线、曲面和实体的多功能 3D 建模软件，在建模时不受模型复杂度、阶数和尺寸的限制，并且支持多边形网格和点云。从设计稿、手绘到实际产品，或只是一个简单的构思，Rhino 都可以将其实现。利用 Rhino 提供的曲面工具可以精确地制作几乎所有用作渲染表现、动画、工程图、分析评估，以及生产的模型。

Rhino 有丰富的插件，在建模、渲染及其他专业领域都有相关插件扩展 Rhino 的功能，本书涉及的插件为 KeyShot。

KeyShot 是一个有互动性的光线追踪与全域光渲染程序，是一款采用 CIE（法语：Commission Internationale de I'Eclairage，国际照明委员会）认证过的渲染引擎的渲染器，它可以模拟真实世界的灯光及材质，通过科学且准确的算法，在很短的时间内，无须复杂的设定即可产生照片级真实的 3D 渲染影像。同时，它还具有动画制作功能，可满足工业产品展示中位置、旋转和缩放等动画制作的需要，并提供摄像机动画制作功能。KeyShot 还提供全景图制作工具列，可制作全景图，以对产品进行全方位的展示。

KeyShot for Rhino 是 KeyShot 官方提供的 Rhino 接口 plug-ins（插件），在 Rhino 中安装 KeyShot 渲染器后，Rhino 功能表中就会出现有关 KeyShot 渲染器的选项。

二、Rhino 7 的启动和退出

1. 启动 Rhino 7

双击“Rhino 7”快捷图标，或者右击（即单击鼠标右键，简称“右击”）快捷图标并在弹出的快捷菜单中选择“打开”，以及在“开始”菜单中单击“Rhino 7”均可启动 Rhino 7。

2. 退出 Rhino 7

单击 Rhino 7 工作界面右上角的关闭按钮，或者在功能表中执行“文件”→“退出”命令即可退出 Rhino 7。

三、Rhino 的工作界面和环境设置操作

1. Rhino 的工作界面

Rhino 的工作界面主要由窗口标题栏、指令历史视窗、指令提示、工具列、工作视窗、工作视窗标签、物件锁点控制、功能表（菜单栏）、工具列功能表按钮、工具列组、工作视窗标题、工作视窗功能菜单和状态栏组成，如图 1-1-2 所示，各部分的功能如下：

（1）窗口标题栏：显示打开的模型文件的名称与大小。

（2）指令历史视窗：显示执行过的指令、提示和记录。用户可复制历史指令的记录文字，将其粘贴到指令提示行（命令行）、宏编辑器、按钮的宏字段或其他可以接受粘贴文字的程序中。在指令历史视窗中单击鼠标右键可以弹出快显功能菜单。

（3）指令提示：显示指令的动作提示，可以输入指令名称或选择选项。在指令提示中单击鼠标右键可以弹出快显功能菜单。

（4）工具列：包含各类工具按钮，可以用来执行指令。其中，左侧工具列为边栏工具列，用户可以根据使用习惯将其拖动至工作视窗四周的任意位置。

（5）工作视窗：显示 Rhino 的工作环境，包括物件、工作视窗标题、背景、工作平面格线和坐标轴等。

（6）工作视窗标签：当 Rhino 的工作界面中显示多个工作视窗时，单击工作视窗标签可以将对应的工作视窗设置为当前工作视窗。

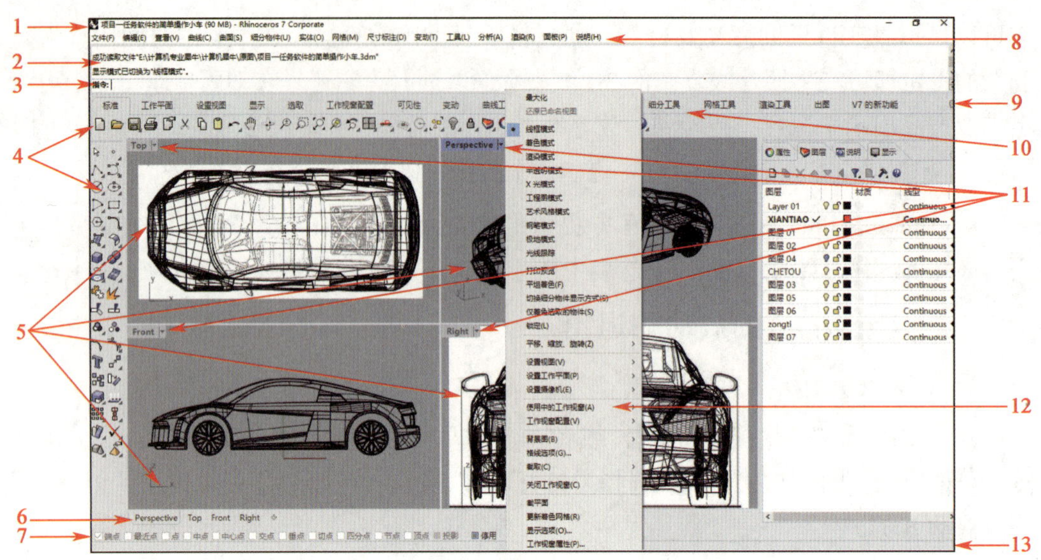

图 1-1-2 Rhino 的工作界面

1—窗口标题栏 2—指令历史视窗 3—指令提示 4—工具列 5—工作视窗 6—工作视窗标签 7—物件锁点控制 8—功能表 9—工具列功能表按钮 10—工具列组 11—工作视窗标题 12—工作视窗功能菜单 13—状态栏

（7）物件锁点控制：包含物件锁点（如端点、最近点和中心点等）切换复选框，用户可通过勾选各复选框很方便地将鼠标指针定位到物件的相应锁点上。

（8）功能表：按照 Rhino 指令功能划分的功能组。

（9）工具列功能表按钮：用于打开工具列功能菜单。

（10）工具列组：包含多组工具列标签。

（11）工作视窗标题：单击工作视窗标题可以将该工作视窗设置为当前工作视窗，但不会对已选取的物件取消选取。

（12）工作视窗功能菜单：右击工作视窗标题或单击其右侧的倒三角形，可以弹出工作视窗功能菜单。

（13）状态栏：位于工作视窗的下方，主要用于显示某些信息或控制某些项目，这些项目包含工作平面坐标信息、锁定格点、物件锁点、智慧轨迹和记录建构历史等。

2. Rhino 的环境设置操作

（1）工作视窗的设置

1）四个工作视窗的设置。单击“标准”工具列中的“四个工作视窗”按钮，工作视窗区域将变为四个工作视窗，包括 Top 工作视窗、Front 工作视窗、Right 工作视窗和 Perspective 工作视窗，如图 1-1-3 所示。

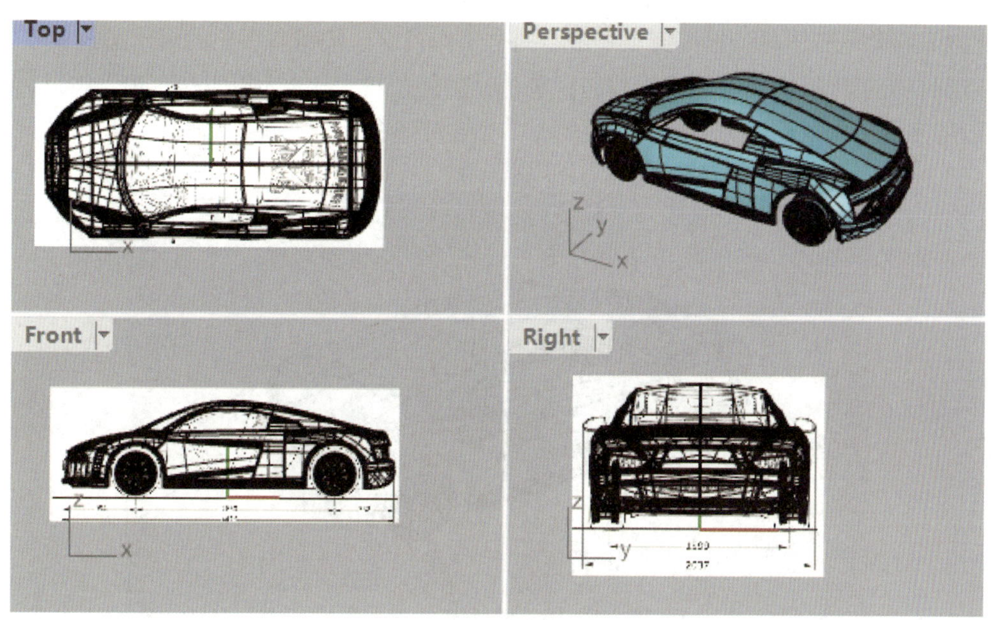

图 1-1-3　四个工作视窗

小贴士

把鼠标指针移到工作视窗的分界线上，当鼠标指针变为⇕时，按住鼠标左键进行拖动，可以快速调整工作视窗的大小，如图 1-1-4 所示。右击“四个工作视窗”按钮，可以快速恢复标准视图。

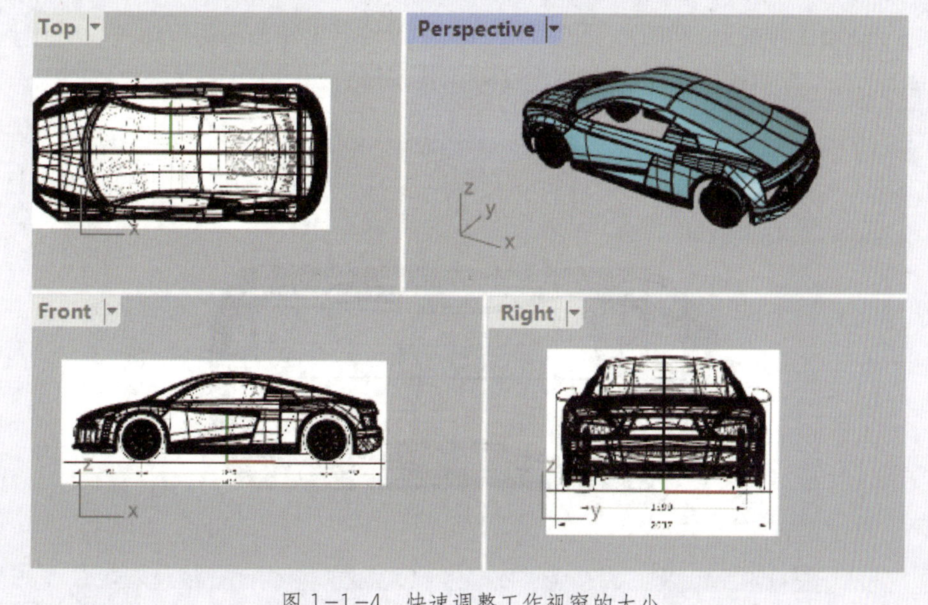

图 1-1-4　快速调整工作视窗的大小

2）最大化和还原工作视窗。单击“四个工作视窗”按钮右下角的溢出按钮◢，可以看到有关工作视窗设置的若干按钮，单击其中的“最大化 / 还原工作视窗”按钮□，可以将多个工作视窗变为一个工作视窗，如图 1-1-5 所示。

图 1-1-5 将多个工作视窗变为一个工作视窗

小贴士

双击工作视窗标题可以实现最大化和还原工作视窗的快速切换。

3）新增工作视窗。单击“四个工作视窗”按钮右下角的溢出按钮◢，再单击“新增工作视窗”按钮⊞，可以增加一个 Top 工作视窗，如图 1-1-6 所示。

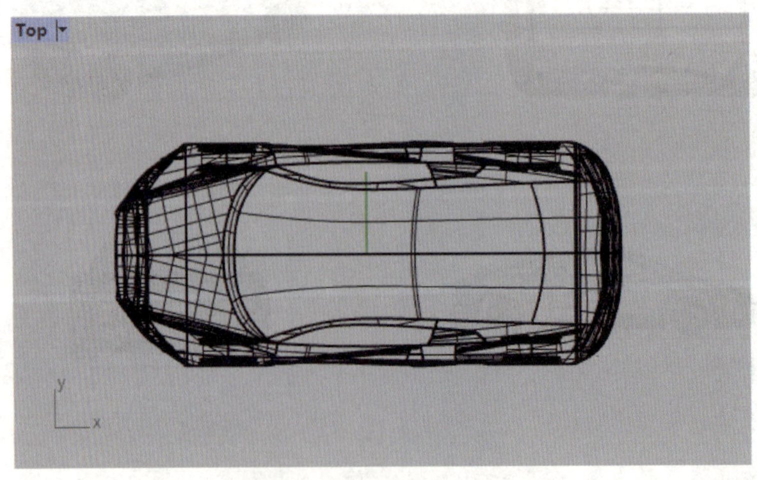

图 1-1-6 Top 工作视窗

如果要关闭新增的工作视窗，可以右击“新增工作视窗”按钮，或者在要关闭的工作视窗的标签上单击鼠标右键，并在弹出的快捷菜单中选择“删除”即可，如图 1–1–7 所示。

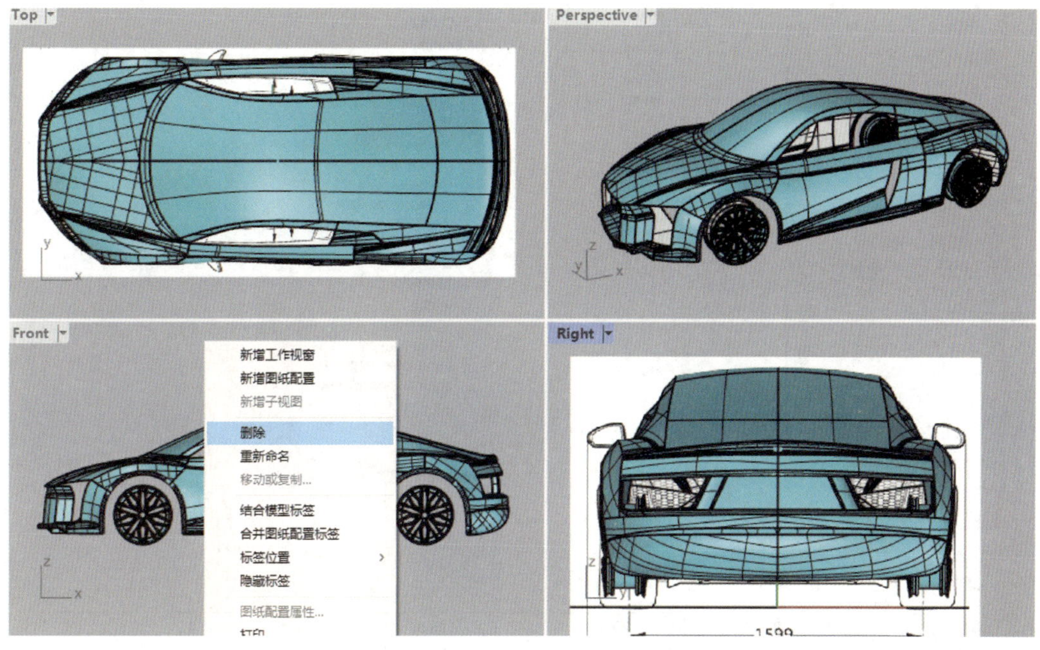

图 1–1–7 关闭工作视窗

4）工作视窗属性设置。单击“四个工作视窗”按钮右下角的溢出按钮，再单击“工作视窗属性”按钮，弹出工作视窗属性设置面板，通过该面板可以设置所选工作视窗的属性，如标题、投影模式、摄像机镜头位置、目标点的位置、底色图案配置与显示等，如图 1–1–8 所示。

（2）Rhino 选项、格线和文件属性的设置

1）Rhino 选项设置。执行“文件”→“文件属性”命令，在弹出的“文件属性”对话框左侧列表中单击“Rhino 选项”，可以设置 Rhino 的整体选项，此处的设置会影响所有的 Rhino 文件，如图 1–1–9 所示。

2）Rhino 格线设置。为了便于绘制曲线，可以设置工作视窗中的子格线间隔和总格数，也可以设置格线轴和世界坐标轴的隐藏或显示。

执行“工具”→“选项”命令，如图 1–1–10 所示，弹出“Rhino 选项”对话框，在对话框左侧列表中单击“格线”，可以设置子格线、主格线间隔和总格数，勾选“显示格线”“显示格线轴”和“显示世界坐标轴图标”复选框，其他参数均保持默认值，如图 1–1–11 所示。

图 1-1-8 工作视窗属性设置面板①

图 1-1-9 用“文件属性”对话框进行 Rhino 整体选项设置

图 1-1-10 执行“工具”→“选项”命令

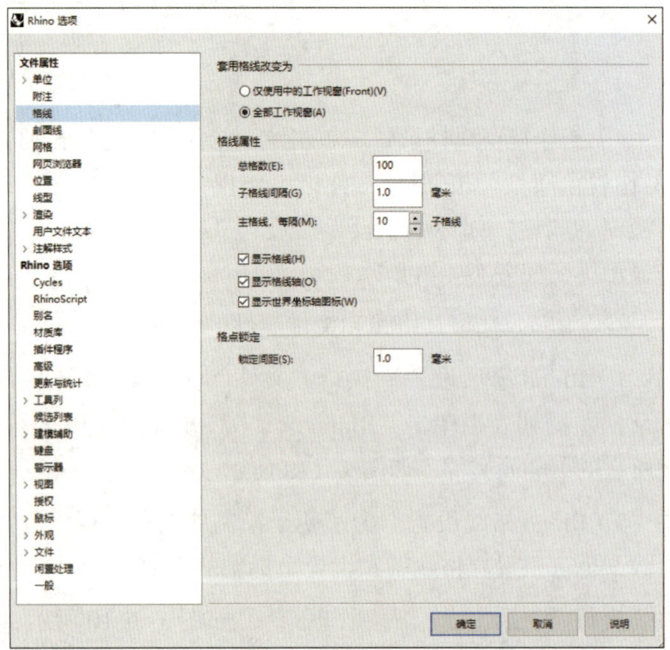

图 1-1-11 用“Rhino 选项”对话框进行 Rhino 格线设置

① “座标”应为“坐标”，X、Y、Z 应为 X、Y、Z。为与软件保持一致，全书软件截图中的此类内容不再修改。

3）文件属性设置。执行“文件”→“文件属性”命令，弹出“文件属性”对话框，在该对话框中可以管理当前模型的设置，包括单位、附注、格线、剖面线、网格、网页浏览器、位置、线型、渲染和注解样式等，如图 1–1–12 所示。

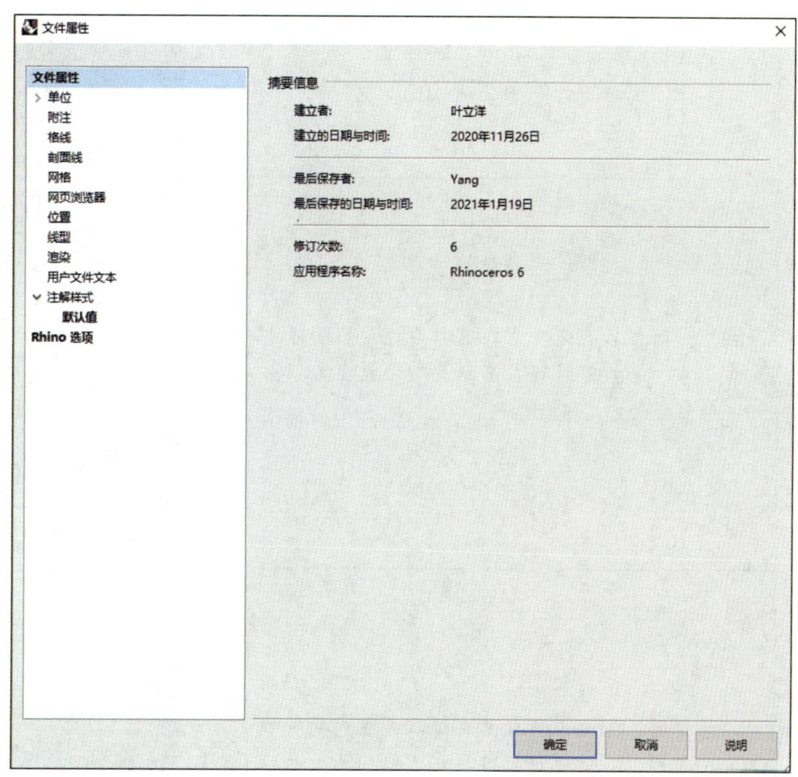

图 1-1-12　“文件属性”对话框

其中，最常用的设置是对单位和格线的设置（也可以在“Rhino 选项”对话框中进行设置）。若要使用 Rhino 7 的新渲染功能，可以在“渲染”选项卡中设置目前的渲染器、渲染的视图、解析度与品质、渲染的背景，以及照明等。

四、物件的选取、显示、隐藏和变换操作

物件也称对象，Rhino 的物件包括点、线、面、网格和实体。

1．选取操作

在建模过程中经常要选取不同的物件进行操作，掌握选取物件的方法和技巧是非常必要的，下面详细介绍常用的选取物件的方法，见表 1–1–1。

表 1-1-1　常用的选取物件的方法

方法	说明	图示
单击物件	单击一个物件将其选中	
框选物件	在框选时，只有完全落在选取方框内的物件才会被选中。一般通过按住鼠标左键由左至右拉出一个矩形框的方式进行框选	
跨选物件	在跨选时，完全或部分落在选取方框内的物件都会被选中。一般通过按住鼠标左键由右至左拉出一个矩形框的方式进行跨选	
利用候选列表	当单击某一物件时，如果附近有许多位置接近的物件，那么 Rhino 无法判断哪些是需要选取的物件，在这种情况下会弹出“候选列表”。在“候选列表”中，当前选取的物件会有醒目的提示，通过移动鼠标指针切换醒目提示的物件，单击即可选中该物件，若单击“无”则会取消选取	

用鼠标左键长按“标准”工具列中的“全部选取”按钮，弹出“选取”工具列，单击“选取”工具列顶部蓝条并拖动，可将其切换至图 1-1-13a 所示样式。单击按钮，在弹出的快捷菜单中选择“属性”，打开“工具列属性”对话框，在该对话框中可设置工具列按钮外观，图 1-1-13b 所示为同时显示图标与文字时的工具列按钮外

观。“选取”工具列主要包含全部选取、全部取消选取、选取多重曲面、选取曲面、选取曲线，以及一键选取相同性质的物件等功能。

a）

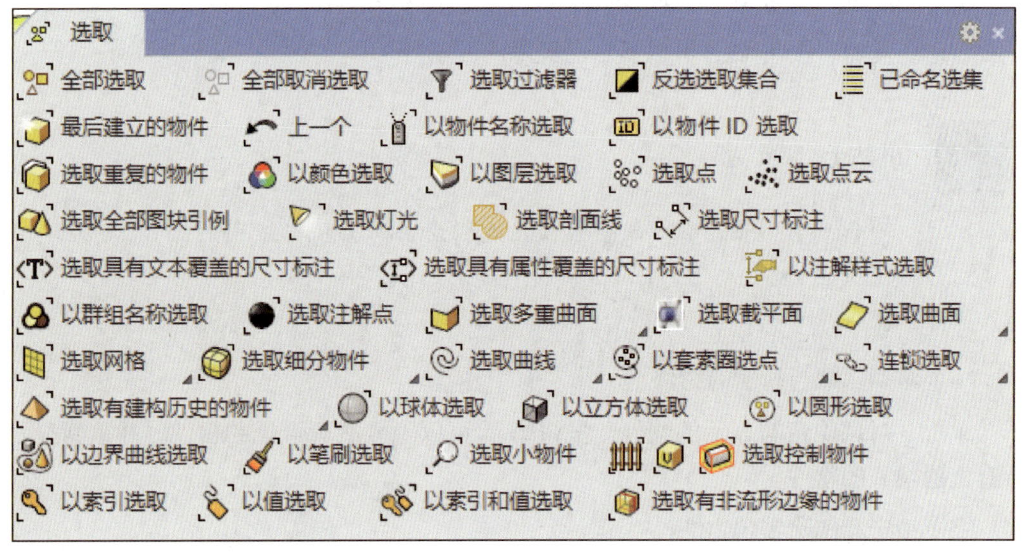

b）

图 1-1-13　“选取”工具列

a）显示图标　b）显示图标与文字

2. 显示和隐藏操作

用鼠标左键长按“标准”工具列中的“隐藏物件”按钮，即可打开“可见性”工具列，将工具列按钮外观设为“显示图标与文字”，如图 1-1-14 所示。

（1）隐藏和显示物件

单击“隐藏物件”按钮，可以隐藏选取的物件。

单击“显示”按钮，可以显示已经隐藏的物件。

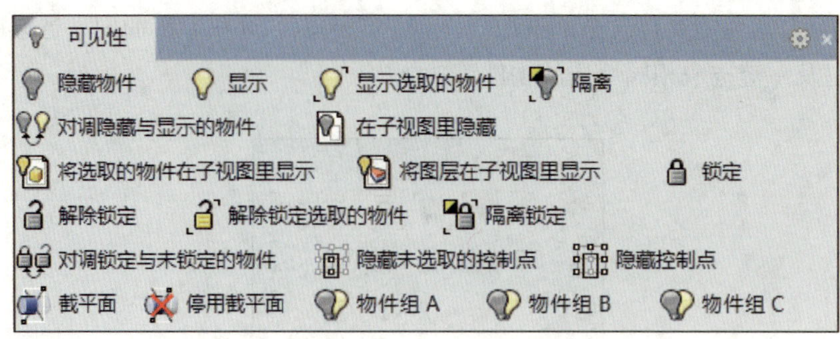

图 1-1-14 “可见性”工具列

（2）显示选取的物件

单击“显示选取的物件”按钮，可以从已经隐藏的物件中选取要显示的物件。

（3）隔离和取消隔离物件

单击“隔离”按钮，可以仅显示当前选取的物件，未选取的其他物件将隐藏。

右击“隔离”按钮，可以显示已经隔离的物件。

小贴士

在 Rhino 中，部分按钮在左、右击时会执行不同的操作，应注意区分。

（4）对调隐藏与显示的物件

单击“对调隐藏与显示的物件”按钮，可以隐藏所有可见的物件，并重新显示所有之前隐藏的物件。

（5）锁定和解除锁定物件

单击“锁定”按钮，可以锁定物件，使物件无法被选取和编辑。物件锁定后将以暗色线样式显示。

单击“解除锁定”按钮，可以解除所有被锁定物件的锁定状态。

（6）解除锁定选取的物件

单击“解除锁定选取的物件”按钮，可以解除选取的物件的锁定状态。

（7）新增截平面

单击“截平面”按钮，可在一个工作视窗中建立一个无限延伸的平面来作为遮蔽平面，位于截平面后面的物件将完全隐藏或局部隐藏。截平面物件只用于指示截平面的位置和方向，位于截平面指示线方向的物件为可见物件。图 1-1-15 所示为 Top 工作视窗中截平面在场景中的位置和方向，图 1-1-16 所示为在 Perspective 工作视窗中查看遮蔽效果，位于截平面后面的物件部分可见，使用操作轴拖动截平面，可动态查看截平面的遮蔽效果。

单击“停用截平面”按钮，可以取消截平面的遮蔽效果。

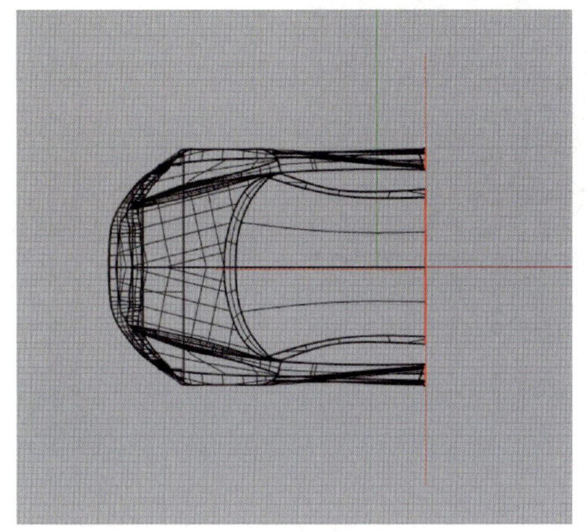

图 1-1-15 Top 工作视窗中截平面在场景中的位置和方向

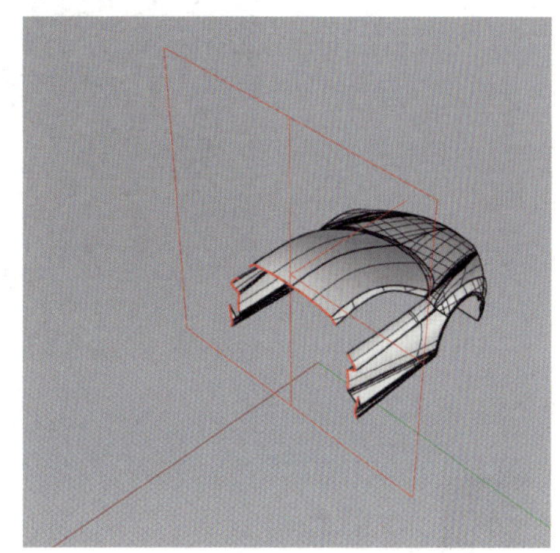

图 1-1-16 在 Perspective 工作视窗中查看遮蔽效果

3. 变换操作

所有与改变模型的位置及造型有关的操作都被称为物件的变换操作，主要包括物件在坐标系中的移动，物件的复制、旋转、缩放、倾斜和镜像等。“变动”工具列是快速建模必不可少的重要作图工具列，它可以实现各种物件的变换操作，“变动”工具列如图 1-1-17 所示。

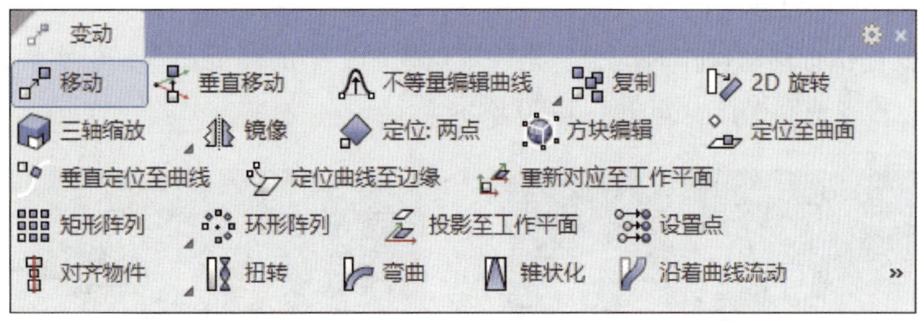

图 1-1-17 “变动”工具列

（1）移动

移动是指将物件从一个位置移动到另一个位置。

单击“移动”按钮，选中要移动的物件，然后单击鼠标右键或按 Enter 键以确认操作。在工作视窗中任选一点作为移动的起点，此时物件就会随着鼠标指针的而不断地变换位置，当被操作物件移动到目标位置时，单击鼠标左键确认即可，如图 1–1–18 所示。

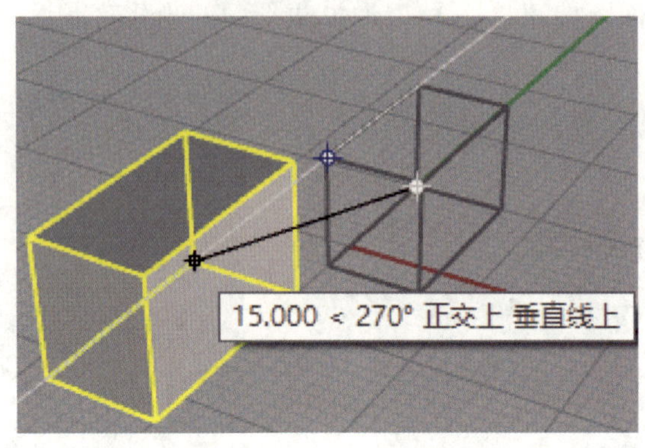

图 1–1–18　移动物件

小贴士

若需准确定位，可以在寻找移动起点和终点时，使用“物件锁点控制”功能，勾选需捕捉的点。

（2）复制

单击“复制”按钮 ，选中要复制的物件，然后按 Enter 键或单击鼠标右键以确认操作。选择一个复制起点，此时工作视窗中会出现一个随着鼠标指针移动的物件预览效果，移动物件到目标位置后单击鼠标左键确认，最后按 Enter 键或单击鼠标右键结束操作，如图 1–1–19 所示。

在用鼠标执行移动操作时配合“物件锁点控制”中的捕捉命令，可实现被复制物件的精确定位及复制操作，如图 1–1–20 所示。

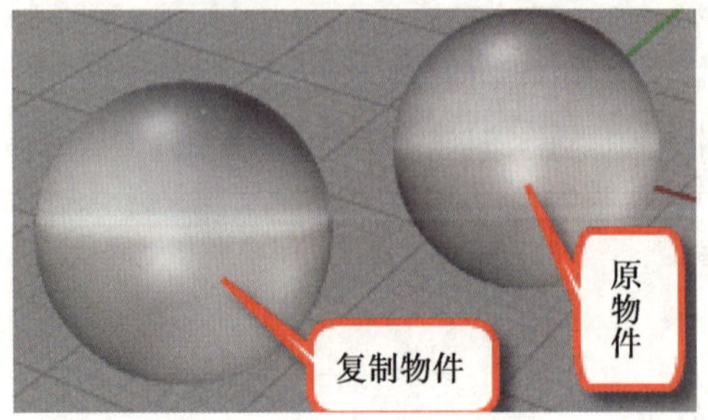

图 1–1–19　复制物件

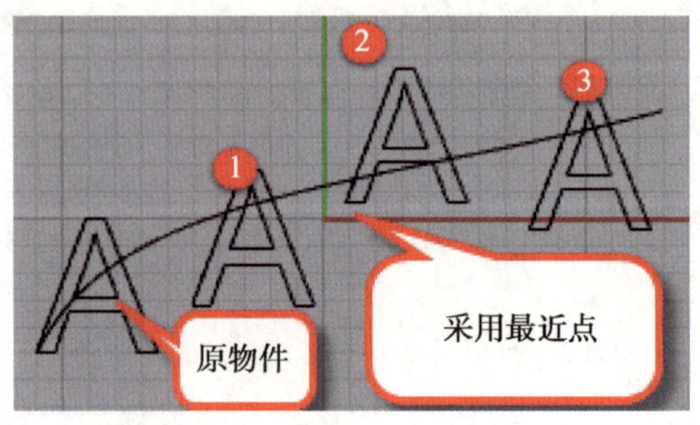

图 1–1–20　配合“物件锁点控制”中的捕捉命令沿曲线路径复制物件

小贴士

在移动和复制物件时可以通过输入坐标来确定一个位置，使移动和复制的位置更为准确。

（3）旋转

旋转包含 2D 旋转和 3D 旋转，两者的说明和图示见表 1-1-2。

表 1-1-2　旋转工具的说明和图示

名称	说明	图示
2D 旋转	在当前工作视窗中进行旋转。单击“2D 旋转”按钮，在工作视窗中选取需要旋转的物件并单击鼠标右键确认，然后依次选择旋转中心点、第一参考点（角度）和第二参考点，即可完成旋转	
3D 旋转	这种旋转方式较为复杂，右击“2D 旋转”按钮（右击“2D 旋转”按钮会执行 3D 旋转操作），在工作视窗中选取需要旋转的物件并单击鼠标右键确认，然后依次选择旋转轴①起点、旋转轴终点、第一参考点（角度）和第二参考点，即可完成旋转	

小贴士

进行 2D 旋转时，可在选定旋转中心点之后，在指令提示中输入旋转的角度，然后单击鼠标右键确认，正值代表逆时针旋转，负值代表顺时针旋转。

① 旋转轴为当前工作视窗的垂直向量。对于一个物件的旋转，旋转轴与旋转角度是最关键的参数，确定了这两个参数，物件的旋转结果就确定了。2D 旋转的旋转轴默认指定了方向。

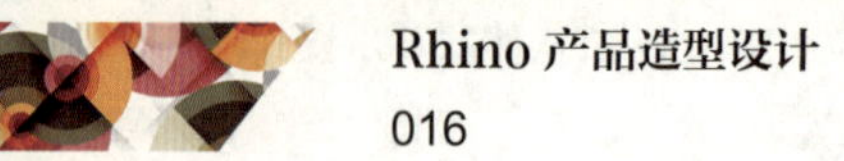

（4）缩放

Rhino 的“缩放”工具列如图 1-1-21 所示。常用缩放工具的说明和图示见表 1-1-3。

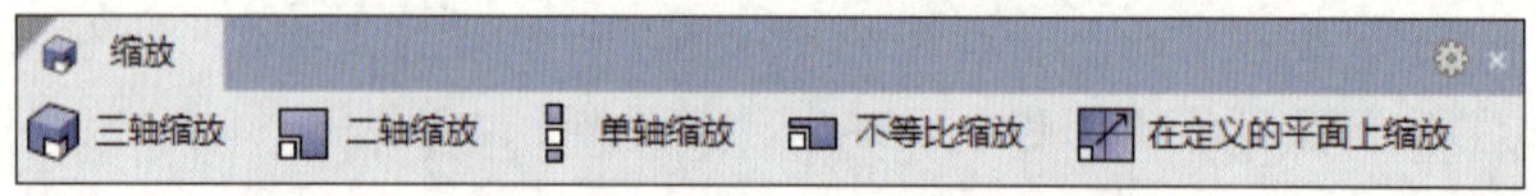

图 1-1-21 “缩放”工具列

表 1-1-3 常用缩放工具的说明和图示

名称	说明	图示
三轴缩放	单击“三轴缩放”按钮，沿 X、Y、Z 三个坐标轴方向以相同的比例整体缩放选取的物件	
二轴缩放	选取的物件只会在工作平面的 X、Y 坐标轴方向上缩放，而不会整体缩放。单击“二轴缩放”按钮，在工作视窗中选取待缩放的物件并单击鼠标右键确认，然后依次选择放置基点、第一参考点和第二参考点，即可完成缩放	10.000 < 270° 正交
单轴缩放	选取的物件仅在指定的坐标轴方向上缩放。单击“单轴缩放”按钮，在工作视窗中选取待缩放的物件并单击鼠标右键确认，然后依次选择放置基点、第一参考点和第二参考点，即可完成缩放	

续表

名称	说明	图示
不等比缩放	单击“不等比缩放”按钮，在操作时只有一个基点，需要分别设置 X、Y、Z 三个坐标轴方向上的缩放比例，操作过程相当于进行了三次单轴缩放，该缩放仅限于 X、Y、Z 三个坐标轴方向	
在定义的平面上缩放	单击“在定义的平面上缩放”按钮，可以自定义平面，物件可在平面上进行 X 轴、Y 轴或任意角度的缩放	

小贴士

不等比缩放工具的使用比较烦琐，需要分别确定 X、Y、Z 三个坐标轴方向上的缩放比例，但是只要掌握了前面几个缩放工具的使用方法，这个工具的使用方法也很容易掌握。

与缩放相关的两大因素是基点和缩放比例，在很多情况下，基点的位置决定了缩放的效果。

五、操作轴的基本操作

操作轴是 Rhino 的常用功能，状态栏上“操作轴”的字体为粗体时表示该功能处于开启状态，如图 1-1-22 所示。通过操作轴可以快速移动、选择或缩放物体、曲面和节点。操作轴是移动、2D 旋转和单轴缩放命令的集成。图 1-1-23 和图 1-1-24 所示分别为未选择操作轴和选择操作轴后的效果。

锁定格点 | 正交 | 平面模式 | 物件锁点 | 智慧轨迹 | 操作轴 | 记录建构历史

图 1-1-22　操作轴为开启状态

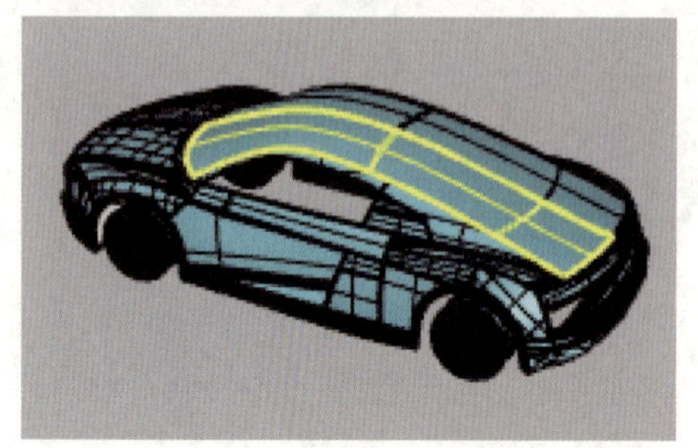

图 1-1-23　未选择操作轴的效果

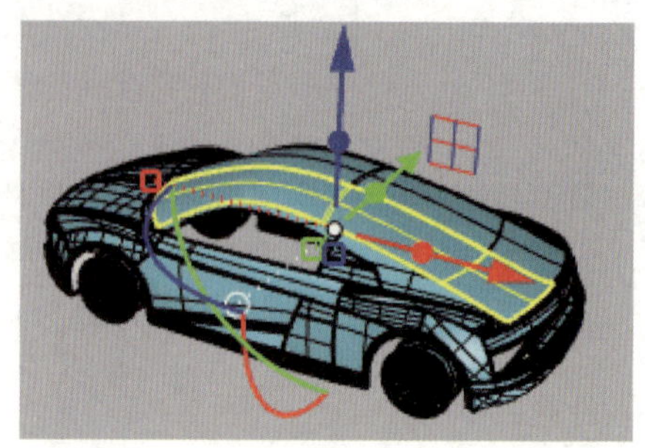

图 1-1-24　选择操作轴后的效果

操作轴包含 Rhino 默认设置的箭头，红色的为 *X* 轴，绿色的为 *Y* 轴，蓝色的为 *Z* 轴。其颜色可以在“工具”→“选项”→“建模辅助”→“操作轴”→“颜色”中设置。沿着操作轴箭头方向移动物件为正向，反之为负向，可沿三个方向移动物件。图 1-1-24 中的标志 代表平面移动，弧线代表旋转。图 1-1-25 和图 1-1-26 所示分别为 Top 工作视窗和 Perspective 工作视窗中的操作轴。

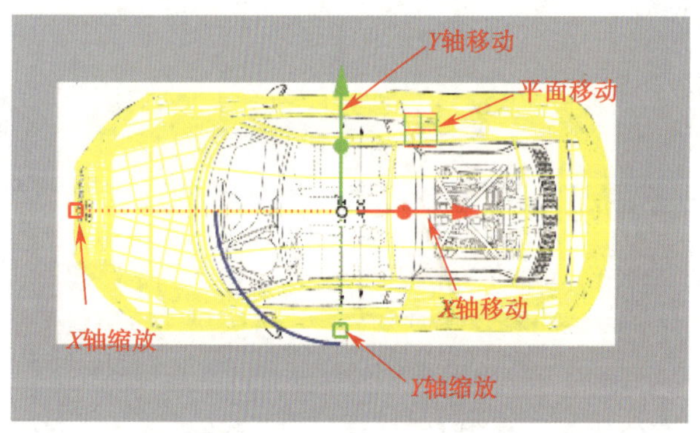

图 1-1-25　Top 工作视窗中的操作轴

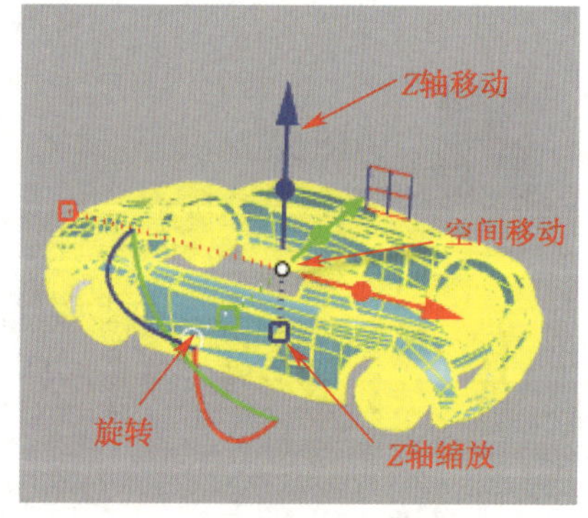

图 1-1-26　Perspective 工作视窗中的操作轴

单击操作轴会出现数字输入框，可在数字输入框中输入精确的移动距离、缩放倍数或旋转角度，输入的移动距离为正数时物件会向箭头的方向移动，为负数时物件会向箭头的反方向移动；输入的缩放倍数为小于 1 的数值时物件会缩小，为大于 1 的数值时物件会放大。缩放和旋转的中心为物体中心。

小贴士

先按 Alt 键再拖动操作轴可以实现快速复制，如图 1-1-27 所示。

图 1-1-27　快速复制

六、图层和群组的基本操作

1. 图层的基本操作

图层是 Rhino 提供的一个管理工具，处于同一个图层的所有物件可以做同样的改变。例如，关闭一个图层就会隐藏该图层中的所有物件；可以同时改变一个图层中所有物件的显示颜色；可以一次选取一个图层中的所有物体。

若将 Rhino 文件导入 KeyShot 渲染软件中，则可以根据图层来区分物件的材质，即一个图层中的物件将被 KeyShot 自动识别为同一种材质。

“图层”工具列如图 1-1-28 所示。

图 1-1-28　“图层”工具列

选中状态栏的图层面板，可以显示快捷图层列表，如图 1-1-29 所示。

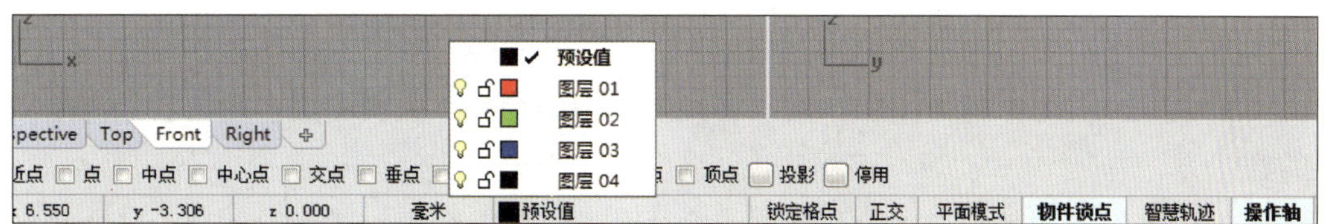

图 1-1-29　快捷图层列表

在“图层”工具列中单击“图层”按钮，打开图1-1-30所示的“图层”面板，可以管理模型中物件的图层。

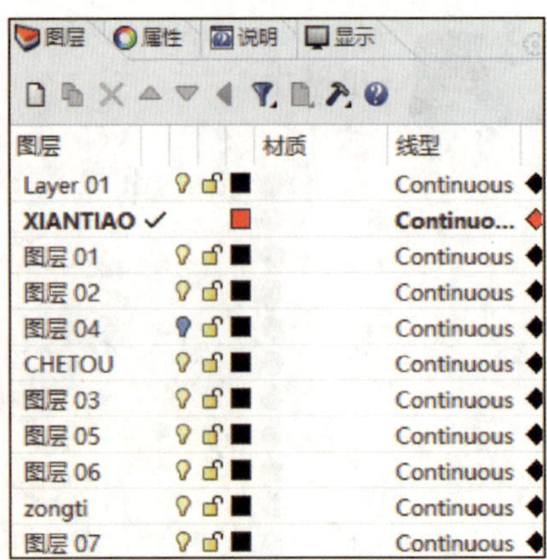

图 1-1-30 “图层”面板

（1）“图层”面板工具列

1）“新图层”按钮：创建新的图层。新图层以递增的尾数自动命名，可以用鼠标右键单击图层后弹出的快捷功能或选取一个图层再点选图层名称的方式编辑图层名称，在图层名称反白后即可输入新的图层名称。

2）“新子图层”按钮：在选取的图层之下建立子图层。

3）“删除”按钮：删除选取的图层。如果有物件位于要删除的图层上，则会弹出警告。

4）“上移”按钮：将选取的图层在图层列表中上移一层。

5）“下移”按钮：将选取的图层在图层列表中下移一层。

6）“上移一个父图层”按钮：将选取的子图层移出它的父图层。

（2）图层管理工具

常用的图层管理工具有“全选”“选取物件图层”“反选”“选取物件”和“改变物件图层”等。图层管理工具的功能可以通过在功能表中执行“编辑”→“图层”→“编辑图层”命令来快速实现，或单击“图层”面板中的“工具”按钮，弹出图层管理工具快捷菜单，如图1-1-31所示，在该快捷菜单中可以选择相应的功能。

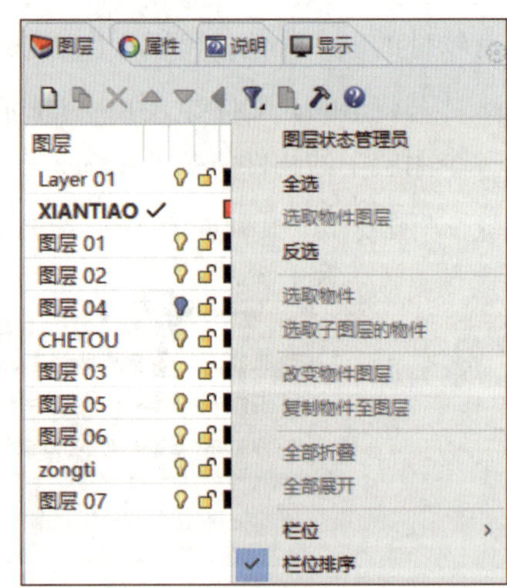

图 1-1-31 图层管理工具快捷菜单

（3）图层选项

Rhino 还为每个图层提供了各自的选项，主要包含以下几项：

1）图层：图层的名称。

2）目前的：有“√”及底色变成蓝色（预设的颜色）的图层为当前图层。

3）打开 / 关闭：打开图层，可以看到图层中的物件；关闭图层，无法看到图层中的物件。

4）锁定 / 未锁定：未锁定时图层中的物件可见也可编辑，锁定时图层中的物件可见但无法编辑。

5）颜色：设置图层中所有物件的预设显示颜色。

6）材质：设置图层中所有物件的渲染颜色及材质。

2. 群组的基本操作

在工作界面左侧的工具列中单击“群组物件”按钮，选取所有要群组的物件，然后按 Enter 键或单击鼠标右键结束操作，即可完成群组操作。群组后的造型是一个整体，不能再单独选中单一部位。在工具列中单击“解散群组”按钮，即可解散群组，解散群组后，可以选取其中任何一个部位。

七、Rhino 的文件管理

1. 新建文件

单击“标准”工具列中的“新建文件”按钮（或者执行“文件”→“新建”命令），将弹出“打开模板文件”对话框（见图 1-1-32），这时可以选择打开模板文件或者不打开模板文件。Rhino 7 提供的模板文件包含大、小模型及不同单位的模型。若不使用模板文件，则可以选择“不使用模板”。选择一个模板文件后，单击“打开”按钮即可进入相应的模板文件。

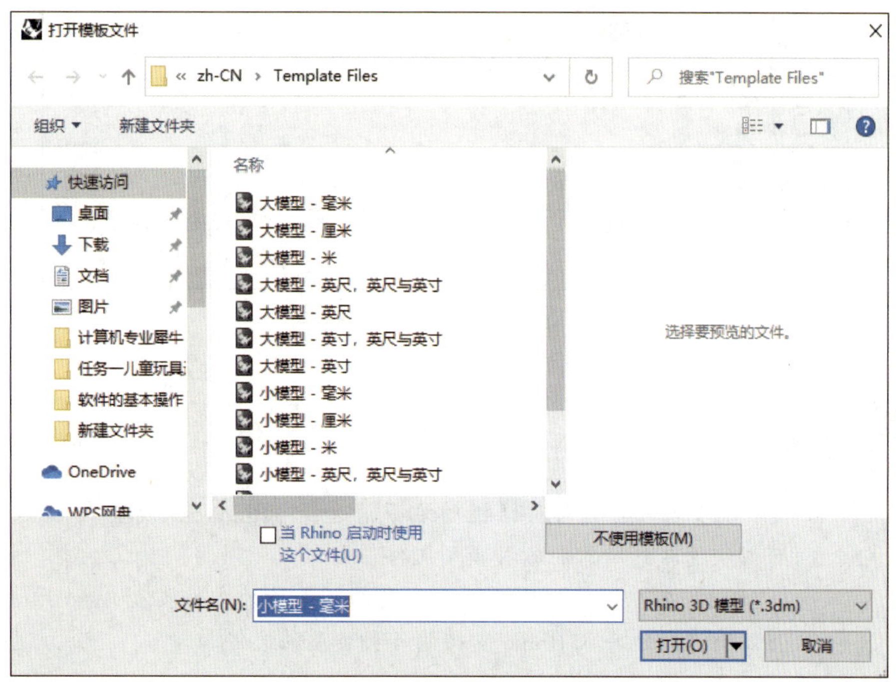

图 1-1-32 “打开模板文件”对话框

小贴士

初学者常用的是“小模型 – 毫米”模板文件。

2. 打开或导入文件

单击“标准”工具列中的“打开文件”按钮（或者执行“文件”→“打开”命令），查找并选中所需文件，单击“打开”按钮，即可打开该文件，如图 1-1-33 所示。右击“标准”工具列中的“导入”按钮（或者执行“文件”→“导入”命令）可以导入文件。

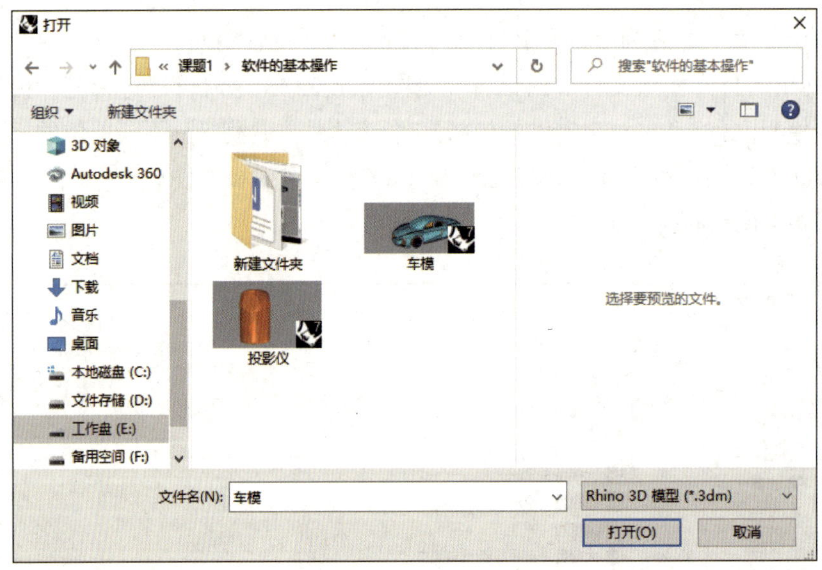

图 1-1-33　打开文件

小贴士

（1）在“打开”对话框的右下角选择“Rhino 3D 模型（*.3dm）”，可以快速找到所需的各种模型文件。

（2）在“导入”对话框右下角的“支持的文件类型（*.*）”处，可以有选择地导入 Rhino 支持的各种类型的文件。

3. 保存文件

Rhino 7 中有保存、另存为等多种保存方式。保存是指将修改过的文件保存在当前文件所在的文件夹中，并覆盖当前文件。另存为是指保存文件及当前文件中的设定，主要针对“Rhino 选项”中参数的设定内容。

保存文件时除可以将其保存成文件本身的格式外，还可以指定输出其他格式类型的文件，以实现与其他软件的数据交流，如图 1–1–34 所示。

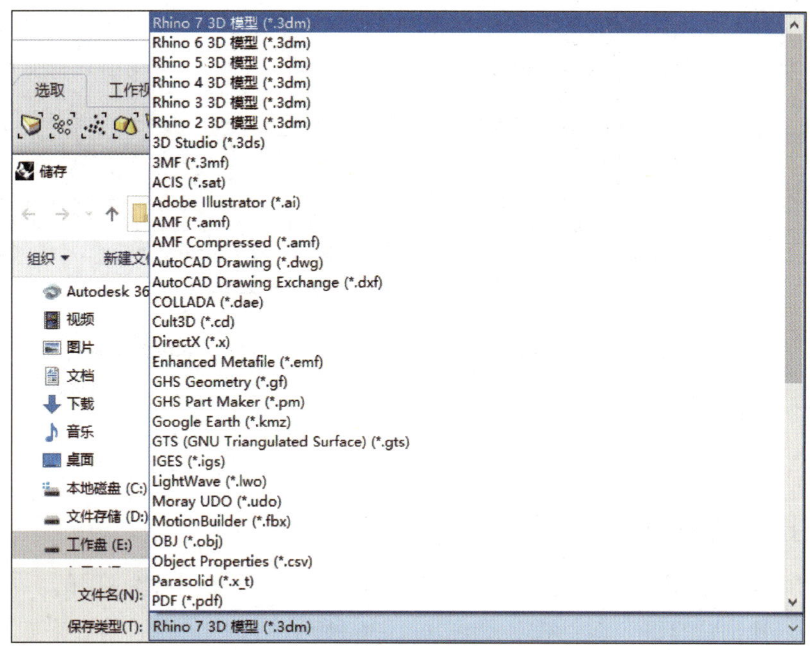

图 1–1–34　设置文件的保存类型

小贴士

在进行产品造型设计时，常用的保存类型有“*.3dm”“*.dxf”“*.stp”和“*.stl”等。

操作演示

一、启动软件并打开模板文件

在启动 Rhino 后，单击“标准”工具列中的“新建文件”按钮，在弹出的“打开模板文件”对话框中选择“小模型 – 毫米”模板文件，然后单击“打开”按钮，如图 1–1–35 所示。

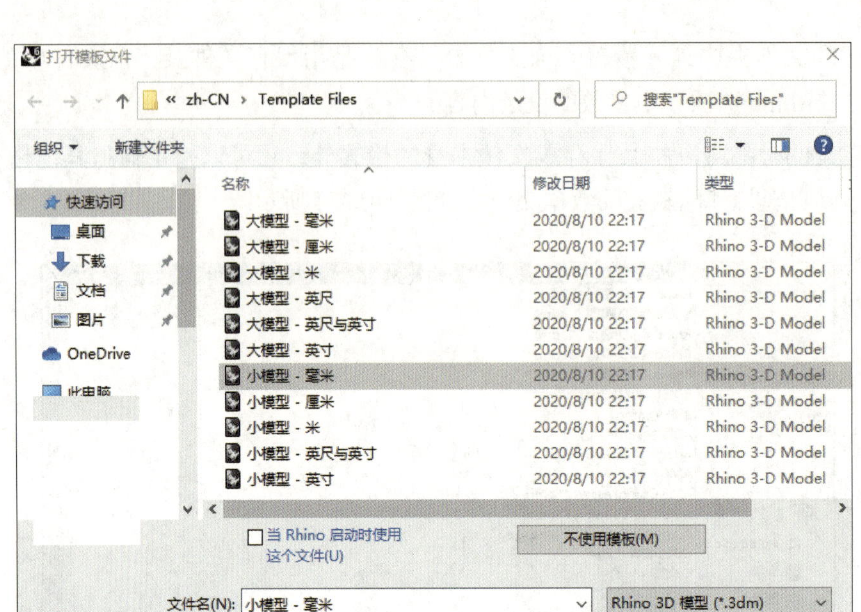

图 1-1-35 “打开模板文件”对话框

二、打开文件

单击“标准”工具列中的“打开文件”按钮（单击鼠标左键为打开，单击鼠标右键为导入），弹出“打开”对话框，如图 1-1-36 所示，打开文件后的效果如图 1-1-37 所示。

图 1-1-36 “打开”对话框

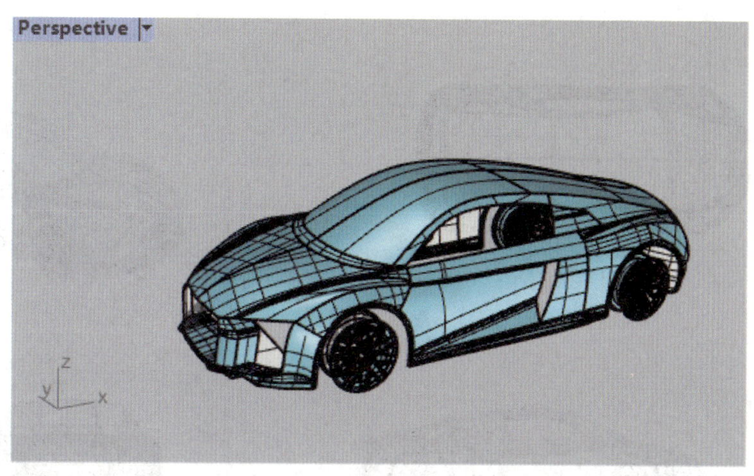

图 1-1-37 打开文件后的效果

三、环境设置及造型的常用操作

1. 工作视窗环境设置

双击任意工作视窗的标题都可由单独的工作视窗转换为四个工作视窗，或由四个工作视窗转换为单独的工作视窗，如图 1–1–38 所示。

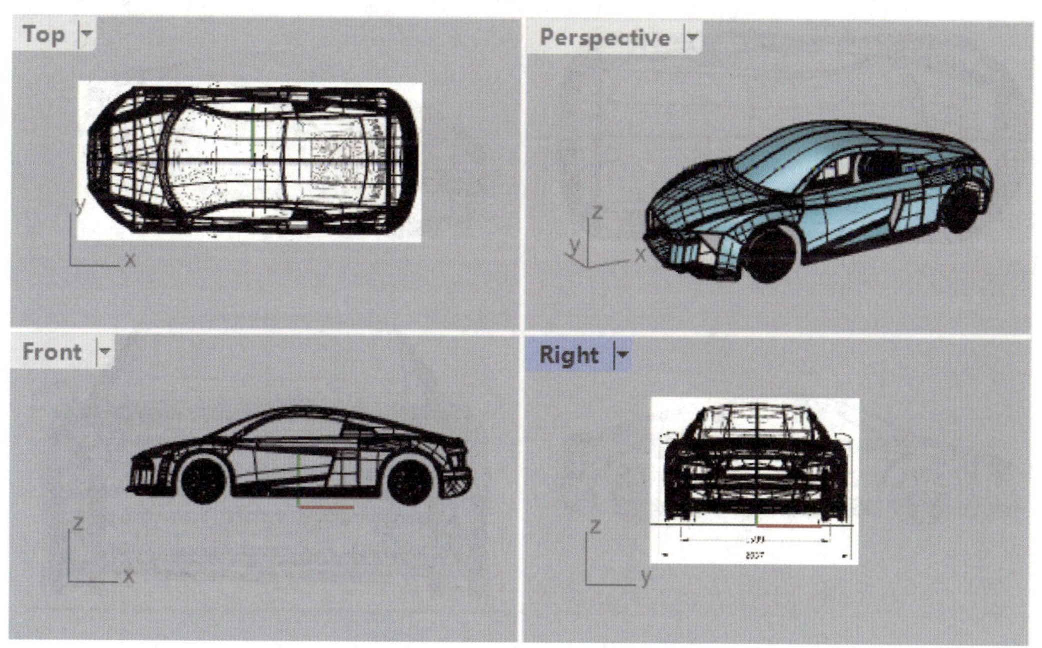

图 1-1-38 转换为四个工作视窗

当工作视窗内的物件显示不合理（见图 1–1–39）时，可右击“四个工作视窗”按钮来恢复标准视图，恢复工作视窗后的效果如图 1–1–40 所示。

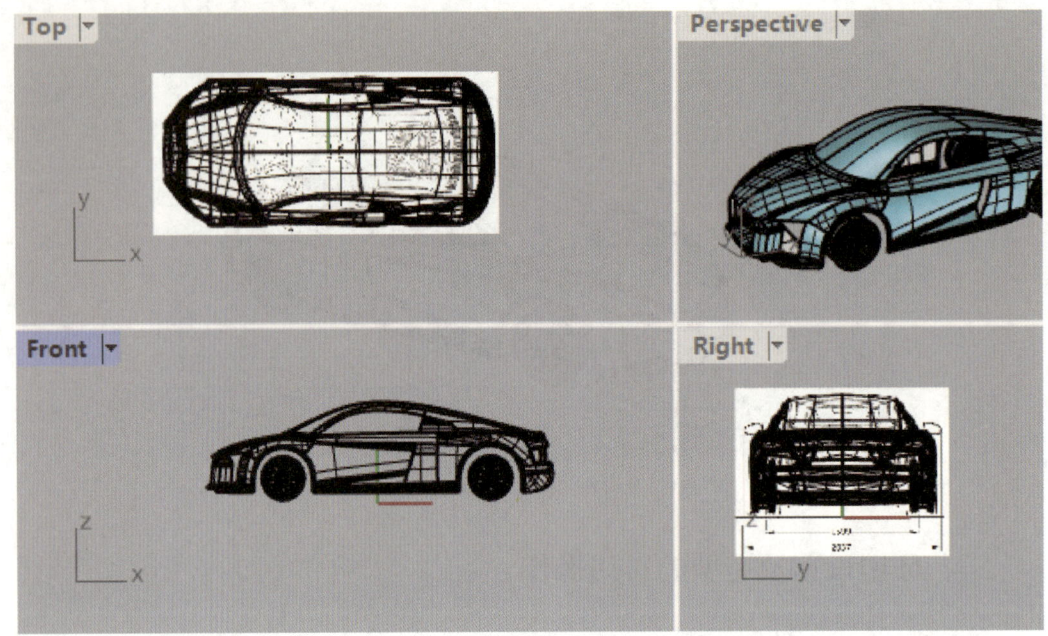

图 1-1-39　工作视窗内的物件显示不合理

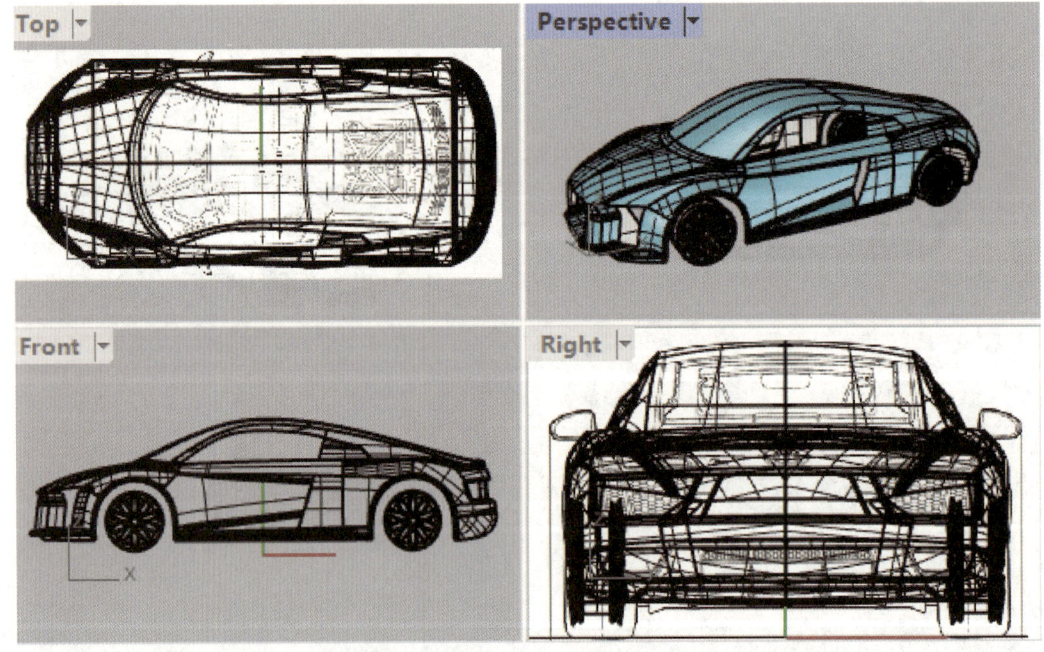

图 1-1-40　恢复工作视窗后的效果

2. 操作轴的平移、旋转和缩放

在状态栏中单击“操作轴”，使其字体加粗，即可开启操作轴，如图 1-1-41 所示。

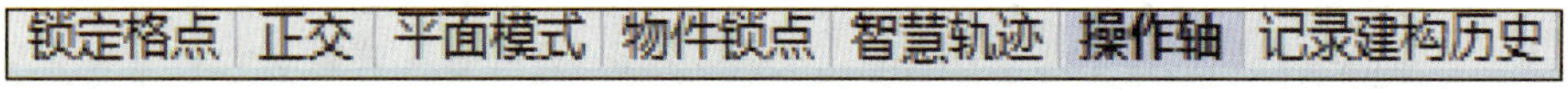

锁定格点 正交 平面模式 物件锁点 智慧轨迹 操作轴 记录建构历史

图 1-1-41 开启操作轴

开启操作轴后，选中汽车模型并拖动红色箭头，汽车沿 *X* 轴方向移动（见图 1-1-42）。同理，拖动绿色箭头，汽车沿 *Y* 轴方向移动；拖动蓝色箭头，汽车沿 *Z* 轴方向移动。选中操作轴的弧线可以旋转汽车，如图 1-1-43 所示。选中操作轴上的小方框并拖动可以使汽车在相应方向上缩放，如图 1-1-44 所示。

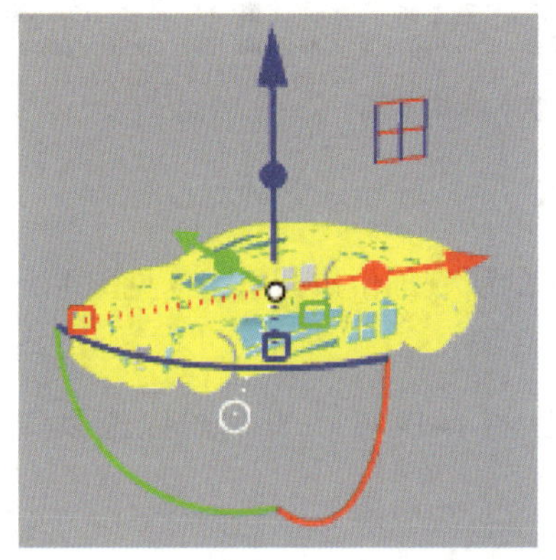

图 1-1-42 汽车沿 *X* 轴方向移动

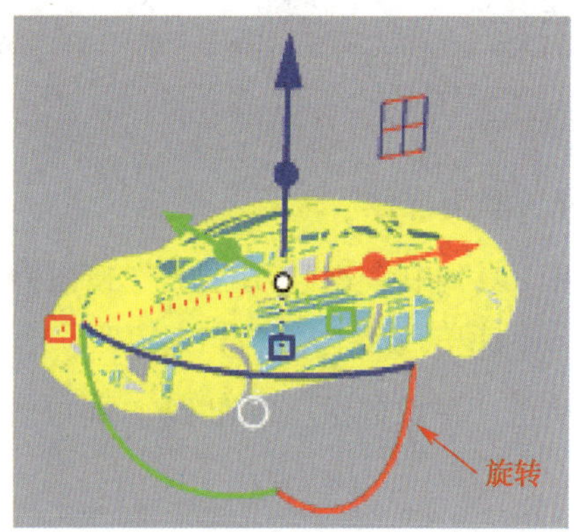

图 1-1-43 旋转汽车

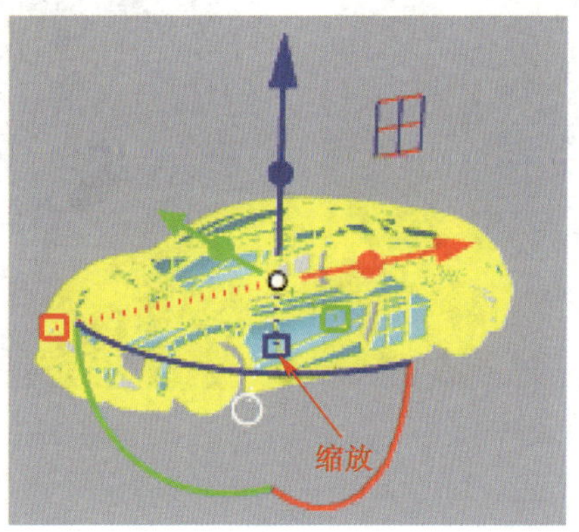

图 1-1-44 沿 *X* 轴方向缩放汽车

3. 图层操作

选中汽车的主体部分，单击“标准”工具列中的“物件属性”按钮，在“属性：物件”面板中设置物件所属图层为新图层，即把汽车主体部分加入新图层中，效果如图 1-1-45 所示。

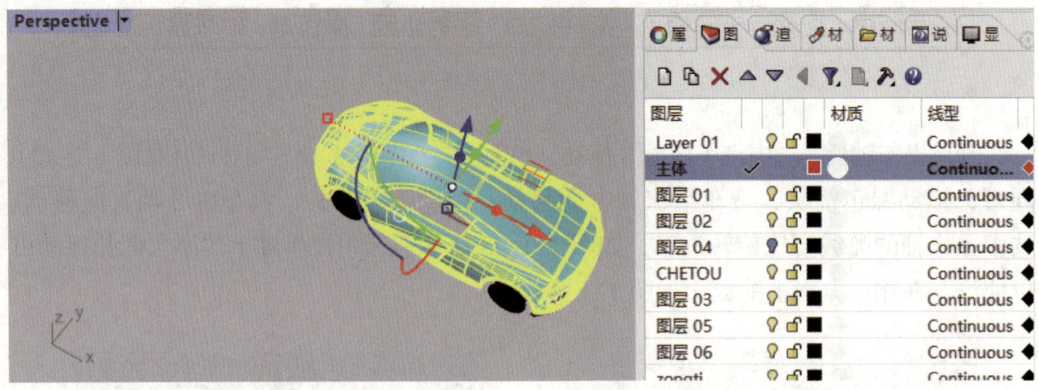

图 1-1-45　把汽车主体部分加入新图层中

4. 群组操作

在工具列中单击“群组物件”按钮，选取汽车的所有部位进行群组（见图 1-1-46）。群组后不能单独选中单一部位。

单击“解散群组”按钮，即可解散群组（见图 1-1-47），此时可以选取汽车的任何一个部位。

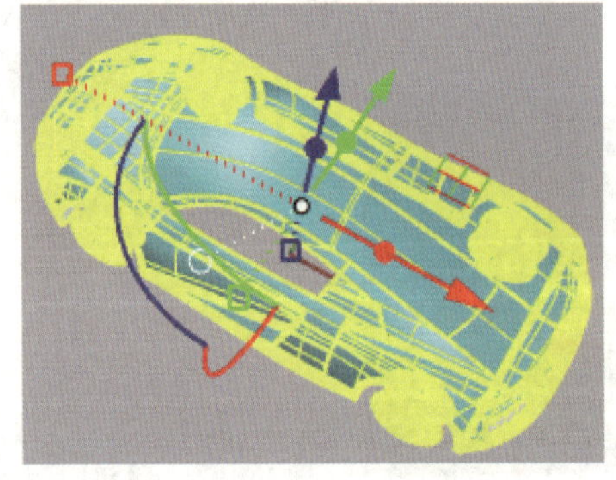
图 1-1-46　群组物件

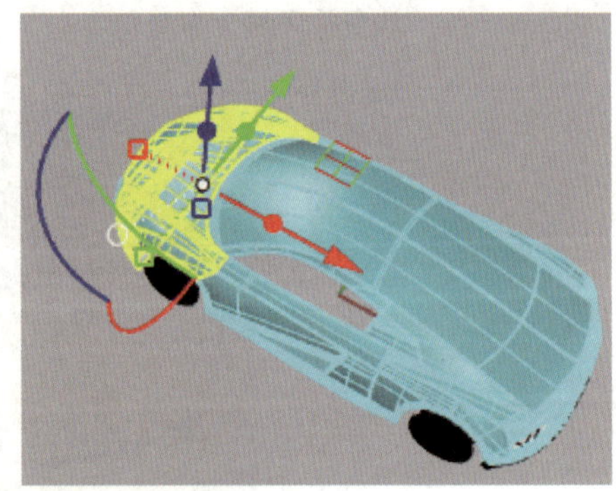
图 1-1-47　解散群组

四、保存文件

执行“文件”→“另存为”命令，弹出“储存”对话框，输入文件名称，然后单击“保存”按钮，如图 1-1-48 所示。

五、退出软件

单击 Rhino 工作界面右上角的关闭按钮即可退出软件。

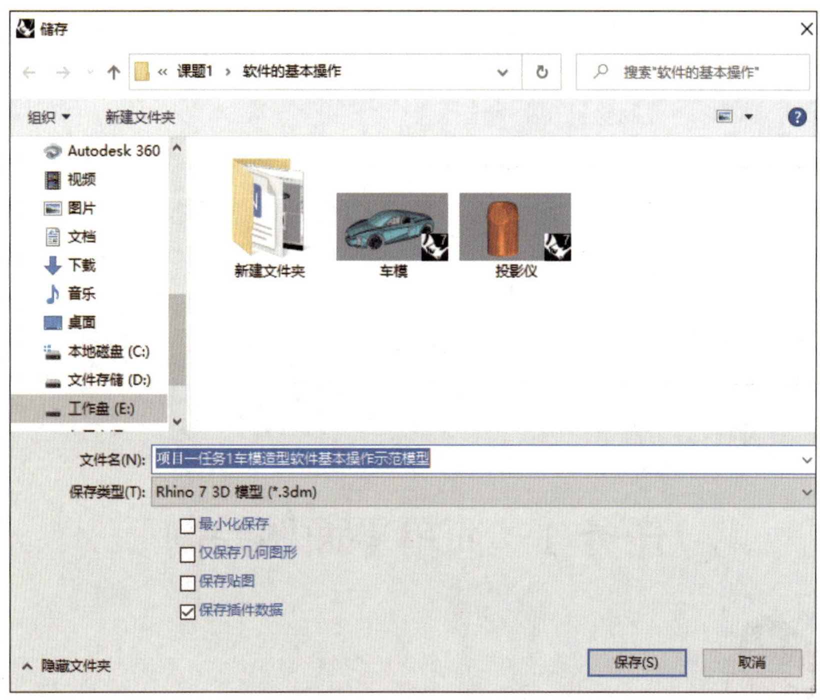

图 1-1-48　保存文件

完成图 1-1-49 所示煮水器造型文件的打开和工作视窗的转换操作，并利用操作轴对煮水器进行移动、旋转及缩放操作，再对其进行图层以及群组操作，最后保存文件。

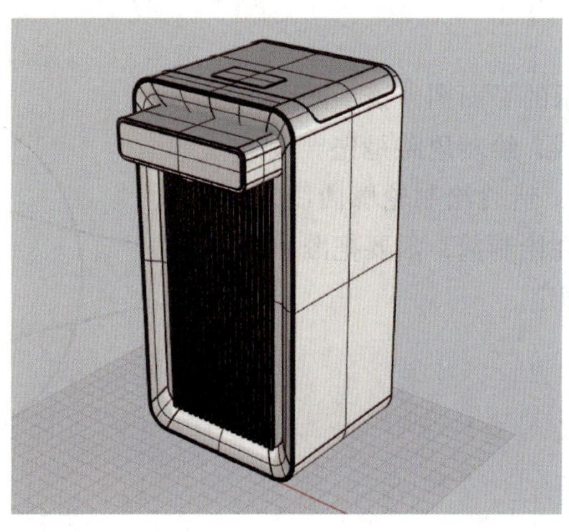

图 1-1-49　煮水器

项目二
平面图绘制

任务 1　简单平面图绘制

1. 掌握直线工具的操作方法。
2. 掌握圆形工具的操作方法。
3. 熟悉控制点曲线和内插点曲线工具的运用。
4. 熟悉曲线修剪工具的运用。
5. 熟悉镜像工具的运用。

绘制图 2–1–1 所示的平面图。该平面图由圆、曲线和直线构成，绘制思路是先导入需要参考的图片文件，然后绘制轮廓曲线，最后完成曲线编辑。在绘制前，需要把图片摆放在合适的图层并锁定。

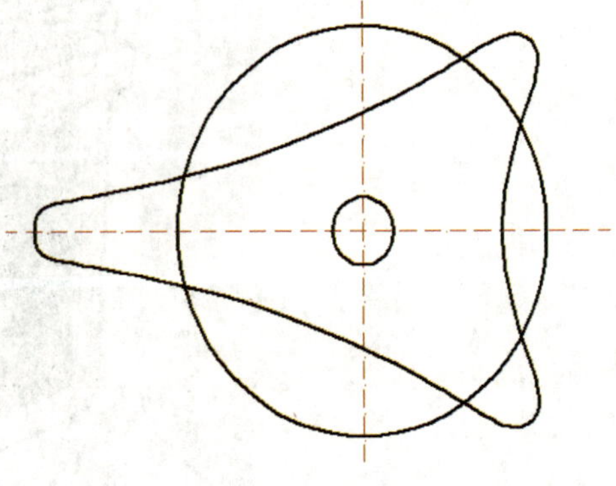

图 2-1-1　平面图

一、直线工具

单击工作界面左侧工具列中的“多重直线”按钮右下角的溢出按钮，打开“直线”工具列，如图 2-1-2 所示。Rhino 提供了多种绘制直线的方式，选取对应的直线工具即可绘制需要的直线。常用直线工具的说明和图示见表 2-1-1。

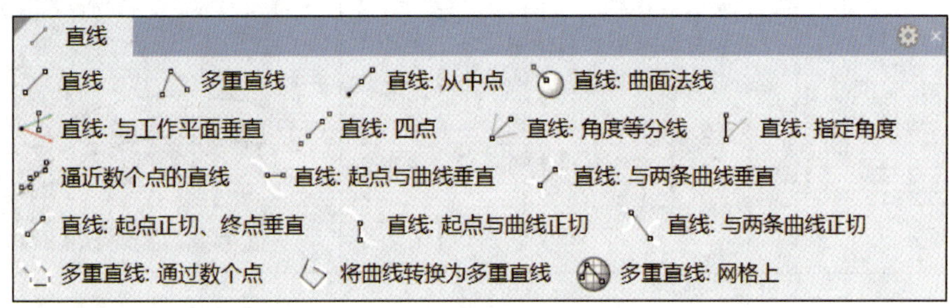

图 2-1-2 “直线”工具列

表 2-1-1　常用直线工具的说明和图示

名称	说明	图示
直线	单击工作视窗中不重合的两点以绘制线段	20.00 两点
多重直线	多重直线工具与直线工具的区别是多重直线工具可以连续画出数条直线或曲线线段并将它们组合成多重直线或多重曲线，该工具可用于绘制物体轮廓或辅助线。在指令提示行中输入“M”可切换“圆弧”和“直线”两种模式	

续表

名称	说明	图示
直线：从中点	以中点为起点向两侧等距离绘制线段	
直线：曲面法线	沿着曲面法线方向绘制线段。选择需要绘制法线的曲面，在曲面上选择直线的起点，单击曲面某处或输入直线长度以确定终点，绘制出来的线段将被限定在曲面的法线方向上	
直线：与工作平面垂直	绘制一条与工作平面垂直的线段	
直线：角度等分线	绘制一个角度的等分线。在绘制时，先选择线段的起点，再选择需等分角度的起点及终点，最后确定线段的终点	
直线：指定角度	通过指定一条基线及其相对偏移角度来绘制一条线段	

续表

名称	说明	图示
直线：与两条曲线正切	绘制与两条曲线正切的线段	

小贴士

除了通过工作界面左侧工具列来使用直线工具等工具外，还可在功能表中执行“曲线”命令来使用对应的工具。

二、曲线工具

曲线是建立模型的基础，曲线的曲率和形状是由控制点和编辑点共同控制的。在使用曲线工具绘制曲线后，需要对控制点进行调整，才能得到理想的曲线。常用曲线工具可以在“曲线”工具列中找到，如图 2-1-3 所示。

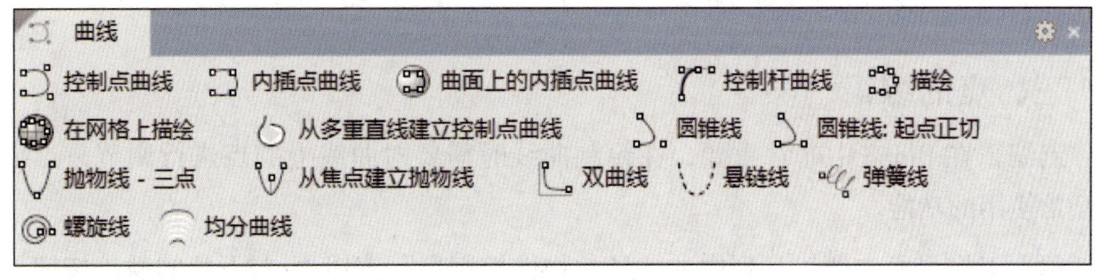

图 2-1-3 “曲线”工具列

在工作界面左侧的工具列中单击“控制点曲线”按钮，在工作视窗中选择绘制曲线的起点，通过移动鼠标并连续单击鼠标左键来绘制线形，单击到曲线终点位置时，按 Enter 键或单击鼠标右键，即可得到一条曲线。在工具列中单击“显示物件控制点”按钮，然后选中所绘曲线，并按 Enter 键确定，即可显示曲线的控制点，如图 2-1-4 所示。

开启状态栏的“操作轴”，选取要编辑和移动的控制点（可以选取一个点，也可以同时选取多个点）进行调整，得到需要的曲线形状，如图 2–1–5、图 2–1–6 所示。按 Esc 键可以取消控制点的显示。

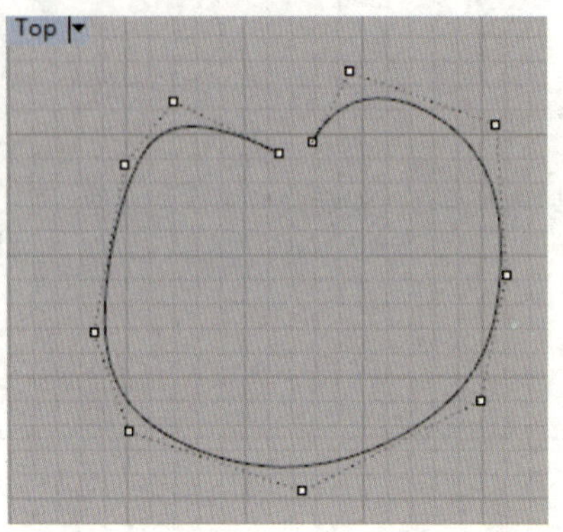

图 2-1-4　显示曲线的控制点

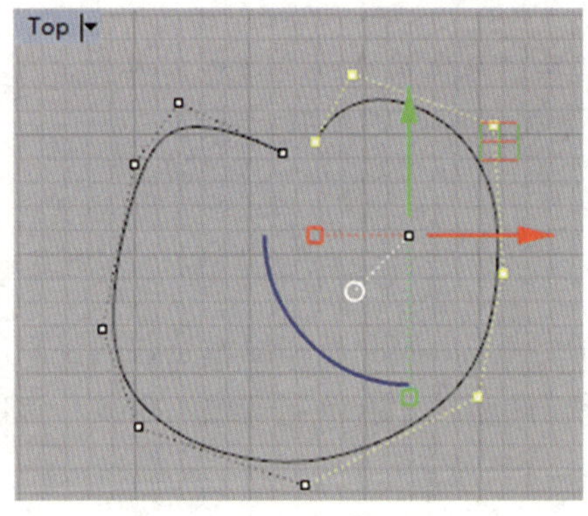

图 2-1-5　选取控制点

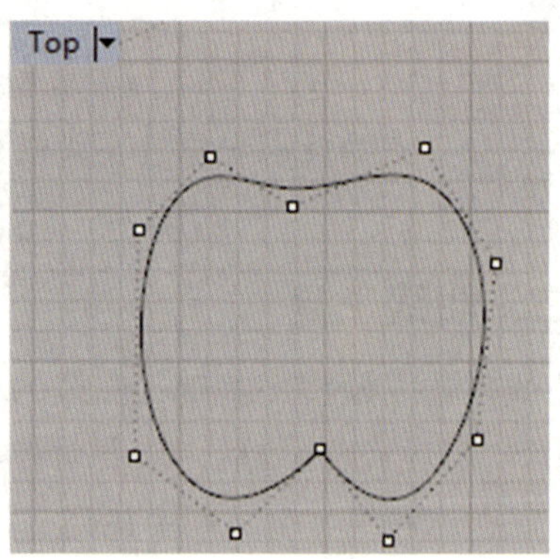

图 2-1-6　调整控制点后的效果

三、点的编辑

点编辑在 Rhino 中非常重要，在绘制曲线时需要对曲线上的点进行调节，点编辑是经常使用的功能。

单击工作界面左侧工具列中的“显示物件控制点”按钮右下角的溢出按钮，打开“点的编辑”工具列，如图 2–1–7 所示。常用点编辑工具的说明和图示见表 2–1–2。

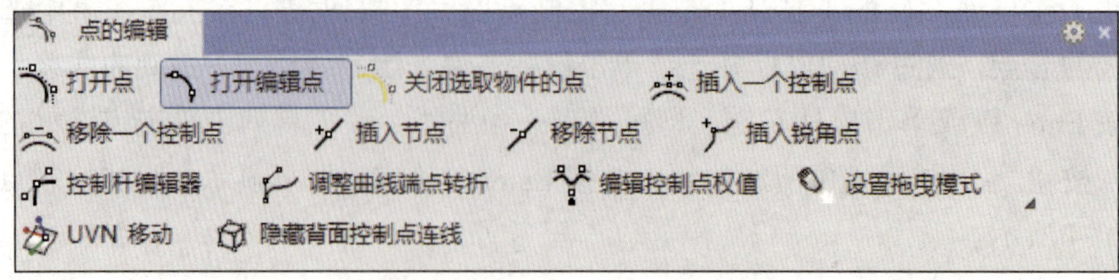

图 2-1-7　“点的编辑”工具列

表 2-1-2 常用点编辑工具的说明和图示

名称	说明	图示
打开点	用于显示或关闭曲线或曲面的控制点，在显示控制点后可对控制点进行编辑，通过改变曲线的形状来满足造型的需要。右击该按钮，可执行“关闭点”命令，关闭曲线或曲面的控制点显示	
打开编辑点	用于显示曲线上通过节点平均值计算得到的点。右击该按钮，可执行“关闭点”命令	
关闭选取物件的点	单击该按钮，可关闭选取物件的点	
插入一个控制点	在选取一条曲线后，指定插入控制点的位置，可在该曲线上插入控制点。插入控制点会改变曲线的形状	
移除一个控制点	移除曲线上的一个控制点或曲面上的一排控制点。移除控制点会影响曲线或曲面的形状	

四、圆的用法

圆形是基本的几何图形之一，也是特殊的封闭曲线。执行“曲线”→“圆”命令，在弹出的子菜单中选取需要的圆形工具，即可绘制圆形。或者直接在工具列中单击“圆：中心点、半径”按钮右下角的溢出按钮，在弹出的“圆”工具列中选取所需工具，如图 2-1-8 所示。常用圆形工具的说明和图示见表 2-1-3。

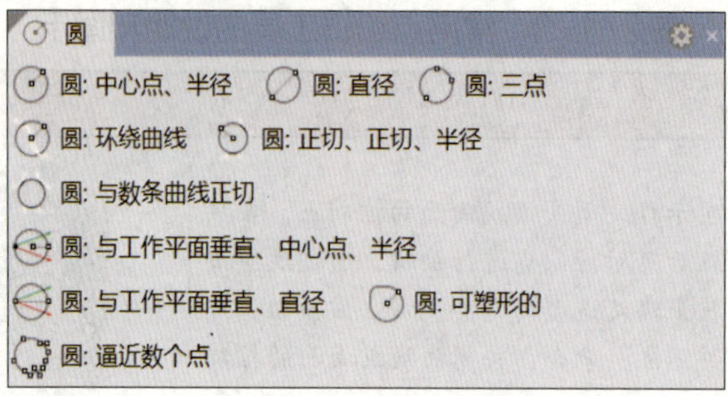

图 2-1-8 “圆”工具列

表 2-1-3 常用圆形工具的说明和图示

名称	说明	图示
圆：中心点、半径	通过设置圆心和半径绘制圆形	圆心
圆：直径	通过设置直径的两个端点绘制圆形	起点 直径 终点
圆：三点	通过设置圆上任意三点绘制圆形	三点
圆：正切、正切、半径	绘制与两条曲线对象正切且已知半径的圆形	相切 R5.00

续表

名称	说明	图示
圆：与数条曲线正切	绘制与数条曲线（或直线）对象正切的圆形	三条直线 三条曲线
圆：与工作平面垂直、中心点、半径	通过设置中心点和半径绘制垂直于工作平面的圆形	
圆：与工作平面垂直、直径	通过设置中心点和直径绘制垂直于工作平面的圆形	

五、镜像

在工作界面左侧工具列中单击“移动”按钮右下角的溢出按钮，弹出“变动”工具列，单击其中的“镜像”按钮，在工作视窗中选择待镜像物件，然后单击鼠标右键确认，再选择镜像平面的起点和终点，即可生成与原物件关于起点和终点所在的直线对称的物件。

六、尺寸标注

在绘制过程中，使用“尺寸标注”工具列可以完成各种类型的尺寸标注。单击“标准”工具列中的“直线尺寸标注”按钮右下角的溢出按钮，打开“尺寸标注”工具列，如图 2-1-9 所示，选取需要的尺寸标注工具，即可进行标注。

单击“尺寸标注”工具列中的“注解样式”按钮 ，在弹出的对话框中可以设置注解样式，如图 2-1-10 所示。

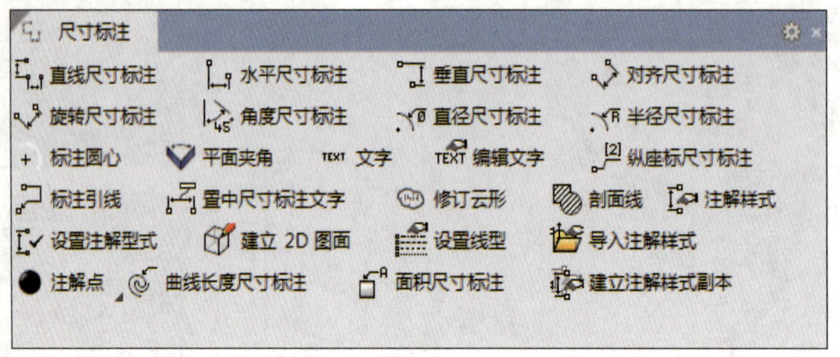

图 2-1-9 “尺寸标注”工具列

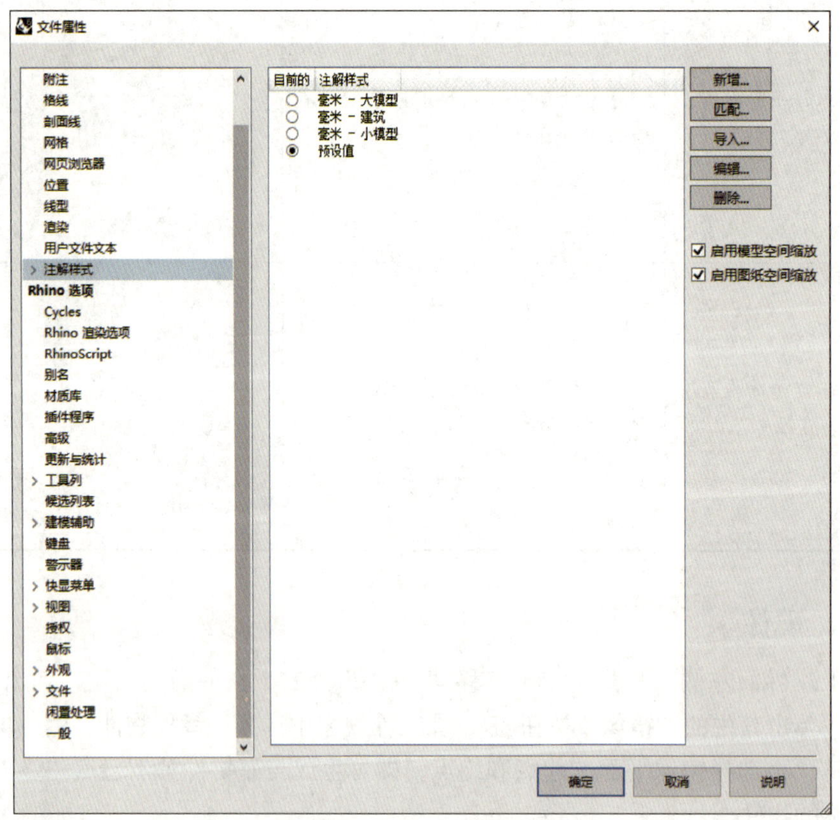

图 2-1-10 设置注解样式

1. 线性尺寸标注

常用线性尺寸标注的说明和图示见表 2-1-4。

表 2-1-4　常用线性尺寸标注的说明和图示

名称	说明	图示
直线尺寸标注	选取两个端点进行标注，仅能标注两个端点之间的水平距离或垂直距离	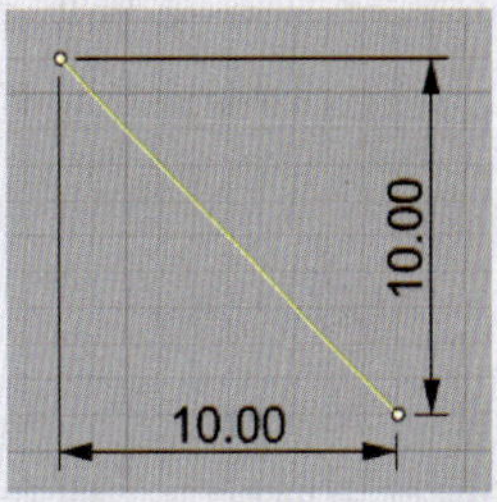 10.00 10.00
水平尺寸标注	选取两个端点进行标注，仅能标注两个端点之间的水平距离	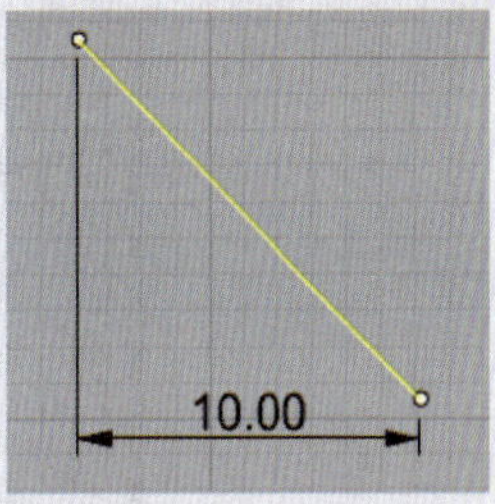 10.00
垂直尺寸标注	选取两个端点进行标注，仅能标注两个端点之间的垂直距离	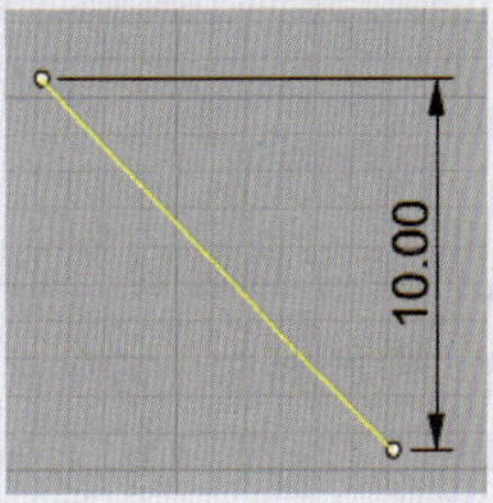 10.00
对齐尺寸标注	选取两个端点进行标注，标注两端点连线的尺寸	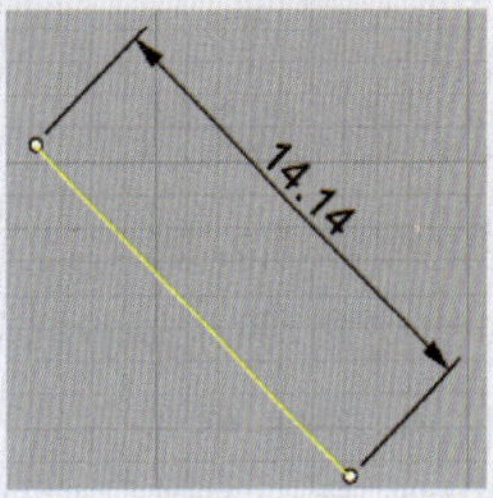 14.14
旋转尺寸标注	单击该按钮，在指令提示行中输入角度（该图中为 45°），选取对象的两个端点进行标注，可标注任意角度和方向的尺寸	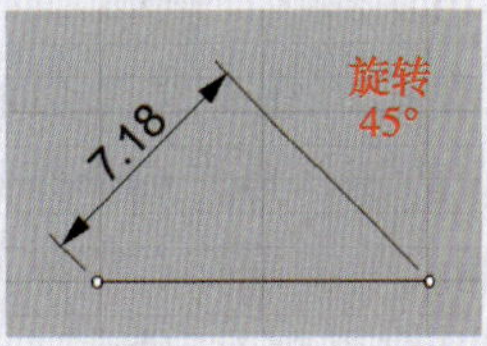 7.18 旋转 45°

小贴士

使用尺寸标注工具进行标注时，在指令提示行中输入“C”，可切换为连续标注。

2. 角度尺寸标注

单击“尺寸标注”工具列中的“角度尺寸标注”按钮，可以连续选取两条或多条直线进行角度标注，或选取圆弧进行弧度标注，如图 2-1-11 所示。

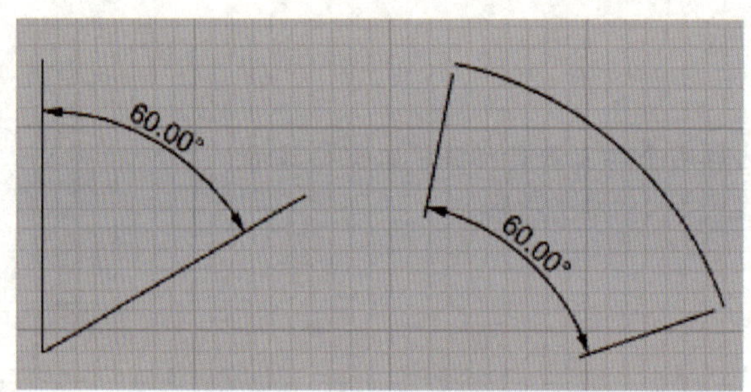

图 2-1-11　角度尺寸标注

3. 尺寸修改

进行尺寸修改时，选中需要修改的尺寸，执行“编辑”→“物件属性”命令，在弹出的面板中即可进行尺寸修改，如图 2-1-12 所示。如果需要批量修改标注属性，则可以提前在“文件属性”对话框中进行设置，以提高绘图效率。

图 2-1-12　“属性”面板

七、曲线修剪

在工作界面左侧工具列中单击“修剪”按钮可以去掉两条相交曲线的多余部分，修剪后的曲线还可以通过单击“组合”按钮的方法合成一条曲线。对于两条相交曲线，修剪工具可以其中一条曲线为剪切边界，对另一条曲线进行剪切操作。例如，在 Top 工作视窗中分别绘制一个矩形和一个圆形作为要操作的对象，如图 2-1-13 所示。单击“修剪”按钮，首先选择作为修剪工具的对象（如矩形），按 Enter 键或单击鼠标右键确认后，再选择待修剪的对象（如通过单击矩形外的圆形曲线部分来选择圆形），按 Enter 键或单击鼠标右键完成曲线的修剪，效果如图 2-1-14a 所示。选择曲线的顺序和单击的位置很重要，若调换选择曲线的顺序或改变单击的位置，将得到不同的修剪效果，如图 2-1-14b、图 2-1-14c、图 2-1-14d 所示。

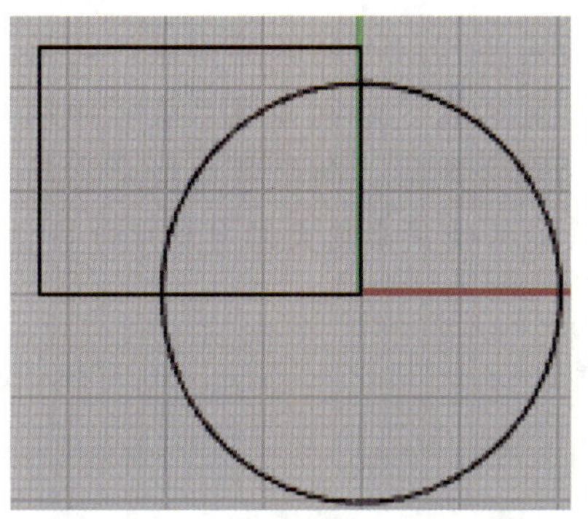

图 2-1-13　修剪前的原始曲线

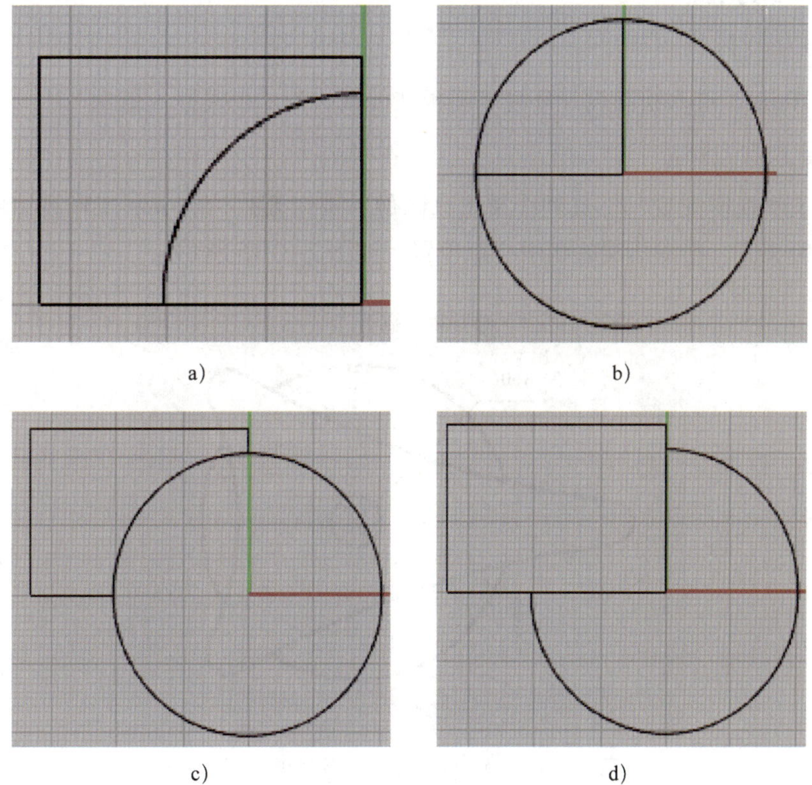

a)　b)　c)　d)

图 2-1-14　四种不同的修剪效果

a）先选矩形，再选矩形外圆形　b）先选圆形，再选圆形外矩形

c）先选圆形，再选圆形内矩形　d）先选矩形，再选矩形内圆形

小贴士

切割曲线同样可以达到修剪曲线的效果，操作方法与修剪曲线的方法相同，区别在于切割曲线只能将曲线分割成若干段，需要再手动将多余的部分删除，而修剪曲线是自动完成的，与修剪曲线相比，切割曲线能给使用者更大的自由度并提供更多的选择。

操作演示

一、绘制准备

1. 新建文件

启动 Rhino，进入绘图设计环境（模板文件默认为“小模型 - 毫米”）。

2. 导入参考图片

在“工作视窗配置”工具列中单击“图像”按钮，在 Front 工作视窗中导入参考图片图形文件，并将其摆放在中心点位置，如图 2-1-15 所示。

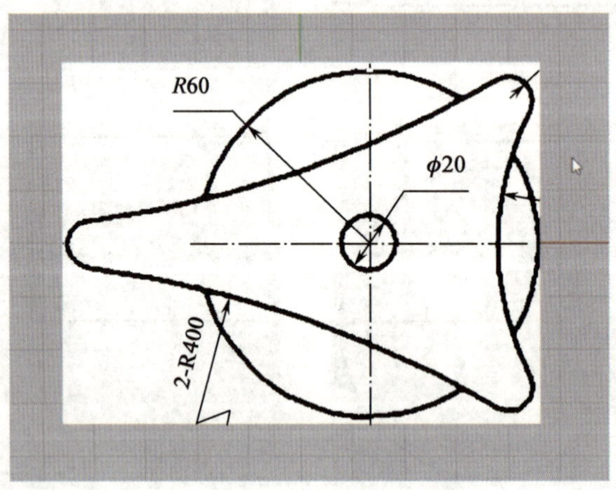

图 2-1-15　导入参考图片

3. 调整图形

导入参考图片后，对其进行缩放操作，使其尺寸与实物尺寸基本相同，如图 2-1-16a 所示。然后对图片进行移动操作，将其沿着 *Y* 轴拖动一段距离，调整至合适位置，如图 2-1-16b 所示。

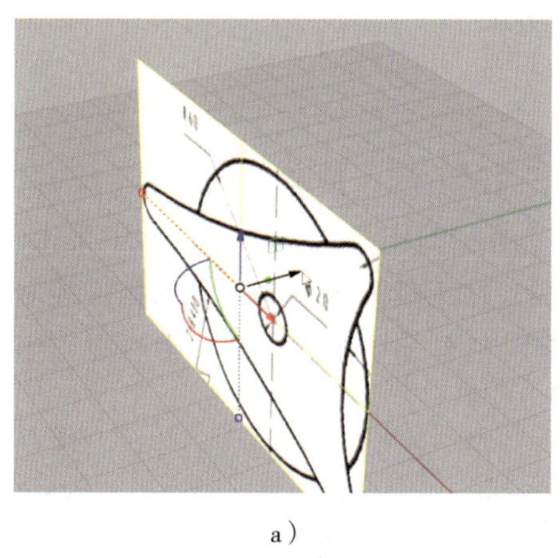
a）

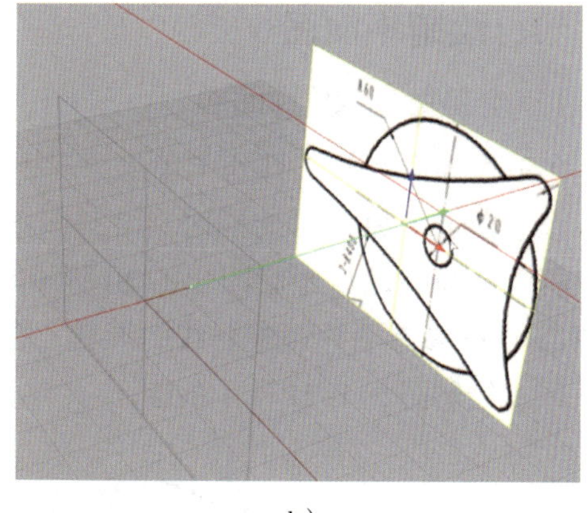
b）

图 2-1-16　调整图形
a）缩放图片　b）移动图片

4. 设置图层

在 Front 工作视窗中单击选中图片，新建一个背景图层，并在其上单击鼠标右键，选择“改变物件图层”并锁定图层，如图 2-1-17、图 2-1-18 所示，从而防止在绘图过程中对其他物件的选择产生影响或错误地移动参考位置。

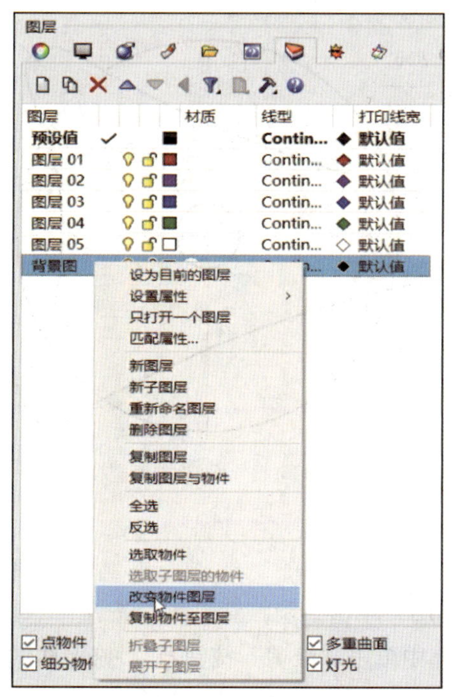

图 2-1-17　改变物件图层

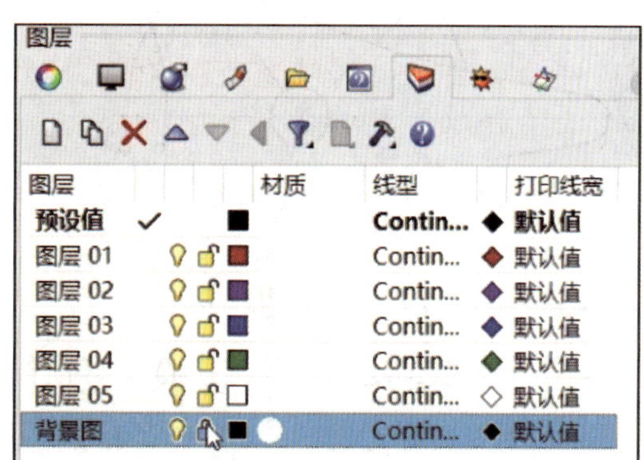

图 2-1-18　锁定图层

二、绘制平面图

1. 绘制及编辑轮廓曲线

在工作界面左侧工具列中单击“多重直线”按钮，注意在绘制水平线时按住 Shift 键。在按下 Shift 键的同时，绘制图 2-1-19 所示的中心线。在工具列中单击“控制点曲线”按钮，绘制图 2-1-20 所示的曲线，在工具列中单击“显示物件控制点”按钮，按参考图片调整曲线的形状。在“圆”工具列中单击“圆：中心点、半径”按钮，绘制图 2-1-21 所示的圆。

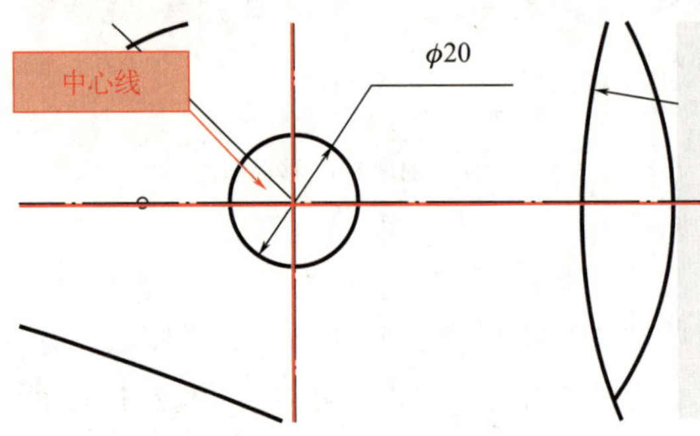

图 2-1-19　绘制中心线

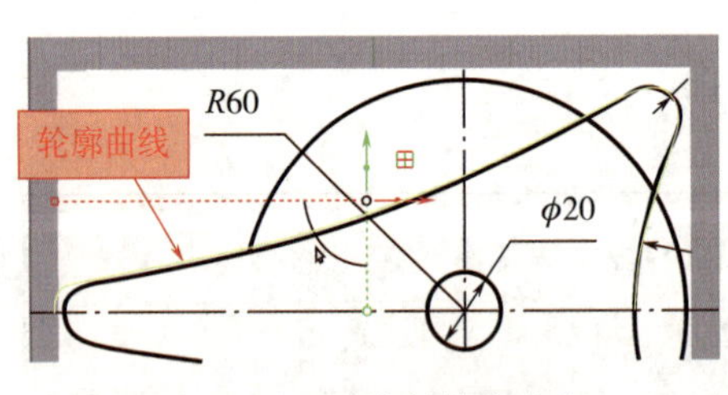

图 2-1-20　绘制轮廓曲线

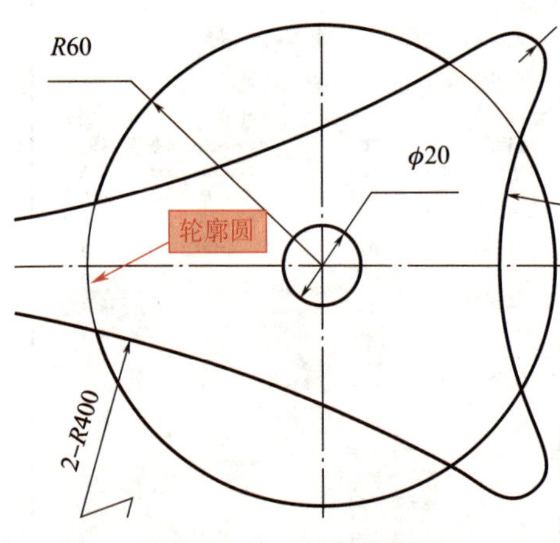

图 2-1-21　绘制轮廓圆

2. 隐藏背景与编辑曲线

右击“解锁锁定物件”按钮，解锁背景图层，单击“隐藏背景图”按钮，隐藏背景图层后的效果如图 2-1-22 所示。在工具列中单击“修剪”按钮，修剪曲线，修剪后的效果如图 2-1-23 所示。

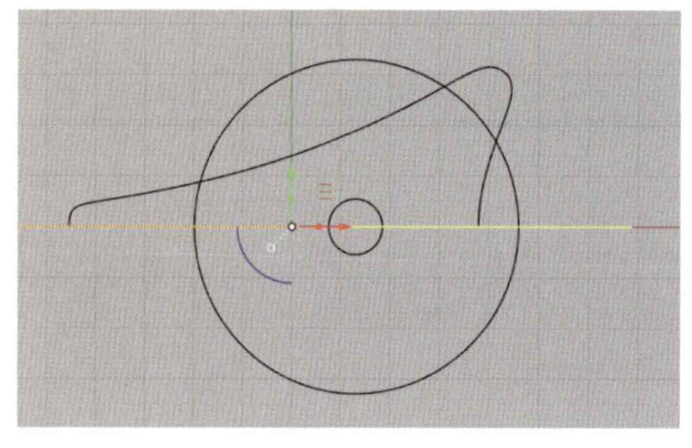

图 2-1-22　隐藏背景图层后的效果

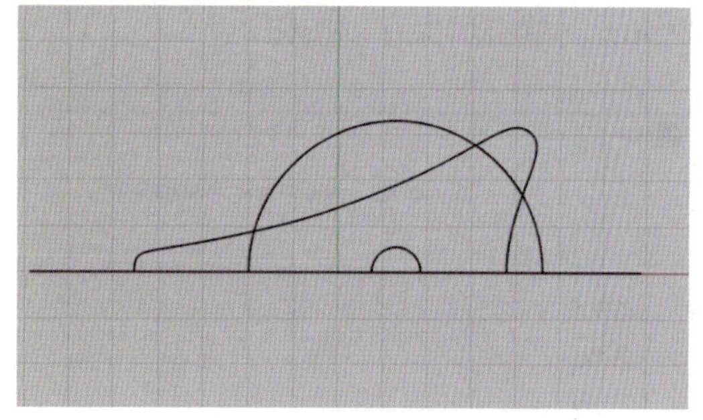

图 2-1-23　修剪后的效果

3. 镜像与组合曲线

选择图 2-1-24 所示的曲线，在“变动”工具列中单击“镜像”按钮 ，再选择对称中心线来镜像图形，效果如图 2-1-25 所示。在工具列中单击“组合”按钮 （Ctrl+J 组合键），选择图 2-1-26 所示的所有曲线进行组合。

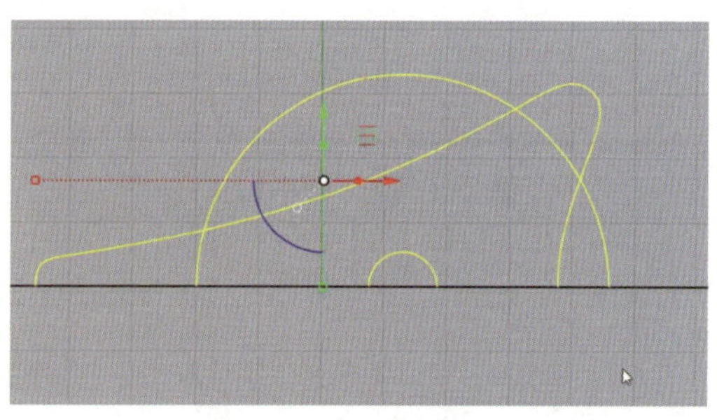

图 2-1-24　选中需要镜像的对象

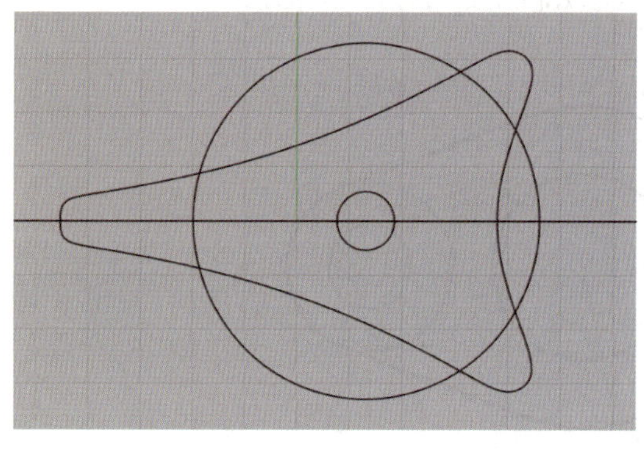

图 2-1-25　镜像图形

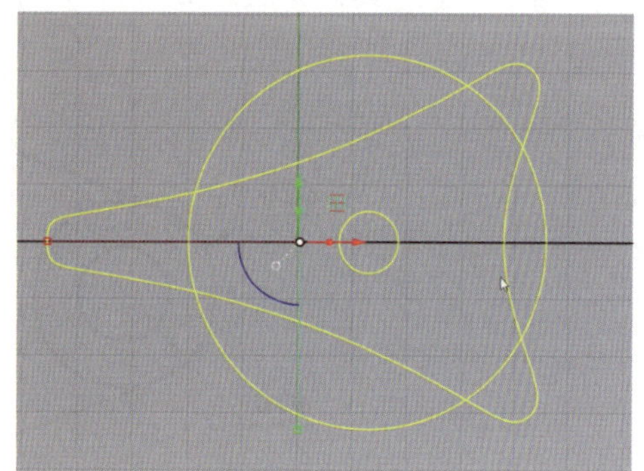

图 2-1-26　组合曲线

三、保存文件

完成图形绘制后，执行“文件”→“保存文件”命令，弹出图 2-1-27 所示的“储存”对话框，输入文件名“项目二任务 1 简单平面图绘制”，选择文件保存类型为

“*.dxf”，单击“保存”按钮。

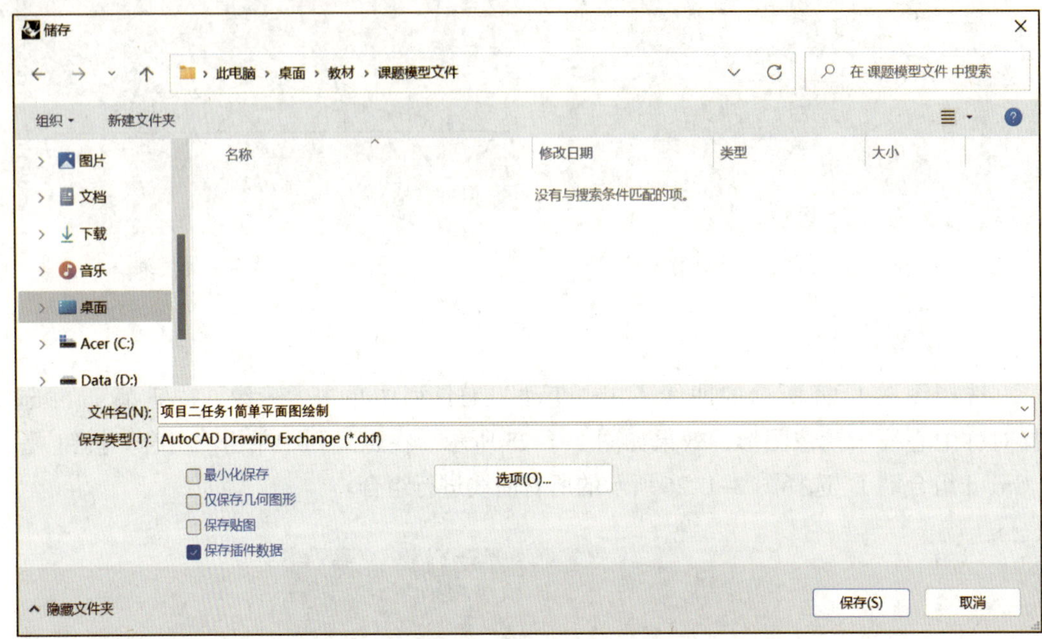

图 2-1-27　保存文件

利用所学工具，完成图 2-1-28 所示图标的绘制并进行标注，保存文件。

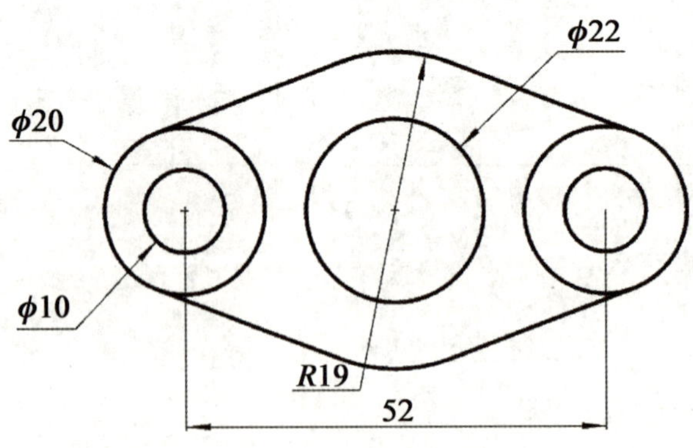

图 2-1-28　图标绘制

任务 2　产品平面图绘制

1. 掌握矩形、圆弧和椭圆工具的操作方法。
2. 掌握曲线工具中衔接、偏移和圆角的操作方法。
3. 掌握阵列工具的操作方法。

绘制图 2–2–1 所示的平面图。该平面图主要由曲线、多重直线和椭圆构成。在绘制时先导入需要参考的图片文件，然后用控制点曲线、多重直线、椭圆和曲线圆角等工具绘制轮廓曲线，其间也会用到衔接曲线和组合等工具。

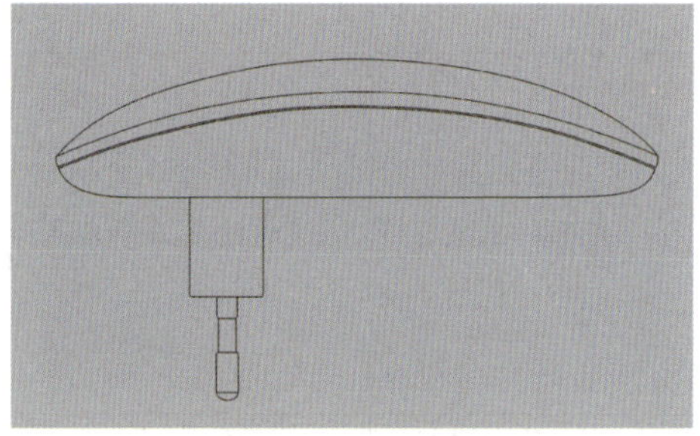

图 2–2–1　平面图

一、矩形工具

在工作界面左侧工具列中单击“矩形：角对角”按钮右下角的溢出按钮，打开“矩形”工具列，如图 2–2–2 所示。选取需要的矩形工具即可绘制矩形，各矩形工具的说明和图示见表 2–2–1。

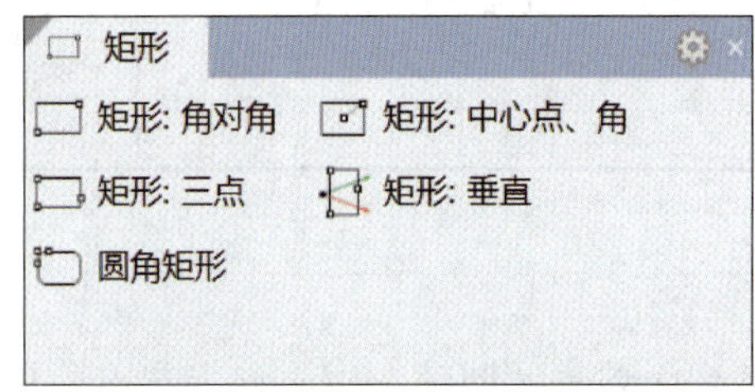

图 2–2–2　“矩形”工具列

表 2-2-1　各矩形工具的说明和图示

名称	说明	图示
矩形：角对角	通过设置对角点绘制矩形	
矩形：中心点、角	通过设置中心点和一个角点绘制矩形	
矩形：三点	通过设置三个角点绘制矩形	
矩形：垂直	通过设置三个角点绘制一个垂直于工作平面的矩形	
圆角矩形	通过选取矩形的两个对角点并输入矩形的圆角半径来绘制圆角矩形	

二、圆弧工具

在工作界面左侧工具列中单击“圆弧：中心点、起点、角度”按钮右下角的溢出按钮，在弹出的“圆弧”工具列中选取所需工具即可绘制圆弧，如图 2-2-3 所示。各圆弧工具的说明和图示见表 2-2-2。

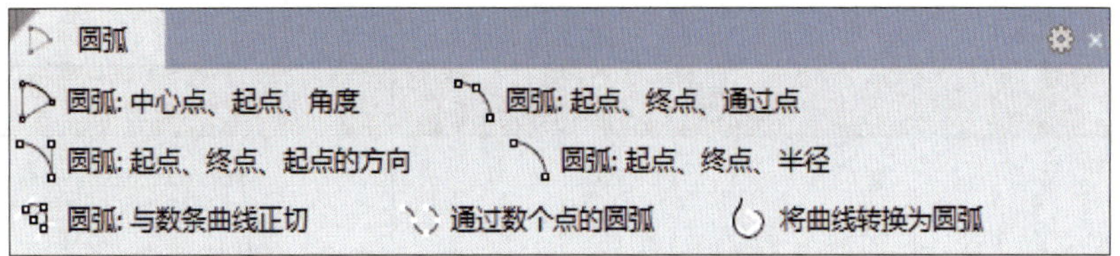

图 2-2-3 “圆弧”工具列

表 2-2-2　各圆弧工具的说明和图示

名称	说明	图示
圆弧：中心点、起点、角度	通过设置圆心、起点和终点（或角度）绘制圆弧	终点 起点 圆点
圆弧：起点、终点、通过点	通过设置起点、终点和圆弧上任意一点绘制圆弧	终点 任意一点 起点
圆弧：起点、终点、起点的方向	通过设置起点、终点和起点控制杆绘制圆弧	起点控制杆 终点 起点
圆弧：起点、终点、半径	通过设置起点、终点、半径和圆心位置绘制圆弧，圆心位置可利用终点控制杆进行调节	终点 圆心位置 起点
圆弧：与数条曲线正切	通过设置切点和曲率来创建多个圆弧，曲率可利用控制杆进行调节	切点 控制杆

续表

名称	说明	图示
通过数个点的圆弧	通过数个点绘制由若干圆弧形成的连续曲线	
将曲线转换为圆弧	将曲线转换为圆弧或多重直线	

三、椭圆工具

在工作界面左侧工具列中单击“椭圆：从中心点”按钮右下角的溢出按钮，弹出“椭圆”工具列，如图 2-2-4 所示。各椭圆工具的说明和图示见表 2-2-3。

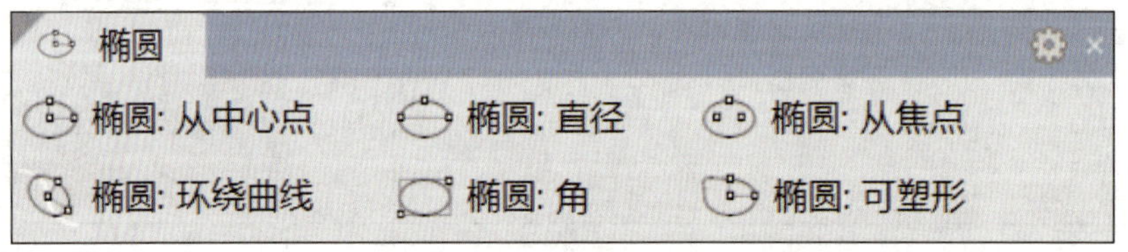

图 2-2-4 “椭圆”工具列

表 2-2-3 各椭圆工具的说明和图示

名称	说明	图示
椭圆：从中心点	通过设置中心点、第一轴和第二轴绘制椭圆	

续表

名称	说明	图示
椭圆：直径	通过设置轴线的端点绘制椭圆	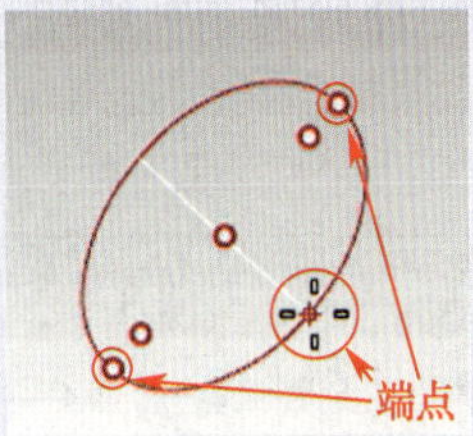
椭圆：从焦点	通过设置椭圆的两个焦点及通过点绘制椭圆	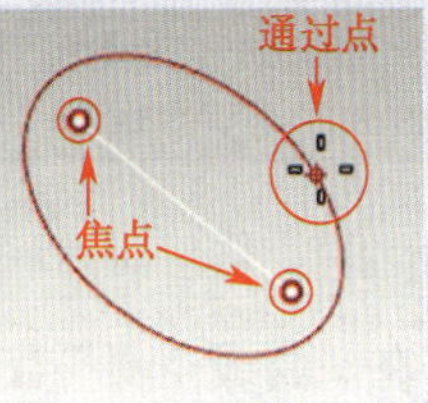
椭圆：环绕曲线	绘制一个环绕曲线的椭圆	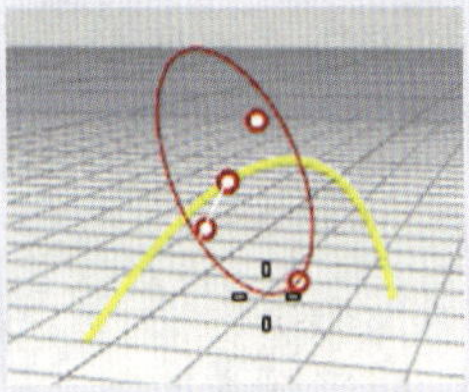
椭圆：角	通过设置矩形的对角点绘制与矩形内切的椭圆	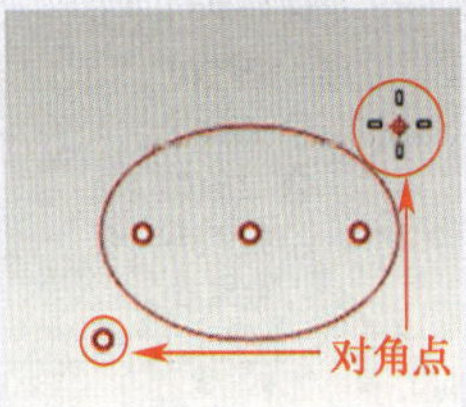
椭圆：可塑形	以指定的阶数与控制点数建立形状近似的 NURBS 曲线 注：不可塑形的 2 阶椭圆（上）与可塑形的 3 阶椭圆（下）	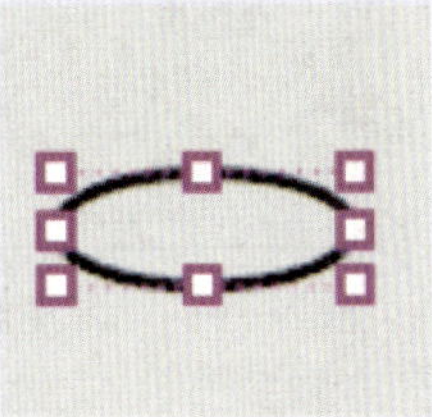 

四、曲线工具（编辑曲线）

Rhino 的曲线工具有很多，可对曲线进行多种编辑操作。在工作界面左侧工具列中单击“曲线圆角”按钮右下角的溢出按钮，弹出“曲线工具”工具列，如图 2–2–5 所示。

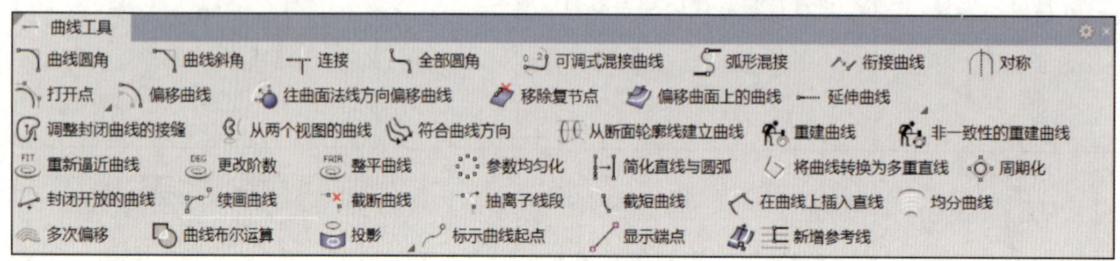

图 2–2–5 “曲线工具”工具列

在“曲线工具”工具列中单击“衔接曲线”按钮，在工作视窗中选取要更改的开放曲线，再单击选取靠近要更改一端的端点处。选取完成后弹出“衔接曲线”对话框，如图 2–2–6 所示。在调整衔接曲线参数时，可实时预览效果，如图 2–2–7 所示。

图 2–2–6 “衔接曲线”对话框

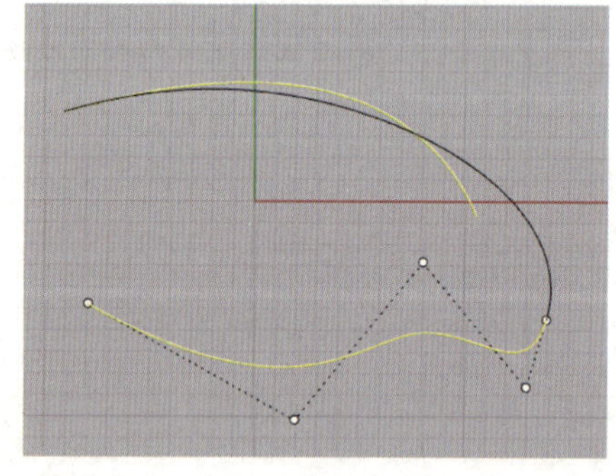

图 2–2–7 衔接曲线预览效果

五、阵列工具

阵列是“变动”工具列里的工具。阵列工具是 Rhino 建模中非常重要的工具之一，常用的阵列工具有“矩形阵列”按钮和“环形阵列”按钮。

在工作界面左侧工具列中单击“矩形阵列”按钮右下角的溢出按钮，弹出“阵列”工具列，如图 2–2–8 所示。

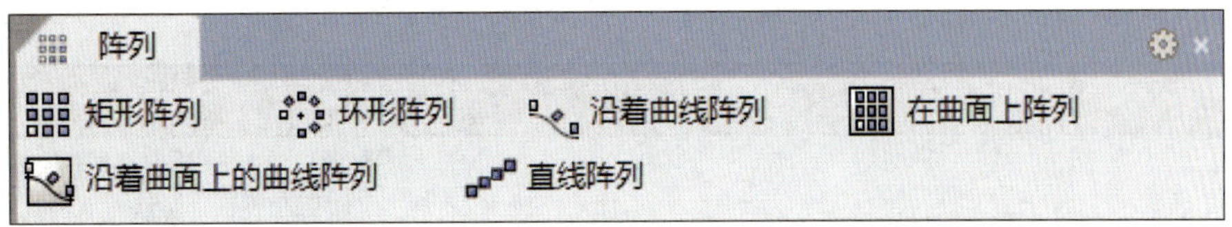

图 2-2-8 “阵列”工具列

小贴士

阵列工具的操作对象可以是点、线、面、体四种类型的物件。

常用阵列工具的说明和图示见表 2-2-4。

表 2-2-4　常用阵列工具的说明和图示

名称	说明	图示
矩形阵列	将物件进行矩形阵列。选定阵列物件，指定 *X*、*Y*、*Z* 轴三个方向阵列物件的数目及间距，即可实现矩形阵列	
环形阵列	将物件进行环形阵列，即把指定数目的物件围绕中心点复制和摆放	
沿着曲线阵列	使物件沿曲线复制和排列，同时物件会随着曲线扭转	

续表

名称	说明	图示
在曲面上阵列	使物件在曲面上阵列，以指定的列数和行数摆放物件副本，物件会沿曲线的法线方向定位进行复制和排列	
沿着曲面上的曲线阵列	沿着曲面上的曲线等距离摆放物件副本，阵列物件会沿曲面的法线方向定位	

操作演示

一、绘制准备

1. 新建文件

启动 Rhino，进入绘图设计环境（模板文件默认为“小模型 - 毫米”）。

2. 导入参考图片

在“工作视窗配置”工具列中单击“图像”按钮，在 Front 工作视窗中导入参考图片图形文件，并将其摆放在中心点位置，如图 2-2-9 所示。

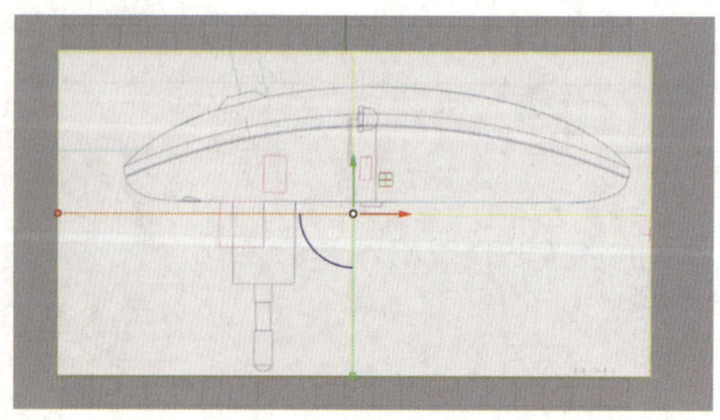

图 2-2-9　导入参考图片

3. 调整图形

导入参考图片后，对其进行缩放操作，使其尺寸与实物尺寸基本相同，如图 2–2–10a 所示。然后对图片进行移动操作，将其沿着 *Y* 轴拖动一段距离，调整至合适位置，如图 2–2–10b 所示。

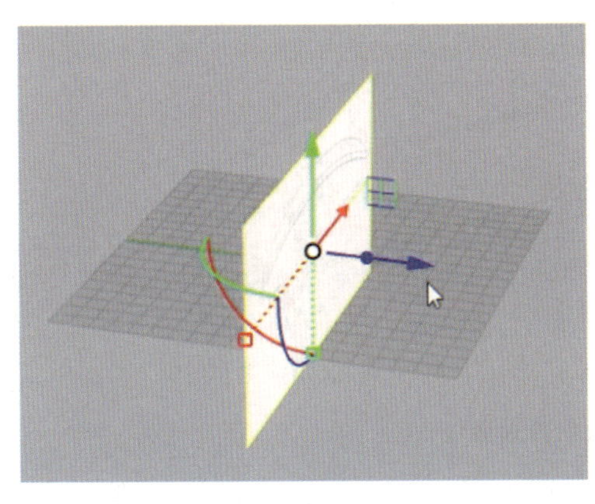

a）

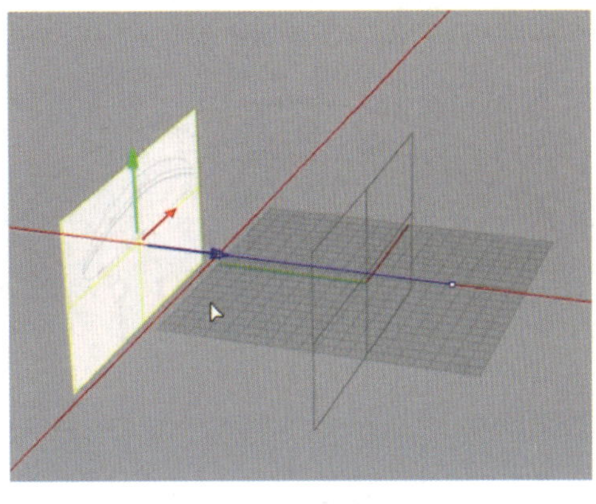

b）

图 2–2–10　调整图形
a）缩放图片　b）移动图片

4. 设置图层

在 Front 工作视窗中单击选中图片，新建一个背景图层，并在其上单击鼠标右键，选择“改变物件图层”并锁定图层，从而防止在绘图过程中对其他物件的选择产生影响或错误地移动参考位置。

二、绘制平面图

1. 绘制及编辑轮廓曲线

在工作界面左侧工具列中单击“控制点曲线”按钮，绘制图 2–2–11 所示的多条曲线，在工具列中单击“显示物件控制点”按钮，按参考图片调整曲线的形状，如图 2–2–12、图 2–2–13 所示。

选择需要偏移的曲线，在“曲线工具”工具列中单击“偏移曲线”按钮，如图 2–2–14 所示。在指令提示行中输入“D”，然后输入“0.5”以设定偏移距离，效果如图 2–2–15 所示。

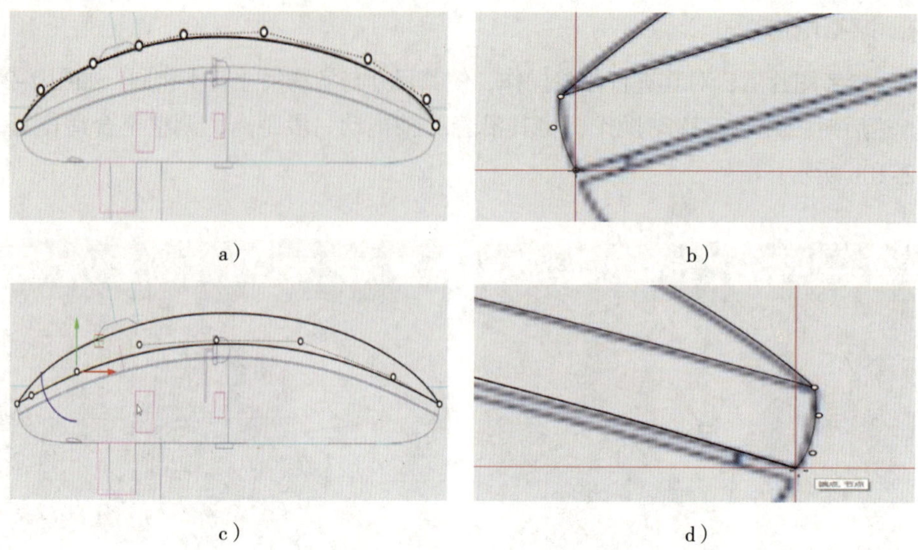
a） b）
c） d）

图 2-2-11 绘制轮廓曲线

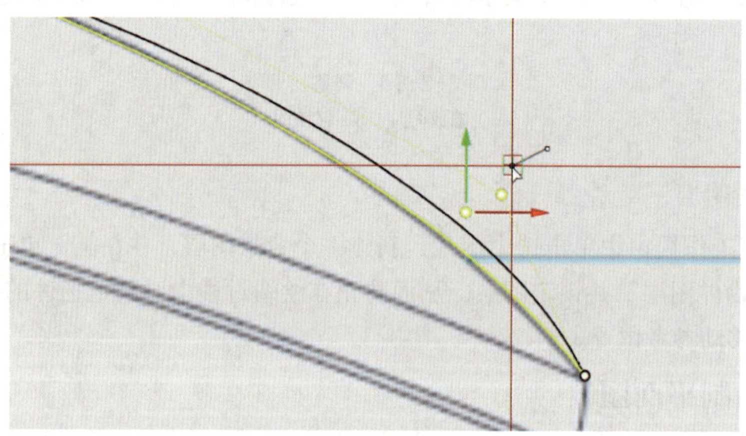

图 2-2-12 物件控制点调整

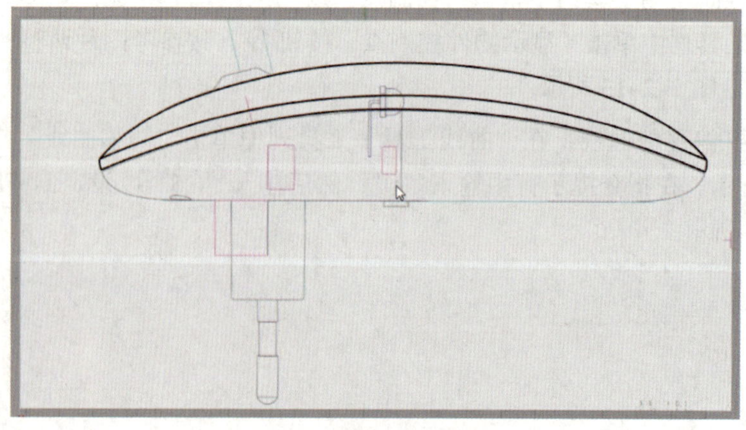

图 2-2-13 调整后的轮廓曲线

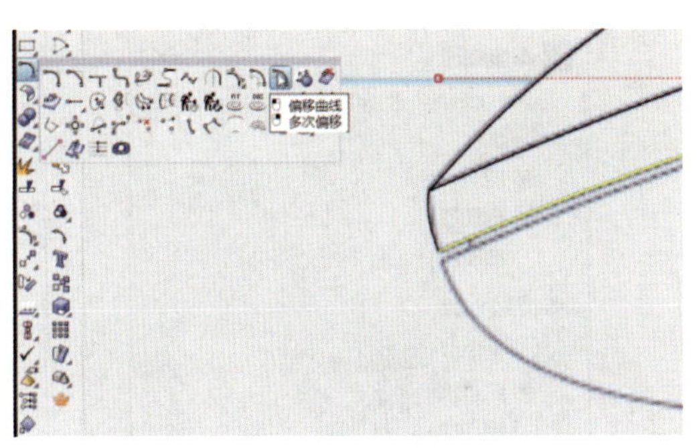

图 2-2-14 “偏移曲线”按钮

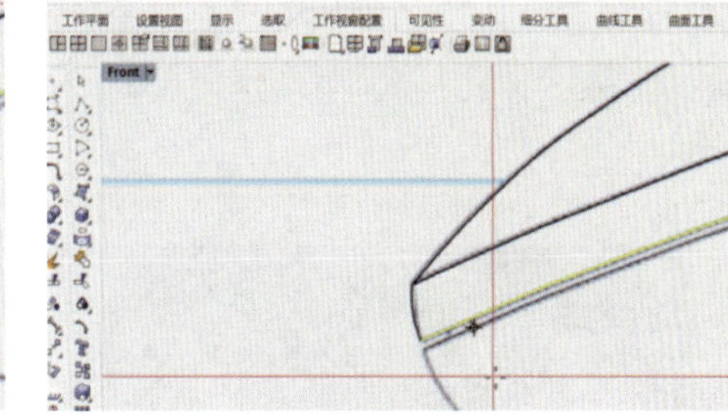

图 2-2-15 偏移距离为 0.5 mm 后的效果

在工具列中单击“控制点曲线”按钮，绘制图 2-2-16 所示的轮廓曲线，在工具列中单击“显示物件控制点”按钮，按参考图片调整曲线的形状。当出现曲线没有衔接的情况（见图 2-2-17）时，可在“曲线工具”工具列中单击“衔接曲线”按钮，选择参数进行衔接，如图 2-2-18、图 2-2-19 所示。最后将已完成的曲线组合起来，如图 2-2-20 所示。

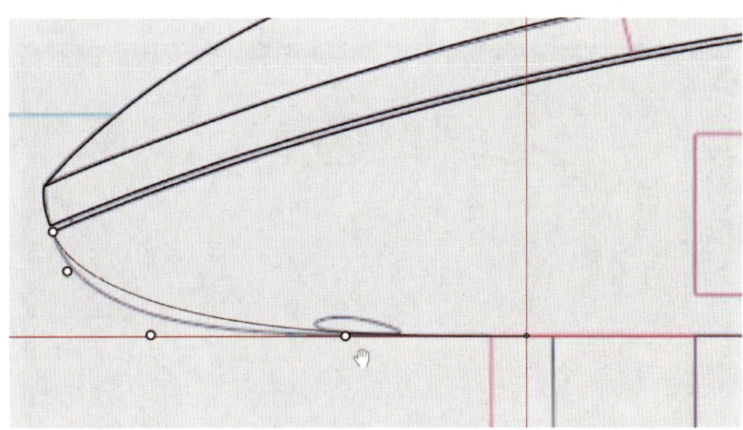

图 2-2-16 绘制轮廓曲线

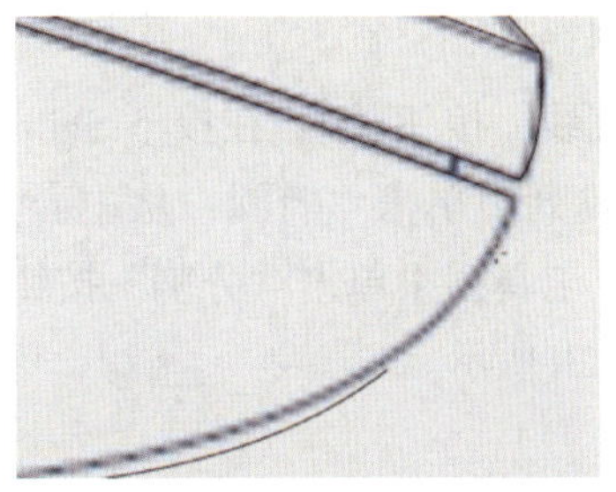

图 2-2-17 曲线没有衔接

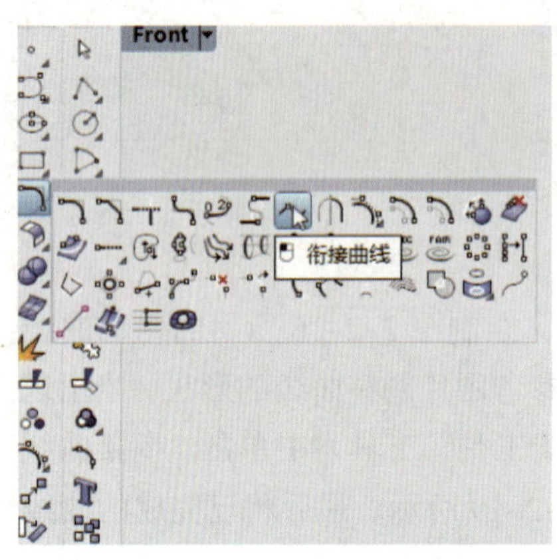

图 2-2-18 “衔接曲线”工具

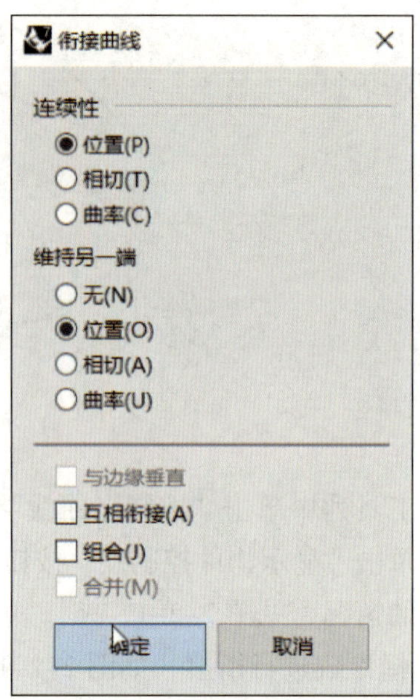

图 2-2-19 “衔接曲线”对话框

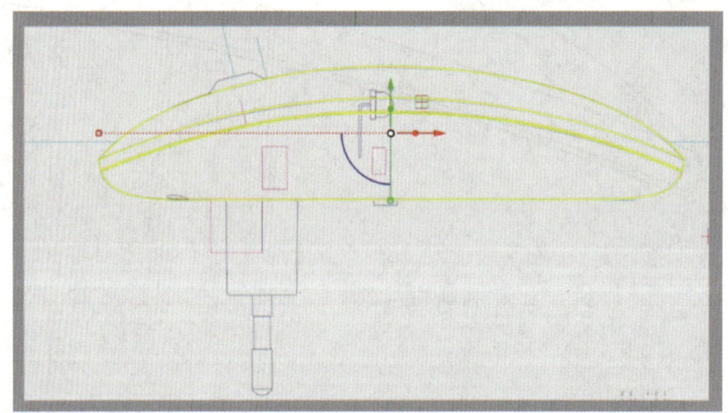

图 2-2-20 组合曲线

2. 绘制多重直线与椭圆

在工具列中单击“多重直线”按钮。在按下 Shift 键的同时，绘制图 2-2-21 所示的轮廓线。在“椭圆”工具列中单击“椭圆：从中心点”按钮，绘制椭圆，如图 2-2-22a 所示。在“变动”工具列中单击“分割”按钮，对椭圆进行分割并删除椭圆的上半部分，如图 2-2-22b 所示。

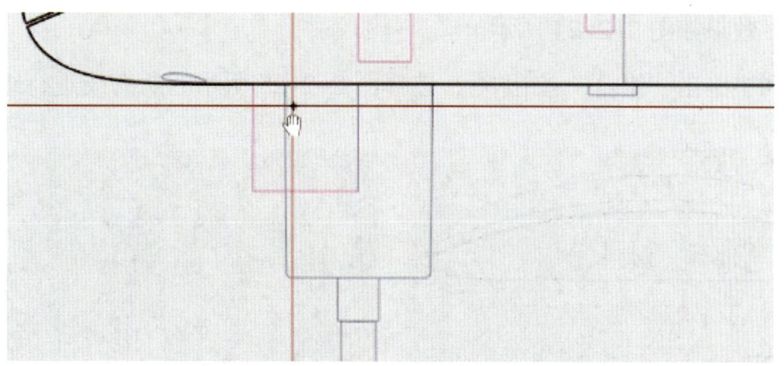

图 2-2-21　绘制轮廓线

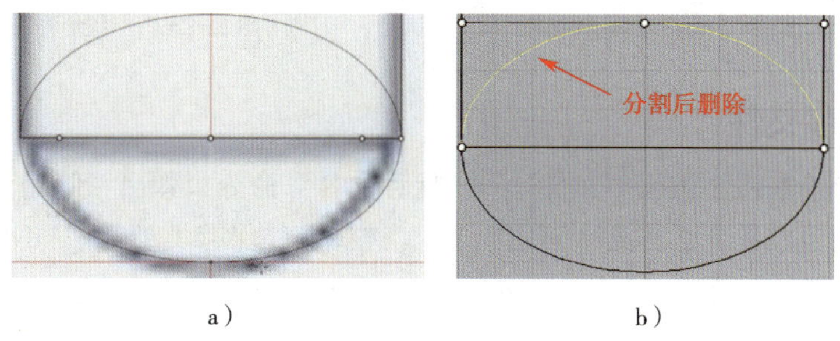

a）　　b）

图 2-2-22　绘制椭圆

3. 绘制圆角

在工具列中单击“曲线圆角”按钮，依次对各图形部分进行倒圆角命令，如图 2-2-23 所示。

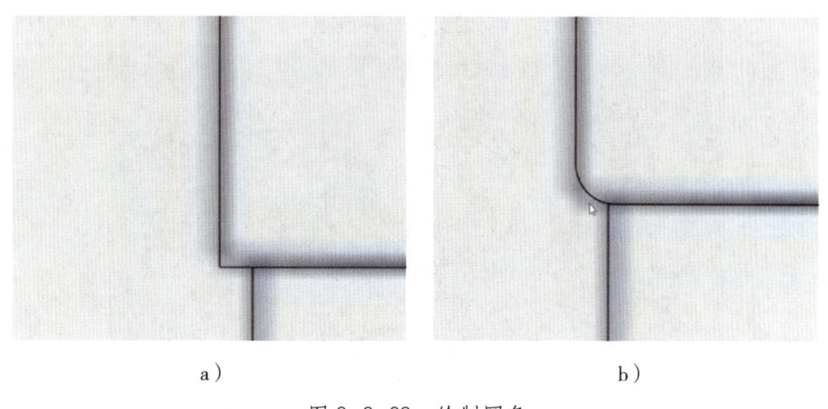

a）　　b）

图 2-2-23　绘制圆角
a）倒圆角前　b）倒圆角后

4. 隐藏背景与组合曲线

右击“解锁锁定物件”按钮，解锁背景图层，单击“隐藏背景图”按钮，隐

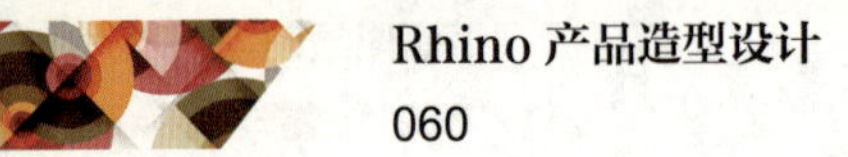

藏背景图层，效果如图 2-2-24 所示。

在工具列中单击“组合”按钮 ，选择图 2-2-25 所示的所有线进行组合。

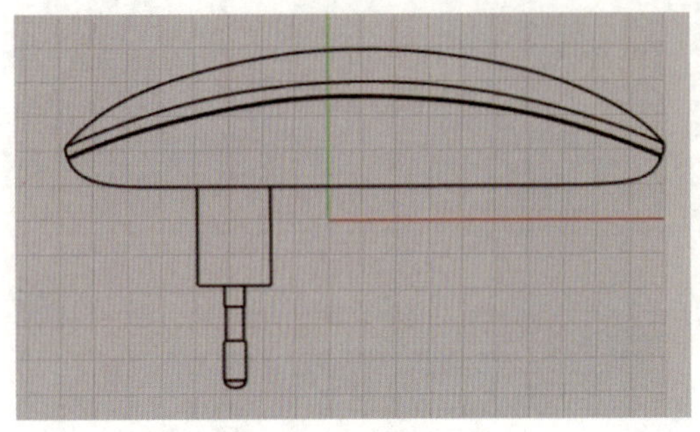

图 2-2-24 隐藏背景图层后的效果

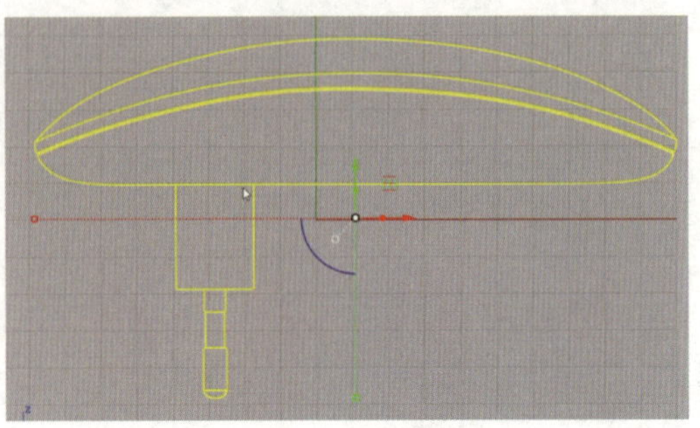

图 2-2-25 组合所有线

三、保存文件

完成图形绘制后，执行“文件”→“保存文件”命令，弹出“储存”对话框，输入文件名“项目二任务 2 产品平面图绘制”，选择文件保存类型为“*.dxf”，单击“保存”按钮。

利用所学工具，完成图 2-2-26 所示阵列图形的绘制，保存文件。

图 2-2-26 阵列图形绘制

项目三
基础造型

任务 1　商标造型

1. 了解文字绘制的方法。
2. 掌握背景图导入和背景图编辑的操作方法。
3. 了解曲面挤出的方法。

根据图 3–1–1a 所示素材，完成图 3–1–1b 所示商标造型。该造型主要由商标实体

a）

b）

图 3–1–1　商标
a）素材　b）造型

和文字两部分构成。在绘制商标造型时采用控制点曲线工具，首先通过偏移曲面来完成商标实体的创建，再用文字物件工具绘制文字，最终完成商标的造型。

一、文字绘制

文字绘制常用于制作产品商标或建立文字型物体模型。在 Rhino 中，文字具有三种形态：曲线、曲面和实体。可根据不同情况选择不同形态的文字进行绘制，多采用曲线形态，因其更便于修改。

1. 文本物件

在工作界面左侧工具列中单击“文字物件”按钮 ，弹出“文本物件”对话框，如图 3–1–2 所示。

2. 输入文字内容

在“文本物件”对话框的空白文本框中输入要绘制的文字内容，然后在“字体”选项中选择文字的字体和形态，如图 3–1–3 所示。若勾选“建立群组”复选框，则会建立一个文字模型群组，如图 3–1–4 所示。

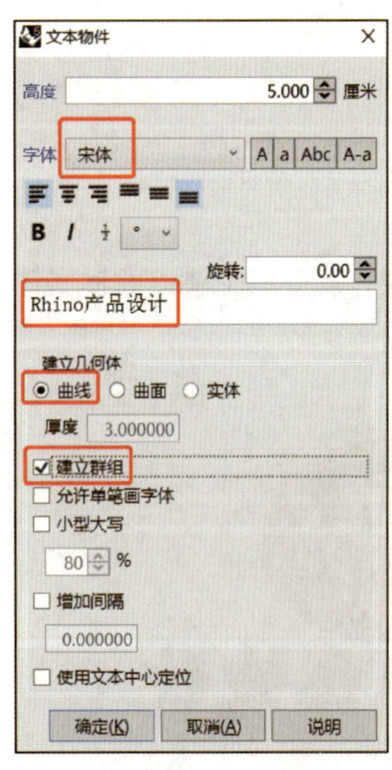

图 3-1-2 “文本物件”对话框

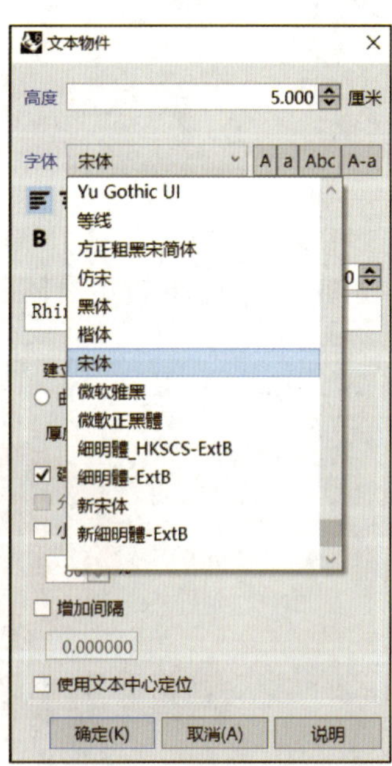

图 3-1-3 选择文字的字体

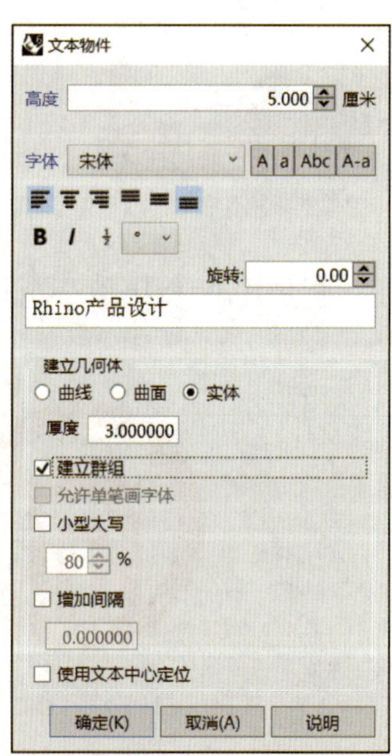

图 3-1-4 勾选“建立群组”复选框

3. 允许单笔画字体

若选择文字为曲线形态，则“文本物件”对话框中会出现“允许单笔画字体”复选框。勾选“允许单笔画字体”复选框前后的效果如图 3-1-5 所示。

图 3-1-5　勾选“允许单笔画字体”复选框前后的效果

4. 文字大小

若选择文字为曲线或曲面形态，则只需输入字体的高度值；若选择文字为实体形态，则还需输入字体的厚度值，如图 3-1-6 所示。

5. 效果

在上述选项设置完成后，单击“确定”按钮，在一个平面工作视窗中移动鼠标指针选择文字位置，按 Enter 键或单击鼠标右键确认操作。创建的曲线、曲面和实体文字的效果如图 3-1-7 所示。

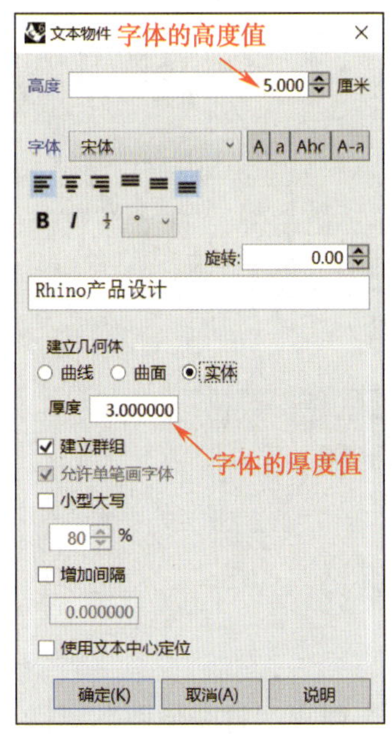

图 3-1-6　设置文字大小

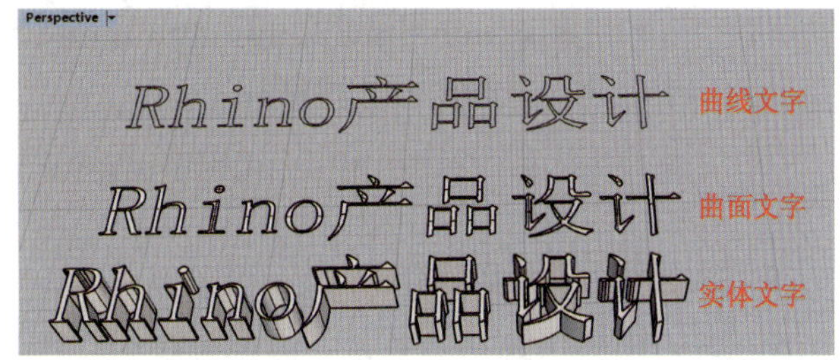

图 3-1-7　三种形态文字的效果

二、背景图设置

1. 导入背景图

（1）打开“背景图”工具列

执行“工具”→“选项”命令，在弹出的“Rhino 选项”对话框中选择“工具列”，在右侧列表中勾选“背景图”复选框，如图 3-1-8 所示，单击“确定”按钮，弹出“背景图”工具列，如图 3-1-9 所示。

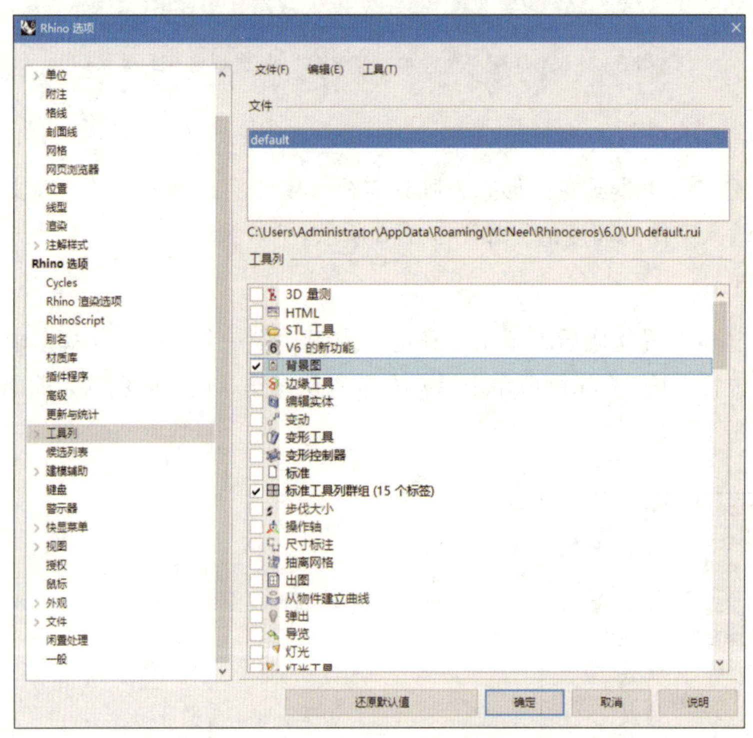

图 3-1-8　勾选“背景图”复选框

图 3-1-9　“背景图”工具列

（2）执行导入背景图操作

在“背景图”工具列中单击“放置背景图”按钮，弹出“打开位图”对话框，在对话框中选择需要的图片，单击“打开”按钮，如图 3-1-10 所示。

也可以单击工作视窗标题右侧的倒三角形按钮，在弹出的快捷菜单中单击“背景图”→“放置”，如图 3-1-11 所示，打开“打开位图”对话框进行导入操作。

将图片放入相应的工作视窗中。可以在 Top 工作视窗中选择一点作为图片放置的第一点，再选择第二点以确定图片的摆放位置和大小，如图 3-1-12 所示。

图 3-1-10　“打开位图”对话框

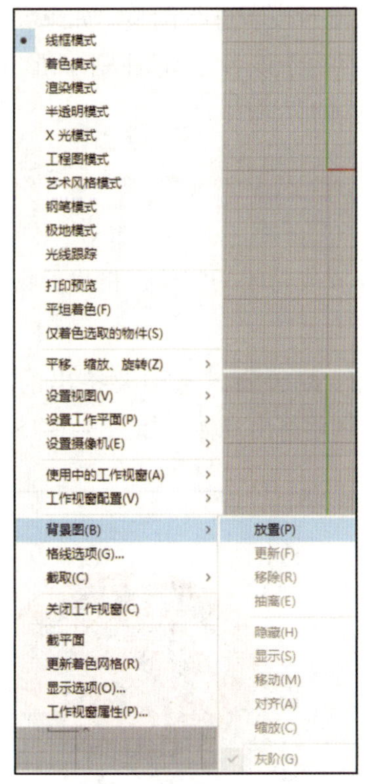

图 3-1-11　在弹出的快捷菜单中单击“背景图”→“放置”

图 3-1-12　放置图片

小贴士

如果需要水平或垂直摆放图片，则可以按住 Shift 键。

2. 添加一个图像

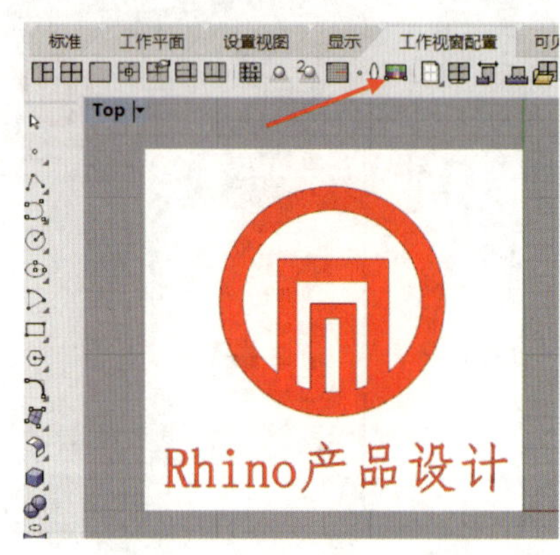

图 3-1-13 导入参考图

除了上述常规的放置背景图的方法外，Rhino 中还有一种通过引入参考图辅助建模添加一个图像的方法。其具体方法为：单击“建立曲面”工具列中的“图像”按钮（“建立曲面”工具列将在项目三任务 2 中讲解），在各工作视窗中以平面形式导入参考图，如图 3-1-13 所示。为了提高图片对齐的准确度，建议在导入图片前将其修整好，并且选择坐标原点作为导入的基点。根据对图片的摆放位置和大小的要求，可以使用“平移”或“缩放”命令对导入的图片进行调整。这种方法的好处是能够直观、全方位地看到整个物体的各面细节，以便对模型进行调整。如果导入的是真实的产品图片，还可以检查模型的渲染效果。而且由于该参考图是以平面形式出现的，其可操作性（如在空间移动等方面）远远高于导入的背景图。

三、曲面挤出

挤出是指将曲面边缘沿直线挤出成实体。

挤出曲面是指挤出曲线或曲面来创建一个开放或封闭的实体，挤出的物件既可以是多重曲面，也可以是轻量级的挤出物件。

单击“建立曲面”工具列中的“直线挤出”按钮，选中要挤出的曲线，如图 3-1-14 所示，按 Enter 键或单击鼠标右键确认创建挤出实体，如图 3-1-15 所示。

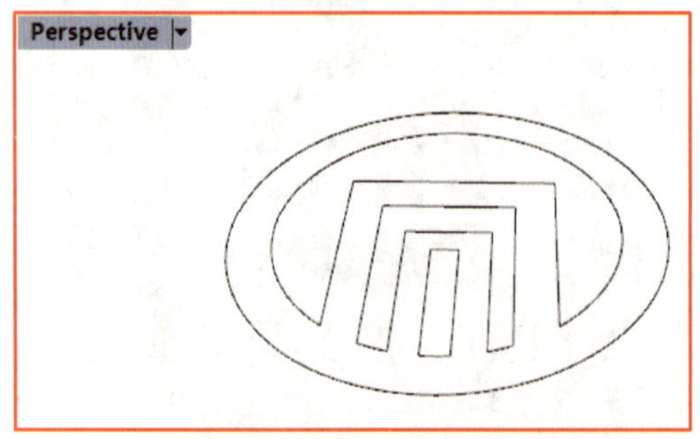

图 3-1-14 选中要挤出的曲线

图 3-1-15 创建挤出实体

操作演示

一、建模准备

1. 新建文件

启动 Rhino，进入绘图设计环境（模板文件默认为“小模型 - 毫米”）。

2. 导入参考图片

在“工作视窗配置”工具列中单击“图像”按钮，在 Top 工作视窗中导入图 3-1-16a 所示参考图片图形文件，在指令提示行中单击“中心点”，输入“0”，使图片的中心点在坐标原点，并调整图片的大小，如图 3-1-16b 所示。

a）

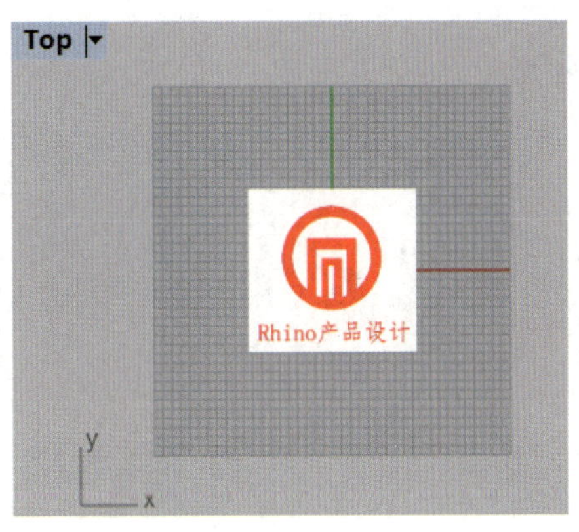

b）

图 3-1-16　导入参考图片
a）参考图片　b）导入参考图片

3. 新建图层

新建图层，修改图层名称为“背景图”，将参考图片放入该背景图层中，锁定背景图层，如图 3-1-17 所示，以防在绘图过程中对其他物件的选择产生影响或错误地移动参考位置。调整参考图片的物件透明度至 90%，如图 3-1-18 所示。

二、绘制商标图形

1. 绘制及编辑商标轮廓线

在工作界面左侧工具列中单击“圆：中心点、半径”按钮，在指令提示行中输入“0”，绘制图 3-1-19 所示的圆。单击选中圆，将鼠标指针移动到坐标中心，待坐标变成黑色后，按住鼠标左键，调整圆的位置，如图 3-1-20 所示。选中圆上左侧的控制点，按住 Shift 键，调整圆的大小，使圆与参考图片对应部分重合，如图 3-1-21 所示。

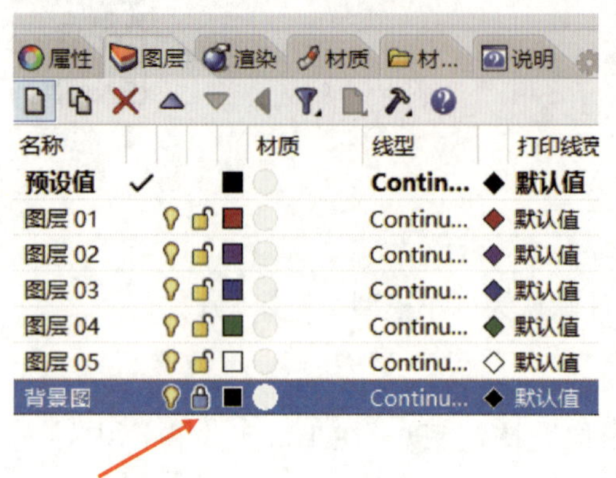

图 3-1-17　新建图层

图 3-1-18　调整参考图片的物件透明度

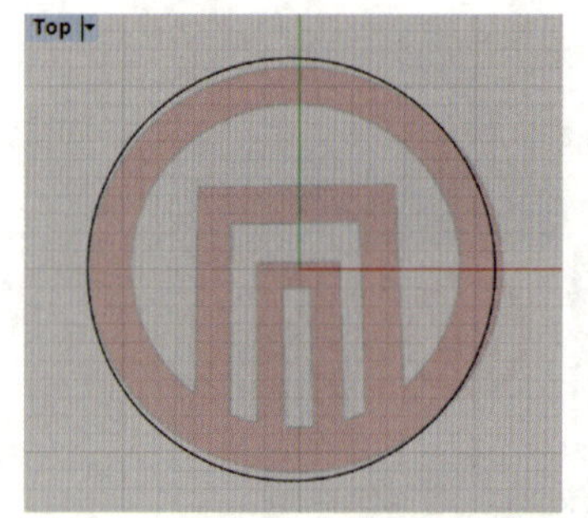

图 3-1-19　绘制圆

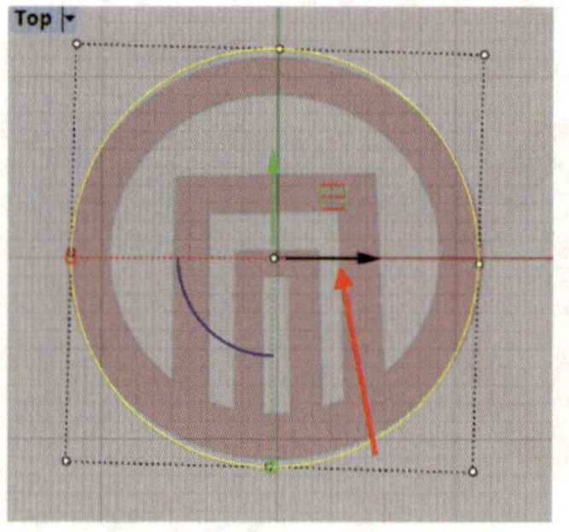

图 3-1-20　调整圆的位置

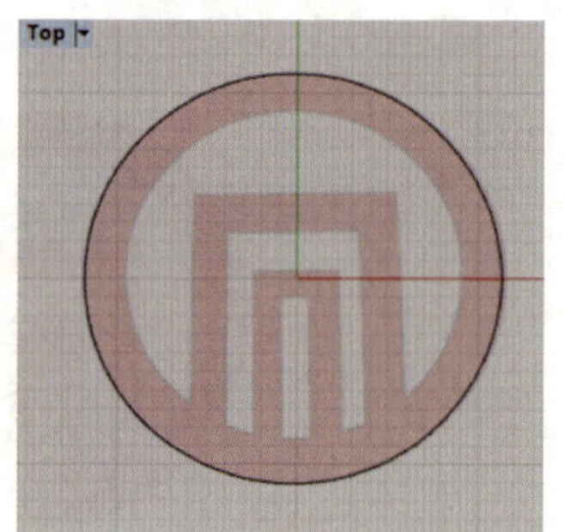

图 3-1-21　使圆与参考图片对应部分重合

按下 Ctrl+C 组合键复制圆，再按下 Ctrl+V 组合键粘贴圆，如图 3-1-22 所示。选中圆上左侧的控制点，按住 Shift 键，调整圆的大小，使圆与参考图片对应部分重合，如图 3-1-23 所示。

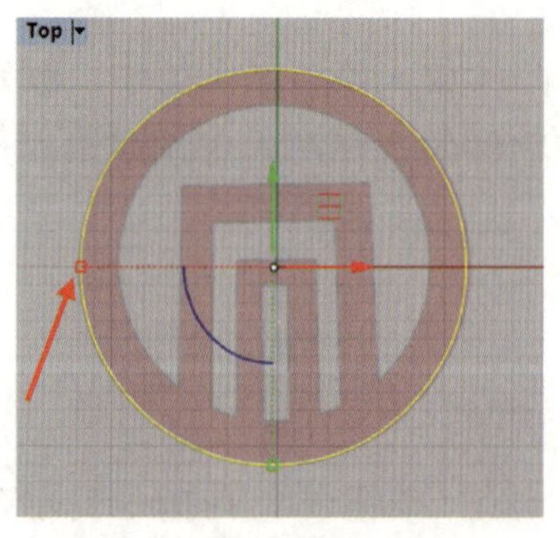

图 3-1-22　复制与粘贴圆

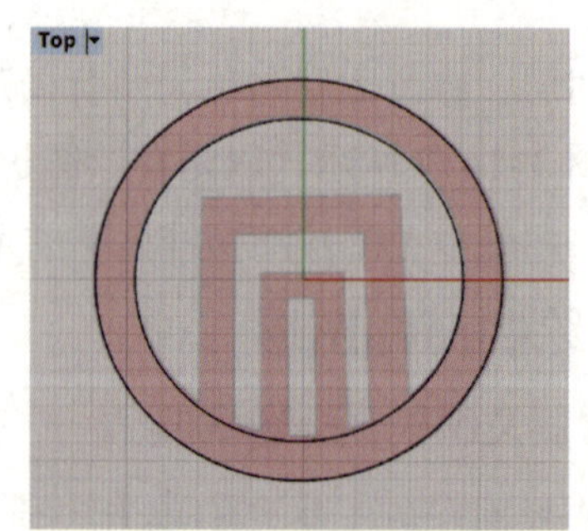

图 3-1-23　使圆与参考图片对应部分重合

在工具列中单击“多重直线”按钮 ，绘制图 3-1-24 所示的直线，注意在绘制水平直线时应按住 Shift 键。

按图 3–1–25 所示箭头的指示框选两个圆，在工具列中单击“修剪”按钮，修剪后的效果如图 3–1–26 所示。

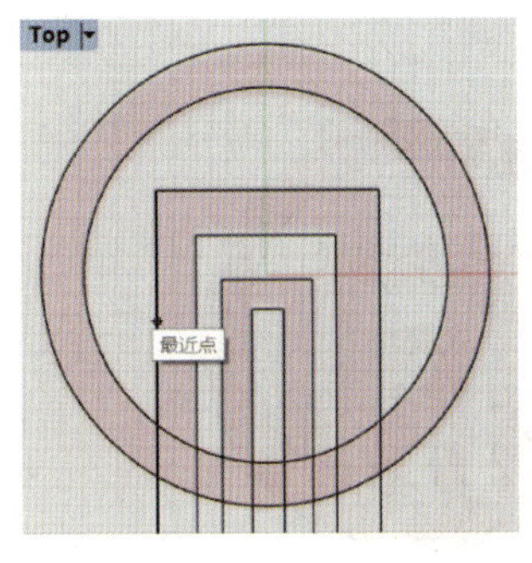

图 3–1–24　绘制直线

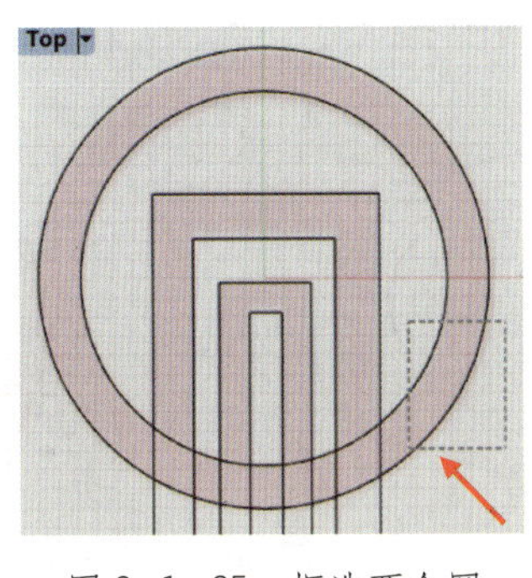

图 3–1–25　框选两个圆

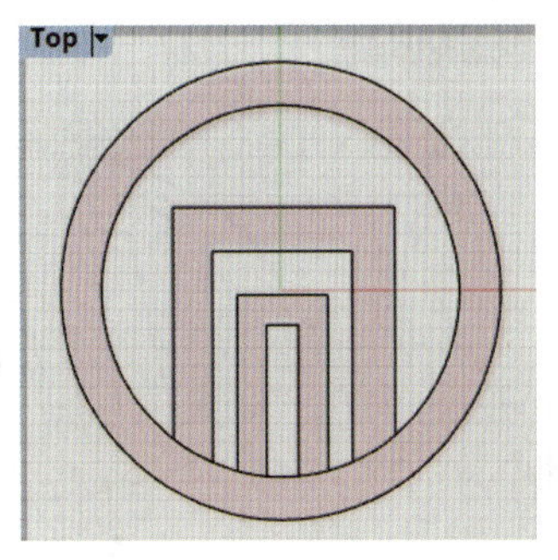

图 3–1–26　修剪后的效果

按图 3–1–27 所示箭头的指示框选圆内部的直线，在工具列中单击“修剪”按钮，修剪后的效果如图 3–1–28 所示。

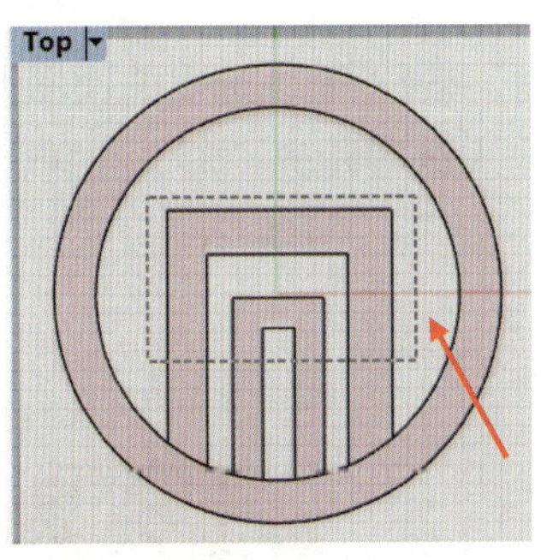

图 3–1–27　框选圆内部的直线

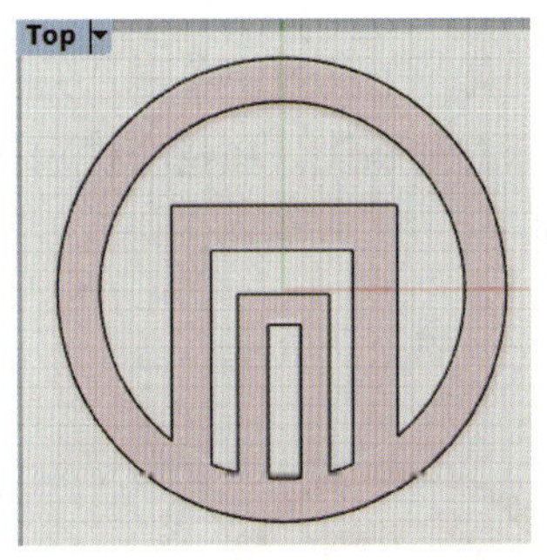

图 3–1–28　修剪后的效果

2. 编辑曲线（分割和修剪）

在“图层”面板中的“背景图”图层单击“关闭”按钮，隐藏背景图层，如图 3–1–29 所示。

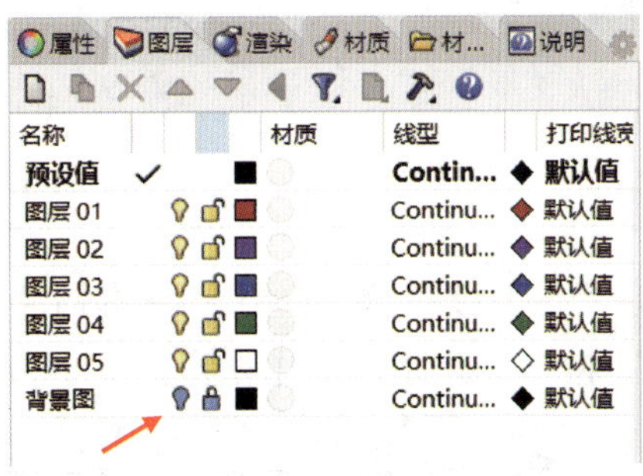

图 3–1–29　隐藏背景图层

在工具列中单击“组合”按钮，选择图 3-1-30 所示的所有直线进行组合。在“建立曲面”工具列中单击“以平面曲线建立曲面”按钮，选择组合后的曲面图形，并将其所在图层的材质颜色修改成“红色”，效果如图 3-1-31 所示。

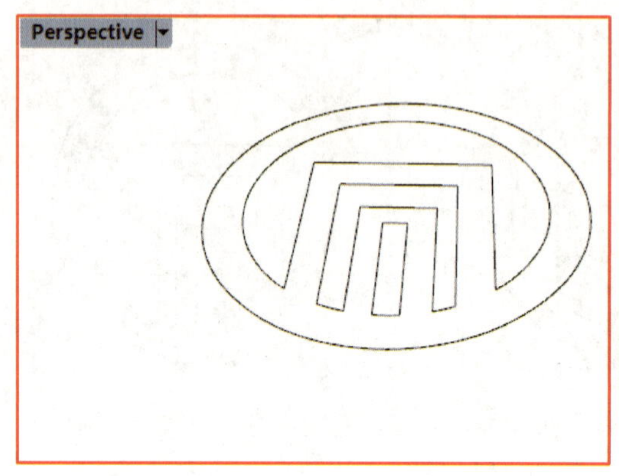

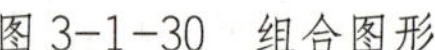
图 3-1-30　组合图形

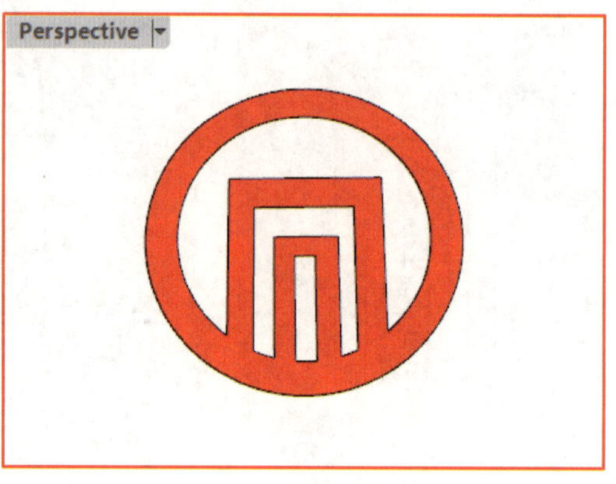

图 3-1-31　曲面图形的效果

3. 偏移曲面

在“曲面工具”工具列中单击“偏移曲面”按钮，选取曲面图形，如图 3-1-32 所示，单击鼠标右键确认，在指令提示行中输入偏移距离“3”，再单击鼠标右键确认，如图 3-1-33 所示。

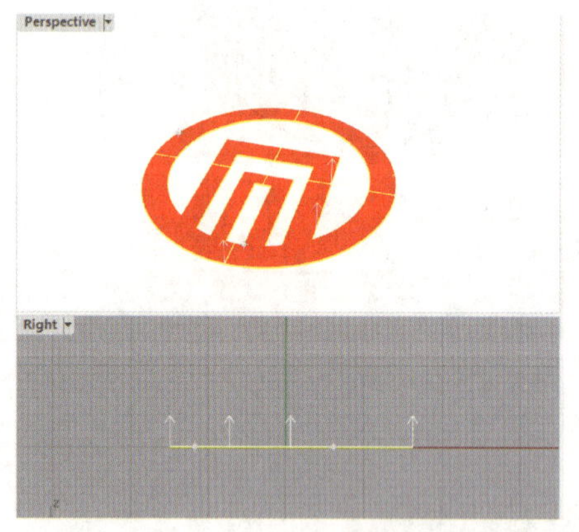

图 3-1-32　选取曲面图形

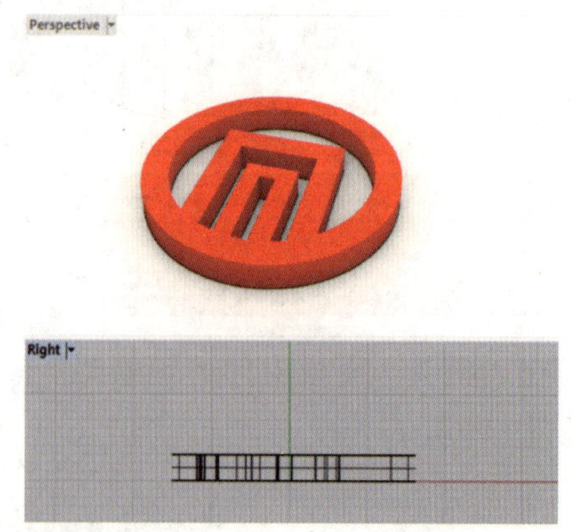

图 3-1-33　偏移后的效果

三、绘制文字图形

在工具列中单击“文字物件”按钮，弹出“文本物件”对话框，按图 3-1-34 所示进行设置，单击“确定”按钮，在 Top 工作视窗商标下方合适的位置单击，放置文字，效果如图 3-1-35 所示。切换至 Perspective 工作视窗，查看渲染效果，如图 3-1-36 所示。

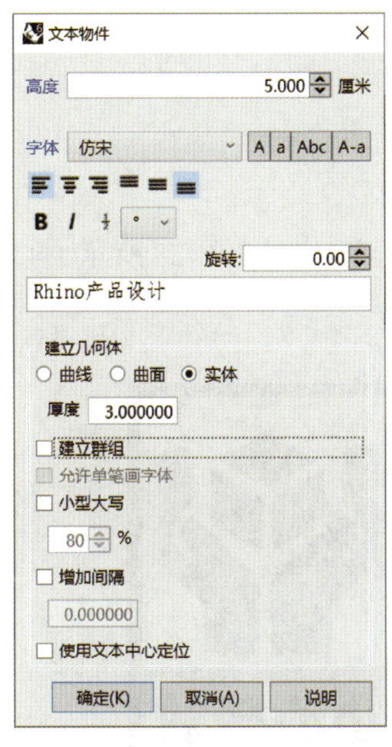

图 3-1-34　“文本物件”对话框

图 3-1-35　放置文字效果

图 3-1-36　渲染效果

小贴士

在 Perspective 工作视窗中，可以单击工作视窗标题 Perspective 右侧的倒三角形按钮，选择“渲染模式”或其他模式来显示图形。

四、保存文件

完成造型后，执行“文件”→“保存文件”命令，输入文件名“项目三任务 1 商标造型”并单击“保存”按钮。

利用所学工具，完成图 3-1-37 所示防潮防湿标示图及图 3-1-38 所示小心轻放标示图的绘制，并保存文件。

图 3-1-37　防潮防湿标示图

图 3-1-38　小心轻放标示图

任务 2　加湿器造型

1. 掌握旋转成形的操作方法与特征运用方法。
2. 掌握曲面扫掠的操作方法与特征运用方法。
3. 掌握偏移曲面工具的操作方法。
4. 掌握曲面倒角的操作方法与特征运用方法。

根据图 3-2-1a 所示素材，完成图 3-2-1b 所示加湿器造型。在绘制加湿器造型时，

通过旋转成形工具完成对加湿器机身的绘制。

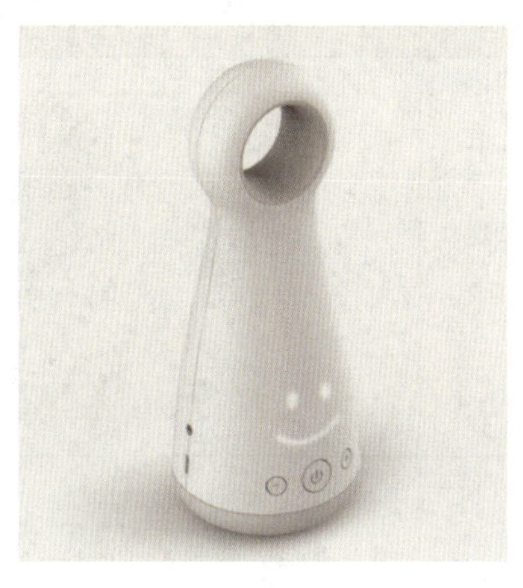
a）

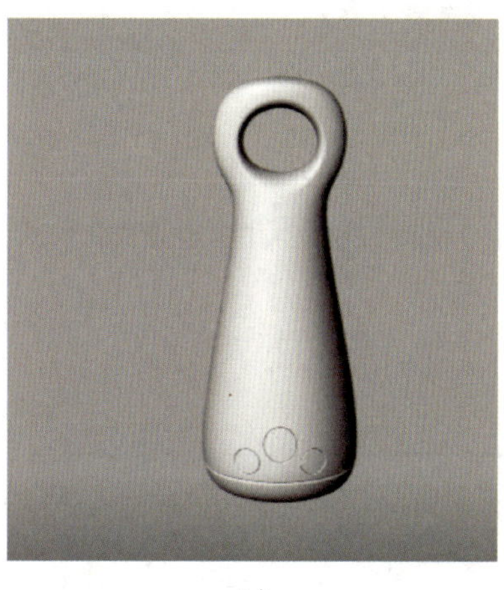
b）

图 3-2-1　加湿器
a）素材　b）造型

一、建立曲面

曲面在 Rhino 中非常重要，单击工作界面左侧工具列中的“指定三或四个角建立曲面”按钮 右下角的溢出按钮，打开“建立曲面”工具列，如图 3-2-2 所示。常用建立曲面工具的说明和图示见表 3-2-1。

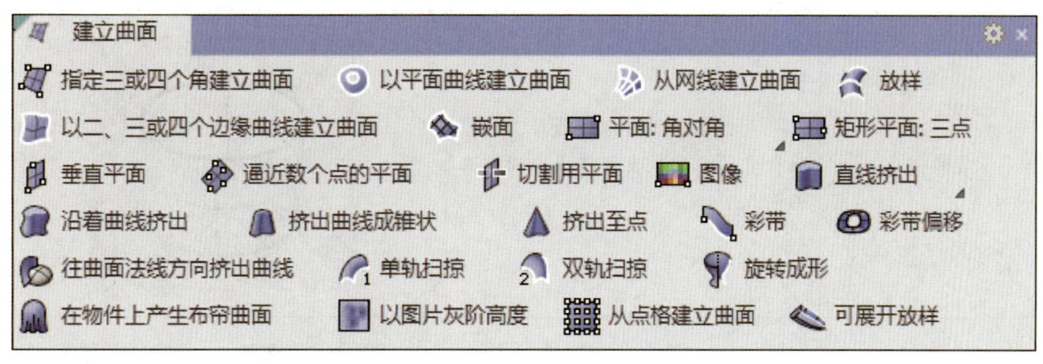

图 3-2-2　“建立曲面”工具列

表 3-2-1 常用建立曲面工具的说明和图示

名称	说明	图示
放样	在同一走向的一系列曲线上建立曲面	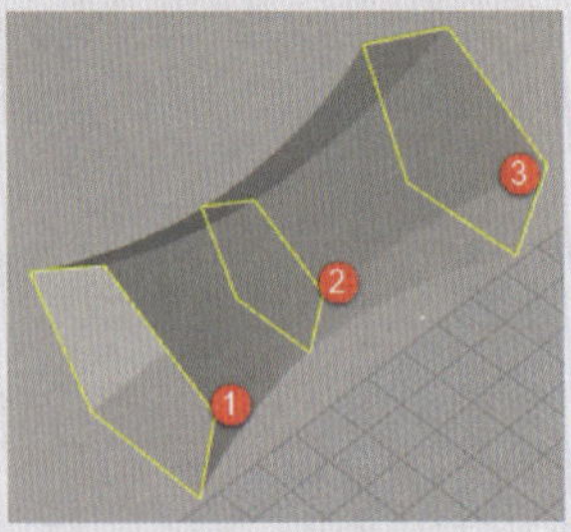
嵌面	建立逼近被选取的线和点物件的曲面，主要用于修复破裂的曲面	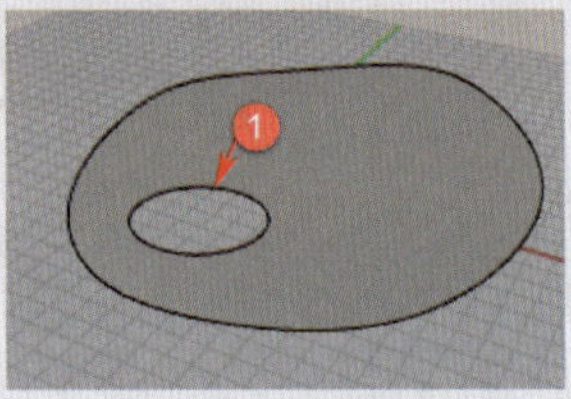
图像	在各工作视窗中以平面形式导入参考图像	
直线挤出	将开放或封闭的曲线沿与工作平面垂直的方向笔直地挤出，以建立曲面或实体	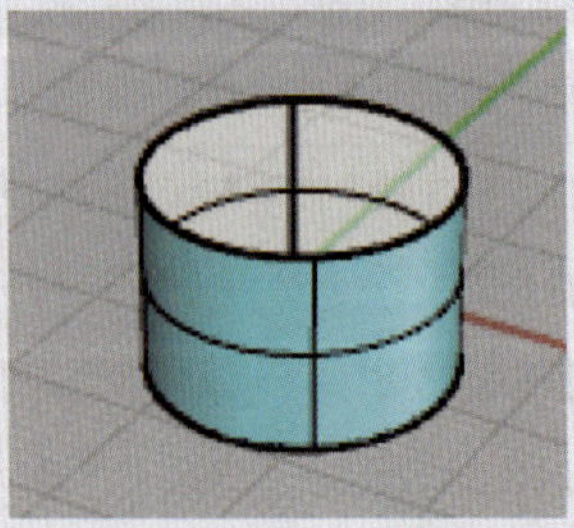
单轨扫掠	将数条定义曲面形状的曲线沿着一条路径扫掠来建立曲面	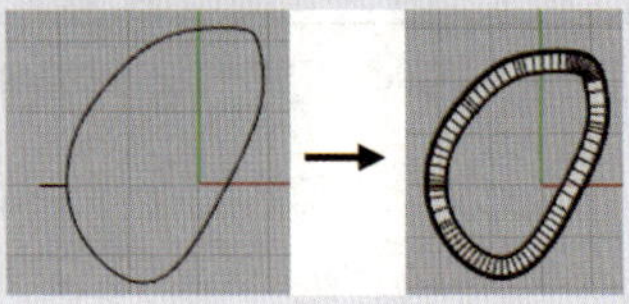

续表

名称	说明	图示
双轨扫掠	将数条定义曲面形状的曲线沿着两条路径扫掠来建立曲面	
旋转成形	将一条曲线绕着轴线旋转来建立曲面	终点 轴线 曲线 起点

二、旋转曲面

旋转曲面是将轮廓曲线绕指定旋转轴旋转一定角度所形成的曲面，旋转角度范围为 0° ~ 360°。旋转曲面分为旋转成形曲面和沿着路径成形曲面。

1. 旋转成形曲面

单击“建立曲面”工具列中的“旋转成形”按钮，以一条轮廓曲线绕着指定旋转轴旋转来建立曲面。选取轮廓曲线，单击鼠标右键确定，然后指定旋转轴的起点和终点，如图 3-2-3 所示，再选择旋转选项，即可完成旋转成形曲面的创建，如图 3-2-4 所示。

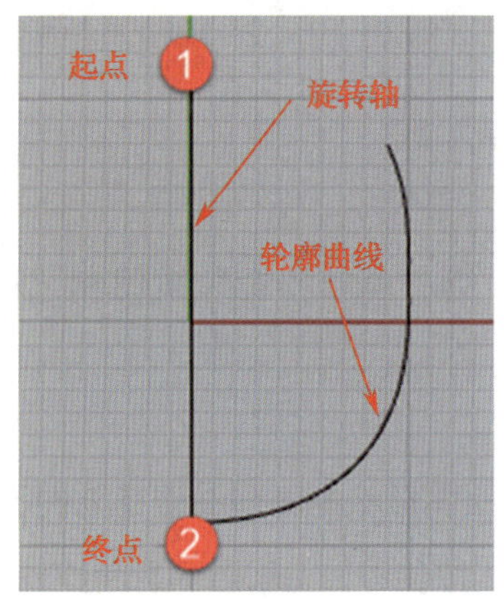

图 3-2-3　选取轮廓曲线并指定旋转轴的起点和终点

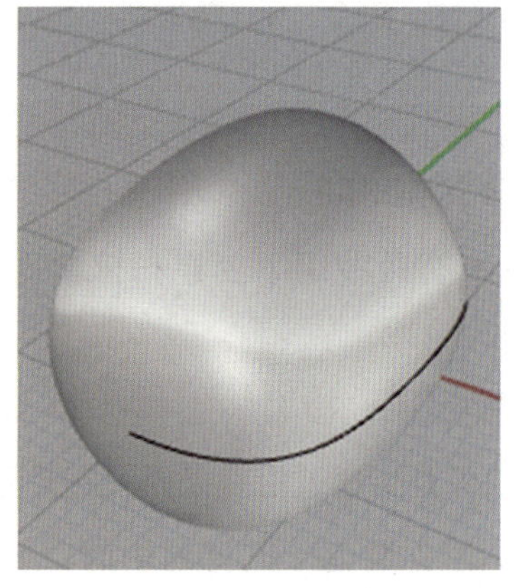

图 3-2-4　创建旋转成形曲面

“旋转成形”指令提示行中主要有“删除输入物件”“可塑形的”“360°”“设置起始角度”和“分割正切点”等选项。

小贴士

如果轮廓曲线为封闭曲线，且其旋转轴与轮廓曲线部分重叠，则必须对轮廓曲线使用炸开工具，以删除与旋转轴重叠的曲线部分，这样才不会产生多余的曲面。

2. 沿着路径成形曲面

沿着路径成形曲面是将一条轮廓曲线绕着旋转轴并沿着路径曲线旋转所形成的曲面。右击“旋转成形”按钮，即可执行“沿着路径旋转”操作。选取一条轮廓曲线，然后选取路径曲线，指定旋转轴的起点和终点，如图 3–2–5 所示，根据需要设置旋转选项，即可创建沿着路径成形曲面，如图 3–2–6 所示。

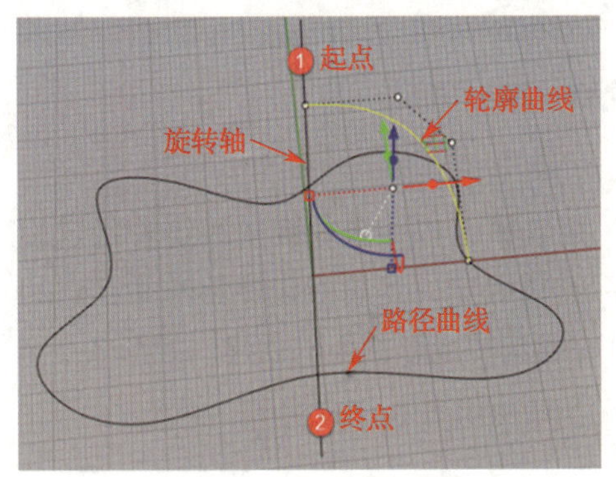

图 3–2–5　选取轮廓曲线、路径曲线并指定旋转轴的起点和终点

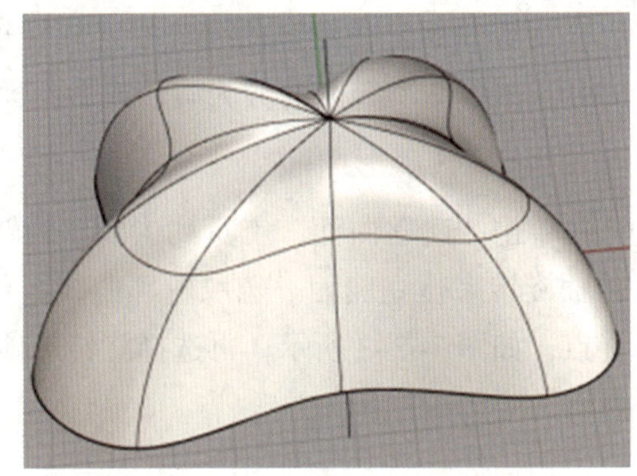

图 3–2–6　创建沿着路径成形曲面

三、扫掠曲面

Rhino 中有两种用于创建扫掠曲面的按钮，即“单轨扫掠”按钮和“双轨扫掠”按钮。

1. 单轨扫掠

单轨扫掠是指通过沿一条路径扫掠数条定义曲面形状的断面曲线建立曲面。

单击“建立曲面”工具列中的“单轨扫掠”按钮，选取一条曲线作为路径曲线，然后依照曲面通过的顺序选取数条断面曲线，如图 3–2–7 所示，若断面曲线为封闭曲线，可以根据需要调整曲线接缝位置，即可完成单轨扫掠曲面的创建，如图 3–2–8 所示。

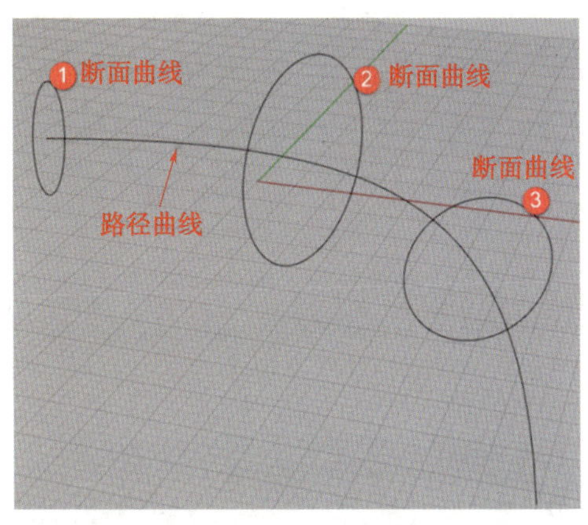

图 3-2-7　选取路径曲线和断面曲线

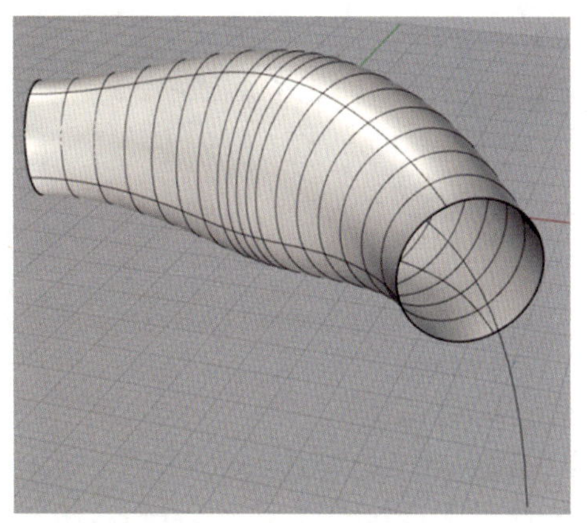

图 3-2-8　创建单轨扫掠曲面

2. 双轨扫掠

双轨扫掠是指通过沿两条路径扫掠数条定义曲面形状的断面曲线建立曲面。

单击“建立曲面”工具列中的“双轨扫掠”按钮，选取两条曲线作为路径曲线，然后依照曲面通过的顺序选取数条断面曲线，若断面曲线为封闭曲线，可以根据需要调整曲线接缝位置，即可完成双轨扫掠曲面的创建。

如果每条路径曲线都由多段线相接而成，那么在选择路径曲线时，可以选择指令提示行中的“连锁边缘”选项，设置自动连锁（即自动获取一整段连续相切的线），或者在选择路径曲线的其中一段后，使用“下一个”功能继续选择该路径曲线的下一段曲线，然后再确定第二条路径曲线，最后确定断面曲线，如图 3-2-9 所示，单击鼠标右键确认，弹出“双轨扫掠选项”对话框，如图 3-2-10 所示，用户可以根据需要设置相应参数，单击“确定”按钮后将显示扫掠结果，如图 3-2-11 所示。

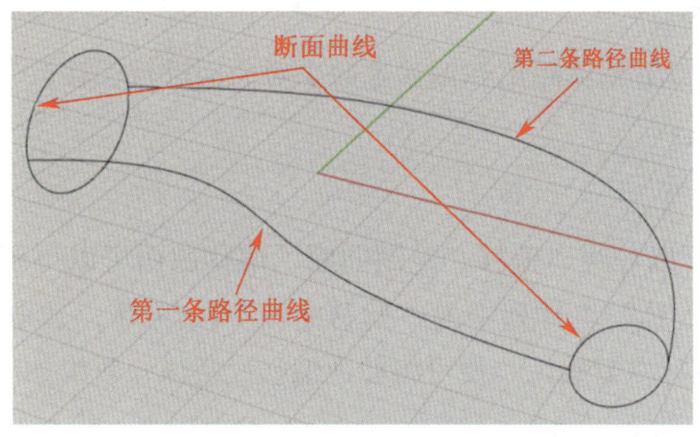

图 3-2-9　选取路径曲线和断面曲线

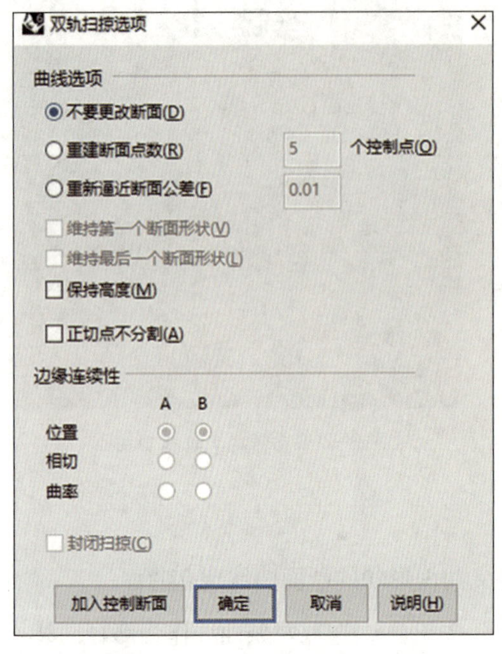

图 3-2-10 “双轨扫掠选项”对话框

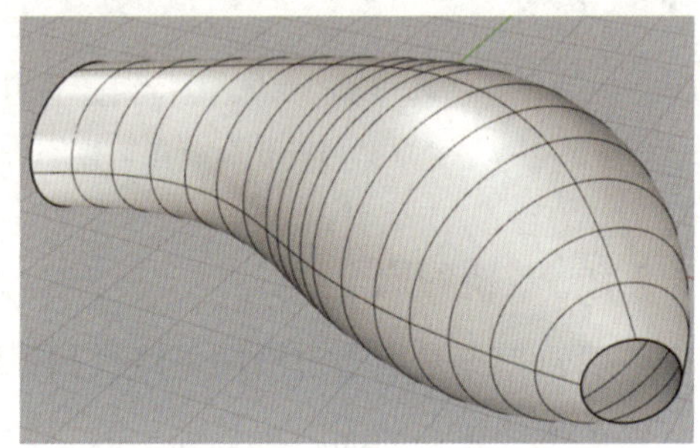

图 3-2-11 创建双轨扫掠曲面

小贴士

按住 Ctrl+ 鼠标左键可以取消选取自动连锁选取的最后一段曲线。在指令提示行中选择“点”后，可建立以点开始或结束的曲面，这一选项只能用于曲面开始或结束的位置。

四、曲面偏移

Rhino 可以通过设置偏移距离和偏移方向来对曲面进行偏移，包含偏移曲面和不等距偏移曲面两种工具。

1. 偏移曲面

偏移曲面工具可以等距离偏移、复制曲面。偏移曲面可以得到曲面，还可以得到实体。单击“曲面工具”工具列中的“偏移曲面”按钮，选取要偏移的曲面（见图 3-2-12），单击鼠标右键确认，便可将曲面偏移成实体，效果如图 3-2-13 所示。

2. 不等距偏移曲面

不等距偏移曲面工具可以不同的距离偏移、复制曲面，其与偏移曲面工具的区别在于该工具能够通过控制杆调节原曲面与复制曲面之间的距离。单击“曲面工具”工具列中的“不等距偏移曲面”按钮，选取要偏移的曲面，指令提示行中会出现提示选项，其说明和图示见表 3-2-2。

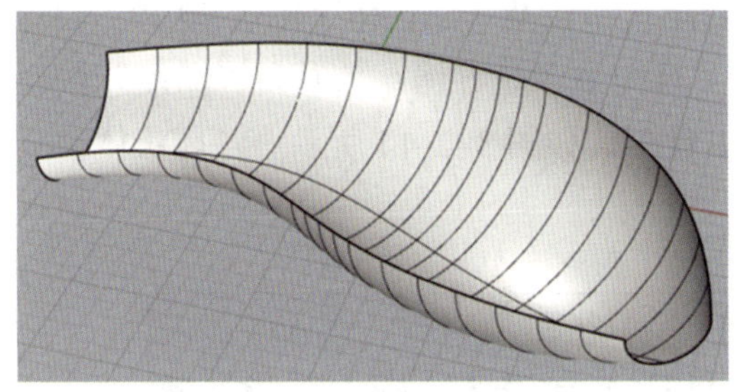
图 3-2-12 要偏移的曲面

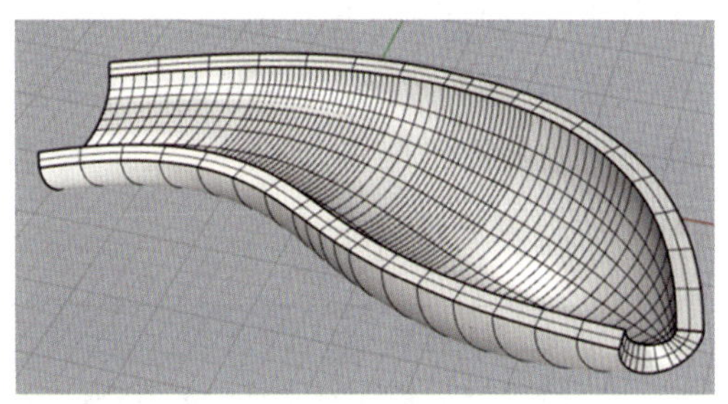
图 3-2-13 将曲面偏移成实体效果

表 3-2-2 不等距偏移曲面工具的提示选项的说明和图示

名称	说明	图示
设置全部	将全部控制杆设置为相同距离，其效果等同于等距离偏移曲面	
连接控制杆	以同样的比例调整所有控制杆的距离	
新增控制杆	加入一个调整偏移距离的控制杆	
边相切	维持偏移曲面边缘的相切方向，使之与原曲面的方向一致	

五、环状体工具

环状体就是圆环体。Rhino 中的环状体创建按钮包括“环状体”按钮和“圆管（平头盖）”按钮等。单击工作界面左侧工具列中“立方体：角对角、高度”按钮右下角的溢出按钮，弹出“建立实体”工具列，如图 3-2-14 所示。各环状体工具的说明和图示见表 3-2-3。

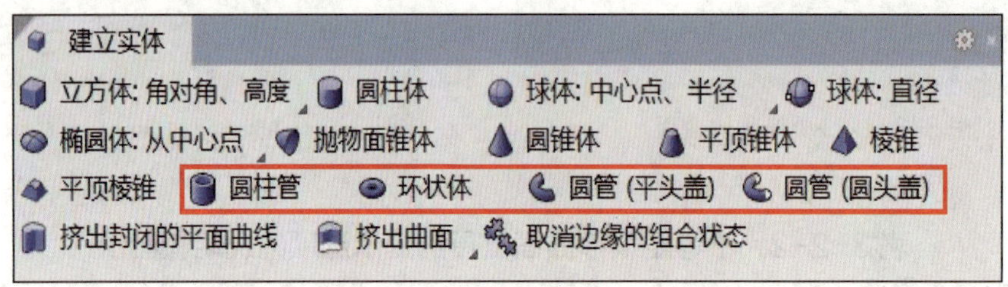

图 3-2-14 “建立实体”工具列

表 3-2-3 各环状体工具的说明和图示

名称	说明	图示
环状体	用于绘制封闭的环形管状体。先选取一点作为环状体的中心点，然后确定环状体的内径和外径长度（可以手动输入数值，也可以拖动鼠标指针来确定），即可创建环状体	
圆管（平头盖）	用于绘制沿曲线方向均匀变化的圆管，该圆管两端封口为平面。先选取一条路径曲线，然后依次指定圆管起点、终点以及路径曲线上若干点处的半径，即可创建平头盖环状圆管	
圆管（圆头盖）	用于绘制两端封口为圆滑球面的圆管，其使用方法和技巧与绘制平头盖圆管类似	

小贴士

当改变默认选项，设置“有厚度＝是”“加盖＝否”和“渐变形式＝局部”选项后，绘制的特殊圆管如图 3-2-15 所示。

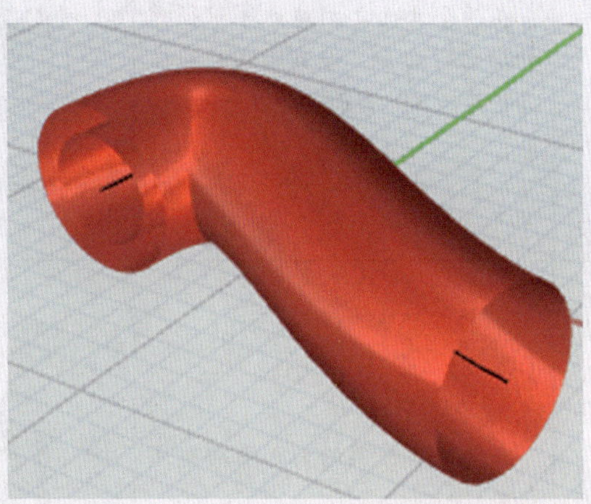

图 3-2-15 绘制特殊圆管

六、曲面倒角

在产品建模过程中，若需要对产品的锐边进行圆角或直角处理，可利用“曲面圆角”按钮或“曲面斜角”按钮等来完成，曲面之间的连续性分为切线连续性和位置连续性。单击工作界面左侧工具列中“曲面圆角”按钮右下角的溢出按钮，弹出“曲面工具”工具列，如图 3-2-16 所示，各曲面倒角工具的说明和图示见表 3-2-4。

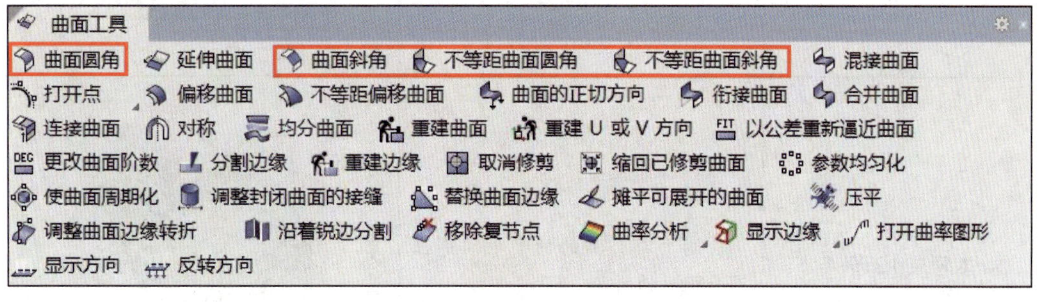

图 3-2-16 “曲面工具”工具列

表 3-2-4 各曲面倒角工具的说明和图示

名称	说明	图示
曲面圆角	在两个曲面之间建立等半径的相切圆角曲面，修剪原来的曲面并将其与圆角曲面组合在一起	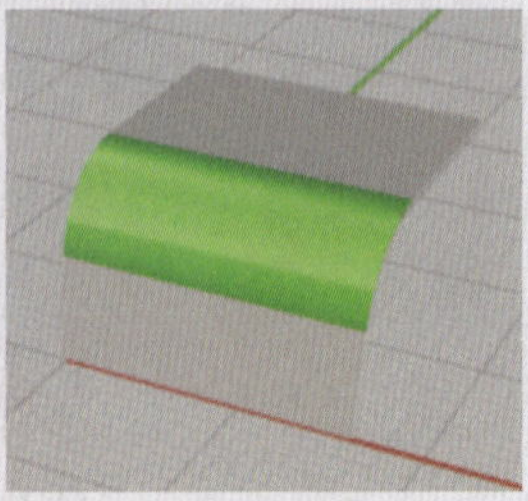
曲面斜角	在两个有交集的曲面之间建立斜角	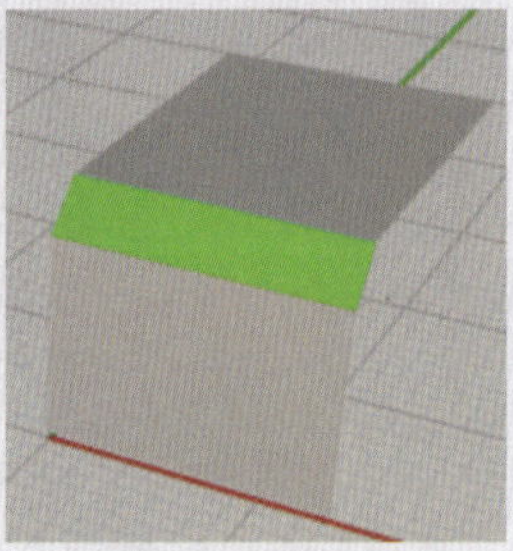
不等距曲面圆角	在两个曲面之间建立不等半径的相切圆角曲面，修剪原来的曲面并将其与圆角曲面组合在一起	
不等距曲面斜角	在两个有交集的曲面之间建立不等距离的斜角	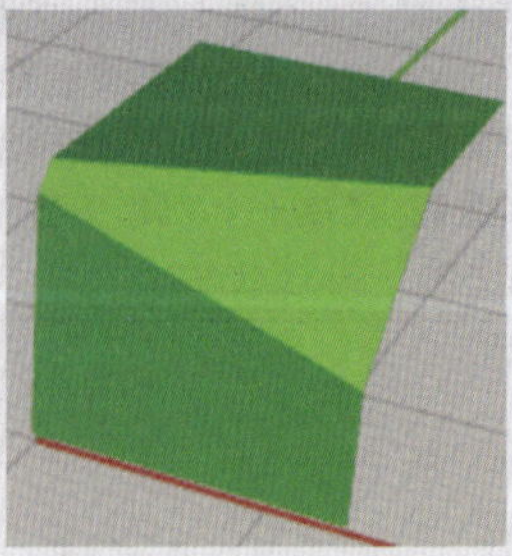

小贴士

“曲面圆角”按钮所执行的操作就像是使一个指定半径的球体沿着曲面的边缘滚动，如果曲面圆角的半径小于这个球体的半径，就会使圆角工作失败。因此曲面圆角的半径值应合适，半径值过大或过小都会使圆角失败。若单击“曲面圆角”按钮后未出现圆角效果，则可查看指令提示行中的提示，修改曲面圆角的半径值。

七、曲面混接

在 Rhino 中，若想使两个曲面之间的圆角连接更加个性化，则可利用“混接曲面”按钮来进行两个曲面之间的混接，从而在两个曲面之间建立平滑的混接曲面。

单击“曲面工具”工具列中的“混接曲面”按钮，按照指令提示行中的提示信息选取第一个面的边缘，再选取第二个面的边缘，如图 3-2-17 所示，单击“确定”按钮，曲面混接效果如图 3-2-18 所示。

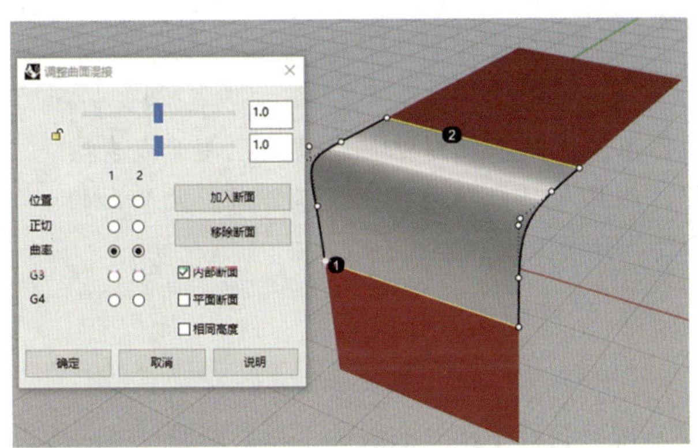

图 3-2-17 选取面的边缘

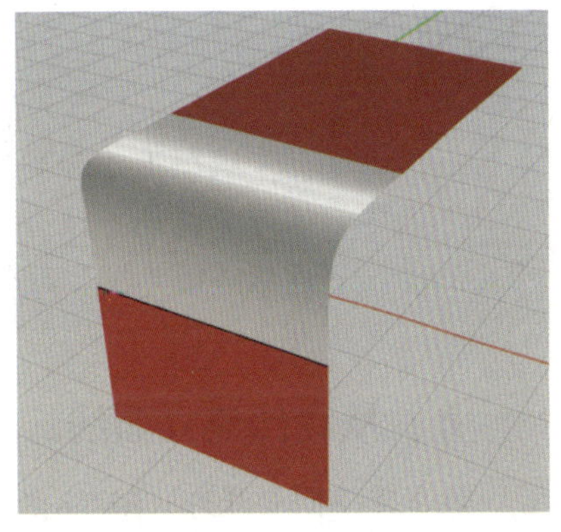

图 3-2-18 曲面混接效果

八、组合

组合工具可将不同的物件组合在一起成为单一物件。在工作界面左侧工具列中单击“组合”按钮，依次选择数条直线（曲线）后单击鼠标右键，可以将它们组合成多重直线（曲线），如图 3-2-19 所示；依次选择多个曲面后单击鼠标右键，可以将它们组合成多重曲面或实体，如图 3-2-20 所示。

使用“组合”按钮时要及时查看指令提示行中的信息和组合后物件的状态。

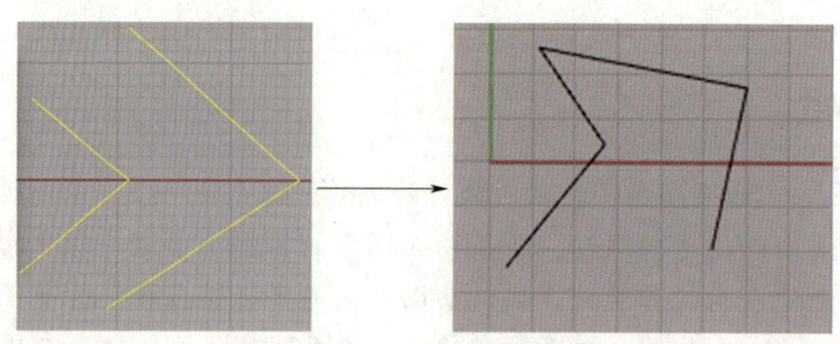

图 3-2-19 线的组合

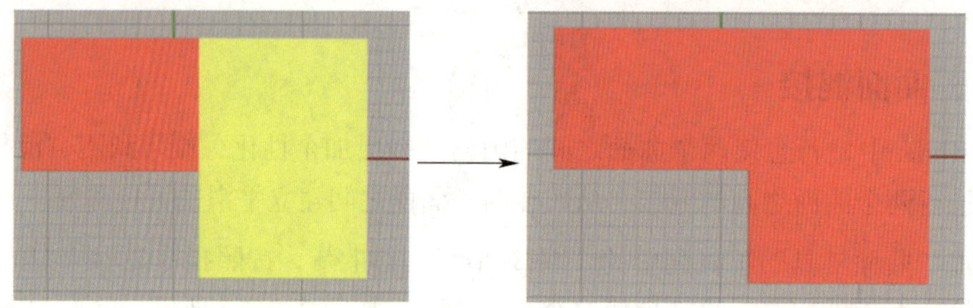

图 3-2-20 面的组合

小贴士

组合操作和群组操作不同，只有在对象都是曲线、曲面或者实体时才能进行组合操作，而且在对曲面进行组合操作时，两个面的边界必须共线，组合后两个面将合为一体。

九、从物件建立曲线

除直接绘制曲线外，Rhino 还提供从现有物件中建立曲线的工具，即通过将曲线投影到曲面上、复制边缘或复制边框等方法得到新的曲线。“从物件建立曲线”工具列如图 3-2-21 所示。常用从物件建立曲线工具的说明和图示见表 3-2-5。

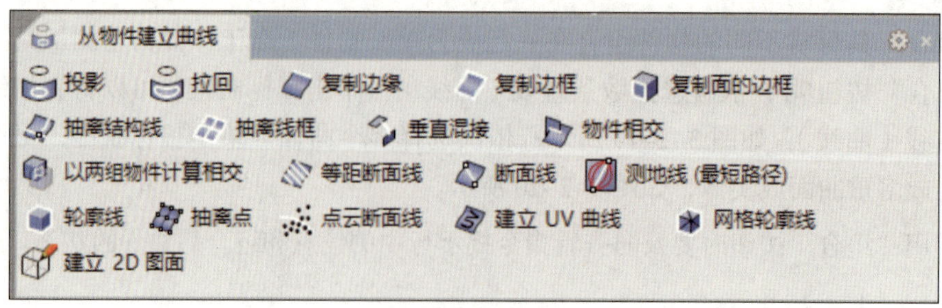

图 3-2-21 “从物件建立曲线”工具列

表 3-2-5　常用从物件建立曲线工具的说明和图示

名称	说明	图示
投影	将曲线或点向工作平面的方向投影到曲面上	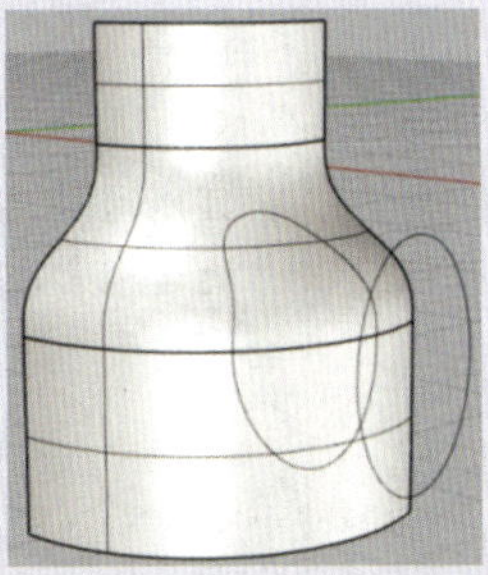
拉回	将曲线沿曲面的法线方向拉回到曲面上，可以将环绕曲面的曲线拉至曲面上作为修剪曲线	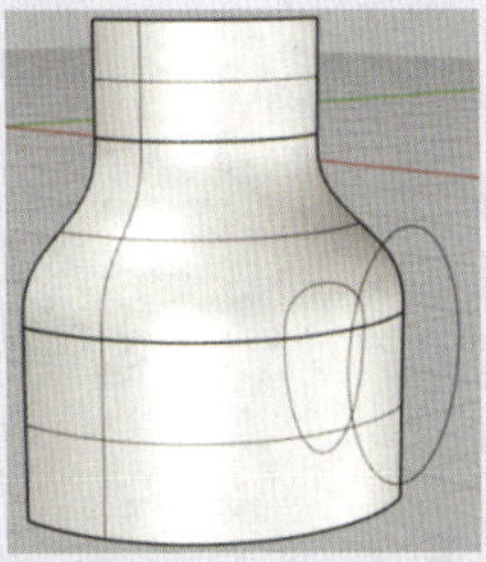 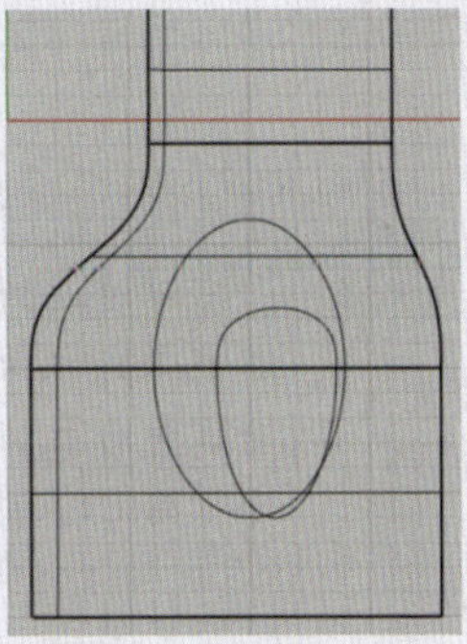
复制边缘	可以通过复制曲面的边缘来建立曲线。单击该按钮后，选取曲面的边缘，即可完成复制。从曲面的修剪边缘复制而来的曲线的控制点数及结构与之前用来修剪曲面的曲线不同	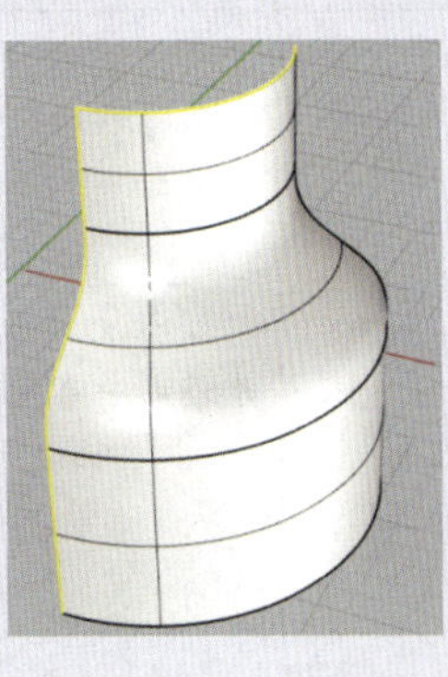

续表

名称	说明	图示
复制边框	可以通过复制曲面、多重曲面或网格的边框来建立曲线，对于多重曲面，会复制所有的边框	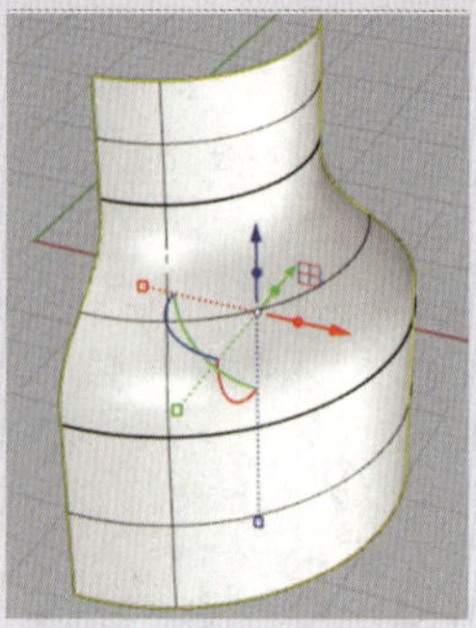
复制面的边框	可以通过复制多重曲面中个别曲面的边框来建立曲线	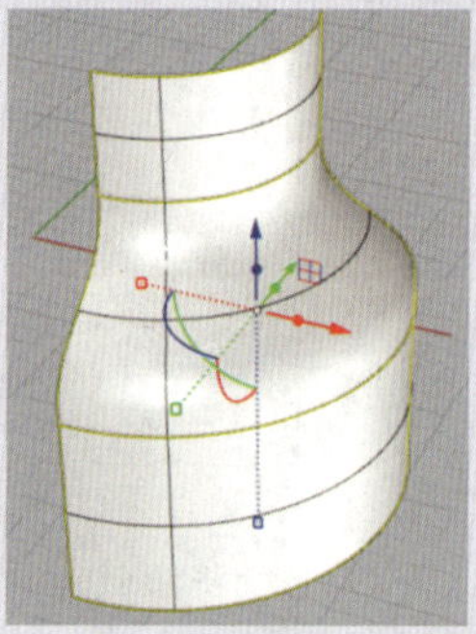
抽离结构线	可以通过抽离曲面上指定位置的结构线来建立曲线，本工具建立的是完全在曲面上 *U* 方向、*V* 方向或 *U*、*V* 两个方向上的曲线	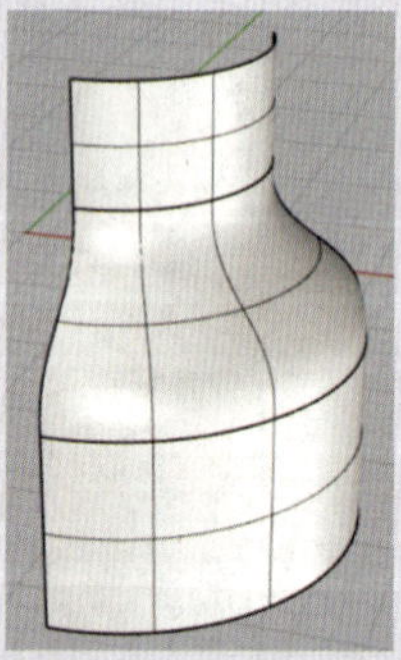
抽离线框	可以复制曲面或多重曲面在线框显示模式中可见的所有结构线	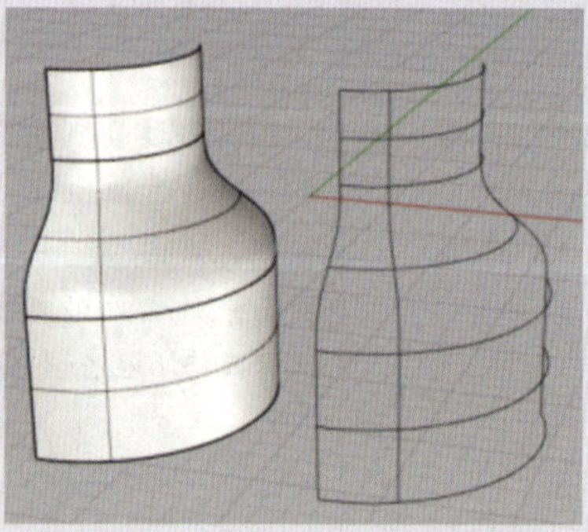

续表

名称	说明	图示
物件相交	可以在曲线或曲面有交集的位置建立相交的点或曲线	

十、曲线连接

衔接曲线工具可在两条曲线之间创建过渡平滑的曲线。该曲线与创建前的两条曲线分别独立，如需将它们结合成一条曲线，则需使用组合工具。曲线连接有三种方式，如图 3-2-22 所示。各曲线连接工具的说明和图示见表 3-2-6。

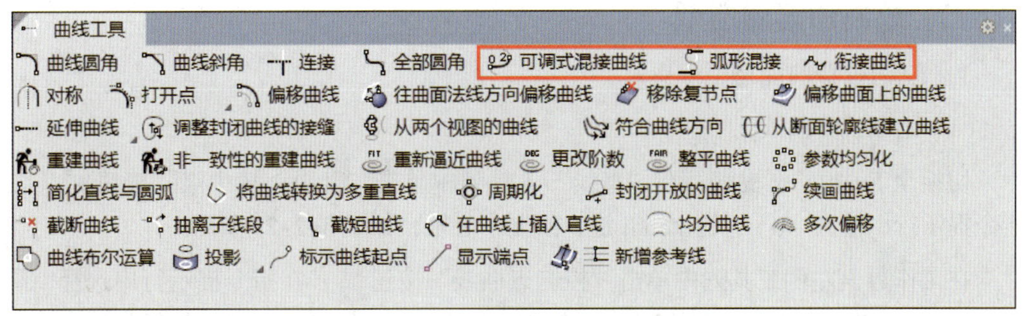

图 3-2-22 “曲线工具”工具列

表 3-2-6　各曲线连接工具的说明和图示

名称	说明	图示
可调式混接曲线	在两条曲线或曲面边缘创建可以动态调整的混接曲线	
弧形混接	创建由两个相切的连续圆弧组成的混接曲线	

续表

名称	说明	图示
衔接曲线	用于衔接曲线或曲面边缘	

操作演示

一、建模准备

启动 Rhino，进入绘图设计环境（模板文件默认为“小模型 - 毫米”）。

二、绘制加湿器造型

1．绘制机身曲面造型

（1）绘制机身曲线

切换至 Front 工作视窗，在“直线”工具列中单击“直线：从中点”按钮，在指令提示行中输入“0”，按住 Shift 键，绘制中心轴，如图 3-2-23 所示。

在工作界面左侧工具列中单击“控制点曲线”按钮，在指令提示行中选择“阶数 5 阶”，先在机身轮廓底部绘制同一水平线上的 3 个控制点，紧接着按机身的大致弧度绘制其他控制点，结果如图 3-2-24 所示。

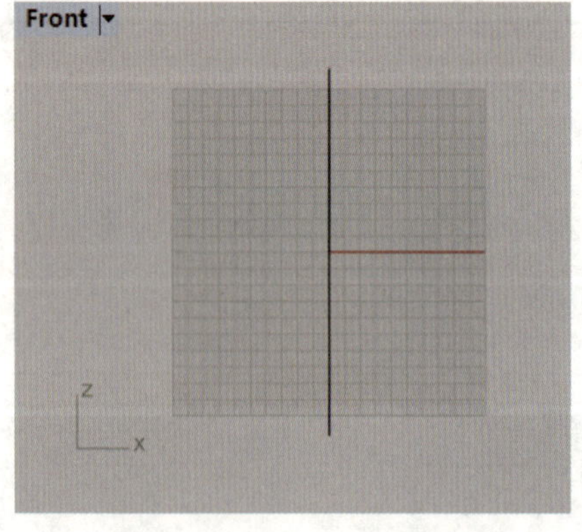

图 3-2-23　绘制中心轴

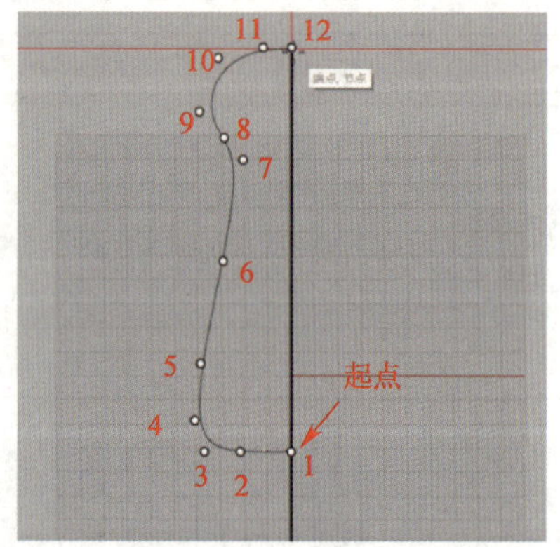

图 3-2-24　绘制机身轮廓

单击由以上控制点形成的曲线，选取控制点 3 ~ 11，根据机身的实际轮廓，对对应控制点进行调整，调整方式及调整后的效果如图 3-2-25 所示。

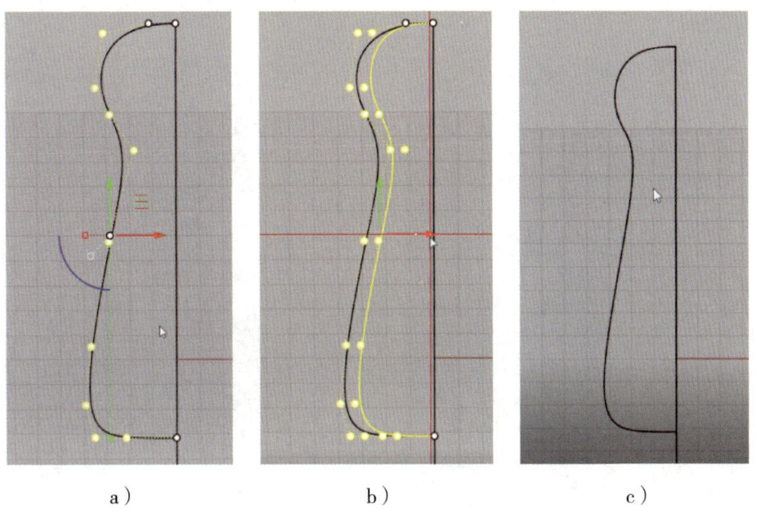

a）　b）　c）

图 3-2-25　利用控制点调整曲线形状

a）选取控制点　b）调整位置　c）调整后的效果

（2）生成机身曲面

在“建立曲面”工具列中单击“旋转成形”按钮，选择旋转轴的起点和终点，如图 3-2-26a 所示，在指令提示行中输入“360”，以机身曲线旋转生成加湿器机身曲面，效果如图 3-2-26b 所示。

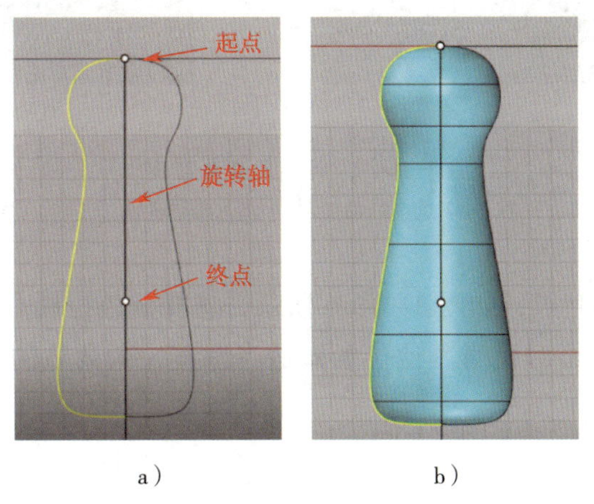

a）　b）

图 3-2-26　旋转生成机身曲面

a）选择旋转轴的起点和终点　b）旋转后的效果

2. 调整机身曲面造型

在 Perspective 工作视窗中切换至着色模式，将视窗最大化，并按 F10 键以显示控制点，如图 3-2-27 所示。选择机身左右各 3 排控制点，如图 3-2-28 所示，再选择绿色控制点，调整机身曲面造型，效果如图 3-2-29 所示。

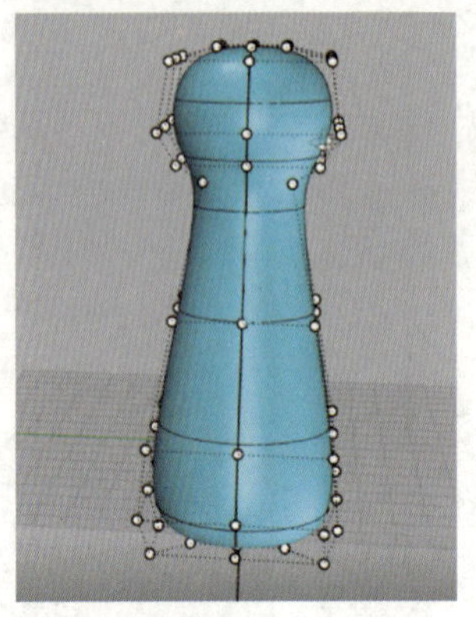

图 3-2-27 设置着色模式并显示控制点

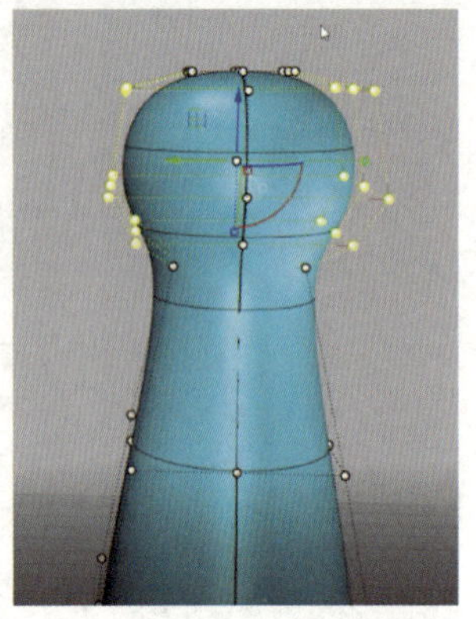

图 3-2-28 选择控制点

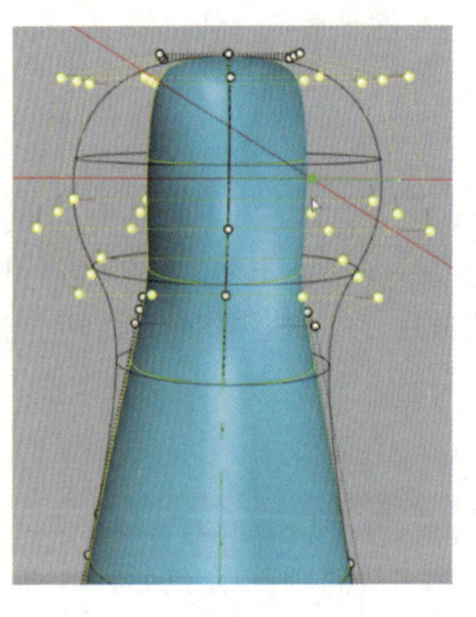

a）

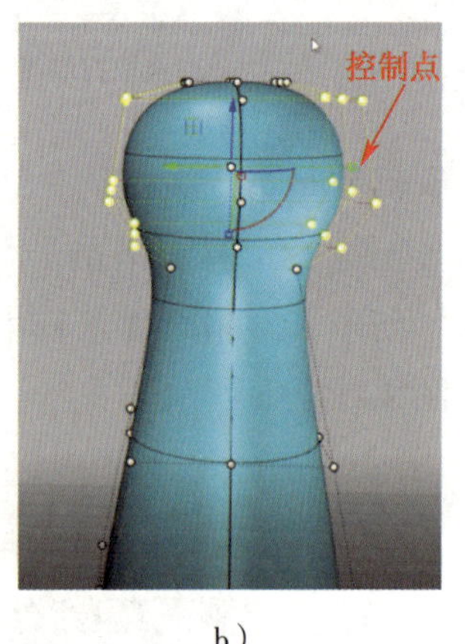

b）

图 3-2-29 调整机身曲面造型
a）选择绿色控制点 b）调整造型

选择机身颈部控制点，如图 3-2-30a 所示，选择蓝色控制点并将其向下微调，如图 3-2-30b 所示，也可对机身其他位置做适当调整，微调后的机身曲面造型效果如图 3-2-30c 所示。

小贴士

除了可在 Perspective 工作视窗中调整加湿器机身曲面，还可选择 Right 工作视窗来完成相应的加湿器机身曲面造型的调整。

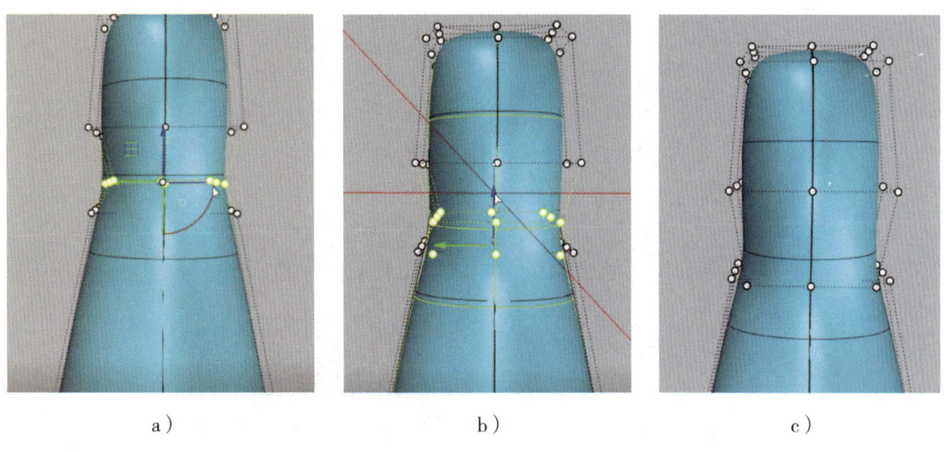
a）　b）　c）

图 3-2-30　调整颈部曲面造型
a）选择机身颈部控制点　b）向下微调　c）微调效果

完成上述操作后，加湿器机身的曲面造型如图 3-2-31 所示。

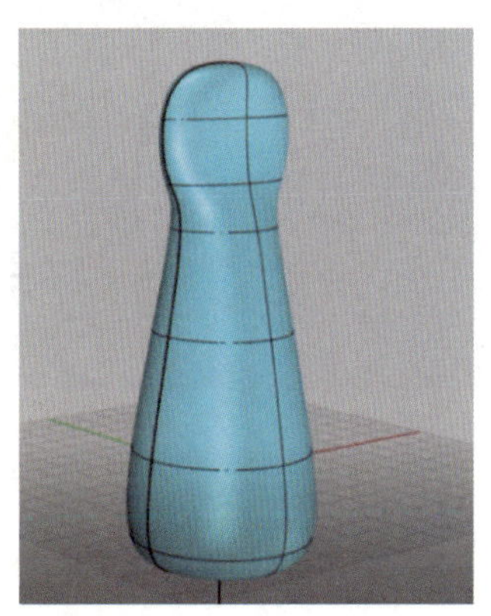

图 3-2-31　加湿器机身的曲面造型

3. 绘制机身工作部分圆孔

进入 Front 工作视窗，并切换至线框模式，单击“圆：中心点、半径”按钮，在指令提示行中输入“0”，绘制一个圆并将其调整到合适大小，如图 3-2-32 所示。按住绿色箭头将圆往上拉至加湿器机身工作部分，如图 3-2-33 所示。

在工具列中单击“分割”按钮，选择机身工作部分的圆并将其分割，切换至 Perspective 工作视窗，删除分割的面，如图 3-2-34 所示。

在“建立曲面”工具列中单击“放样”按钮，选择需要放样的两条圆边，如图 3-2-35 所示，在进行两次确定操作后，将弹出“放样选项”对话框，按图 3-2-36 所示进行设置。切换至渲染模式，效果如图 3-2-37 所示。

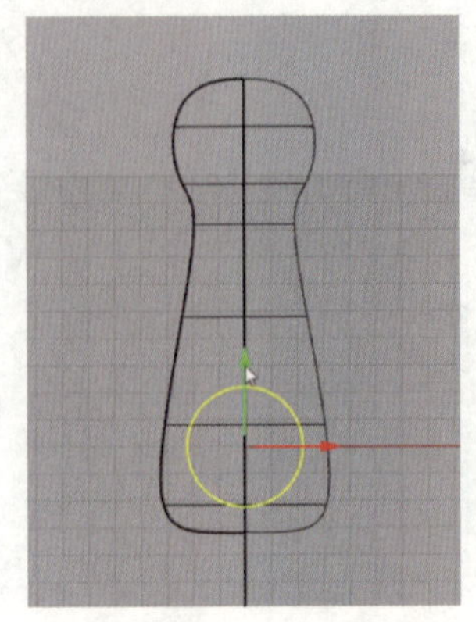

图 3-2-32　绘制圆

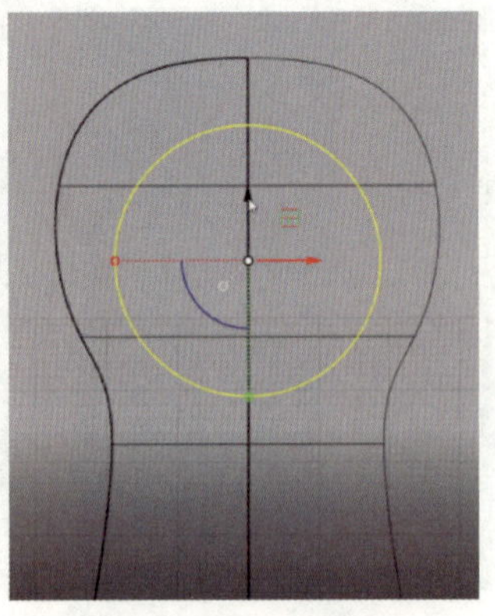

图 3-2-33　调整圆的位置

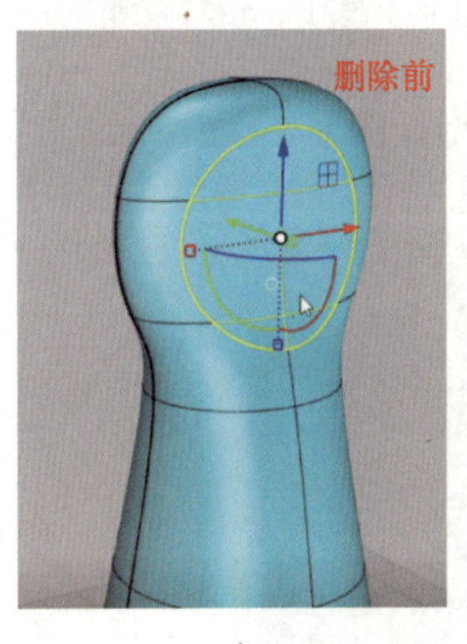

a）

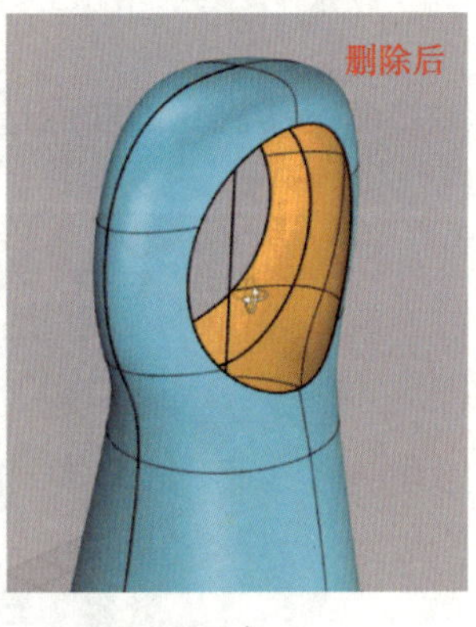

b）

图 3-2-34　分割面并删除
a）分割面　b）删除两个面

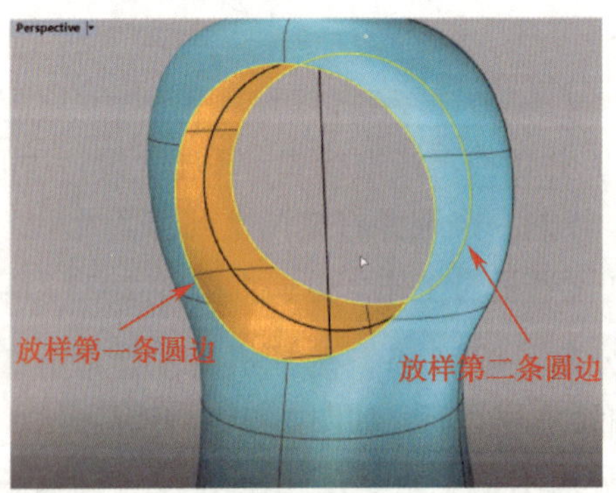

图 3-2-35　选择需要放样的两条圆边

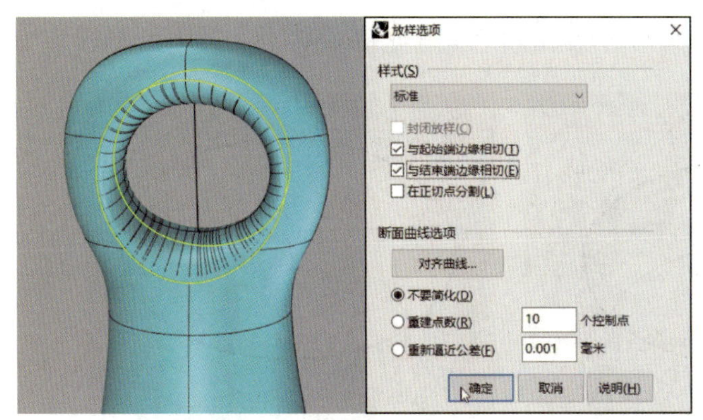

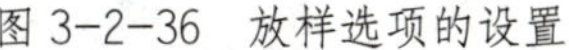
图 3-2-36　放样选项的设置

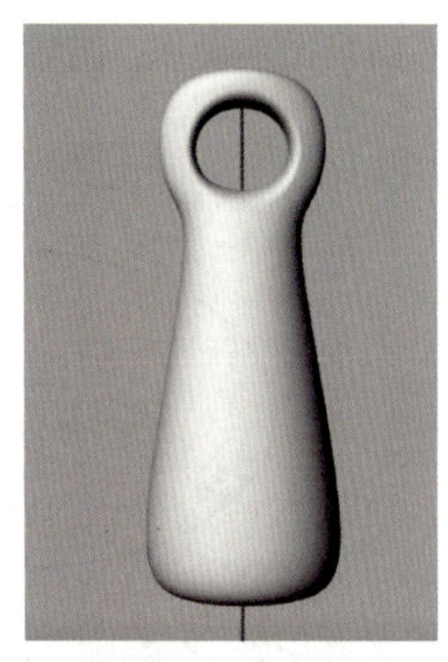
图 3-2-37　渲染模式效果

4. 绘制分型面

进入 Front 工作视窗，在“直线”工具列中单击“直线：从中点”按钮，在合适的高度绘制分型线，如图 3-2-38 所示。

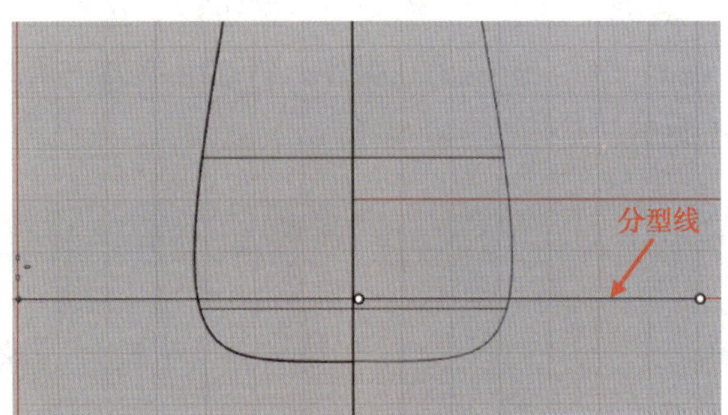

图 3-2-38　绘制分型线

选择机身曲面，在工具列中单击“分割”按钮，选择分型线并对其进行分割。分割后，机身曲面会变成上、下两个曲面，如图 3-2-39 所示。

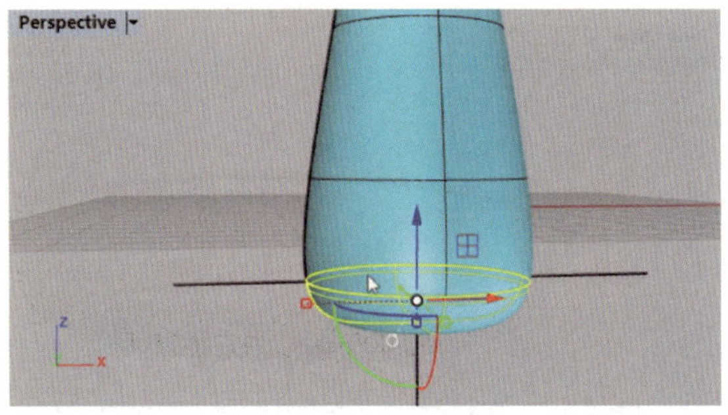

图 3-2-39　分割曲面

在“实体工具”工具列中单击“将平面洞加盖”按钮，选取上、下两个曲面，进行平面洞加盖操作，隐藏上半部分，可观察到平面洞加盖后的效果，如图 3-2-40 所示。

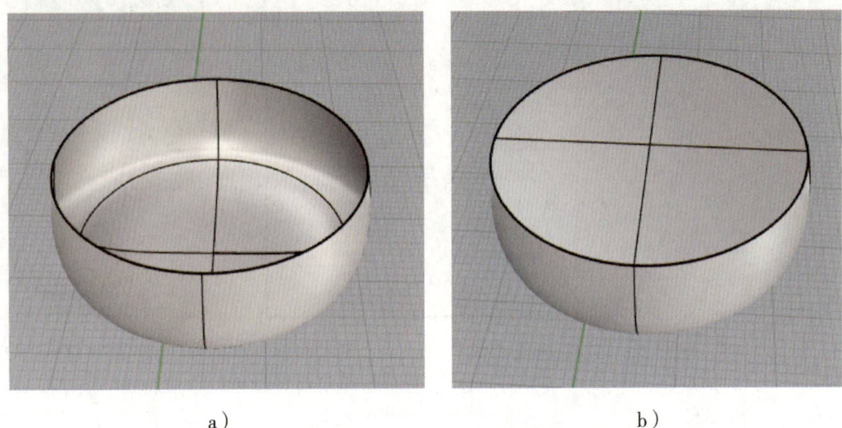

a）　　　　b）

图 3-2-40　将平面洞加盖
a）分割后的效果　b）平面洞加盖后的效果

在“实体工具”工具列中单击“边缘圆角”按钮，选择要倒圆角的边，在指令提示行中选择半径，输入“1”。重复上述操作，将加湿器另一条需要倒圆角的边倒圆角，效果如图 3-2-41 所示。

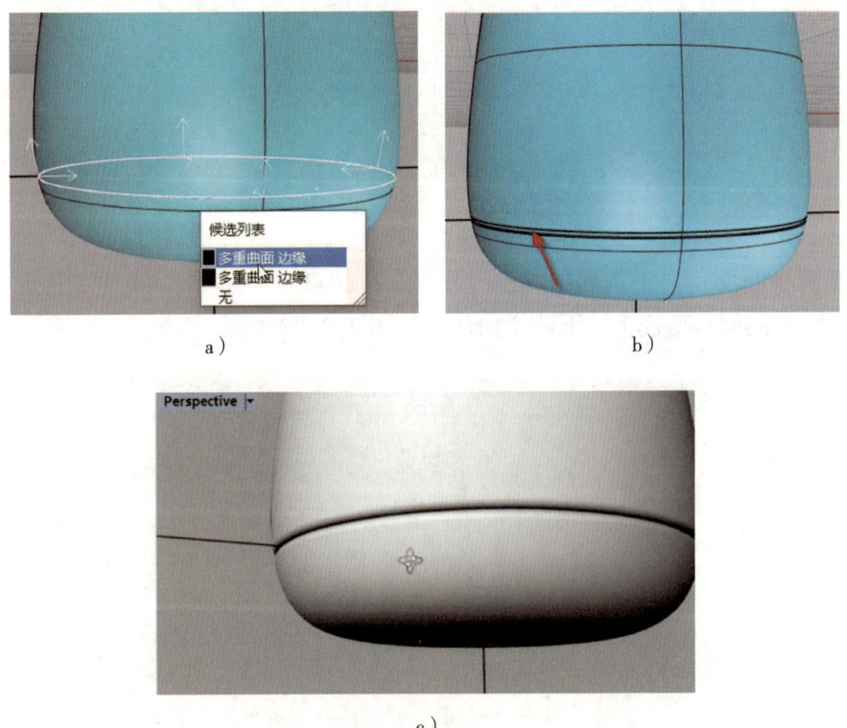

a）　　　　b）

c）

图 3-2-41　加湿器底部倒圆角
a）选择边　b）上部边倒圆角效果　c）分型面倒圆角效果

小贴士

可根据图形的大小来选择圆角半径，以保证分型面的圆角效果。

5. 绘制加湿器按钮

选择 Front 工作视窗，切换至线框模式，单击“圆：中心点、半径”按钮，在合适的位置绘制三个圆来作为加湿器按钮，并将它们调整至合适的大小，如图 3–2–42 所示。

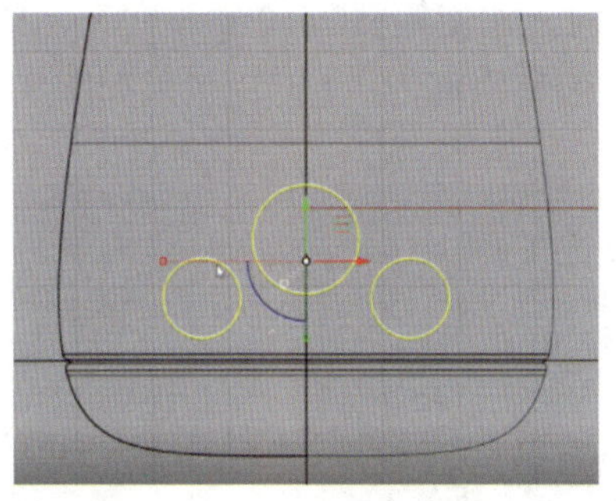

图 3–2–42　绘制三个圆

选中绘制的三个圆，切换至 Perspective 工作视窗，按住控制器中的黑点并向外拉伸出三个曲面，如图 3–2–43 所示。

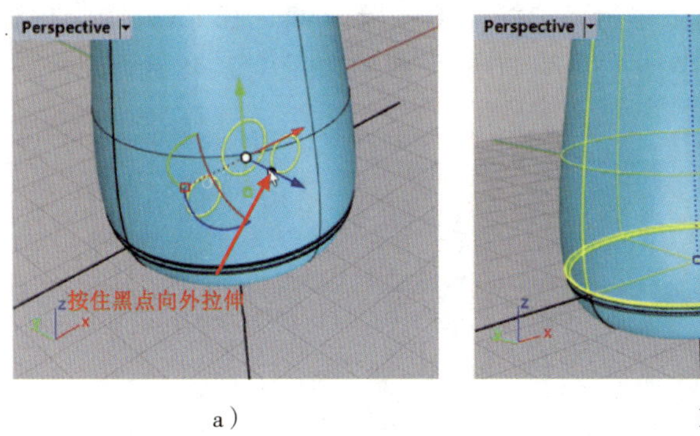

a）　　b）

图 3–2–43　拉伸曲面

a）选中三个圆，按住黑点　b）向外拉伸出三个曲面

选取加湿器的上半部分，在工具列中单击“分割”按钮，再选取三个拉伸出来的曲面作为切割用物件，如图 3–2–44 所示。

完成切割后，删除切割所用的三个物件（三个曲面），如图 3–2–45 所示。

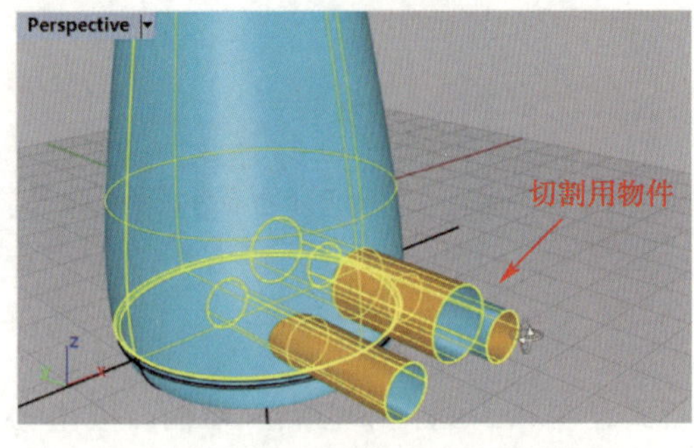

图 3-2-44　选取三个曲面作为切割用物件

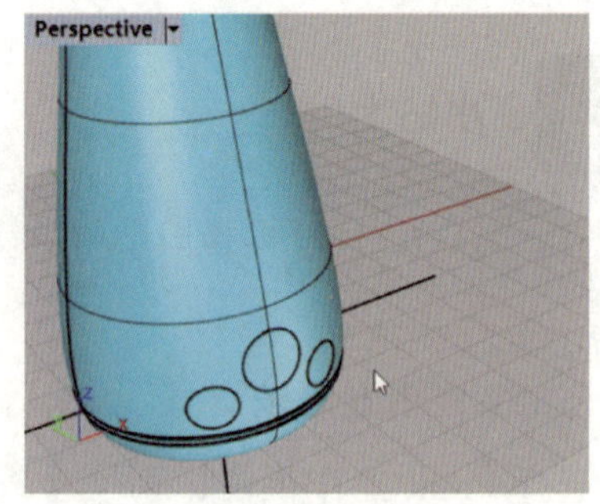

图 3-2-45　切割后的效果

选取三个圆和加湿器的上半部分，在“曲面工具”工具列中单击“偏移曲面”按钮，查看圆上的箭头方向，并使箭头方向全部反转，指向加湿器内，如图 3-2-46 所示。在指令提示行中设置偏移距离为“1.5”，效果如图 3-2-47 所示。

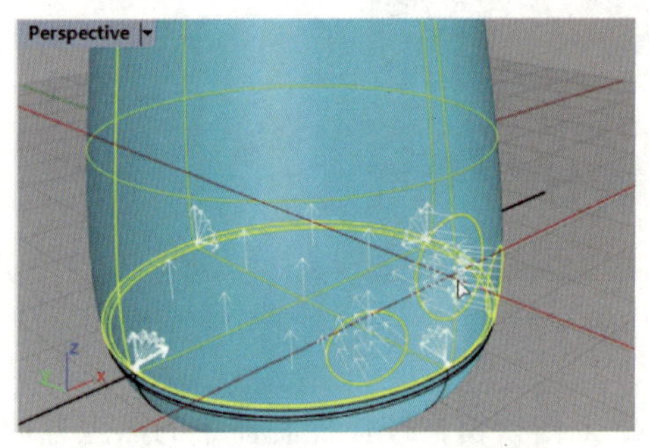

图 3-2-46　箭头方向指向加湿器内

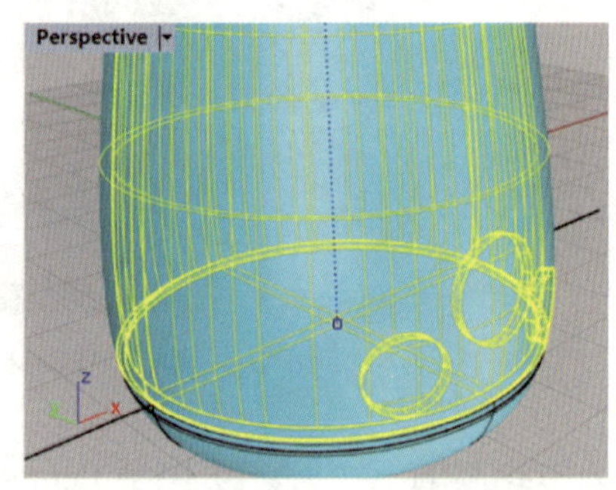

图 3-2-47　偏移效果

在“实体工具”工具列中单击“边缘圆角”按钮，在 Front 工作视窗中框选三个圆，在指令提示行中选择半径并输入“0.5”，效果如图 3-2-48 所示。

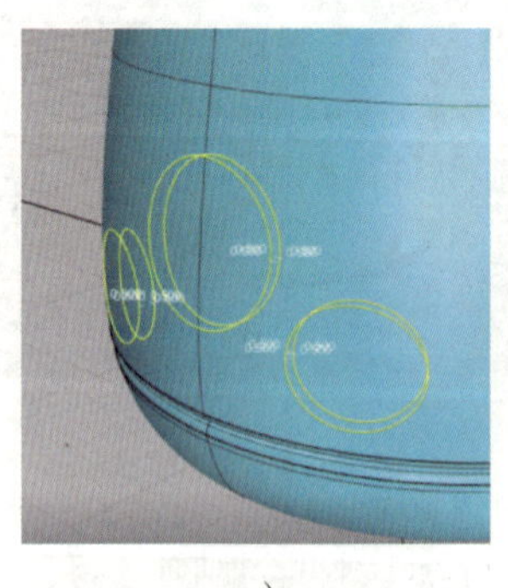

a）

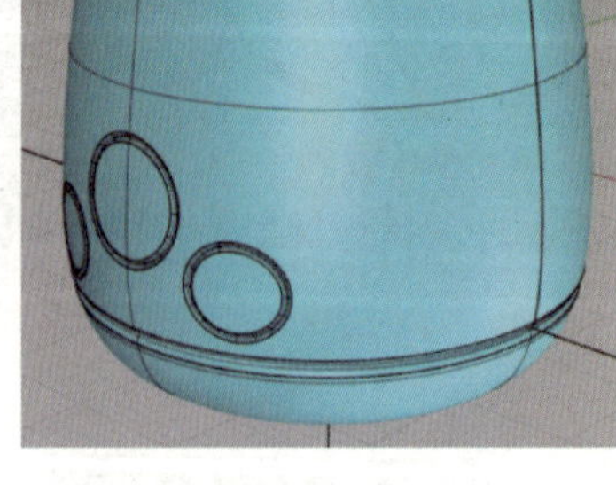

b）

图 3-2-48　将按钮倒圆角

a）输入圆角半径　b）倒圆角效果

在“选取”工具列中单击“选取曲线”按钮，选取多余的线，如图 3-2-49 所示，并按 Delete 键将它们删除。加湿器效果图如图 3-2-50 所示。

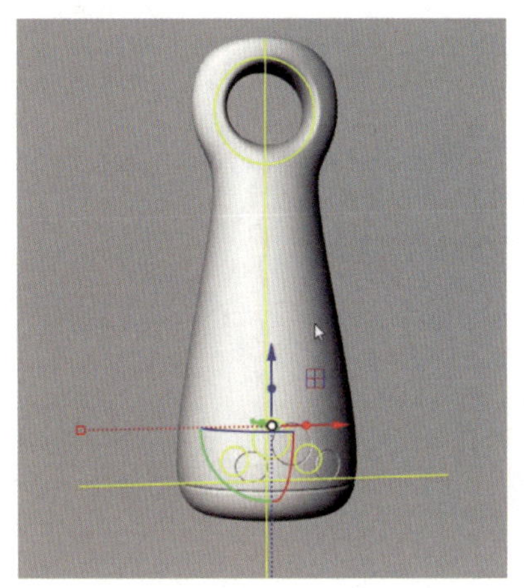

图 3-2-49　选取多余的线

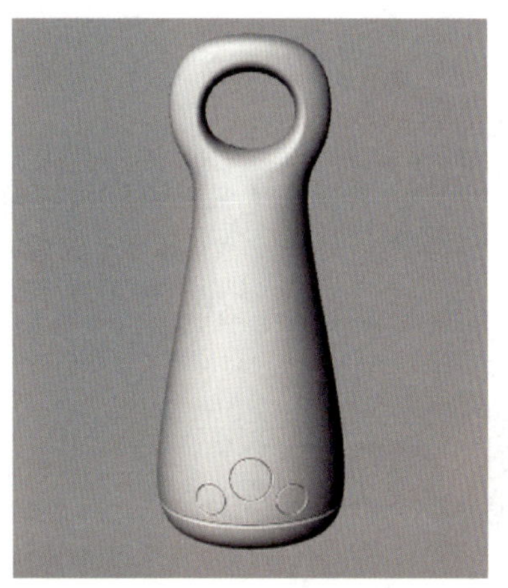

图 3-2-50　加湿器效果图

三、保存文件

完成造型后，执行“文件”→“保存文件”命令，输入文件名“项目三任务 2 加湿器造型”并单击“保存”按钮。

利用所学工具，完成图 3-2-51 所示遥控风扇造型的绘制，并保存文件。

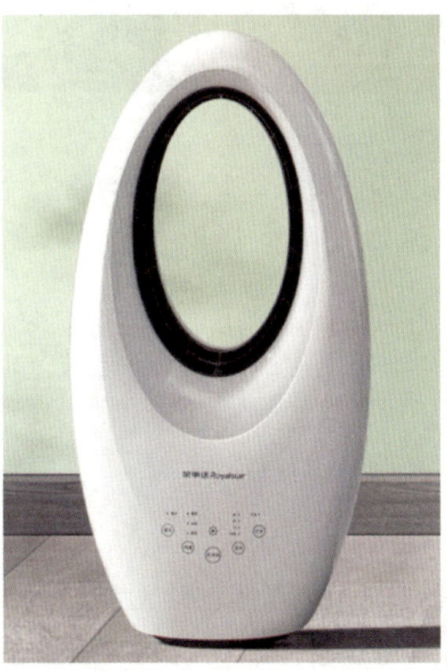

图 3-2-51　遥控风扇造型

任务 3　煮水器造型

学习目标

1. 掌握用于建立实体的工具的操作方法与特征运用方法。
2. 掌握实体布尔运算的操作方法与特征运用方法。

任务描述

根据图 3–3–1a 所示的素材，完成图 3–3–1b 所示煮水器造型的绘制。这款煮水器产品由煮水器主体、手柄和按键等几部分组成。在绘制造型时，先使用挤出工具绘制煮水器主体，再绘制煮水器的手柄部分，最后绘制煮水器的装饰部分。

a）

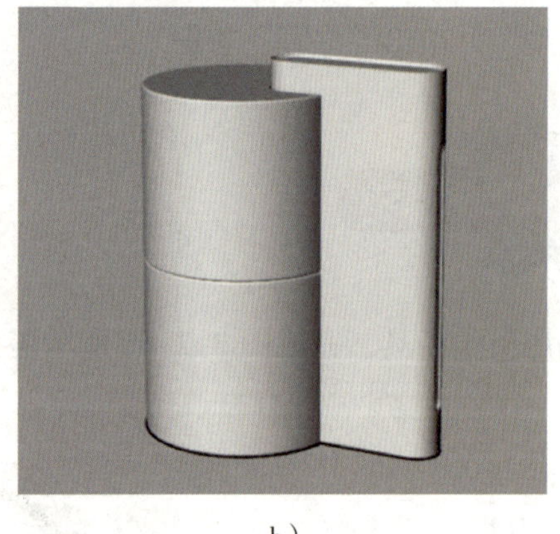

b）

图 3–3–1　煮水器
a）素材　b）造型

知识准备

一、建立实体工具

单击工作界面左侧工具列中“立方体：角对角、高度”按钮右下角的溢出按钮，会弹出图 3–3–2 所示的“建立实体”工具列。这里主要介绍立方体、球体和椭圆体工具这三种基本几何体工具的操作方法与特征运用方法。

1. 立方体

立方体是建模中常用的几何体，在现实中与立方体相似的物体很多，因而可以直接用立方体工具创建出很多模型。单击“建立实体”工具列中“立方体：角对角、高度”按钮右下角的溢出按钮，会弹出图3-3-3所示的“立方体”工具列。常用立方体工具的说明和图示见表3-3-1。

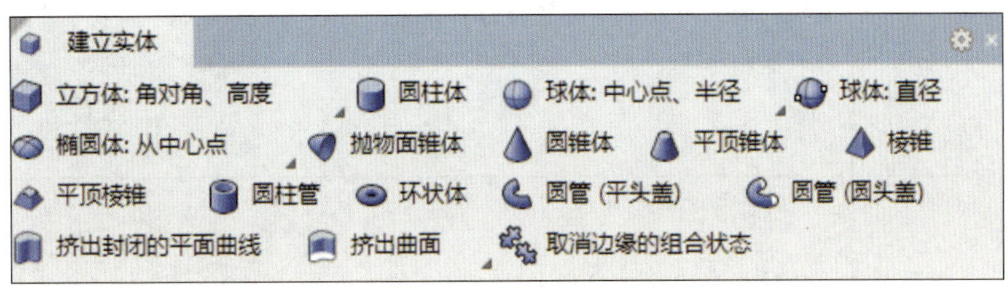

图3-3-2　“建立实体”工具列

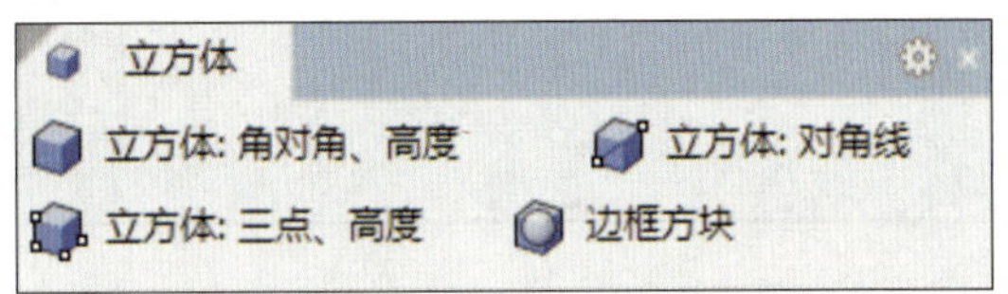

图3-3-3　“立方体”工具列

表3-3-1　常用立方体工具的说明和图示

名称	说明	图示
立方体：角对角、高度	通过指定立方体底面和高度来创建立方体	
立方体：对角线	创建方式与“立方体：角对角、高度”工具大致相同，不同的是指定底面和高度时要指定对角线	

续表

名称	说明	图示
立方体：三点、高度	通过指定立方体底面的三个点和高度来创建立方体（单击该按钮，先指定底面的三个点来确定底面的长和宽，再指定高度）	
立方体：底面中心点、角、高度（右击“立方体：三点、高度”按钮启用）	通过指定立方体底面的中心点、角和高度来创建立方体（中心点是指整个矩形底面的中心点，角是指矩形底面的一个角点）	

2. 球体

单击“建立实体”工具列中“球体：中心点、半径”按钮右下角的溢出按钮，会弹出图 3-3-4 所示的“球体”工具列。常用球体工具的说明和图示见表 3-3-2。

图 3-3-4 “球体”工具列

表 3-3-2 常用球体工具的说明和图示

名称	说明	图示
球体：中心点、半径	通过指定半径来创建球体	

续表

名称	说明	图示
球体：直径	通过指定两点确定球体的直径来创建球体	
球体：三点	通过指定基圆上三个点的位置来创建球体	
球体：环绕曲线	选取曲线上的一个点，以这个点为球体的中心来创建球体	

3. 椭圆体

单击“建立实体”工具列中“椭圆体：从中心点”按钮右下角的溢出按钮，会弹出图 3-3-5 所示的“椭圆体”工具列。常用椭圆体工具的说明和图示见表 3-3-3。

图 3-3-5　“椭圆体”工具列

表 3-3-3　常用椭圆体工具的说明和图示

名称	说明	图示
椭圆体：从中心点	从中心点出发，根据轴半径来创建椭圆截面，然后再确定椭圆体的第三轴点	
椭圆体：直径	依次选择第一点和第二点来确定第一轴向直径，然后选择第三点来确定第二轴向直径，选择第四点来确定第三轴向半径	
椭圆体：从焦点	依次选择第一点和第二点来确定两焦点之间的距离，然后选择第三点（椭圆体上的点）来确定所创建椭圆体的大小	
椭圆体：角	依次选择互为对角点的第一点和第二点来确定第一轴向长度和第二轴向长度，然后选择第三点来确定第三轴向长度，以创建椭圆体	

二、布尔运算工具

NUBRS 布尔运算工具主要包括布尔运算联集、布尔运算差集、布尔运算交集、布尔运算分割和布尔运算两个物件等。使用布尔运算工具可将简单的基本实体造型变成复杂多样的实体造型，如布尔运算联集工具可通过加法操作来合并选定的曲面或曲面组合。包含布尔运算工具的“实体工具”工具列如图 3-3-6 所示。布尔运算工具的说明和图示见表 3-3-4。

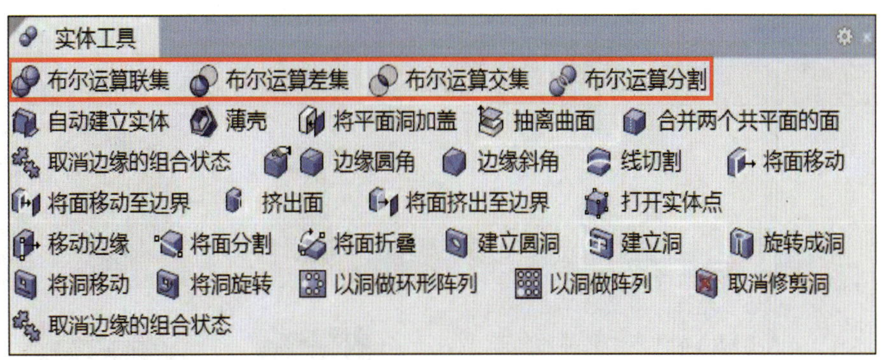

图 3-3-6 “实体工具”工具列

表 3-3-4　布尔运算工具的说明和图示

名称	说明	图示
布尔运算联集	通过加法操作来合并选定的曲面或曲面组合	
布尔运算差集	通过减法操作来合并选定的曲面或曲面组合	
布尔运算交集	以重叠部分或区域创建实体或曲面	
布尔运算分割	差集运算与交集运算的综合结果，既保存了差集的结果，又保存了交集的结果	

续表

名称	说明	图示
布尔运算两个物件	包含了前面几种布尔运算的可能性，用鼠标单击可循环切换各种布尔运算的结果	

小贴士

（1）在创建布尔运算差集对象时，必须先选择要保留的对象。

（2）如果经过布尔运算后发现修剪方向是反的，则应注意修改物件的法线方向，先选择物件再右击“反转方向”按钮 即可修改法线方向。

操作演示

一、建模准备

启动 Rhino，进入绘图设计环境（模板文件默认为“小模型 - 毫米”）。

二、绘制煮水器造型

1. 绘制主体轮廓

切换至 Perspective 工作视窗，将视窗最大化，并切换至着色模式。

在工作界面左侧工具列中单击“圆：中心点、半径”按钮，在指令提示行中输入“0”，绘制一个大小合适的圆，如图 3-3-7 所示。

在“建立曲面”工具列中单击“直线挤出”按钮，选择需要挤出的圆，在指令提示行中选择“实体（S）= 是”，则挤出的图形为实体，为其选择适当的高度，如图 3-3-8 所示。

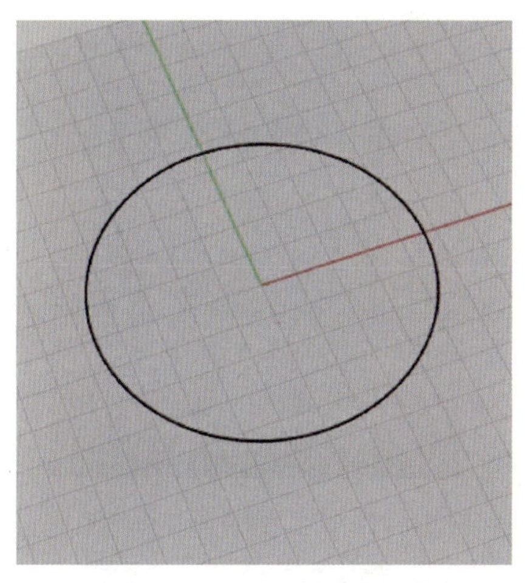
图 3-3-7　绘制煮水器底部的圆

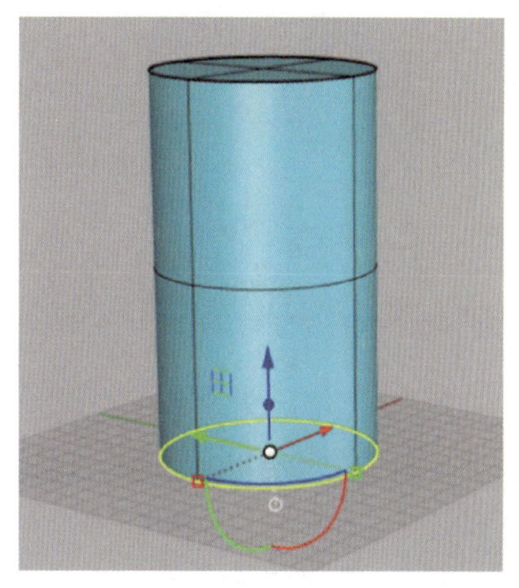
图 3-3-8　挤出煮水器主体

2. 绘制手柄

切换至 Top 工作视窗，在“矩形”工具列中单击“圆角矩形”按钮，在指令提示行中单击“中心点”，输入“0”，绘制图 3-3-9 所示的圆角矩形，并将其移至合适的位置，如图 3-3-10 所示。

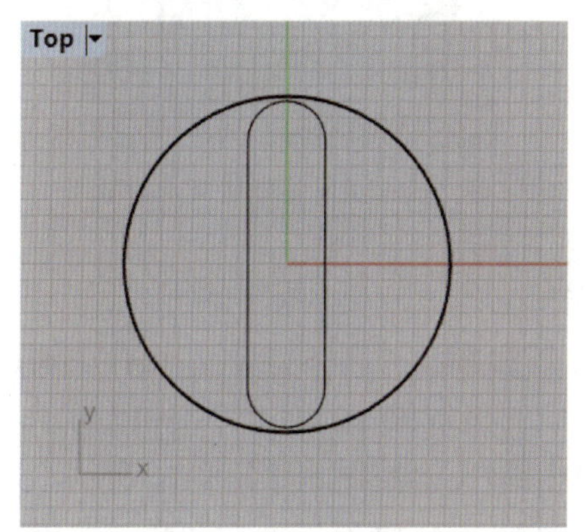

图 3-3-9　绘制圆角矩形

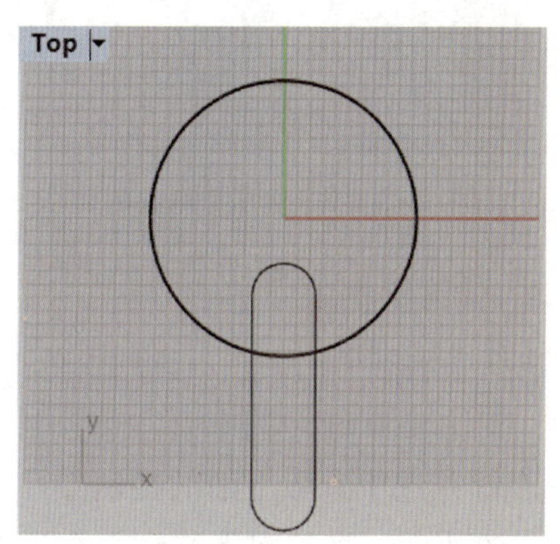

图 3-3-10　将圆角矩形移至合适的位置

在“建立曲面”工具列中单击“直线挤出”按钮，选择作为煮水器手柄的圆角矩形，在指令提示行中选择“实体（S）= 是”，则挤出的图形为实体，实体高度以比煮水器主体高出一部分为宜，如图 3-3-11 所示。

选取煮水器主体，如图 3-3-12 所示，在“实体工具”工具列中单击“布尔运算差集”按钮，选择煮水器的圆角矩形柱状手柄作为要减去的物件，如图 3-3-13 所示。在指令提示行中将“删除输入物件（D）= 是”切换成“删除输入物件（D）= 否”，差集运算后的效果如图 3-3-14 所示。

图 3-3-11　挤出手柄

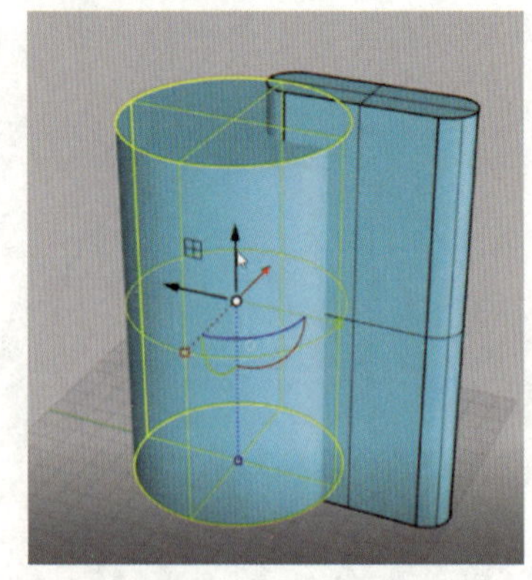
图 3-3-12　选取煮水器主体

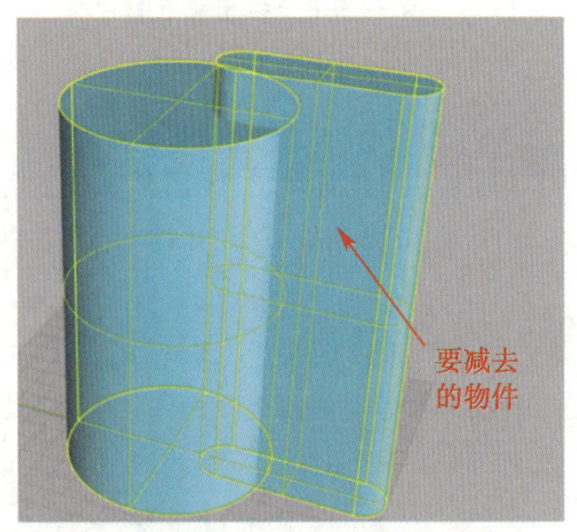

图 3-3-13　选取要减去的物件

图 3-3-14　差集运算后的效果

3．修饰手柄顶面

选择煮水器手柄，在工具列中单击“炸开”按钮，将手柄炸开。选择手柄顶上的面，按住 Shift 键并选中面左边控制点，将顶面的直线缩小，如图 3-3-15 所示。按住 Shift 键并选中圆弧上面的控制点，将圆弧向内缩小，结果如图 3-3-16 所示。选择已缩小的顶面，将其向下移动至合适的高度，如图 3-3-17 所示。在“建立曲面”工具列中单击“放样”按钮，选择顶面右侧的两条边，进行放样，如图 3-3-18 所示。对其余的边也依次两两选择进行放样，结果如图 3-3-19 所示。在工具列中单击“组合”按钮，选择所有物件进行组合，将手柄顶部组合成一个整体，结果如图 3-3-20 所示。

4．绘制主体分型面

切换至 Right 工作视窗，在煮水器主体的中心位置绘制一条分割直线，如图 3-3-21 所示。切换至 Perspective 工作视窗，将绘制的直线移至煮水器左侧，如图 3-3-22 所示。选择直线，按住控制点，拉伸出一个平面，用于分割煮水器主体，如图 3-3-23 所示。

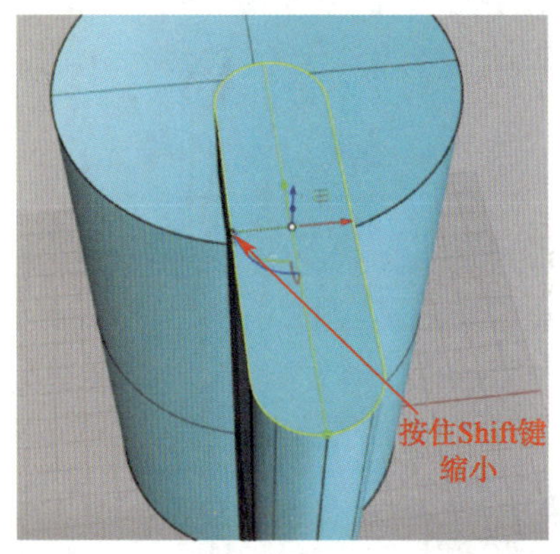

图 3-3-15　将顶面的直线缩小

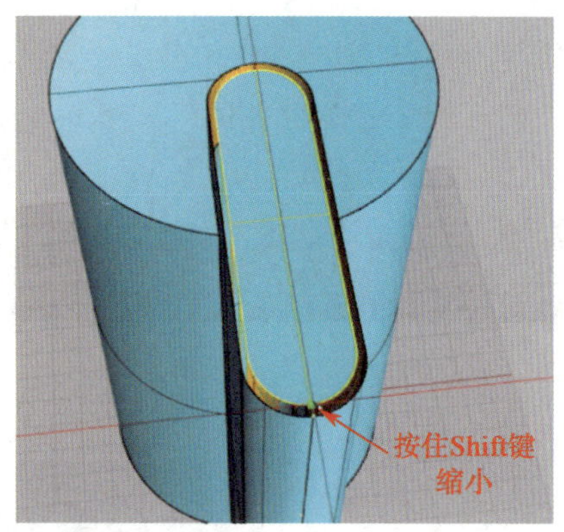

图 3-3-16　将圆弧向内缩小

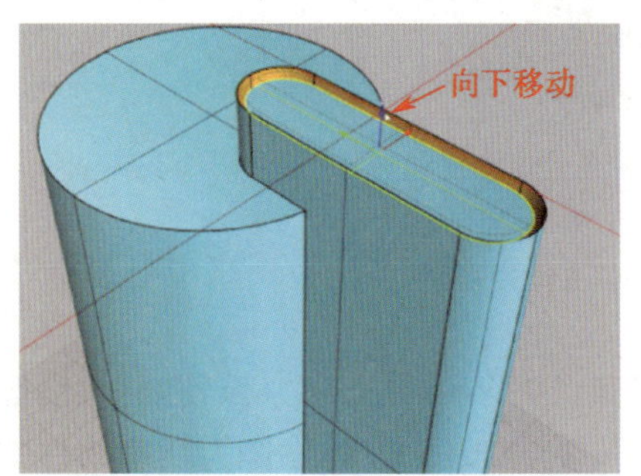

图 3-3-17　将顶面向下移动

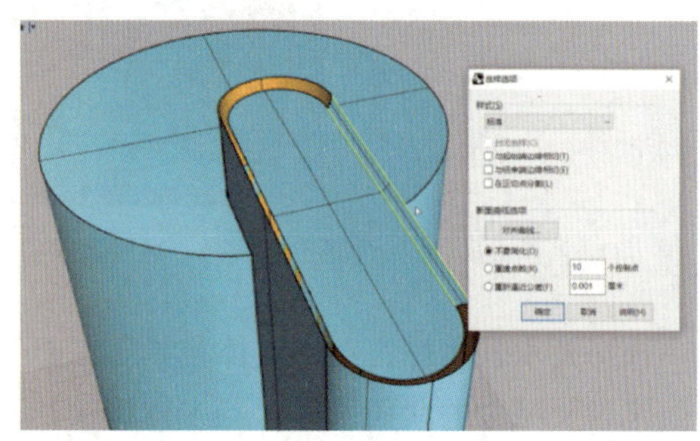
图 3-3-18　放样

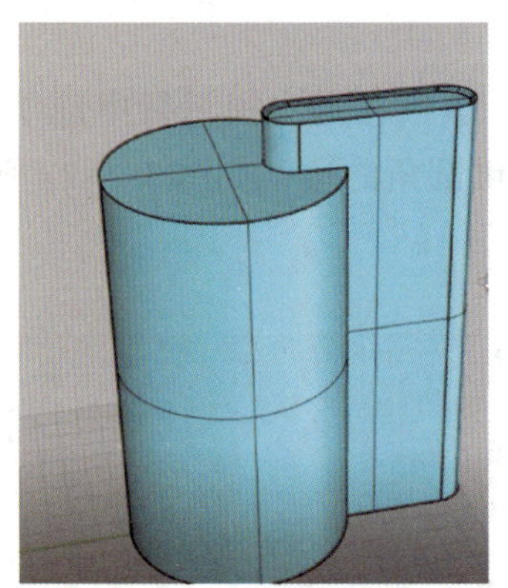
图 3-3-19　两两放样

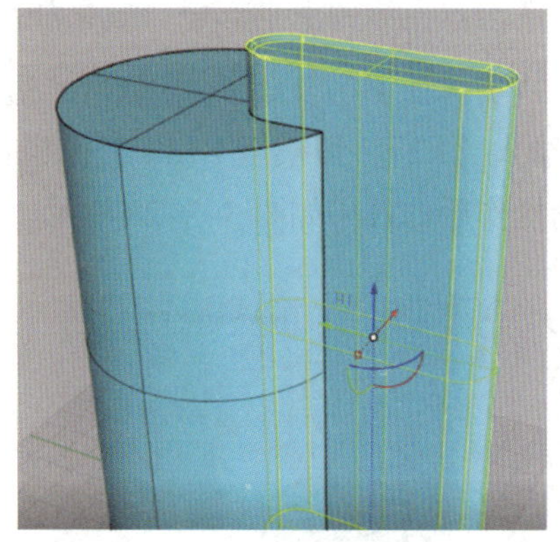
图 3-3-20　组合煮水器手柄

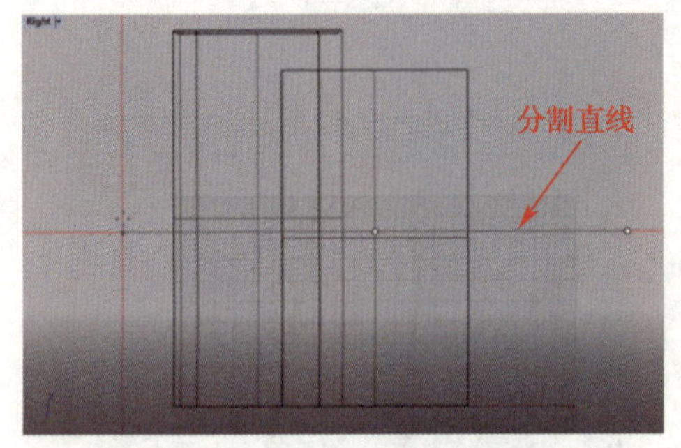

图 3-3-21　绘制分割直线

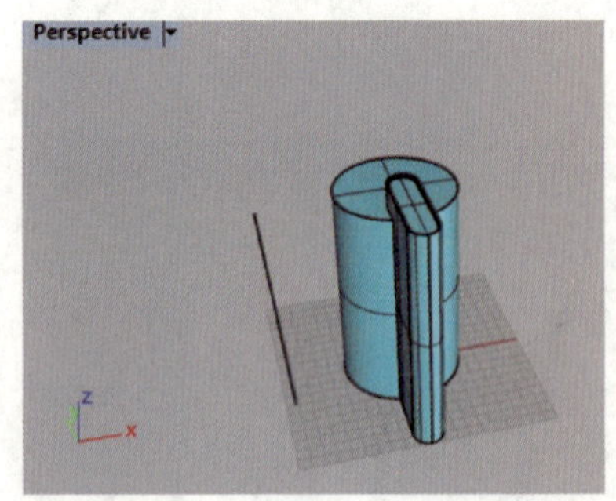

图 3-3-22　将直线移至煮水器左侧

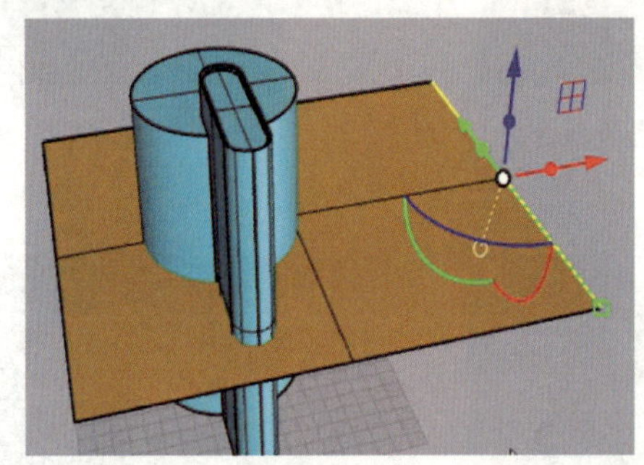
图 3-3-23　绘制用于分割煮水器主体的平面

选择煮水器主体，在“实体工具”工具列中单击“布尔运算差集”按钮，选择平面作为要减去的曲面，煮水器主体将被切除一半（上半部分），删除作为切割物件的平面，结果如图 3-3-24 所示。切换至 Front 工作视窗，选择煮水器主体的下半部分，在“变动”工具列中单击“镜像”按钮，选择镜像所需的两点，如图 3-3-25 所示，镜像出煮水器主体的上半部分，效果如图 3-3-26 所示。

在“实体工具”工具列中单击“边缘圆角”按钮，在指令提示行中选择“半径”，输入“1.2”。切换至 Right 工作视窗，选中需要倒圆角的边，如图 3-3-27 所示，倒圆角操作后的效果如图 3-3-28 所示。

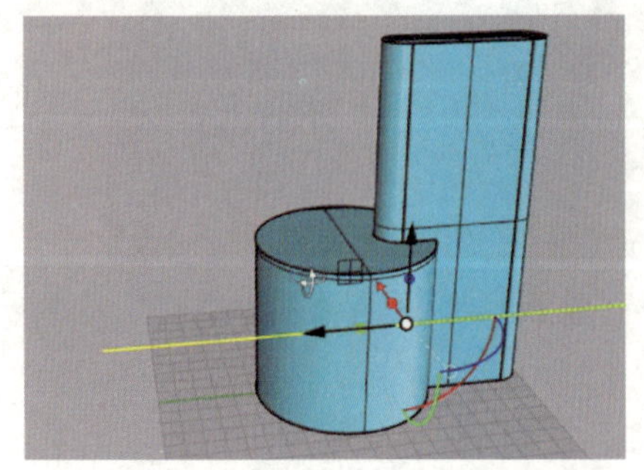
图 3-3-24　删除主体上半部分

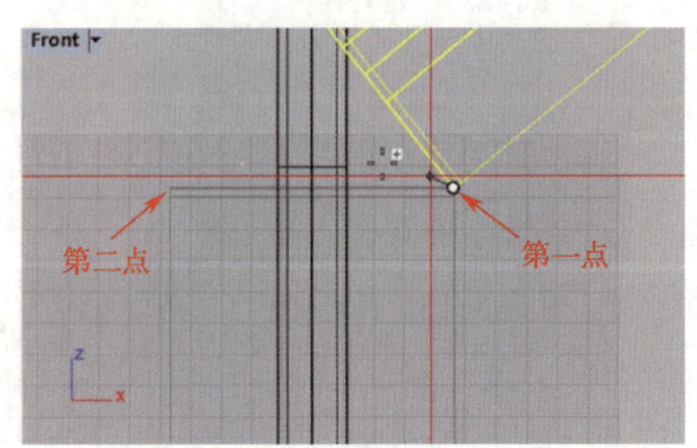

图 3-3-25　选择镜像所需的两点

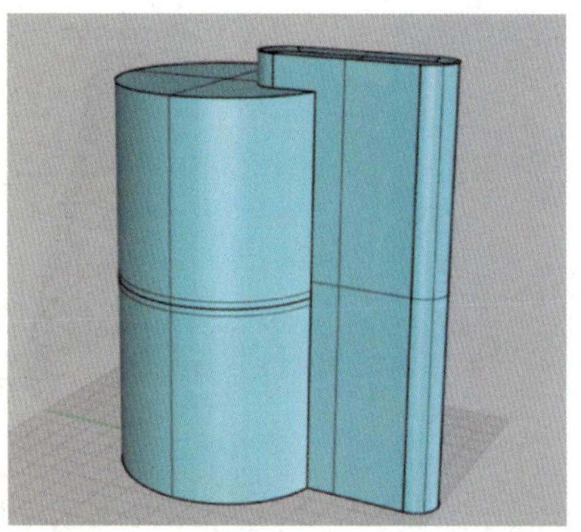

图 3-3-26　镜像出煮水器主体的上半部分的效果

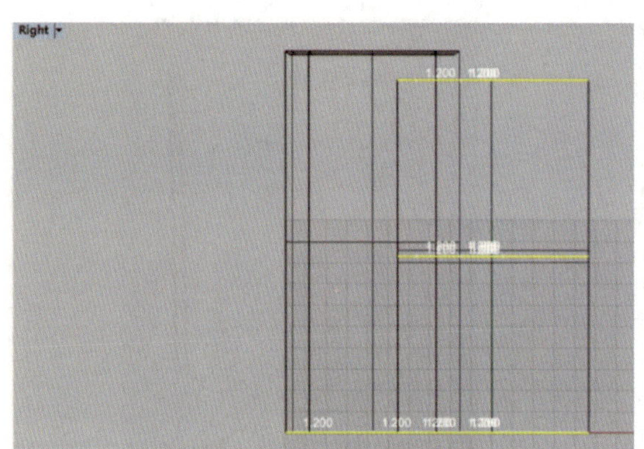

图 3-3-27　选中需要倒圆角的边

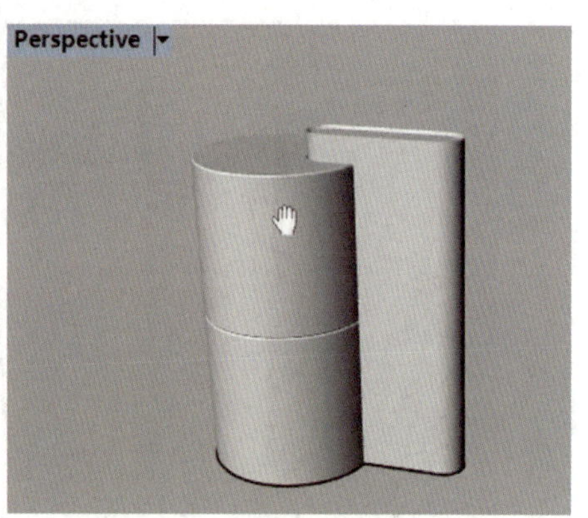

图 3-3-28　倒圆角操作后的效果

5. 绘制手柄侧面装饰面

切换至 Right 工作视窗，在“矩形”工具列中单击“圆角矩形”按钮，在指令提示行中单击“中心点”，单击煮水器手柄的中心处，绘制一个圆角矩形，结果如图 3-3-29 所示。切换至 Perspective 工作视窗，将绘制的圆角矩形移至外侧，如图 3-3-30 所示，按住其绿色箭头上的点并向左拉伸至合适的位置，在 Right 工作视窗中观察其与煮水器手柄相交的深度，如图 3-3-31 所示。选择煮水器手柄，在“实体工具”工具列中单击“布尔运算差集”按钮，选择图 3-3-32 所示的物件作为切割物件，在指令提示行中将“删除输入物件（D）= 否”切换成“删除输入物件（D）= 是”，差集运算后的效果如图 3-3-33 所示。

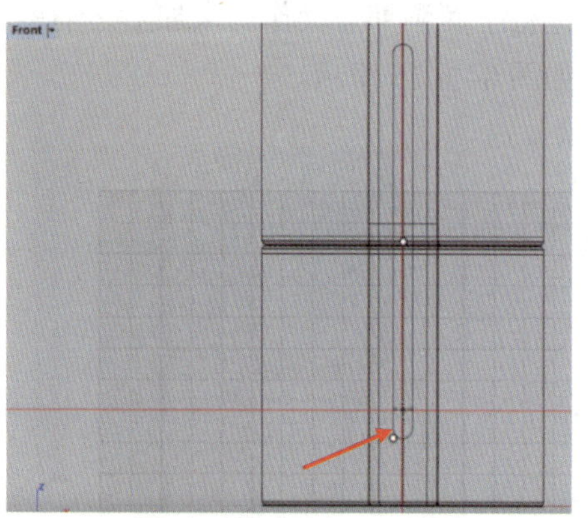

图 3-3-29　绘制一个圆角矩形

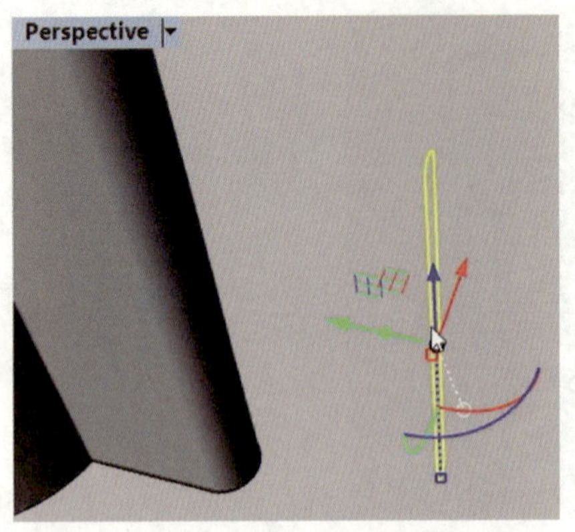

图 3-3-30 将圆角矩形移至外侧

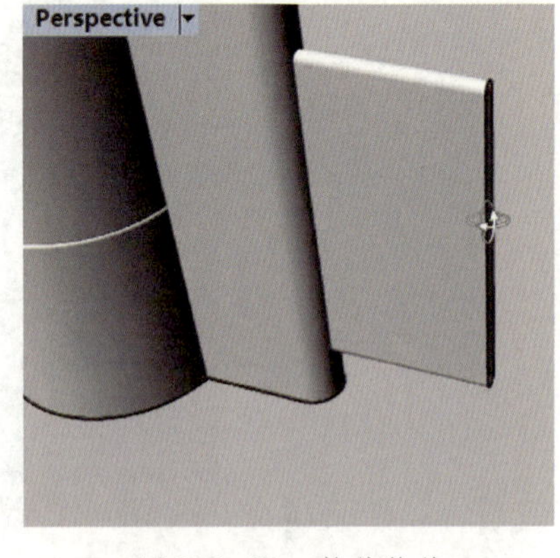

图 3-3-31 拉伸物件

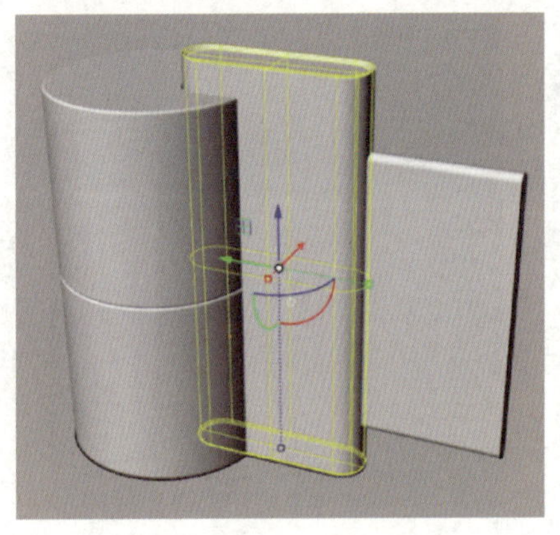
图 3-3-32 选择切割物件

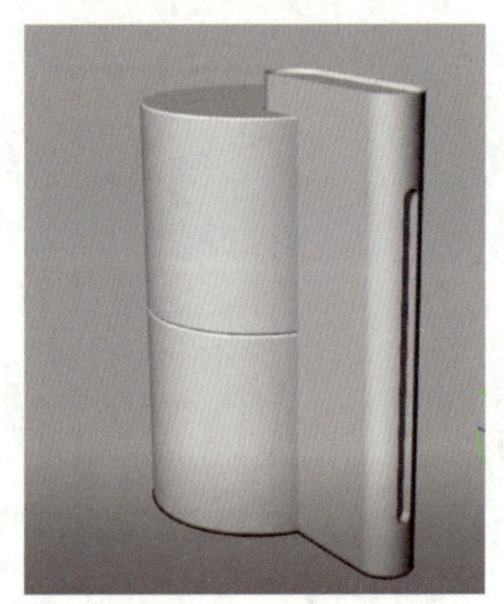
图 3-3-33 差集运算后的效果

在“实体工具”工具列中单击“将平面洞加盖”按钮，选取煮水器手柄部分，进行平面洞加盖操作。未加盖之前的造型如图 3-3-34 所示，平面洞加盖操作后的效果如图 3-3-35 所示。

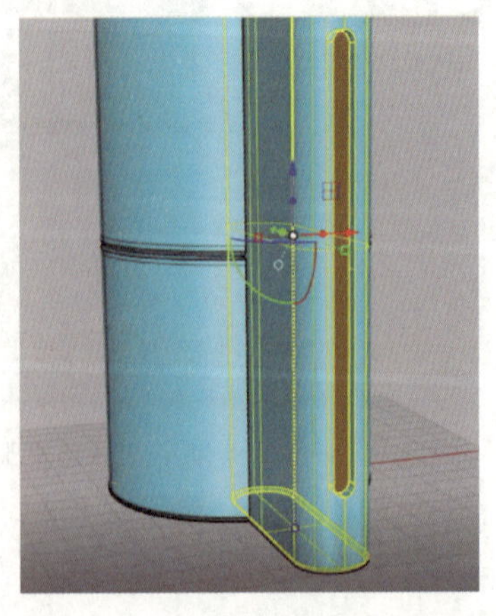
图 3-3-34 平面洞未加盖之前的造型

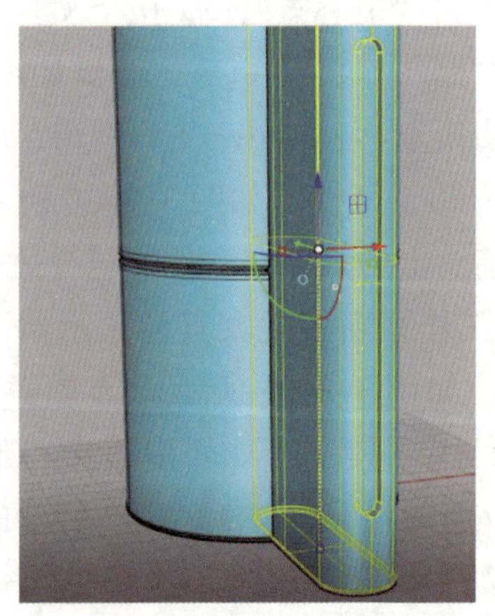
图 3-3-35 平面洞加盖操作后的效果

在“实体工具”工具列中单击“边缘圆角”按钮，在指令提示行中选择“半径”，输入“1.2”，选择煮水器手柄被切割处外面需要倒圆角的边，如图 3–3–36 所示。再选择煮水器手柄被切割处凹槽内需要倒圆角的边并进行边缘圆角操作，如图 3–3–37 所示。

图 3–3–36　外轮廓倒圆角

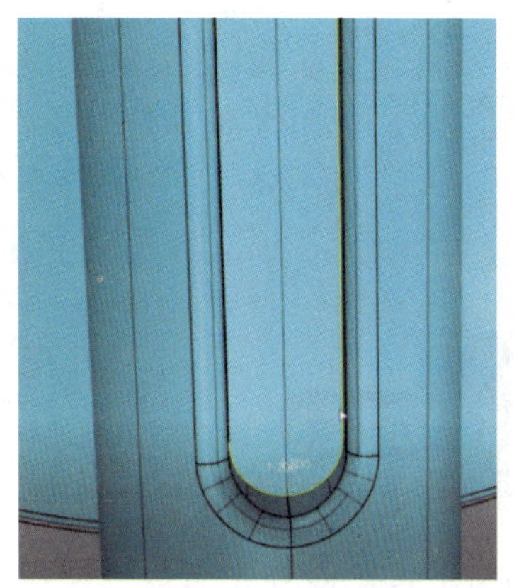

图 3–3–37　凹槽内倒圆角

三、保存文件

完成造型后，执行“文件”→“保存文件”命令，输入文件名“项目三任务 3 煮水器造型”并单击“保存”按钮。

利用所学工具，完成图 3–3–38 所示音箱造型的绘制，并保存文件。

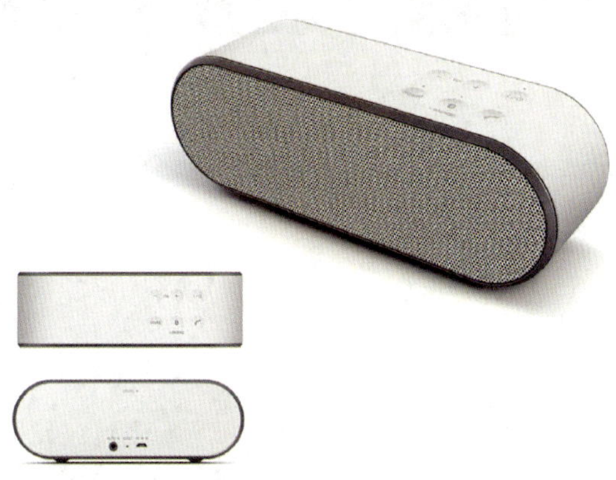

图 3–3–38　音箱造型

任务 4　破壁料理机造型

1. 掌握直线挤出、偏移曲面和将平面洞加盖工具的运用方法。
2. 掌握混接曲面、偏移曲线和旋转成形工具的运用方法。
3. 掌握分割、修剪、倒圆角和镜像工具的运用方法。
4. 掌握布尔运算差集和组合工具的运用方法。

根据图 3-4-1a 所示素材，完成图 3-4-1b 所示破壁料理机造型的绘制。破壁料理机由破壁料理机外轮廓、内部长方体、储料罐、储料罐底座、电源和开关等部分组成。

a）

b）

图 3-4-1　破壁料理机
a）素材　b）造型

操作演示

一、建模准备

启动 Rhino，进入绘图设计环境（模板文件默认为“小模型 - 毫米”）。

二、绘制破壁料理机造型

1. 绘制外轮廓

切换至 Top 工作视窗，在“矩形”工具列中单击“圆角矩形”按钮，在指令提示行中单击“中心点”，输入“0”，绘制一个大小合适的圆角矩形，如图 3-4-2 所示。切换至 Perspective 工作视窗，将视窗最大化，在“建立曲面”工具列中单击“直线挤出”按钮，在指令提示行中将“实体”切换成“否”，然后将圆角矩形拉伸至合适的高度，进行挤出操作，效果如图 3-4-3 所示。

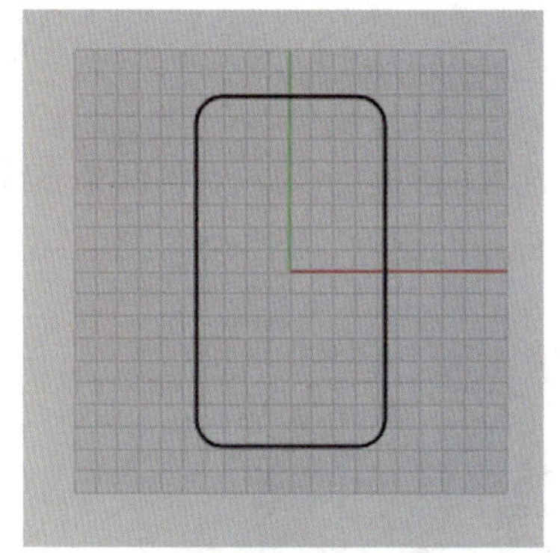

图 3-4-2　绘制圆角矩形

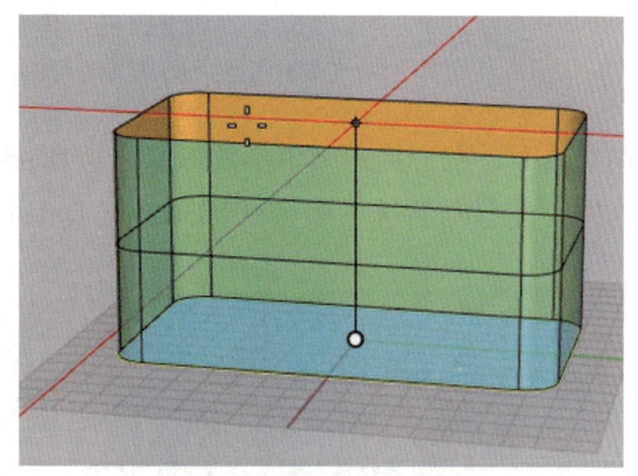

图 3-4-3　进行挤出操作后的效果

在“曲面工具”工具列中单击“偏移曲面”按钮，调整方向，使曲面向内偏移，设置偏移距离为“2”，结果如图 3-4-4 所示。

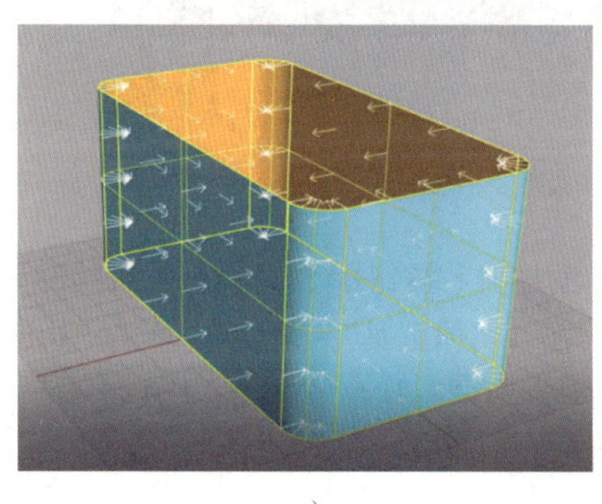

a）

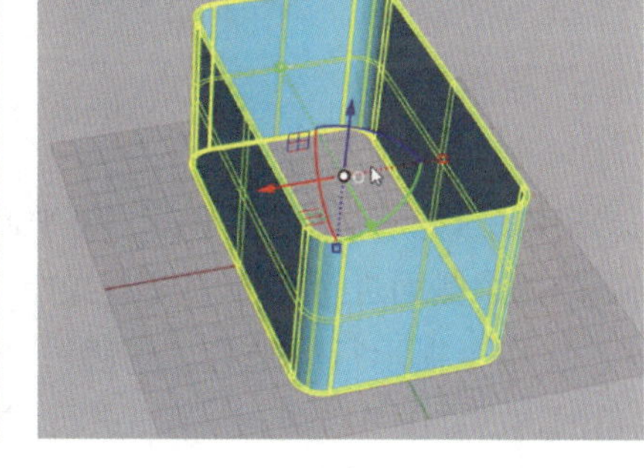

b）

图 3-4-4　偏移曲面

a）调整偏移方向　b）设置偏移距离

切换至 Front 工作视窗，在“直线”工具列中单击“直线：从中点”按钮，在指令提示行中输入“0”，按住 Shift 键，绘制中心线，如图 3-4-5a 所示。复制中心线并将其移动到左侧，如图 3-4-5b 所示。将左侧的线镜像至右侧，如图 3-4-5c 所示。

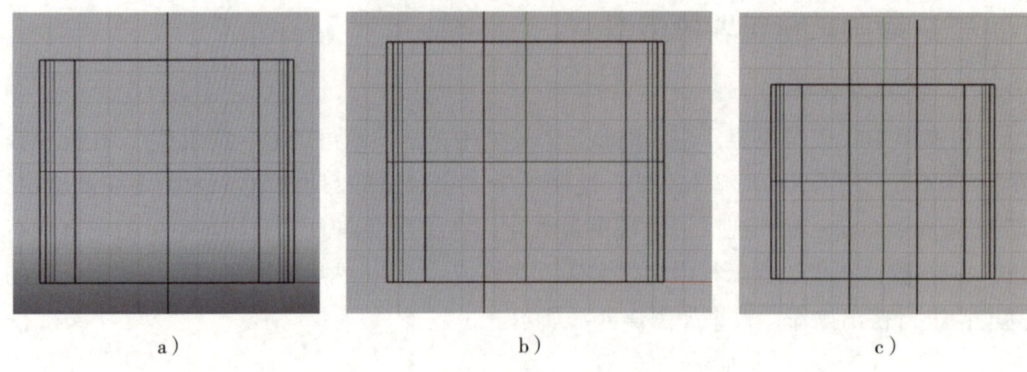

a） b） c）

图 3-4-5 绘制分割线
a）绘制中心线 b）绘制左侧的线 c）镜像出右侧的线

选择曲面，在工具列中单击“分割”按钮，选取前面绘制的左右各两条直线作为分割物件。在分割后选中多余的部分，按 Delete 键将它们删除，结果如图 3-4-6 所示。

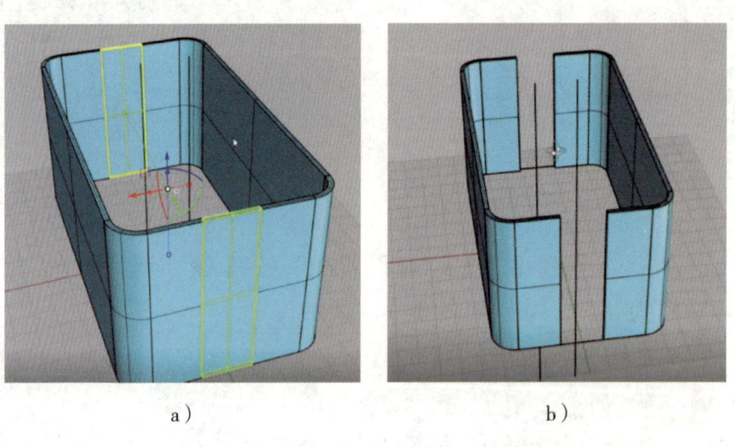

a） b）

图 3-4-6 分割
a）分割物体 b）删除多余的部分

在“实体工具”工具列中单击“将平面洞加盖”按钮，选择分割后的两个物件，对分割后的四个侧面进行平面洞加盖操作。在“实体工具”工具列中单击“边缘圆角”按钮，在指令提示行中选择“半径”，输入“10”，切换至 Front 工作视窗，框选需要倒圆角的边，如图 3-4-7a 所示，进行倒圆角操作后，效果如图 3-4-7b 所示。

2. 绘制内部

切换至 Top 工作视窗，选择矩形轮廓线，将其缩小至与破壁料理机内壁重合，如图 3-4-8 所示。切换至 Perspective 工作视窗，并切换视窗至最大化，在“建立曲面”工具列中单击“直线挤出”按钮，在指令提示行中将“实体”设置为“否”，然后将矩形轮廓线拉伸至合适的高度，在“实体工具”工具列中单击“将平面洞加盖”按钮，结果如图 3-4-9 所示。

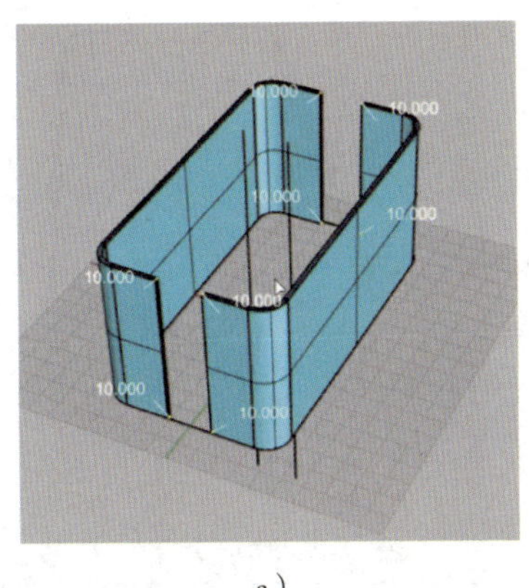

a）

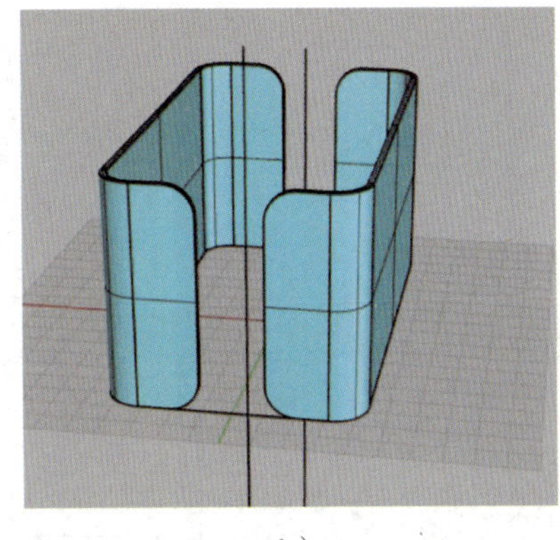

b）

图 3-4-7 对物件边倒圆角

a）框选需要倒圆角的边 b）倒圆角后的效果

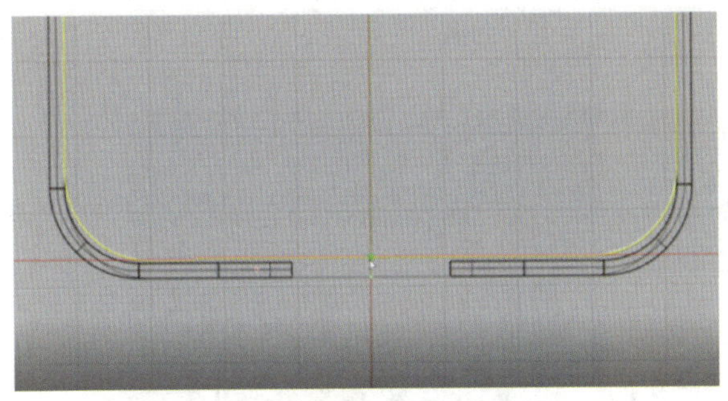

图 3-4-8 缩小轮廓线

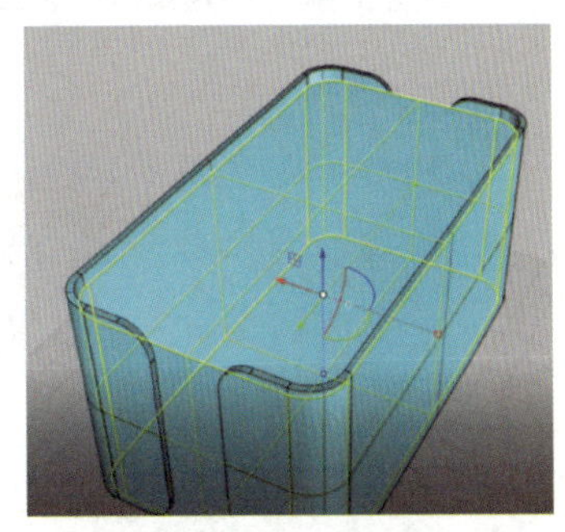

图 3-4-9 执行拉伸和平面洞加盖操作

在工具列中单击“炸开”按钮并选取上表面，在炸开后，将上表面向下移动合适的距离，使上表面边缘呈斜角状，结果如图 3-4-10 所示。切换至 Perspective 工作视窗，并切换视窗至最大化，在“曲面工具”工具列中单击“混接曲面”按钮，选择需要混接的两条边，在弹出的对话框中选择“位置 1、2”，结果如图 3-4-11 所示。在工具列中单击“组合”按钮，选取物件进行组合。

3. 绘制储料罐底座

切换至 Top 工作视窗，单击“圆：中心点、半径”按钮，在指令提示行中输入“0”，然后在矩形中心绘制一个圆，再通过复制、移动和镜像绘制另外两个圆，结果如图 3-4-12 所示。

在“建立曲面”工具列中单击“直线挤出”按钮，在指令提示行中将“实体”设置为“否”，然后将三个圆拉伸至合适的高度，结果如图 3-4-13 所示。

选择内部矩形，在工具列中单击“分割”按钮，选取拉伸出的三个圆柱曲面作为分割用物件。在分割后，选取三个圆柱曲面，按 Delete 键将它们删除，选取两个分割用平面，按 Delete 键将它们删除，结果如图 3-4-14 所示。

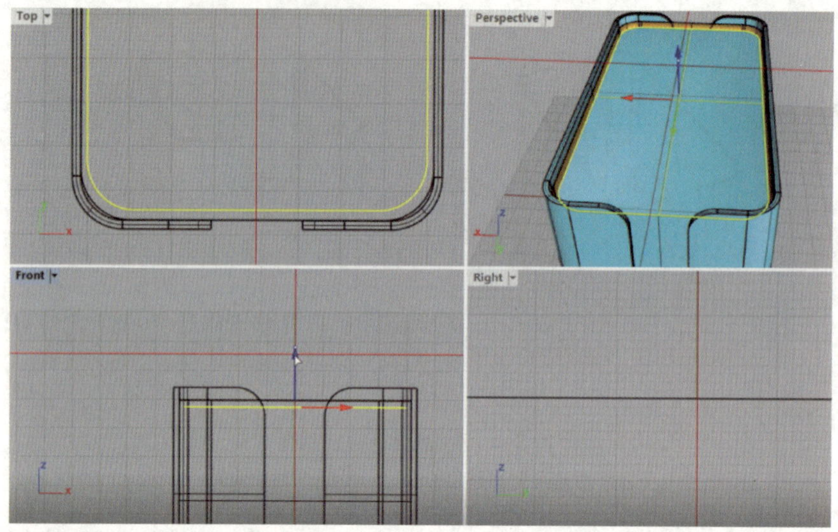

图 3-4-10　将上表面向下移动

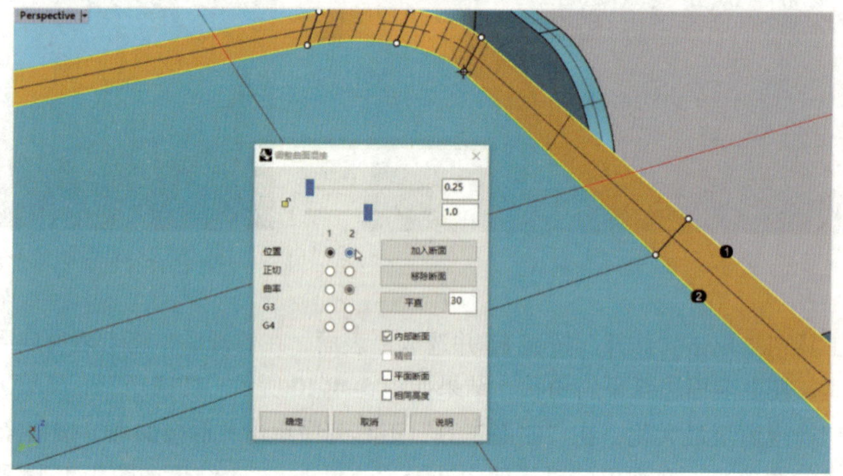

图 3-4-11　调整曲面混接

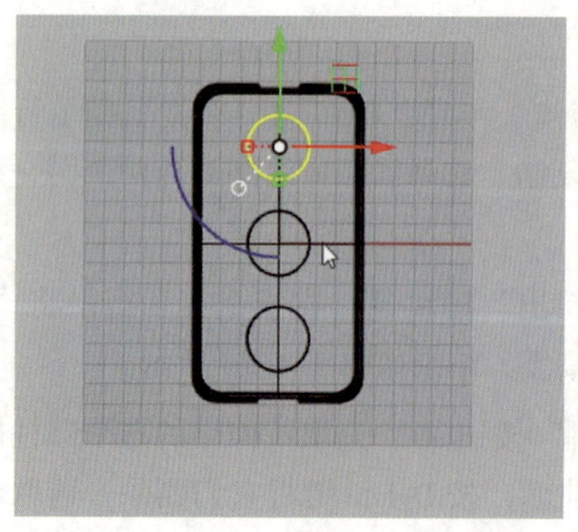

图 3-4-12　绘制三个圆

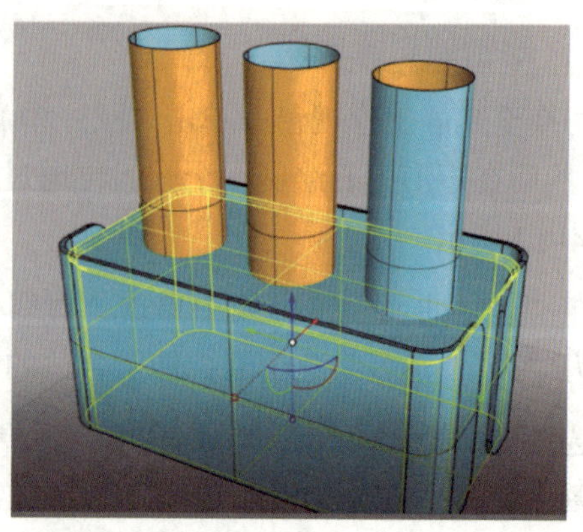

图 3-4-13　挤出三个圆

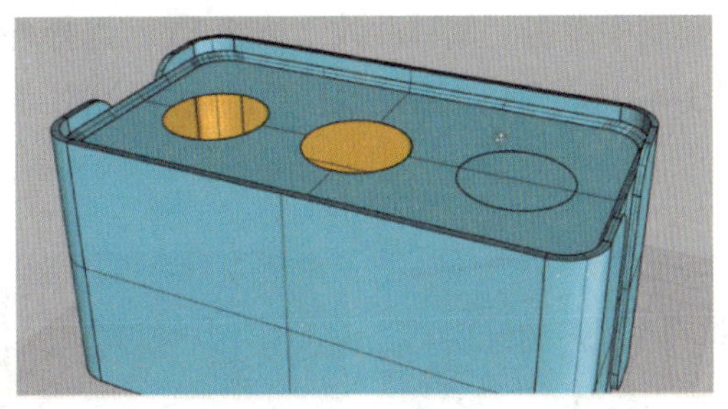

图 3-4-14　分割并删除

选取右侧剩余的分割后平面，并将其缩小到合适的大小，再向上移至合适的距离，结果如图 3-4-15 所示。

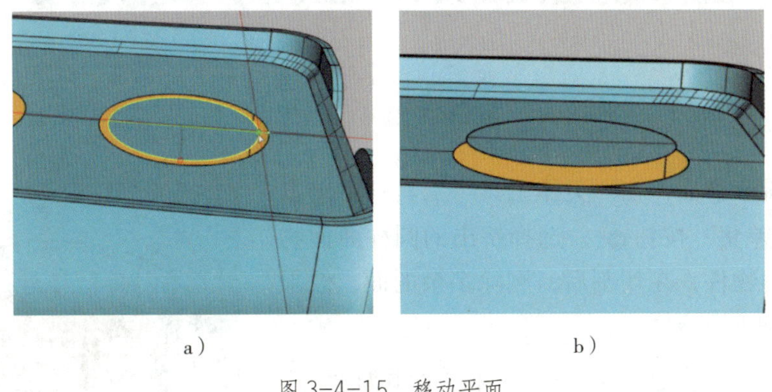

a）　　　　b）

图 3-4-15　移动平面

a）缩小　b）向上移动

在“曲面工具”工具列中单击“混接曲面”按钮，选择需要混接的两条边，在弹出的对话框中选择“曲率 1、2”，如图 3-4-16 所示。

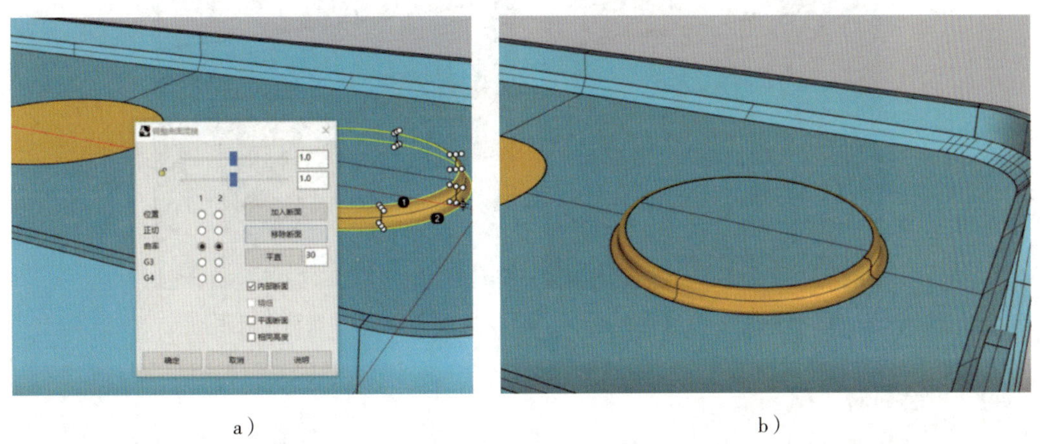

a）　　　　b）

图 3-4-16　混接曲面

a）参数设置　b）混接效果

在“曲线工具”工具列中单击“偏移曲线”按钮，选择外圆轮廓，并将其向内偏移适当距离，结果如图 3–4–17a 所示。选择偏移后的内圆轮廓，向下挤出，如图 3–4–17b 所示。

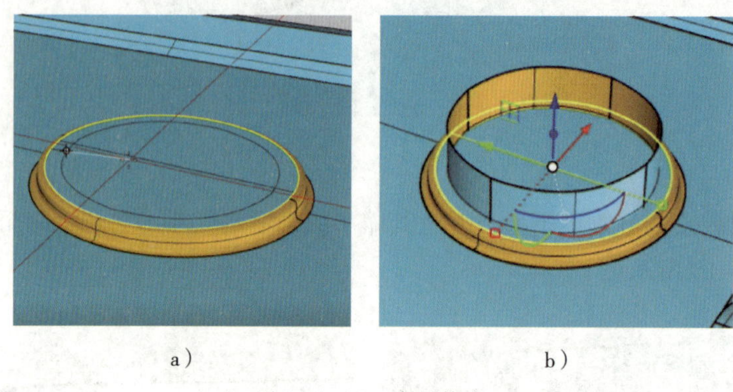

a）　　　　b）

图 3–4–17　内圆挤出
a）偏移曲线　b）直线挤出

选择圆形平面，在“实体工具”工具列中单击“布尔运算差集”按钮，选择挤出的圆柱曲面物件作为切割物件，在切割后，删除多余的面，效果如图 3–4–18 所示。

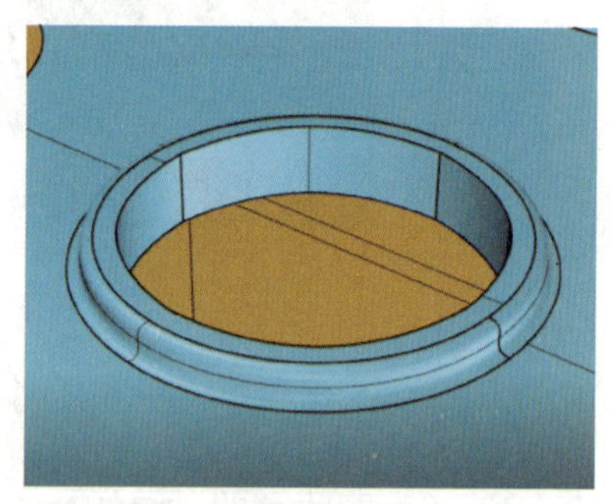

图 3–4–18　布尔运算差集后的效果

在“实体工具”工具列中单击“将平面洞加盖”按钮，选取物件，进行平面洞加盖操作，如图 3–4–19 所示。在工具列中单击“炸开”按钮，然后把炸开后的上表面删除，留下底面，如图 3–4–20 所示。

图 3–4–19　平面洞加盖

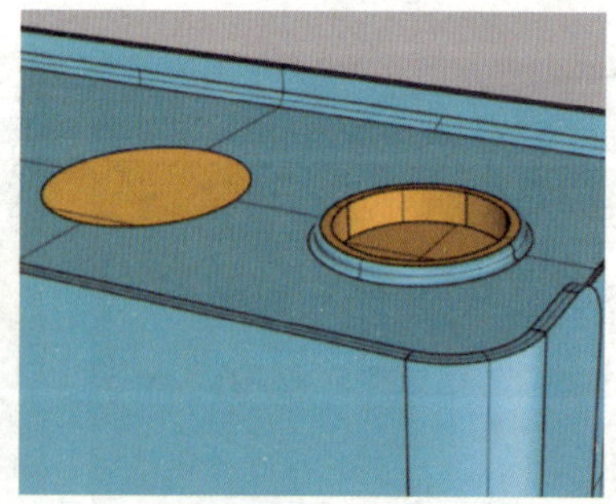

图 3–4–20　删除上表面

4. 绘制储料罐

在“直线”工具列中单击“直线：从中点”按钮，在圆的中心绘制一条中心线来作为旋转轴，如图 3–4–21a 所示。切换至 Right 工作视窗，在“直线”工具列中单击“直线”按钮，绘制储料罐的旋转截面，如图 3-4-21b 所示。在“建立曲面”工具列中单击“旋转成形”按钮，选择旋转轴的起点和终点，在指令提示行中输入“360”，绘制储料罐，并在 Perspective 工作视窗中调整储料罐的高度，结果如图 3-4-21c 所示。

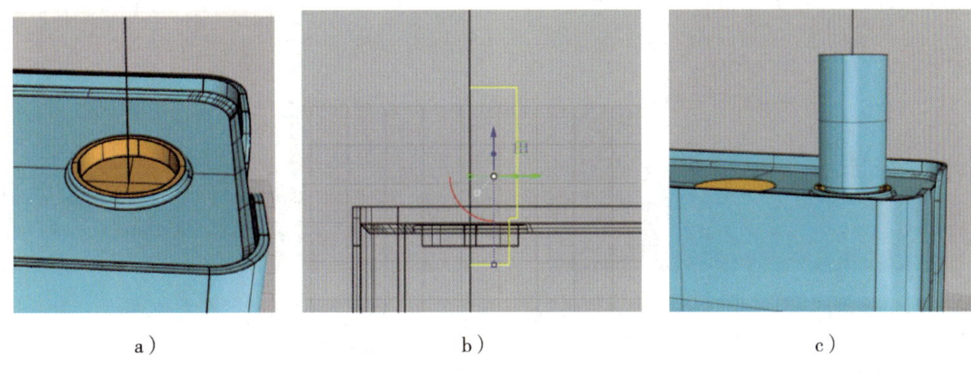

a）　　b）　　c）

图 3-4-21　绘制储料罐

a）绘制旋转轴　b）绘制旋转截面　c）调整储料罐的高度

在“实体工具”工具列中单击“边缘圆角”按钮，在指令提示行中选择“半径”，输入对应的半径值，对需要倒圆角的边进行圆角操作，如图 3-4-22 所示。

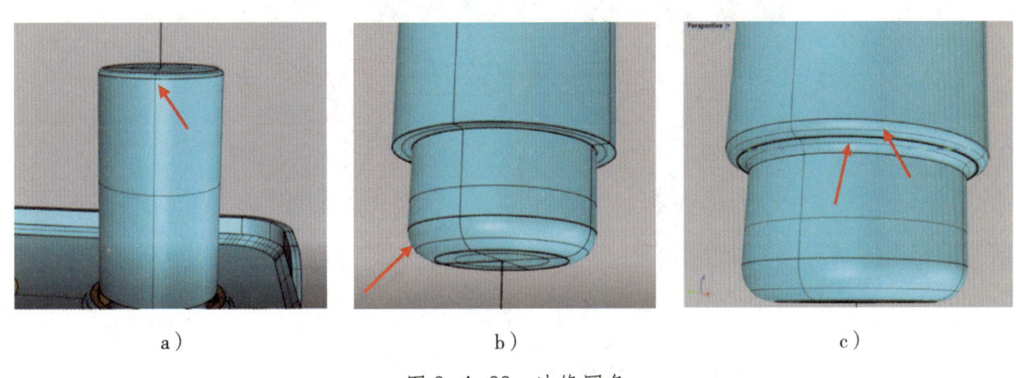

a）　　b）　　c）

图 3-4-22　边缘圆角

a）半径为 1　b）半径为 3　c）半径为 1

小贴士

圆角半径可根据绘制图形的大小来进行调整。

切换至 Right 工作视窗，在“直线”工具列中单击“直线：从中点”按钮，在圆的中心绘制一条直线来作为物件的分型线，如图 3-4-23 所示。

选择储料罐，在工具列中单击“分割”按钮，选取分型线作为切割用物件，将储料罐分为上、下两个部分。选择被分割的部分，在“实体工具”工具列中单击“将平面洞加盖”按钮，如图 3–4–24 所示。

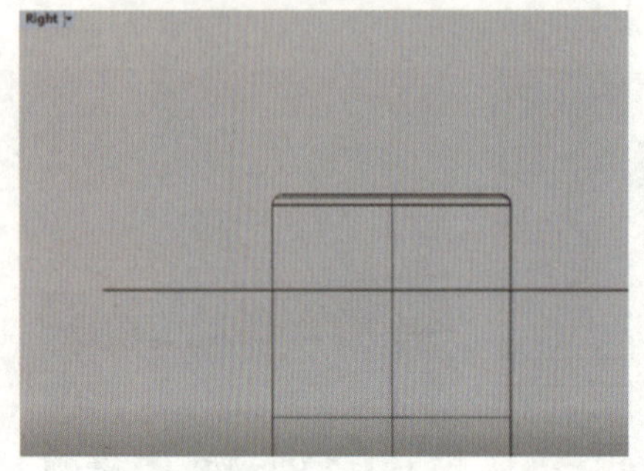

图 3-4-23 绘制分型线

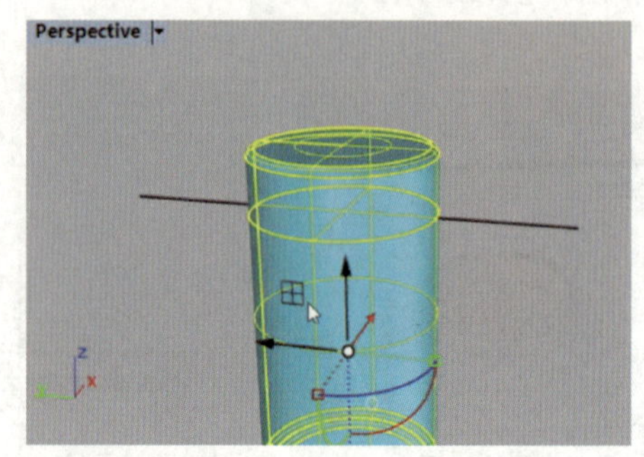

图 3-4-24 平面洞加盖

在“实体工具”工具列中单击“边缘圆角”按钮，在指令提示行中选择“半径”，输入半径值“0.6”，选择分型面上需要倒圆角的边进行倒圆角操作，如图 3–4–25 所示。

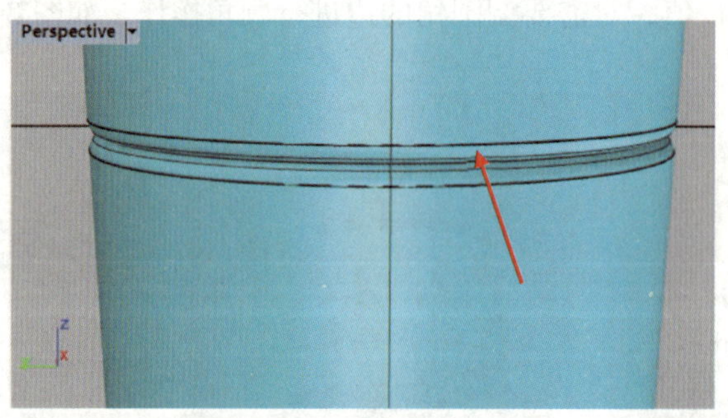

图 3-4-25 分型面倒圆角

5. 镜像、移动储料罐底座与储料罐

切换至 Top 工作视窗，选择需要镜像的全部物件，在“变动”工具列中单击“镜像”按钮，选择镜像操作所需的两点（在指令提示行中输入“0”，然后选择水平方向上的镜像平面终点），镜像破壁料理机左侧的所有物件，结果如图 3–4–26 所示。对于中间未完成的物件，可通过镜像、复制或粘贴的方式完成绘制，结果如图 3–4–27 所示。

在“选取”工具列中单击“选取曲线”按钮，选取多余的线，并按 Delete 键将它们删除，调整储料罐的位置，切换至渲染模式，效果如图 3–4–28 所示。

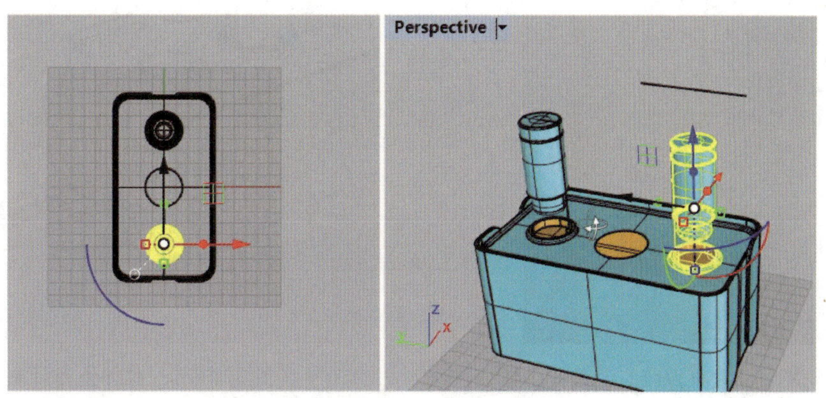

图 3-4-26　镜像物件

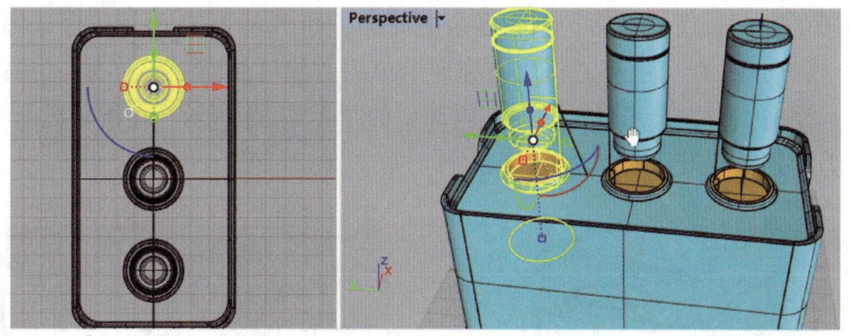

图 3-4-27　镜像、复制或粘贴物件

图 3-4-28　渲染效果

6. 绘制电源接口、开关按钮

切换至 Front 工作视窗，在“矩形”工具列中单击“圆角矩形”按钮，在指令提示行中单击“中心点”，在合适的位置绘制圆角矩形作为电源接口。在工具列中单击“圆：中心点、半径”按钮，绘制一个大小合适的圆作为开关按钮，如图 3-4-29 所示。选取圆角矩形和圆，切换至 Perspective 工作视窗，按住绿色箭头上的黑点，将两个物件向外拉伸至合适位置，效果如图 3-4-30 所示。

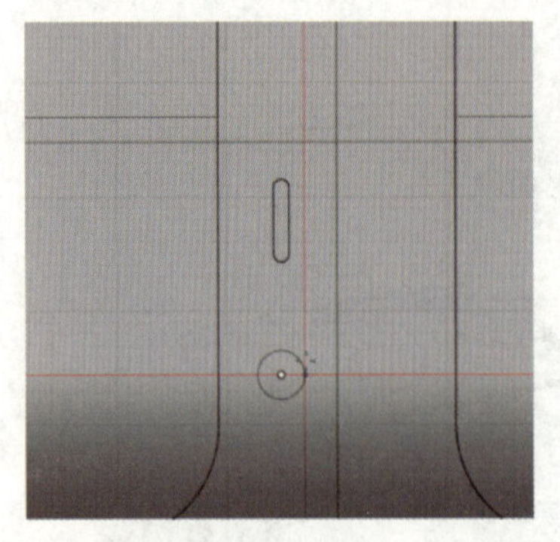
图 3-4-29　绘制电源接口及开关按钮

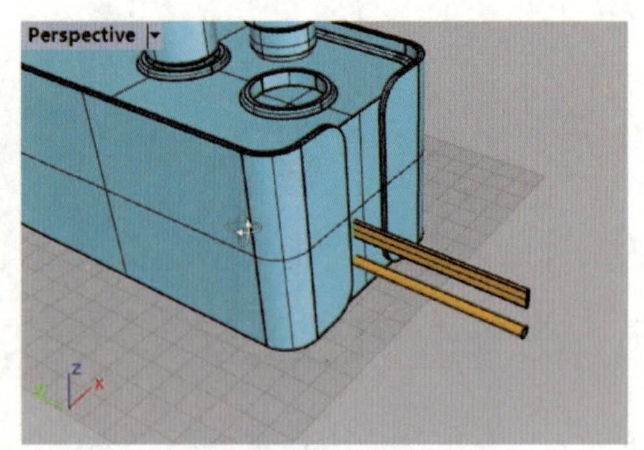

图 3-4-30　拉伸曲面效果

选择破壁料理机主体部分，在工具列中单击“分割”按钮，选取圆角矩形和由圆拉伸出来的曲面，在分割后，删除多余的曲面，如图 3-4-31 所示。全选内部曲面，如图 3-4-32 所示，在“曲面工具”工具列中单击“偏移曲面”按钮，查看圆上的箭头方向，使箭头方向全部反转并指向内部，如图 3-4-33 所示。在指令提示行中设置偏移距离为“1”，效果如图 3-4-34 所示。

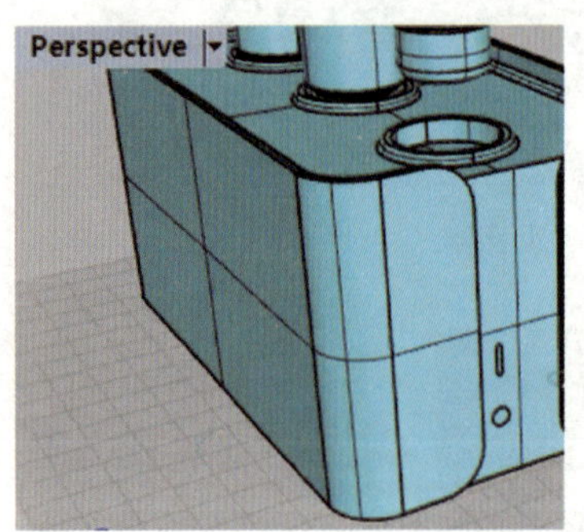

图 3-4-31　分割曲面

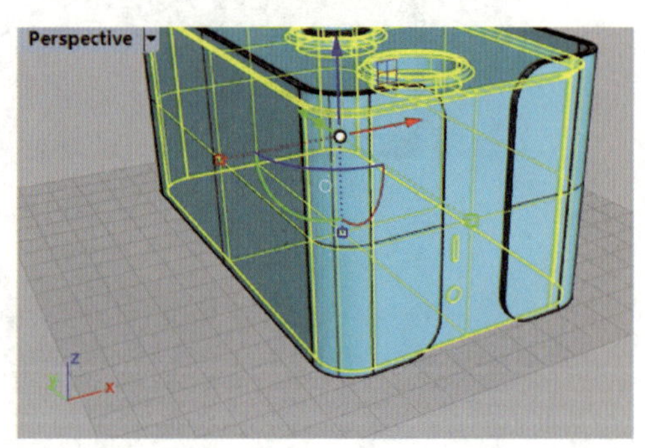

图 3-4-32　全选内部曲面

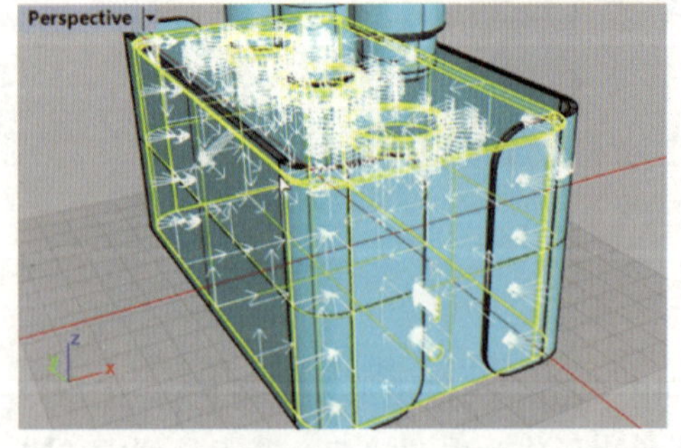

图 3-4-33　箭头方向全部反转并指向内部

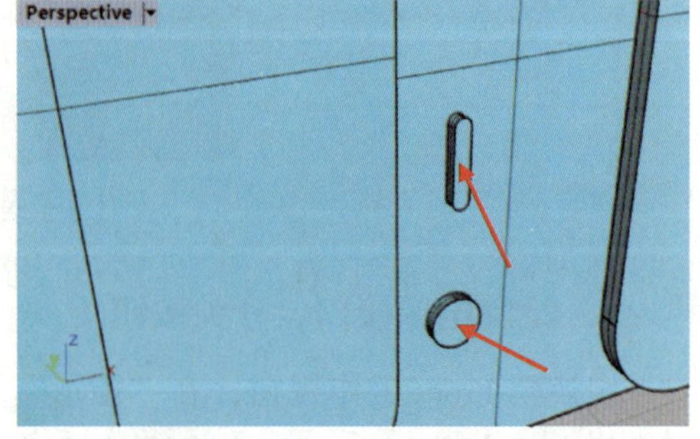

图 3-4-34　偏移效果

在“实体工具”工具列中单击“边缘圆角”按钮，在指令提示行中选择“半径”，输入“0.2”，选择需要进行倒圆角操作的圆角矩形边和圆边，效果如图 3-4-35

所示。最终效果如图 3–4–36 所示。

图 3–4–35　边缘圆角

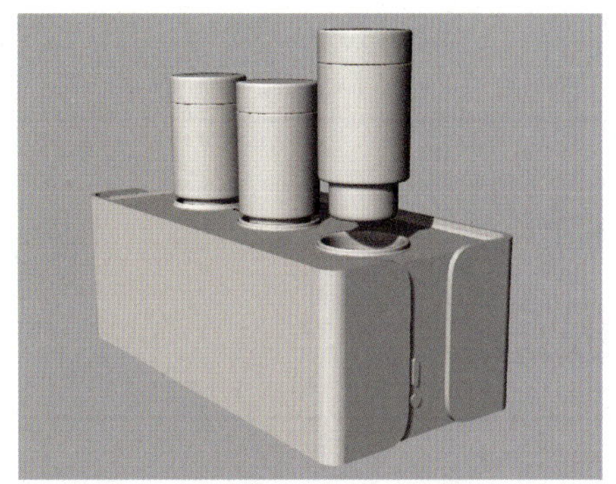

图 3–4–36　最终效果

三、保存文件

完成造型后，执行“文件”→“保存文件”命令，输入文件名“项目三任务 4 破壁料理机造型”并单击“保存”按钮。

利用所学工具，完成图 3–4–37 所示蓝牙音箱造型的绘制，并保存文件。

图 3–4–37　蓝牙音箱造型

项目四
高级造型

任务 1　儿童玩具造型

1. 掌握重建曲线工具的操作与运用方法。
2. 熟悉更改曲面阶数工具的操作与运用方法。
3. 能根据物体外形选择不同的建模方法。

根据图 4-1-1a 所示儿童玩具素材，完成图 4-1-1b 所示儿童玩具造型的绘制。这款儿童玩具造型由头部、身体、颈部、脚、嘴巴和鸡冠等部分组成。头部、颈部和脚可通过绘制球体后使用缩放功能来完成创建。身体可通过绘制控制点曲线、镜像、衔接曲线、重建曲线后再放样，最后修改曲面阶数并衔接曲面来完成创建。鸡冠可通过绘制控制点曲线后直线挤出曲面来完成创建。嘴巴可通过绘制控制点曲线、镜像、衔接曲线并旋转成曲面来完成创建。最后，将制作的儿童玩具的全部部位倒角，完成造型。

a）　　　　　　　　　　b）

图 4-1-1　儿童玩具
a）素材　b）造型

一、重建曲线工具

重建曲线工具可以通过指定阶数和控制点数来重建选取的曲线。单击“曲线工具”工具列中的“重建曲线”按钮，重建后的曲线节点分布比较均匀。可一次重建一条或多条曲线，所有被选取的曲线都会以指定阶数和控制点数重建。选择一曲线并单击鼠标右键确认，在弹出的“重建”对话框中分别设置 U 和 V 方向上的点数，如图 4-1-2 所示，即可重建曲线。对同一曲线设置重建曲线阶数为“1”，选择不同的 U 和 V 方向上的点数，效果如图 4-1-3 所示。

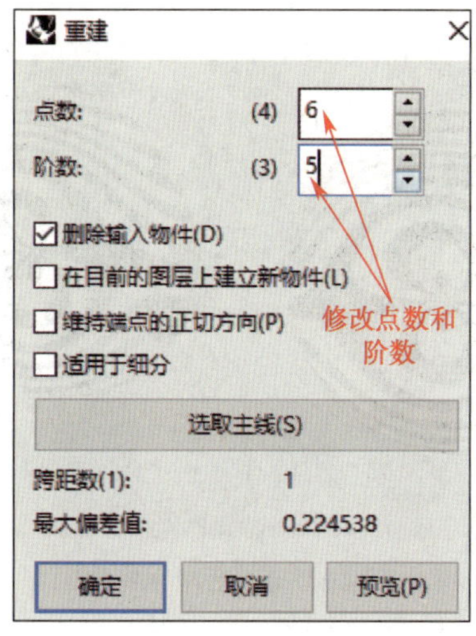

图 4-1-2　重建曲线参数设置

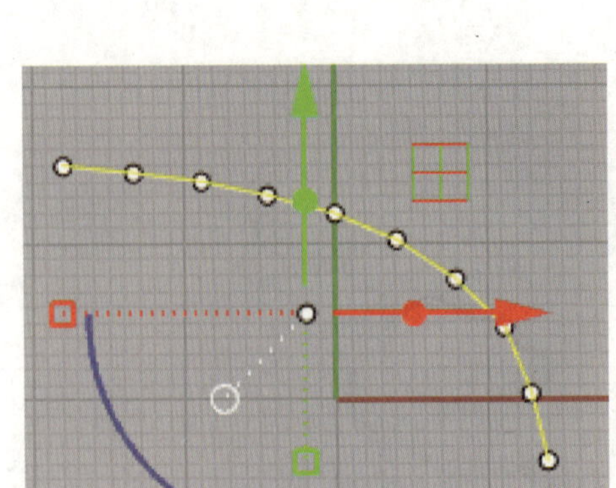

a）

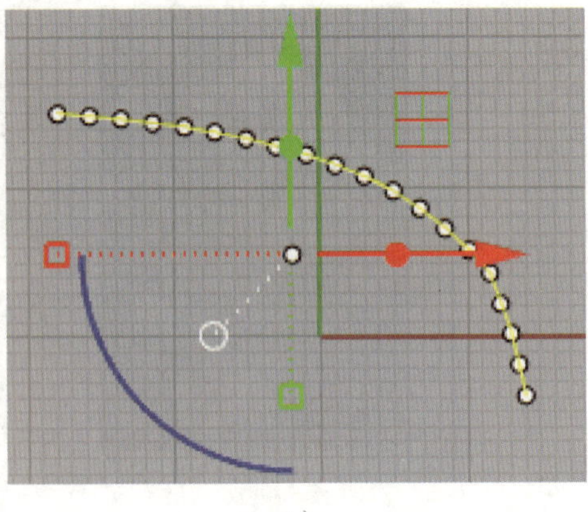

b）

图 4-1-3　重建曲线的不同效果
a）点数为 10　b）点数为 20

二、更改曲面阶数工具

更改曲面阶数工具可以通过指定阶数和控制点数来重建选取的曲线或曲面。单击“曲面工具”工具列中的“更改曲面阶数”按钮 DEG，选取物件，输入阶数值，即可更改曲面阶数。对曲面进行更改时需要输入 *U*、*V* 两个方向上的阶数值。在指令提示行中，当设置“可塑形的 = 是”，原来的曲线或曲面的阶数和改变后的阶数不同时，曲线会稍微变形，但不会产生复节点。当设置“可塑形的 = 否”，原来的曲线或曲面的阶数小于改变后的阶数时，新的曲线或曲面和原来的曲线或曲面有完全一样的形状与参数，但会产生复节点，复节点数量 = 原来节点位置的节点数量 + 新阶数 - 旧阶数；如果原来的曲线或曲面的阶数大于改变后的阶数，则新的曲线或曲面会稍微变形，但不会产生复节点。图 4-1-4 所示的图形在更改阶数后如图 4-1-5 所示。

图 4-1-4　更改阶数前

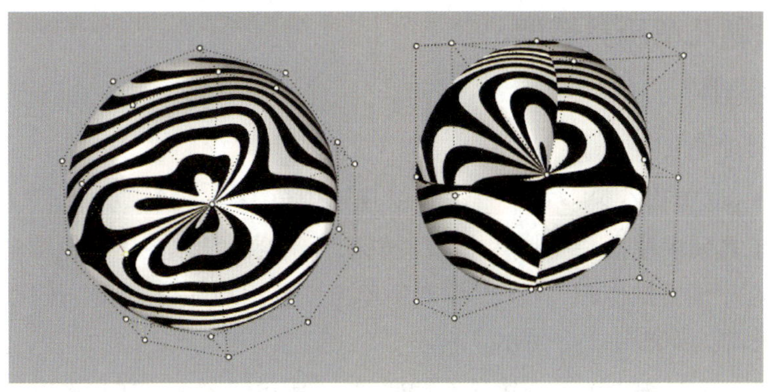

图 4-1-5　更改阶数后（左图“可塑形 = 是”，右图“可塑形 = 否”）

操作演示

一、建模准备

1. 新建文件

启动 Rhino，进入绘图设计环境（模板文件默认为“小模型 - 毫米”）。

2. 导入参考图片

在 Front 工作视窗中导入儿童玩具的参考图片，并调整其尺寸和位置，如图 4-1-6 所示。

3. 新建图层

切换至 Perspective 工作视窗，将参考图片移至图 4-1-7 所示位置。新建图层，修改图层名称为“背景图”，将参考图片放入该背景图层中并锁定图层。

图 4-1-6　导入参考图片并调整其尺寸和位置

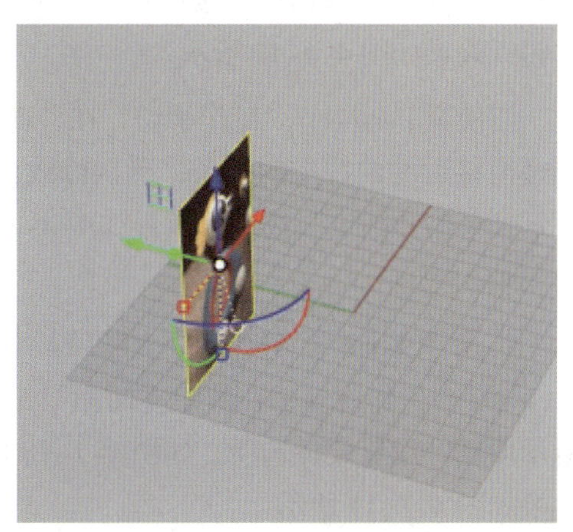

图 4-1-7　参考图片位置

二、绘制儿童玩具造型

1. 绘制身体

（1）绘制身体主体

切换至 Front 工作视窗，在“直线”工具列中单击“直线：从中点”按钮，绘制直线，在工具列中单击“控制点曲线”按钮，绘制身体主体的轮廓。调整轮廓外形，开启状态栏的“操作轴”。在工具列中单击“显示物件控制点”按钮，用控制点调整曲线轮廓，如图 4–1–8 所示。

在“变动”工具列中单击“镜像”按钮，选择图 4–1–8 所示轮廓，进行镜像操作，效果如图 4–1–9 所示。调整轮廓外形，开启状态栏的“操作轴”。在工具列中单击“显示物件控制点”按钮，用控制点调整曲线轮廓，如图 4–1–10 所示。

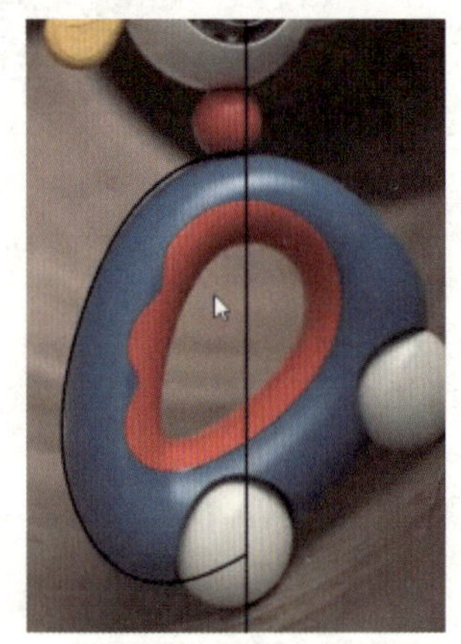
图 4–1–8　调整身体主体轮廓线

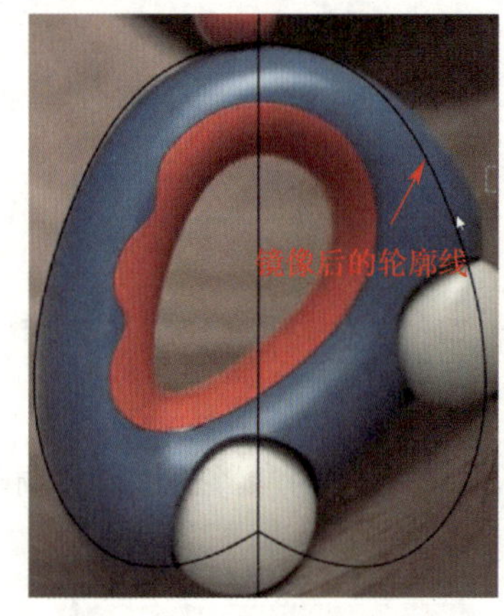

图 4–1–9　镜像后的轮廓线

图 4–1–10　调整后的轮廓线

在“曲线工具”工具列中单击“衔接曲线”按钮，选择图 4–1–8 和图 4–1–10 所示轮廓线后会弹出“衔接曲线”对话框，选项设置如图 4–1–11 所示，单击“确定”按钮后效果如图 4–1–12 所示。

切换至 Perspective 工作视窗，在“曲线工具”工具列中单击“重建曲线”按钮，选择衔接后的曲线中的一条，确认修改曲线的点数为“6”、阶数为“5”，如图 4–1–13 所示，单击“确定”按钮后效果如图 4–1–14 所示，按同样方法重建其余曲线后效果如图 4–1–15 所示。

切换至 Front 工作视窗，用控制点调整曲线轮廓，如图 4–1–16 所示。切换至 Perspective 工作视窗，在“建立曲面”工具列中单击“放样”按钮，选择图 4–1–17 所示曲线，设置放样选项，如图 4–1–18 所示，单击“确定”按钮后着色模式中的显示效果如图 4–1–19 所示。

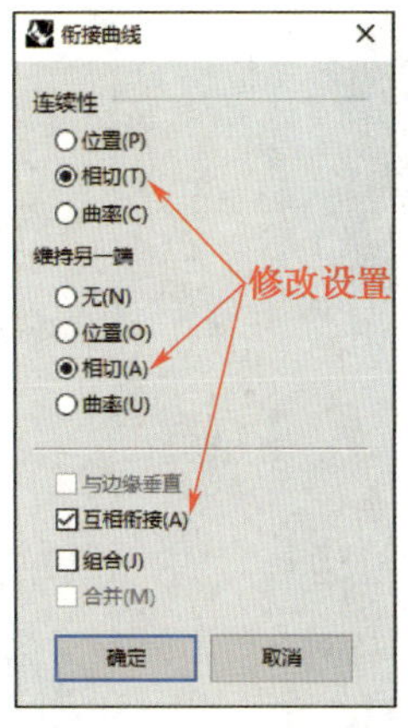

图 4-1-11 衔接曲线选项设置

图 4-1-12 衔接后的曲线效果

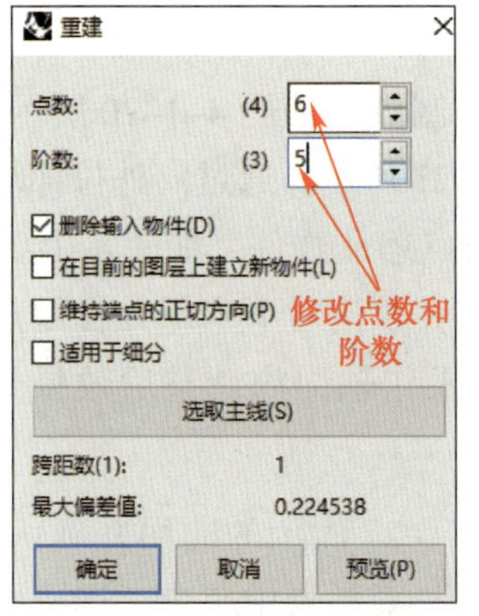

图 4-1-13 重建曲线参数设置

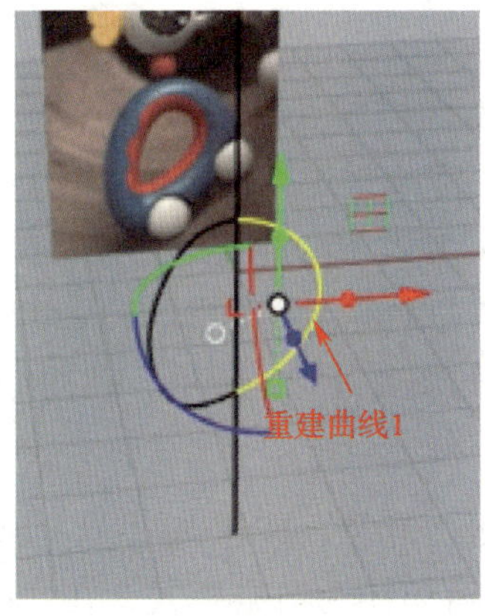

图 4-1-14 重建曲线 1

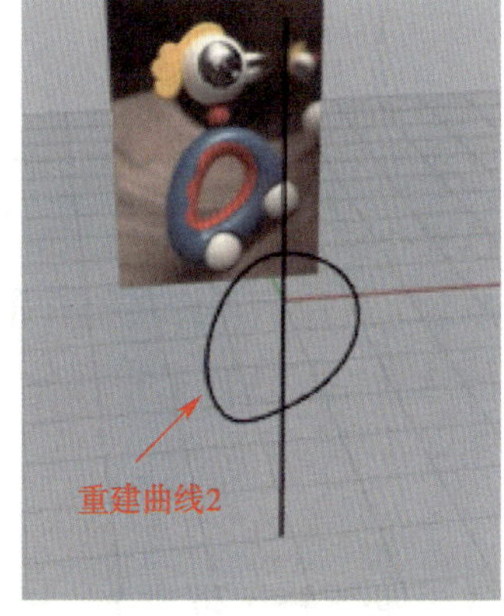

图 4-1-15 重建曲线 2

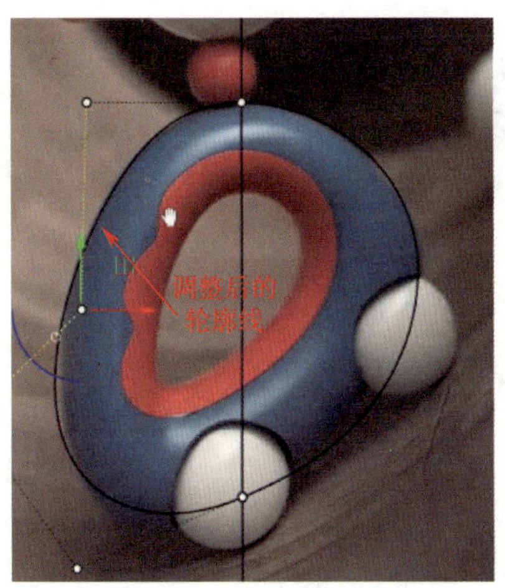

图 4-1-16 调整轮廓线

图 4-1-17 放样曲线

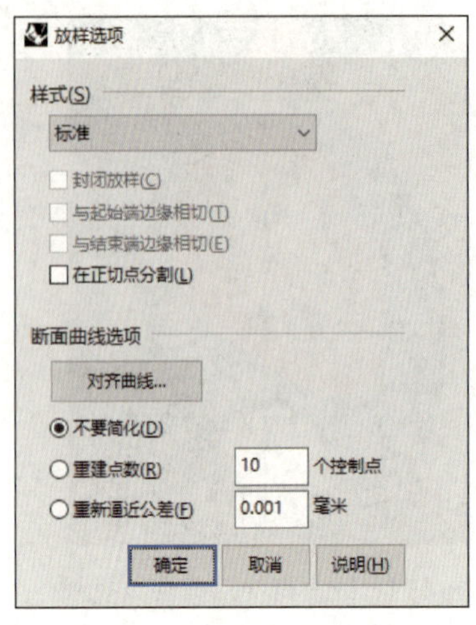

图 4-1-18　放样选项设置

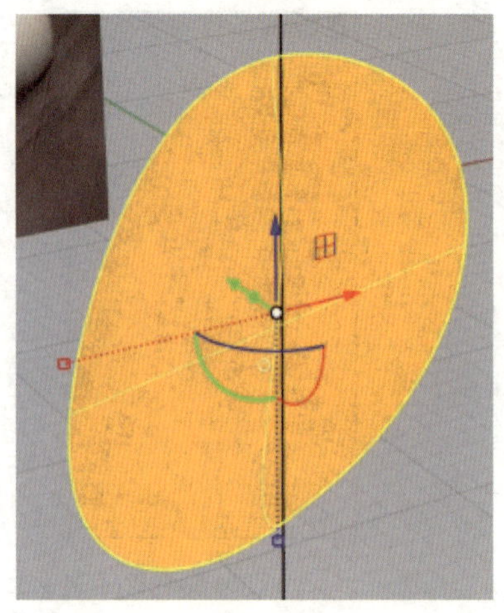

图 4-1-19　着色模式中的显示效果

（2）调整身体曲面

在工具列中单击“显示物件控制点”按钮，显示控制点，如图 4-1-20 所示。选择两个方向的控制点（按住 Shift 键进行扩选），如图 4-1-21 所示。通过向外拉伸绿色操作轴来进行调整，如图 4-1-22 所示。再利用红色控制点缩放物件，如图 4-1-23 所示。再次利用绿色操作轴来进行调整，如图 4-1-24 所示。取消对下半部分控制点的选择，只选择上半部分，如图 4-1-25 所示，利用绿色操作轴向内调整后效果如图 4-1-26 所示。

在“变动”工具列中单击“镜像”按钮，选择图 4-1-27 所示的曲面并确认，效果如图 4-1-28 所示。将视窗切换为渲染模式，在“选取”工具列中单击“选取曲线”按钮，选取曲线，如图 4-1-29 所示。把曲线放入图层中隐藏，如图 4-1-30 所示。

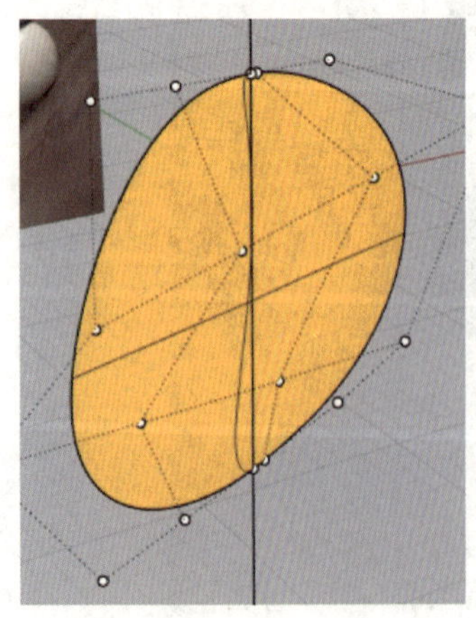

图 4-1-20　显示控制点

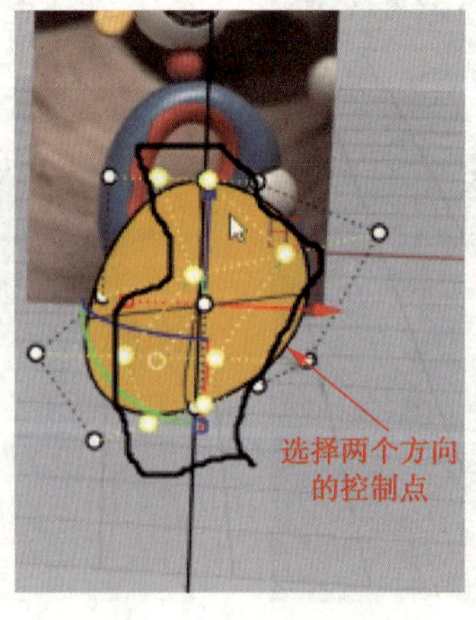

图 4-1-21　选择两个方向的控制点

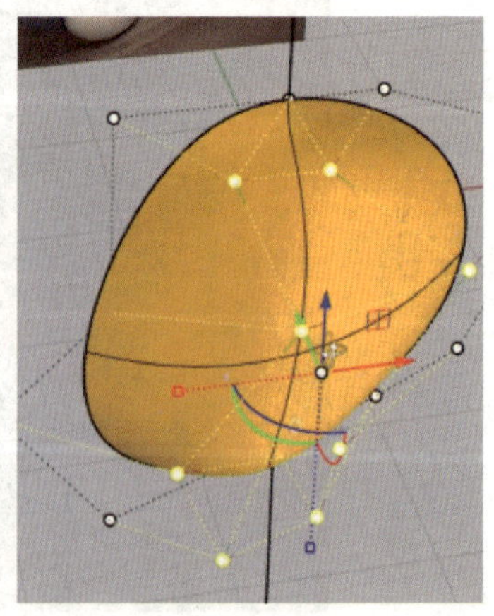

图 4-1-22　拉伸绿色操作轴来进行调整

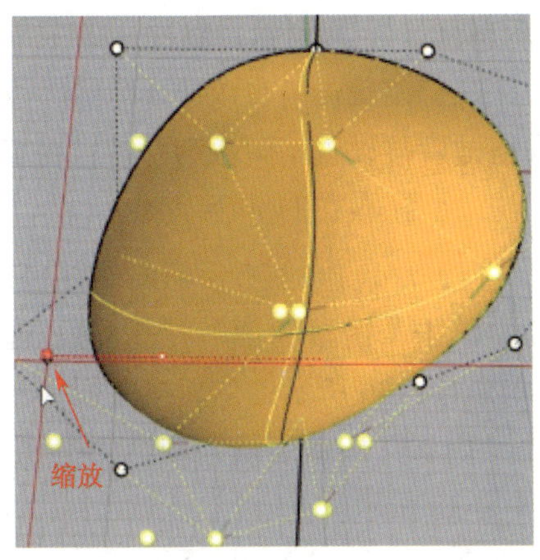

图 4-1-23 利用红色控制点缩放物件

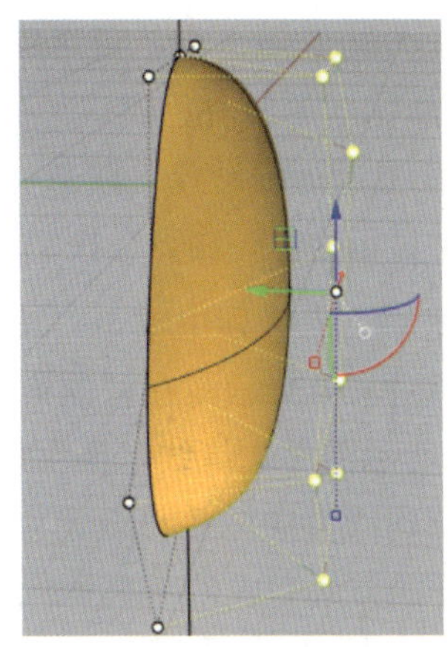
图 4-1-24 再次拉伸绿色操作轴来进行调整

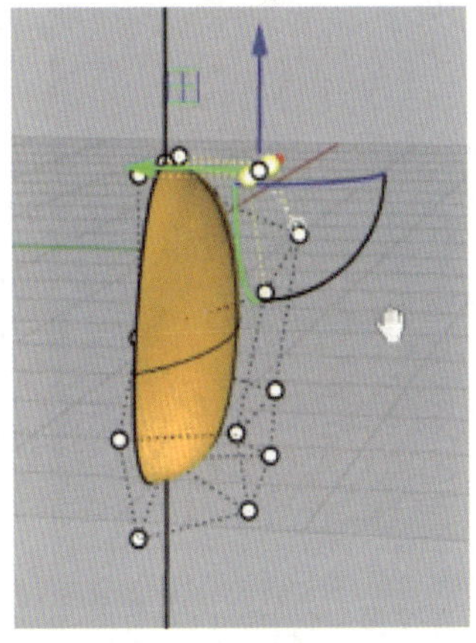
图 4-1-25 选择上半部分的控制点

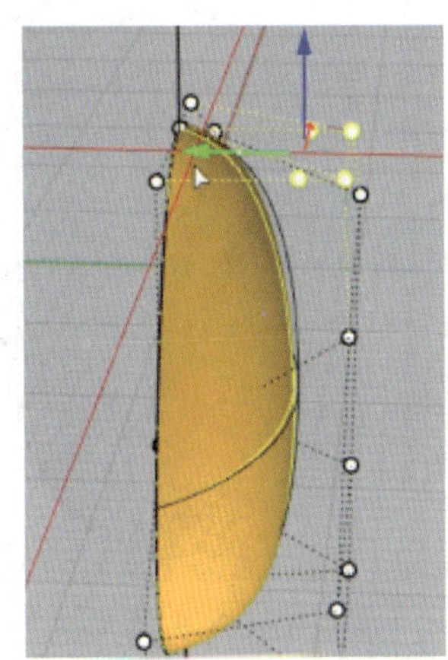
图 4-1-26 第三次拉伸绿色操作轴来进行调整

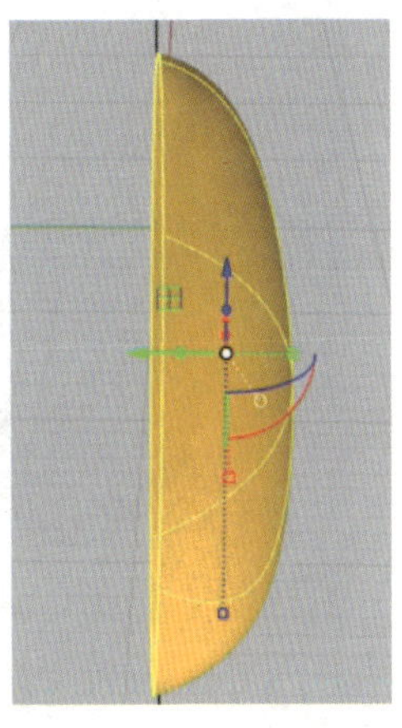
图 4-1-27 选择曲面

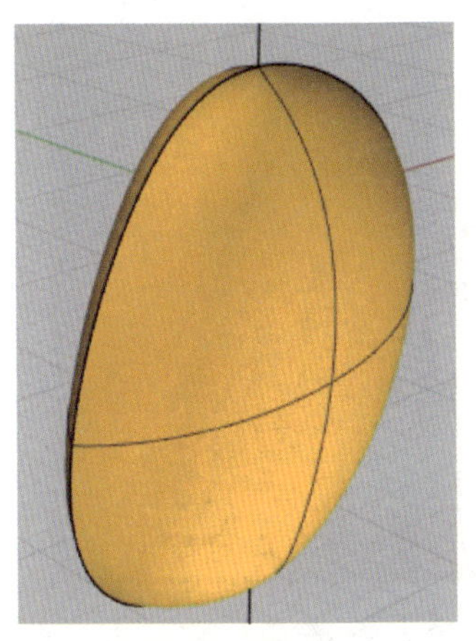
图 4-1-28 镜像曲面效果

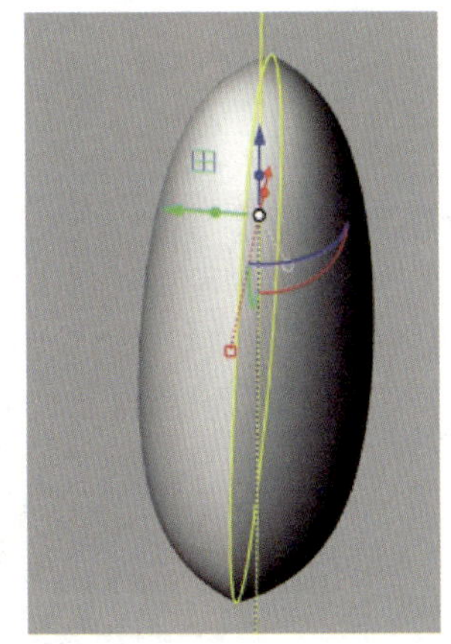
图 4-1-29 选取曲线

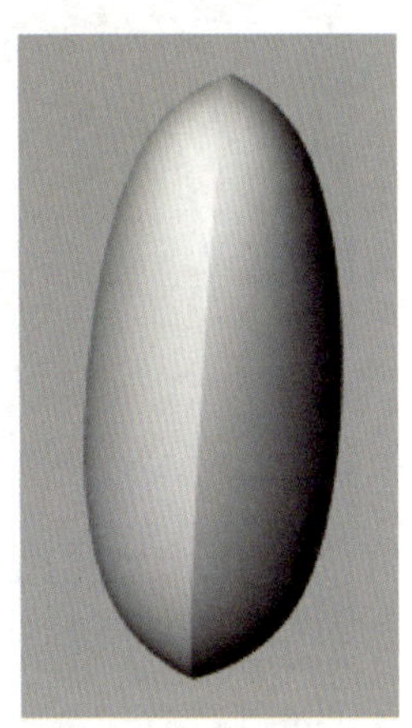
图 4-1-30 隐藏曲线

由于此时物件不平滑，可选中图 4-1-31 所示曲面，将其删除，删除后的效果如图 4-1-32 所示。返回着色模式，在“曲面工具”工具列中单击“更改曲面阶数”按钮，在指令提示行中设置 U 阶数为“7”，按下空格键后再设置 V 阶数为“7”，在工具列中单击“显示物件控制点”按钮，显示控制点，如图 4-1-33 所示。

在“变动”工具列中单击“镜像”按钮，选择图 4-1-33 所示的曲面并确认，效果如图 4-1-34 所示。在“曲面工具”工具列中单击“衔接曲面”按钮，选择图 4-1-35 所示曲面边缘线，按空格键确认，弹出图 4-1-36 所示的“衔接曲面”对话框，将“结构线方向调整”设置为“自动”，单击“确认”按钮后效果如图 4-1-37 所示。用同样的方法完成另一侧曲面的衔接，如图 4-1-38 所示。

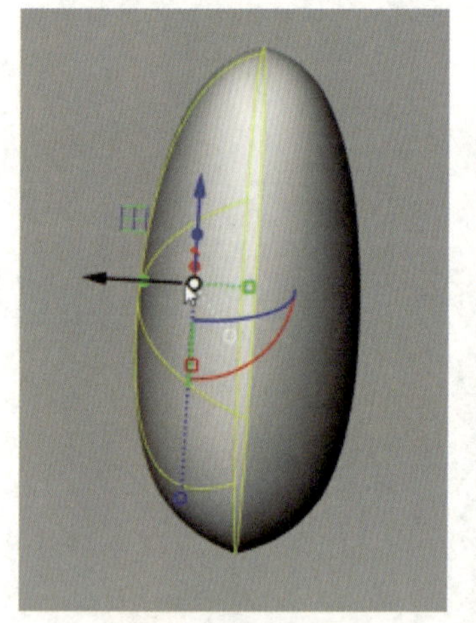
图 4-1-31　选择曲面

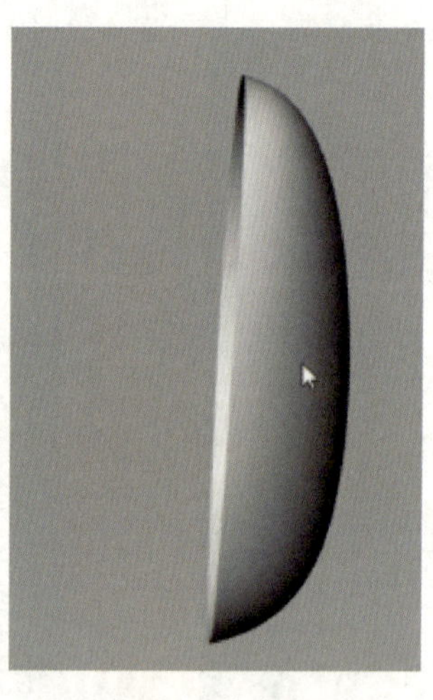
图 4-1-32　删除曲面后的效果

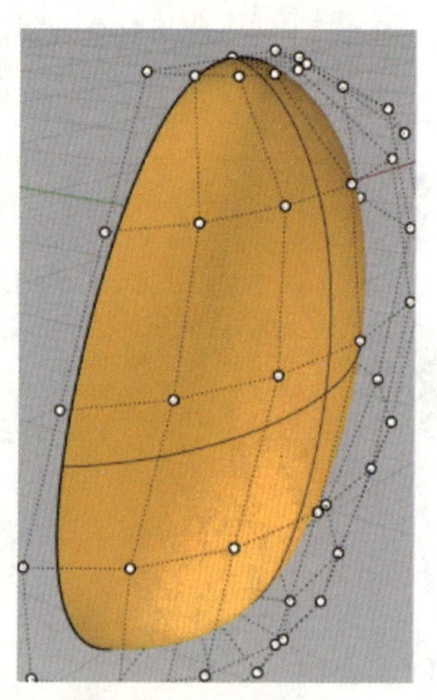
图 4-1-33　更改曲面阶数并显示控制点

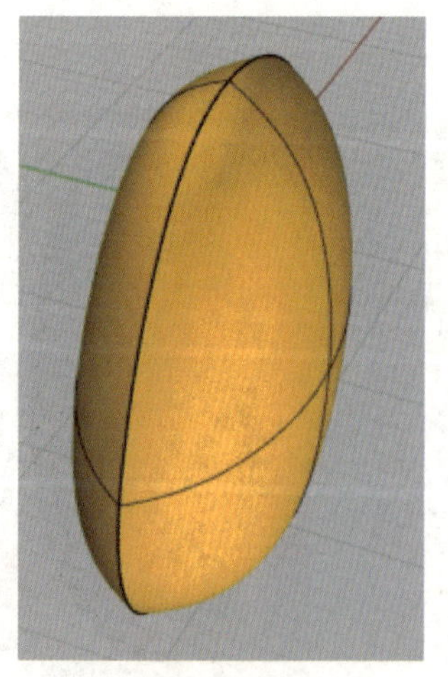
图 4-1-34　镜像曲面

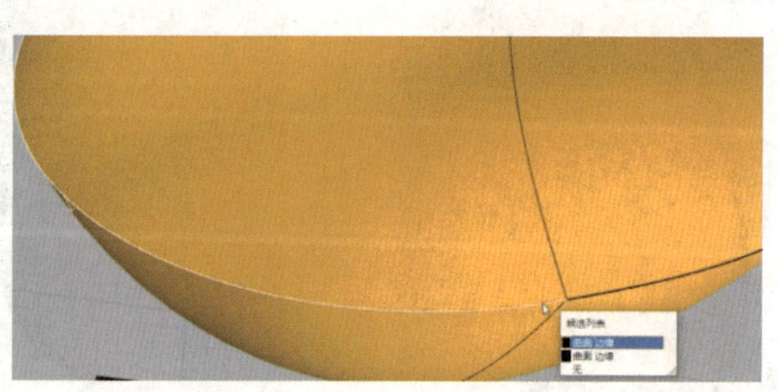
图 4-1-35　选择曲面边缘线

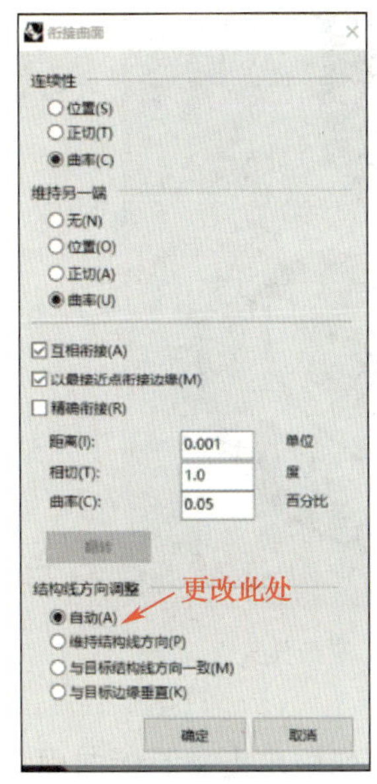

图 4-1-36 “衔接曲面”对话框

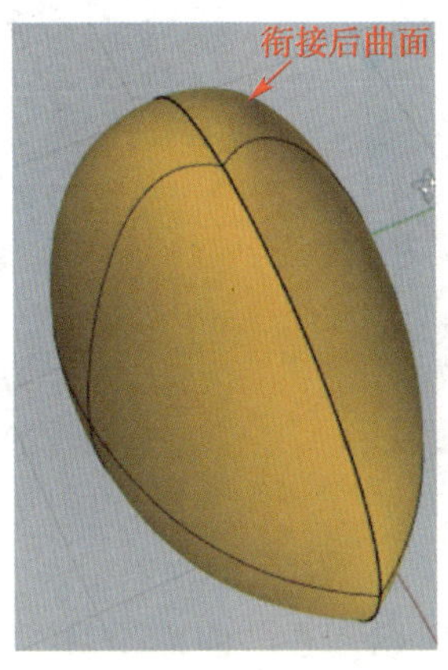

图 4-1-37 衔接后曲面

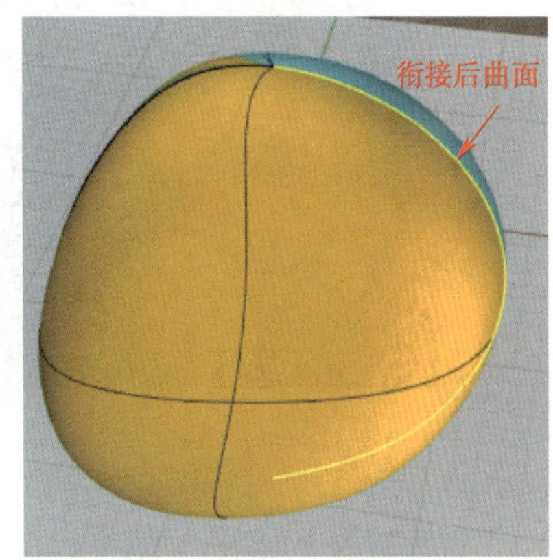

图 4-1-38 衔接后曲面（另一侧）

（3）绘制身体内部

切换至 Front 工作视窗，在工具列中单击“控制点曲线”按钮，绘制身体主体的内部轮廓，如图 4-1-39 所示。利用控制点调整曲线轮廓，如图 4-1-40 所示。

图 4-1-39 绘制内部轮廓

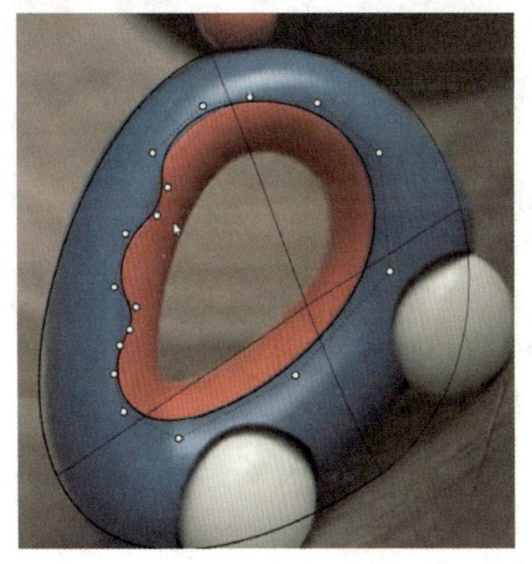

图 4-1-40 调整内部轮廓线

选择图 4-1-41 所示的曲面，在工具列中单击“组合”按钮，再单击“分割”按钮，按照提示选择图 4-1-41 所示的曲线，按空格键确定，删除多余部分。切换至 Perspective 工作视窗，并切换至渲染模式，效果如图 4-1-42 所示。

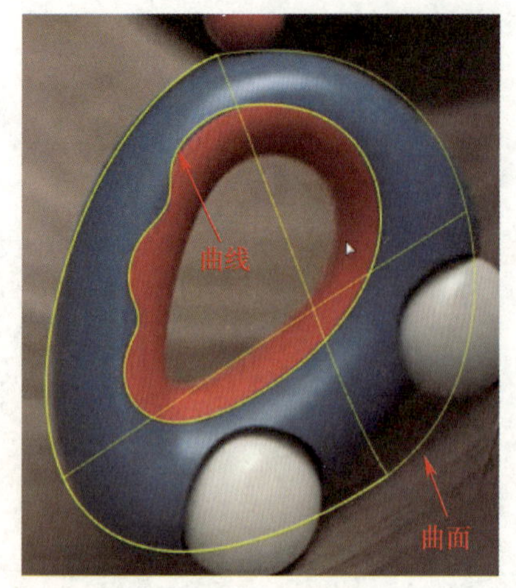

图 4-1-41 分割曲面

图 4-1-42 渲染模式

切换至着色模式，如图 4-1-43 所示。在“曲面工具”工具列中单击“混接曲面”按钮，在指令提示行中选择“连锁边缘”，然后选择曲线 1 和曲线 2，如图 4-1-44 所示，按下空格键后弹出图 4-1-45 所示的“调整曲面混接”对话框，调整参数并单击“确定”按钮后效果如图 4-1-46 所示，切换至渲染模式后效果如图 4-1-47 所示。选择图 4-1-48 所示主体后在工具列中单击“组合”按钮。

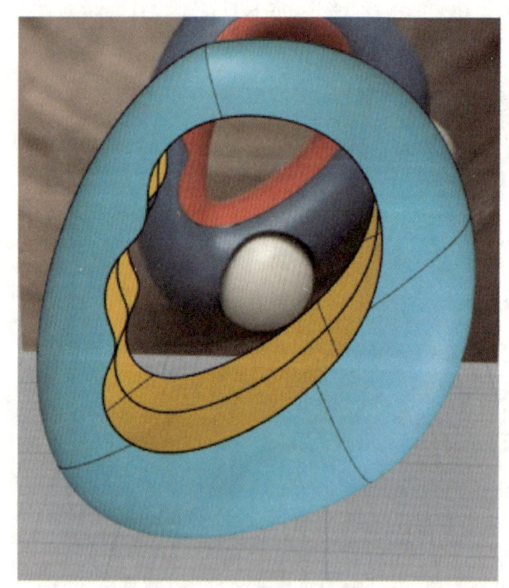
图 4-1-43 着色模式

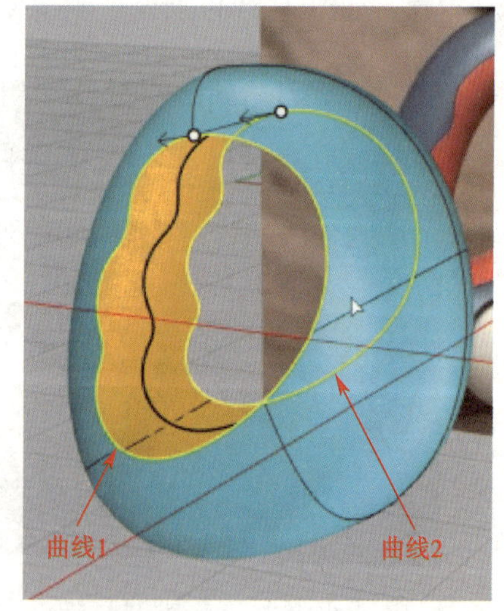

图 4-1-44 选择曲线

（4）新建图层

新建图层，修改图层名称为“身体”，将绘制的身体放入该图层中并锁定图层。

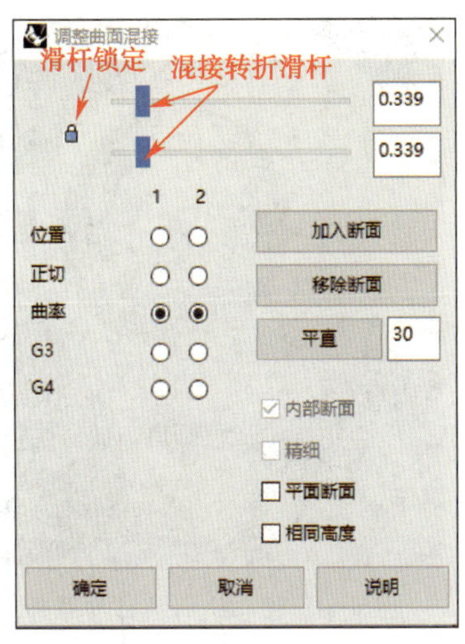

图 4-1-45 “调整曲面混接”对话框

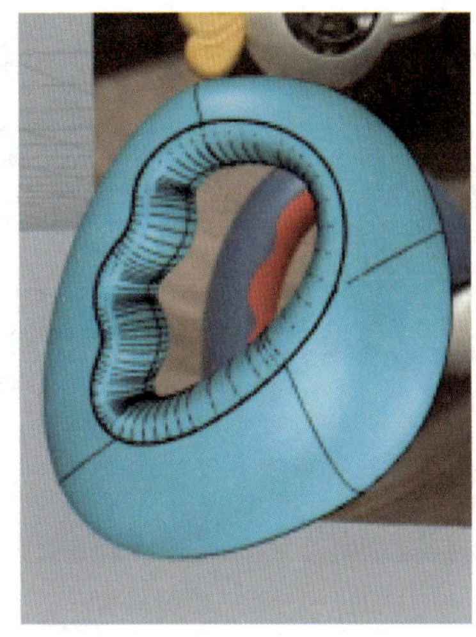

图 4-1-46 曲面混接效果

图 4-1-47 渲染模式效果

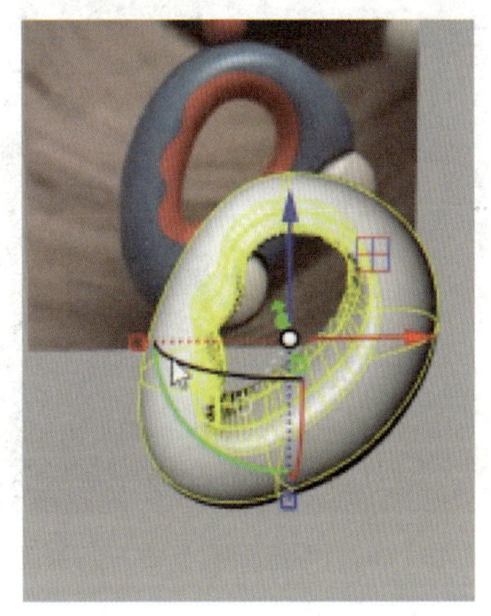

图 4-1-48 组合主体

2. 绘制头部、颈部和脚

在“建立实体”工具列中单击“球体：中心点、半径”按钮，绘制鸡脚，开启状态栏中的“操作轴”，效果如图 4-1-49 所示。单击鼠标右键继续绘制头部和颈部，如图 4-1-50 所示。利用操作轴调整头部和颈部的位置，效果如图 4-1-51 所示。

选择图 4-1-52 所示的主体部分，在“实体工具”工具列中单击“布尔运算分割”按钮，再选择图 4-1-53 所示的鸡脚部分，删除图 4-1-54 所示部分，效果如图 4-1-55 所示。用同样的方式处理主体与颈部、头部与颈部后效果如图 4-1-56 所示。

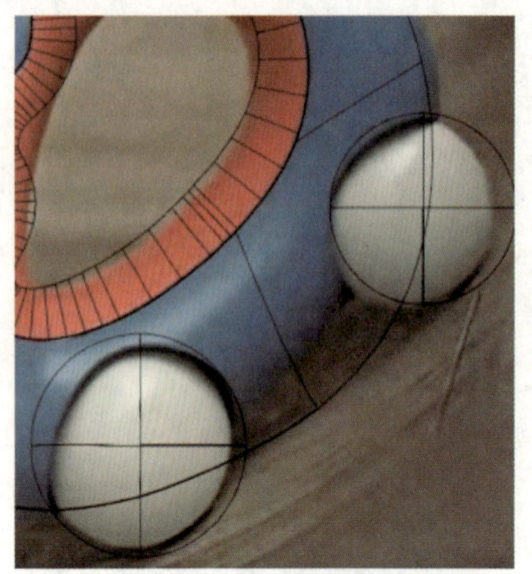
图 4-1-49 绘制鸡脚

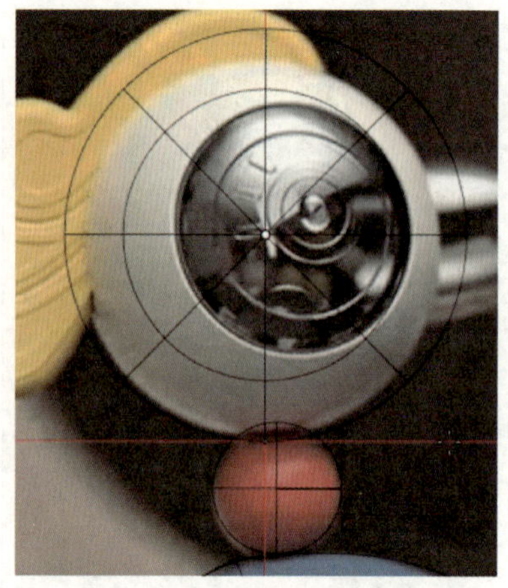
图 4-1-50 绘制头部和颈部

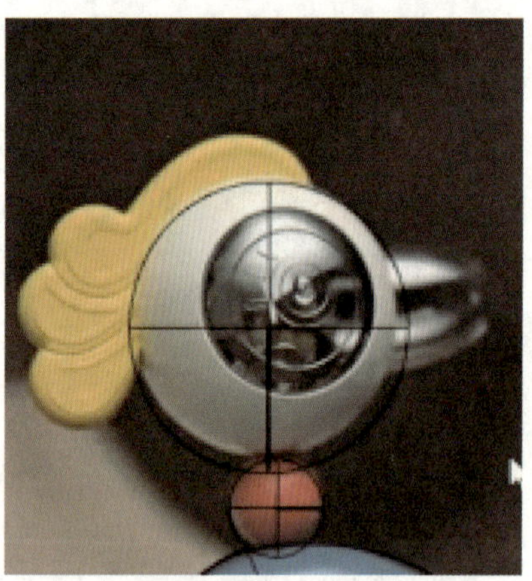
图 4-1-51 调整位置后的头部和颈部

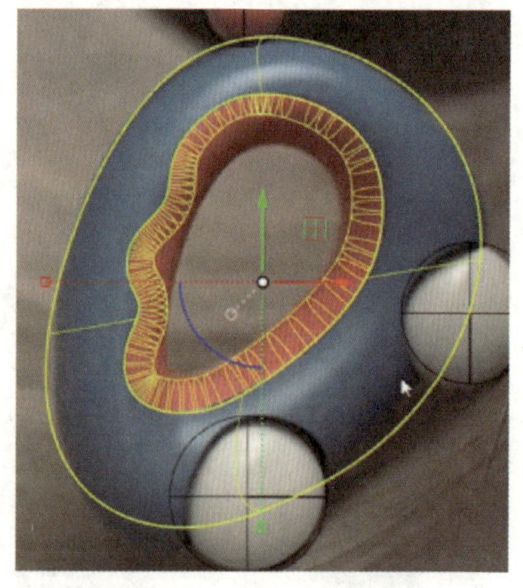
图 4-1-52 主体部分

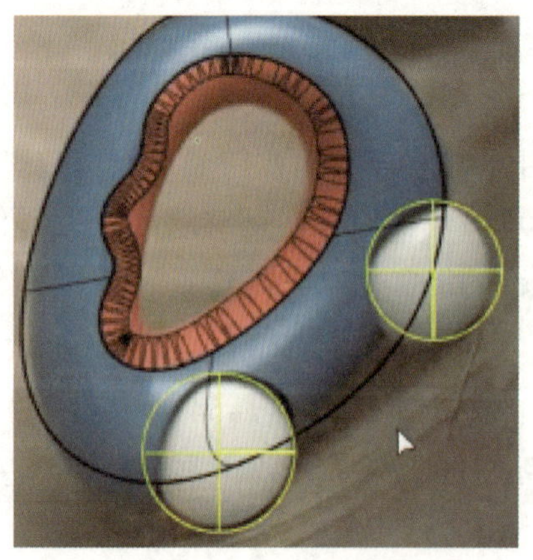
图 4-1-53 鸡脚部分

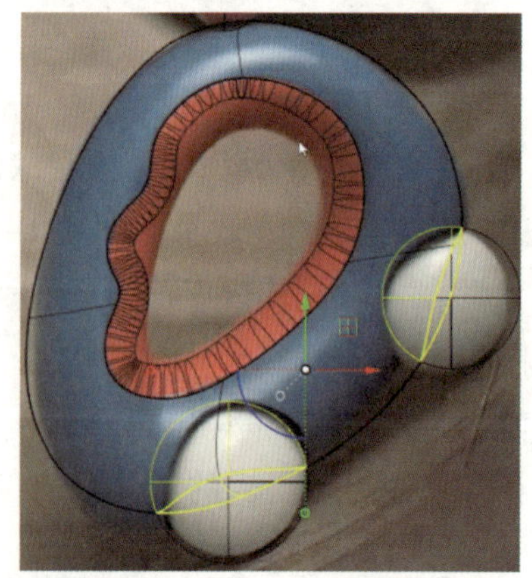
图 4-1-54 被删除部分

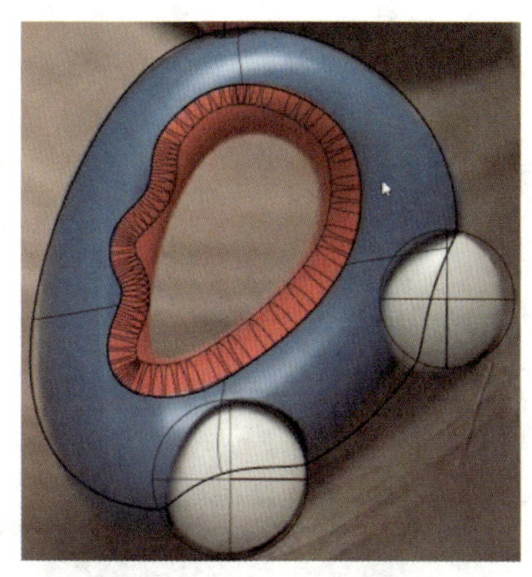
图 4-1-55 将主体与鸡脚部分进行布尔运算

图 4-1-56 将主体与颈部、头部与颈部进行布尔运算

选择所有绘制的球体，如图 4-1-57 所示，利用绿色控制点进行缩放操作（或者在“缩放”工具列中单击“单轴缩放”按钮 ），将被选中的球体压扁，效果如图 4-1-58 所示。

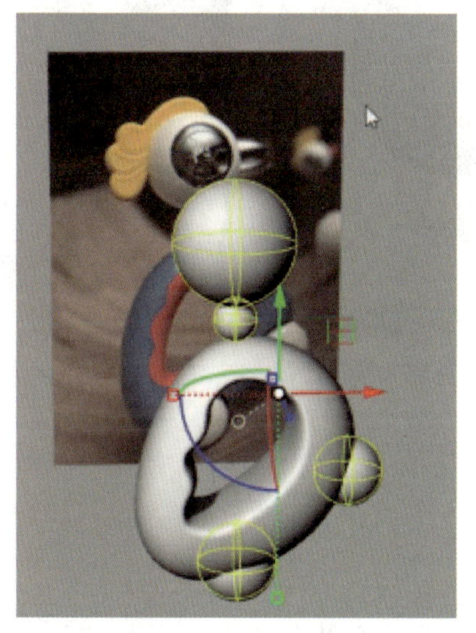
图 4-1-57 选择球体

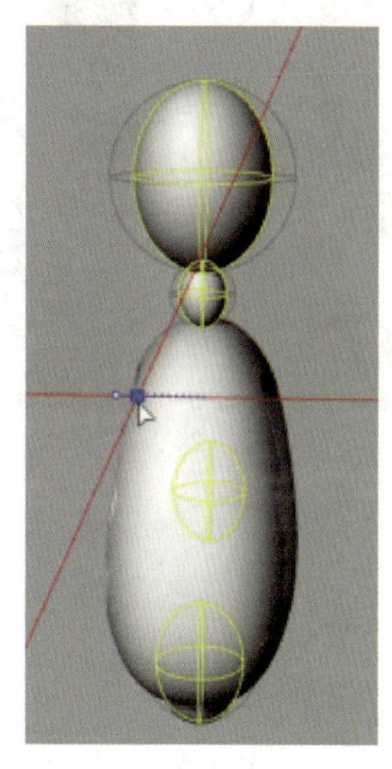
图 4-1-58 压扁球体

3. 绘制鸡冠

切换至 Front 工作视窗，在工具列中单击“控制点曲线”按钮 ，绘制鸡冠的轮廓，如图 4-1-59 所示。利用控制点调整曲线轮廓，然后切换至 Perspective 工作视窗，如图 4-1-60 所示。在“建立曲面”工具列中单击“直线挤出”按钮 ，选择图 4-1-61 所示的轮廓，在指令提示行中设置“实体 = 是”，绘制大致轮廓。选中头部，如图 4-1-62 所示，在“实体工具”工具列中单击“布尔运算分割”按钮 ，再

选择图 4-1-63 所示的鸡冠，效果如图 4-1-64 所示。

图 4-1-59 绘制鸡冠

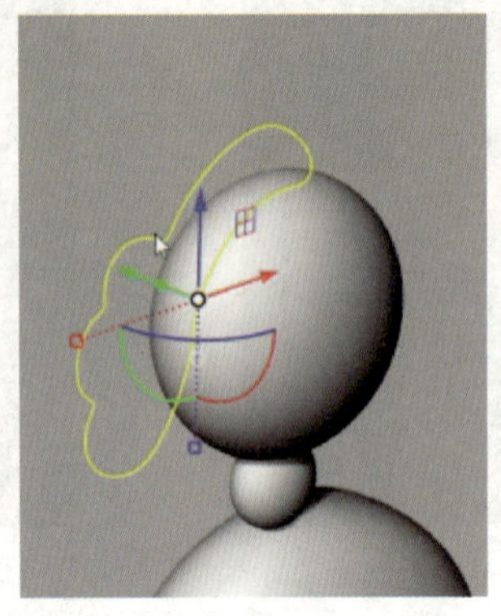
图 4-1-60 调整轮廓线

图 4-1-61 直线挤出

图 4-1-62 选中头部

图 4-1-63 选择鸡冠

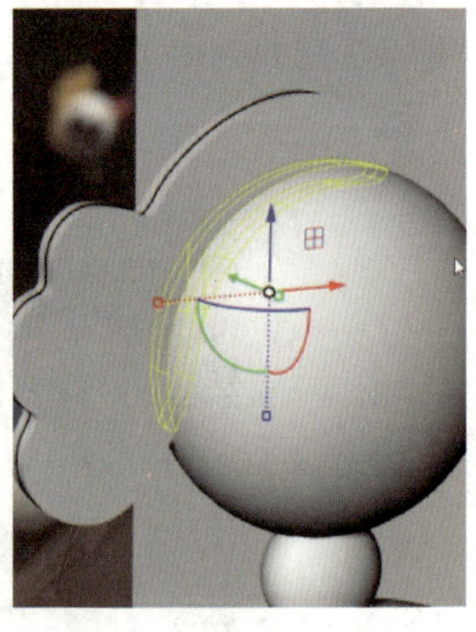
图 4-1-64 将头部与鸡冠进行布尔运算

4. 绘制嘴巴

（1）绘制嘴巴轮廓

切换至 Front 工作视窗，在“直线”工具列中单击“直线：从中点”按钮，绘制中心线，在工具列中单击“控制点曲线”按钮，绘制嘴巴的轮廓，如图 4-1-65 所示。在“变动”工具列中单击“镜像”按钮，镜像轮廓后效果如图 4-1-66 所示。在“曲线工具”工具列中单击“衔接曲线”按钮，选择图 4-1-67 所示的曲线，按空格键进行确认，弹出图 4-1-68 所示的“衔接曲线”对话框，单击“确定”按钮后效果如图 4-1-69 所示。删除下侧多余曲线，效果如图 4-1-70 所示。

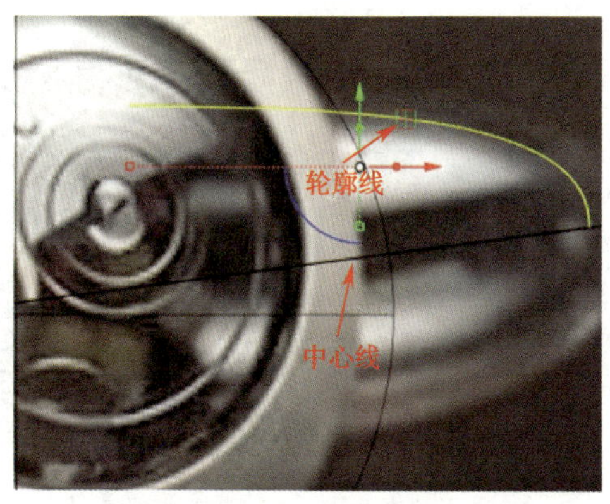

图 4-1-65　绘制嘴巴

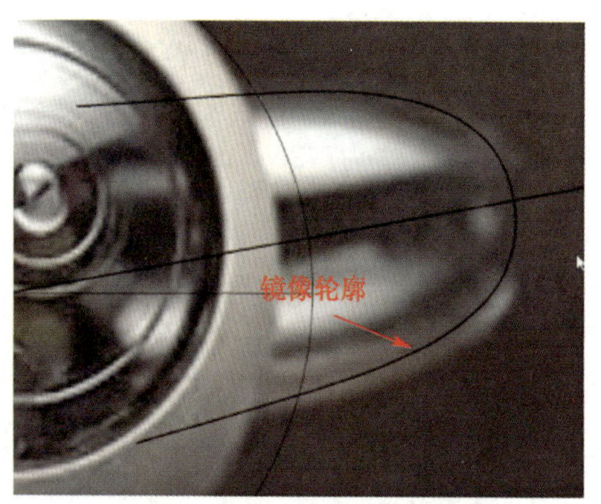

图 4-1-66　镜像后的轮廓

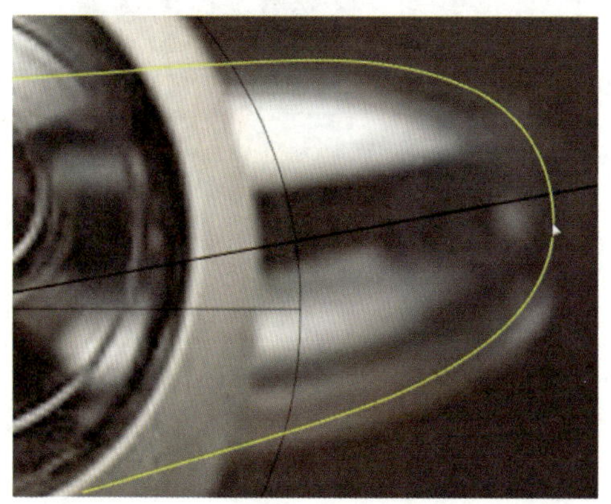
图 4-1-67　选择曲线

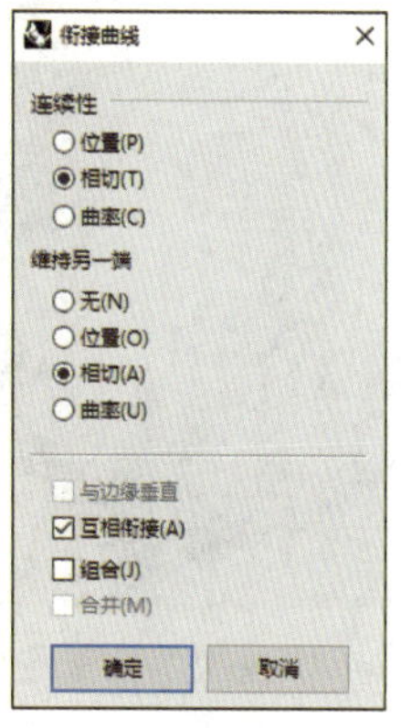

图 4-1-68　“衔接曲线”对话框

图 4-1-69　衔接曲线

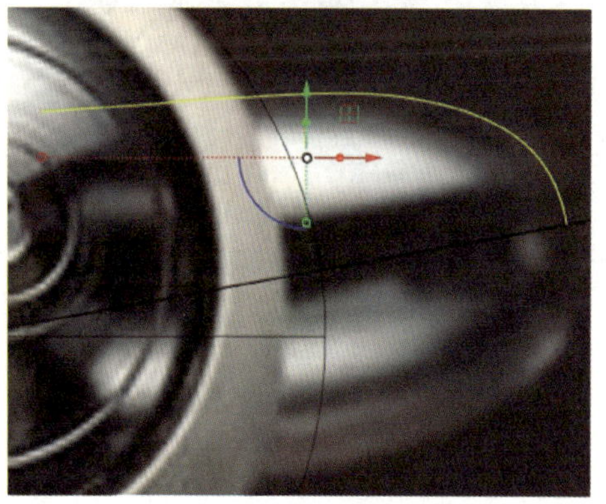
图 4-1-70　删除多余曲线

（2）调整嘴巴曲面

在“建立曲面”工具列中单击“旋转成形”按钮，按指令提示行中的提示选择需绘制的轮廓线，按空格键确认，选择绘制好的中心线，再次按空格键确认，设置“曲线旋转角度数值”为“360”，效果如图 4-1-71 所示。切换至 Perspective 工作视窗，利用绿色控制点缩放嘴巴，如图 4-1-72 所示。选择图 4-1-73 所示的头部，在“实体工具”工具列中单击“布尔运算分割”按钮，再选择图 4-1-74 所示嘴巴，按空格键确认后效果如图 4-1-75 所示。

图 4-1-71 旋转成形效果

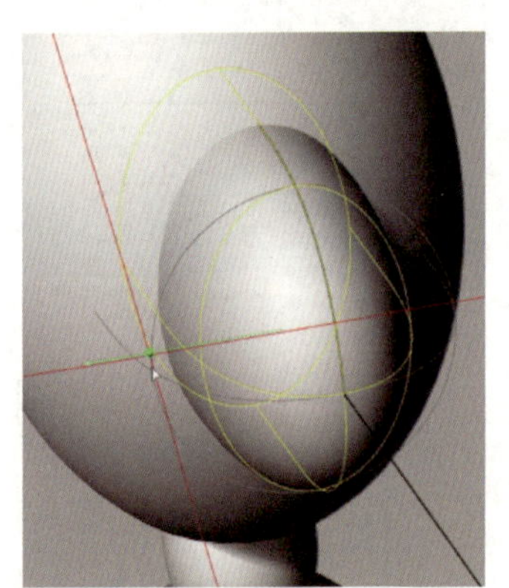
图 4-1-72 缩放嘴巴

图 4-1-73 选择头部

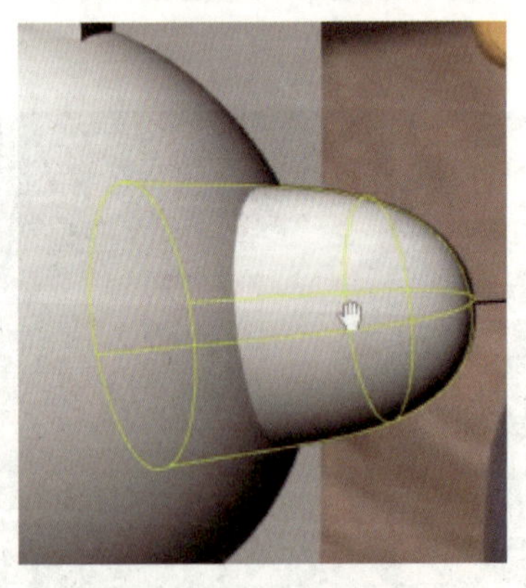
图 4-1-74 选择嘴巴

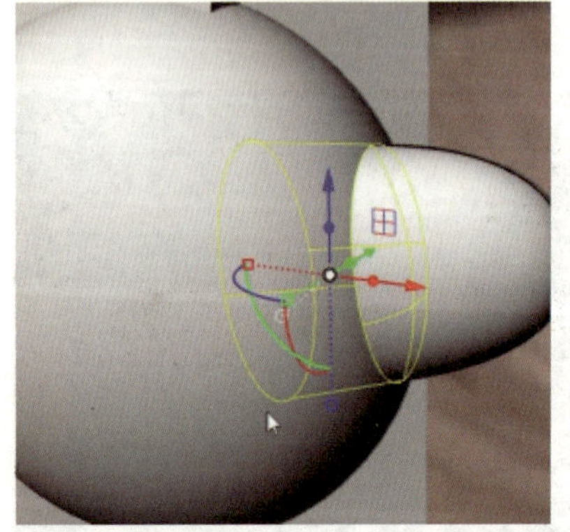
图 4-1-75 将头部与嘴巴进行布尔运算

5. 倒圆角

在“实体工具”工具列中单击“边缘圆角”按钮，在指令提示行中设置“下一个半径”为“0.3”，选择脚和身体的边缘倒圆角，位置如图 4-1-76 所示，确认后效果如图 4-1-77 所示。用鼠标右键选择另一只脚倒圆角后效果如图 4-1-78 所示。用鼠标右键继续进行倒圆角操作，选择颈部和头部以及颈部和身体的边缘并在指令提示行中设置“下一个半径”为“0.1”，效果如图 4-1-79 所示。依次选择其余部位倒圆角，如图 4-1-80、图 4-1-81 所示，全部倒圆角后效果如图 4-1-82 所示。在“选取”工具列中单击“选取曲线”按钮，效果如图 4-1-83 所示，把曲线放入图层中隐藏后总体造型如图 4-1-84 所示。

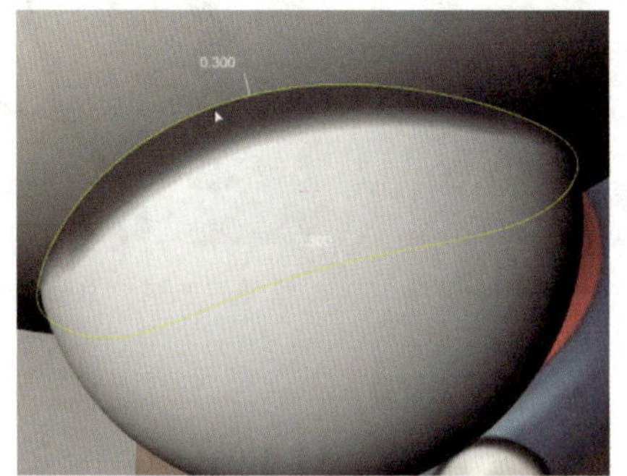

图 4-1-76 倒圆角位置

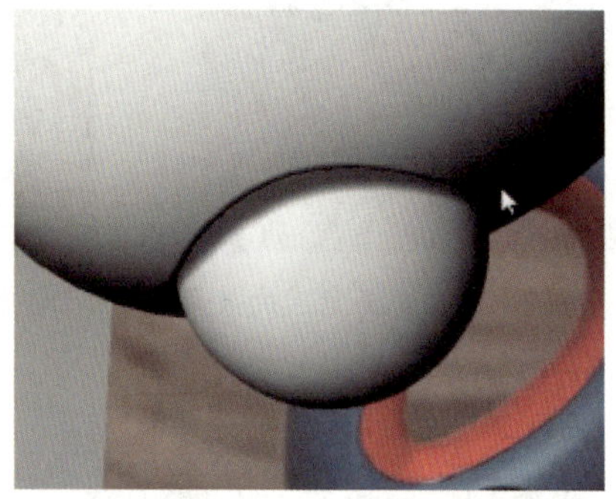

图 4-1-77 脚倒圆角后的效果

图 4-1-78 另一只脚倒圆角后的效果

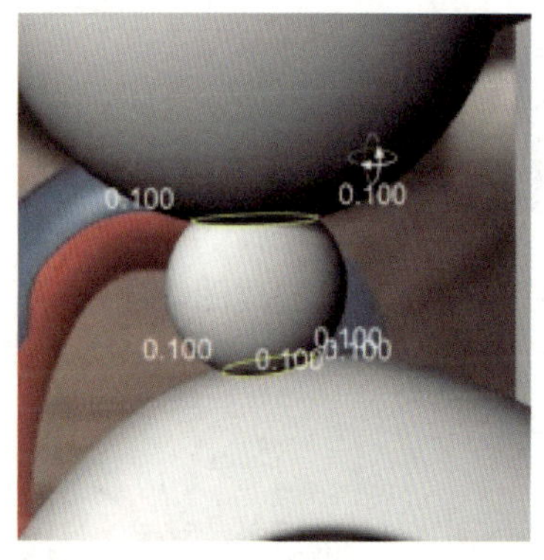

图 4-1-79 颈部倒圆角后的效果

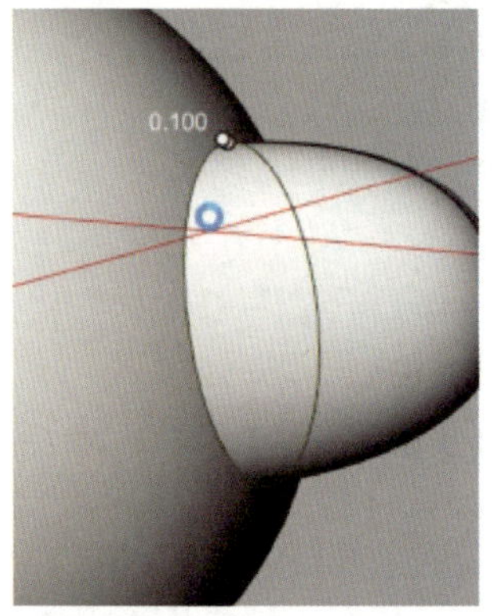

图 4-1-80 嘴巴倒圆角后的效果

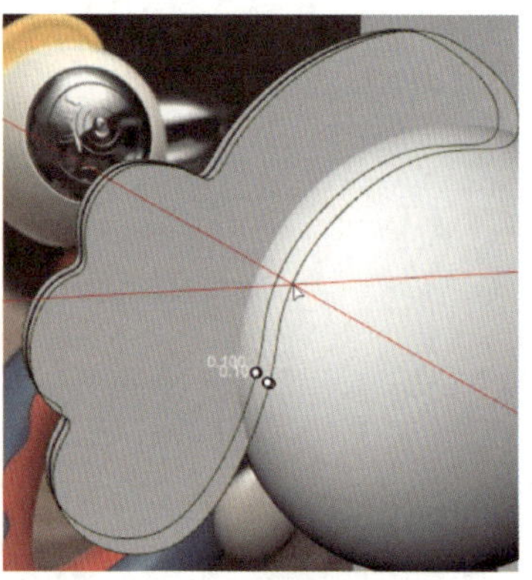

图 4-1-81 鸡冠倒圆角后的效果

图 4-1-82　全部倒圆角后的效果

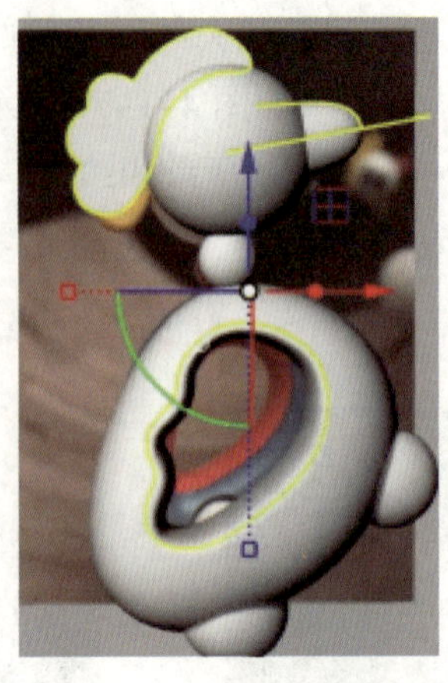
图 4-1-83　选取曲线

图 4-1-84　总体造型

三、保存文件

完成造型后，执行“文件”→“保存文件”命令，输入文件名“项目四任务 1 儿童玩具造型”并单击“保存”按钮。

利用所学工具，完成图 4-1-85 所示长颈鹿玩具造型的绘制，并保存文件。

图 4-1-85　长颈鹿玩具造型

任务 2　台灯造型

1. 了解渲染工具的运用方法。
2. 掌握旋转成形工具的运用方法。
3. 掌握圆管工具的运用方法。
4. 掌握调整曲面物件控制点的方法。
5. 掌握用渲染工具设置颜色的方法。

根据图 4–2–1a 所示台灯素材，完成图 4–2–1b 所示台灯造型的绘制。台灯造型由主体和底座组成。主体采用先绘制控制点曲线后旋转成形，再进行阵列分割和偏移曲面等操作，最后进行平面洞加盖来完成创建。底座采用绘制直线后挤出成形来完成创建。底座杆采用将圆管和球体进行布尔运算的方法来完成创建。

a）

b）

图 4–2–1　台灯
a）素材　b）造型

在渲染模式下，颜色的设置有两种方式，一种是设置单个物件的颜色，另一种是设置图层中所有物件的颜色。

在渲染性质上，物件的颜色又分为模型颜色和材质颜色，如图 4-2-2 所示。

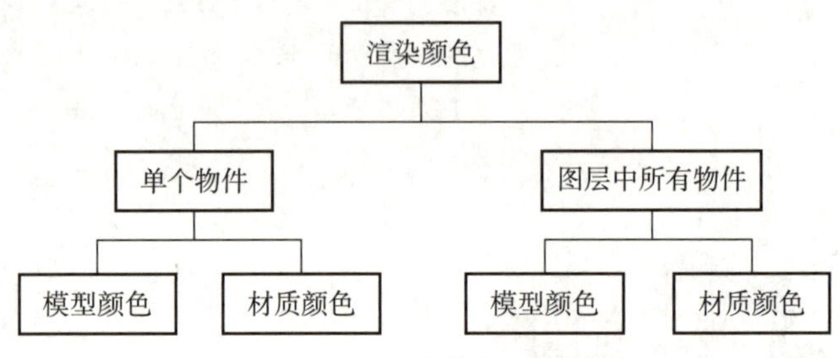

图 4-2-2　渲染模式下的颜色

材质颜色的设置可以通过编辑材质来完成，也可以在“图层”面板中通过编辑图层的材质颜色来完成。

小贴士

在“图层”面板中设置的颜色只能在显示模式下显示，其他情况下设置的颜色均可在渲染模式下显示。

单击“渲染工具”工具列中的“设置渲染颜色”按钮，选择要设置颜色的物件并单击鼠标右键，弹出“材质颜色”对话框，如图 4-2-3 所示，在对话框中选择所需的颜色，即可设置材质颜色。

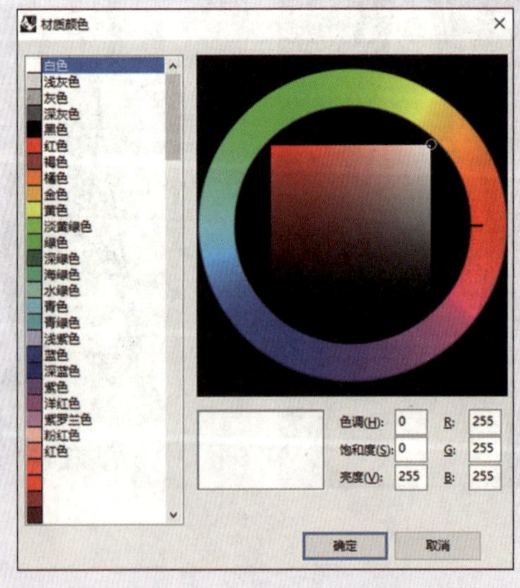

图 4-2-3　“材质颜色”对话框

操作演示

一、建模准备

1. 新建文件

启动 Rhino，进入绘图设计环境（模板文件默认为“小模型 - 毫米”）。

2. 导入参考图片

在 Front 工作视窗中导入台灯的参考图片，并调整其尺寸和位置，如图 4-2-4 所示。

3. 新建图层

新建图层，修改图层名称为“背景图”，将参考图片放入该背景图层中并锁定图层。

二、绘制台灯主体造型

1. 绘制主体轮廓线

在“直线”工具列中单击“直线：从中点”按钮，绘制中心线，在工具列中单击“控制点曲线”按钮，绘制台灯主体的轮廓。

调整轮廓外形，开启状态栏的“操作轴”。在工具列中单击“显示物件控制点”按钮，用控制点调整曲线轮廓，如图 4-2-5 所示。在“物件锁点”面板中勾选“最近点”，在工具列中单击“组合”按钮，将轮廓线组合成一条开放曲线。

图 4-2-4　导入参考图片并调整其尺寸和位置

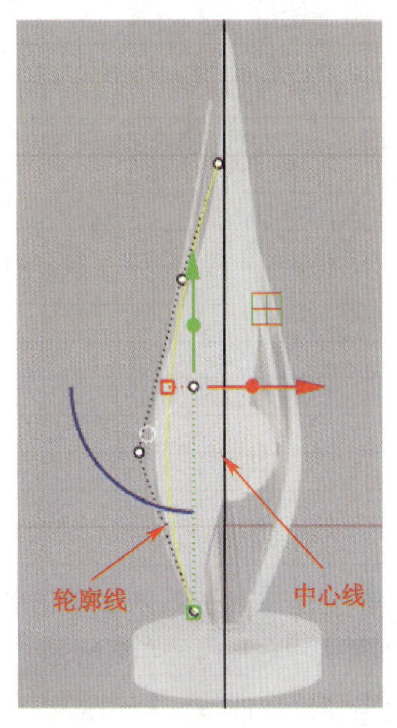

图 4-2-5　调整台灯主体轮廓线

2. 生成曲面

在“建立曲面”工具列中单击“旋转成形”按钮，按指令提示行中的提示选择需绘制的轮廓线，按空格键确认，选择绘制好的中心线，再次按空格键确认，设置“曲线旋转角度数值”为“360°”，隐藏背景图后，效果如图 4-2-6 所示。

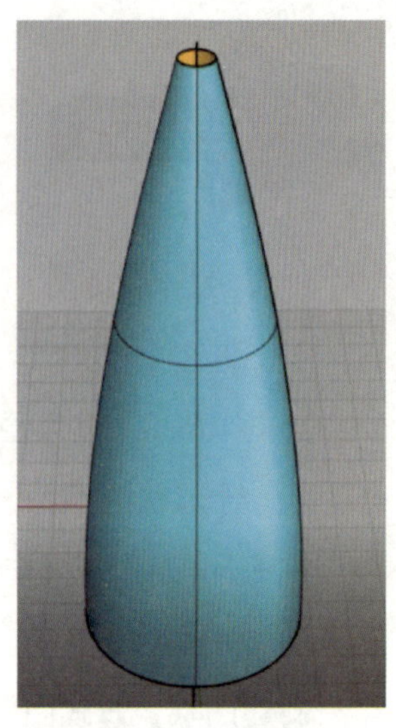
图 4-2-6 生成曲面

3. 调整主体外形

在“曲线”工具列中单击“曲面上的内插点曲线”按钮，绘制曲面上的内插点曲线 1，如图 4-2-7 所示，用鼠标右键绘制曲面上的内插点曲线 2，如图 4-2-8 所示。注意绘制的两条内插点曲线的头、尾应共点，头是四等分点，尾是中点。

4. 阵列两条内插点曲线

选择内插点曲线 1、2，在“变动”工具列中单击“环形阵列”按钮，设置“中心点”为“0”，“阵列数”为“3”，按两次空格键确认，效果如图 4-2-9 所示。

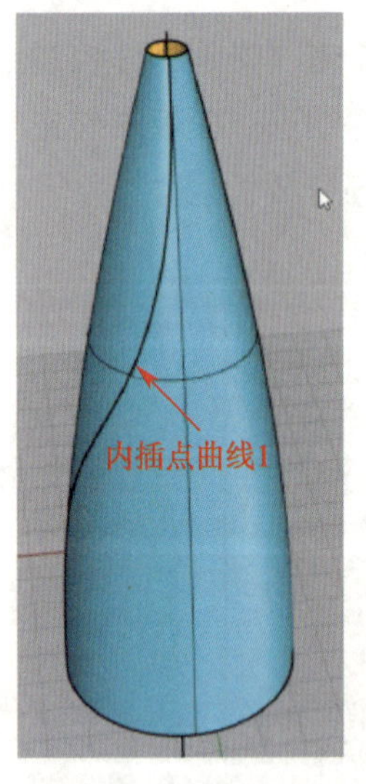

图 4-2-7 内插点曲线 1

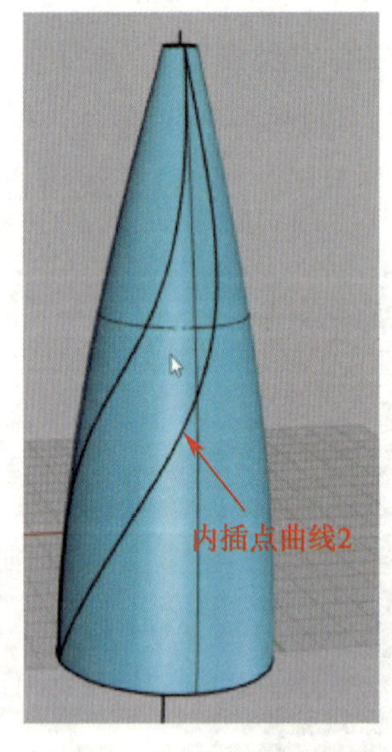

图 4-2-8 内插点曲线 2

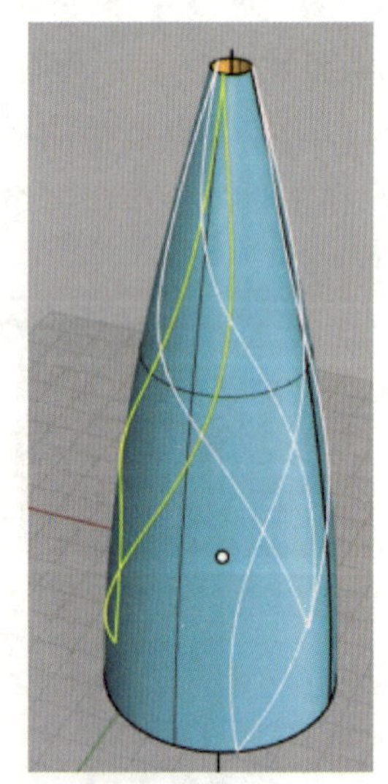
图 4-2-9 环形阵列

5. 分割主体

选择主体，在工具列中单击“分割”按钮，选择图 4-2-9 中阵列的所有线，按空格键确认，如图 4-2-10 所示，删除多余曲面后如图 4-2-11 所示。在“选取”工具列中单击“选取曲线”按钮，把曲线放入图层中隐藏，效果如图 4-2-12 所示。

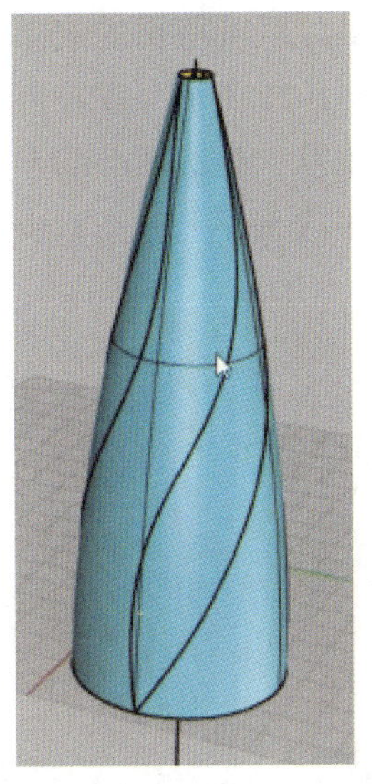
图 4-2-10 分割后的曲面

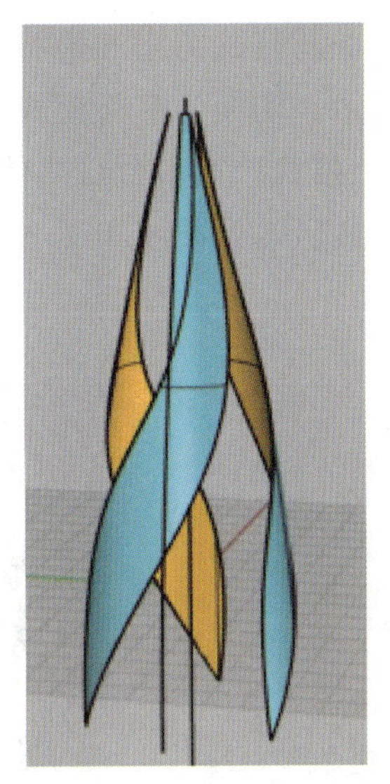
图 4-2-11 删除多余曲面

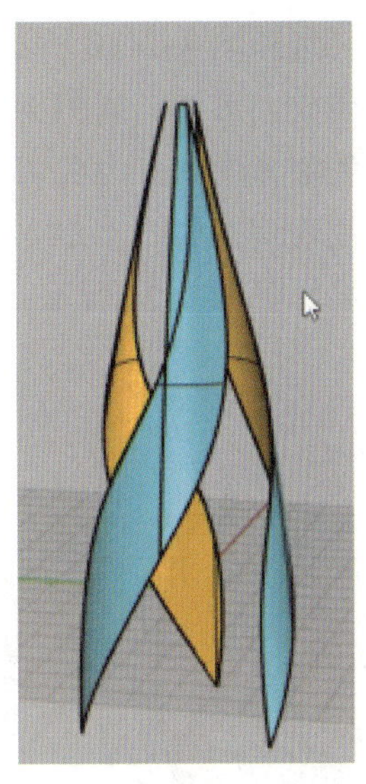
图 4-2-12 隐藏曲线

6. 调整形体

切换为渲染模式，如图 4-2-13 所示，查看形体。再切换为调色模式，删除多余的两片曲面，如图 4-2-14 所示。调整形体，单击“曲面工具”工具列中的“缩回已修剪曲面”按钮，选择图 4-2-14 中的形体后打开控制点，如图 4-2-15 所示。将形体整体加大，将底部适当向内拉入，效果如图 4-2-16 所示。

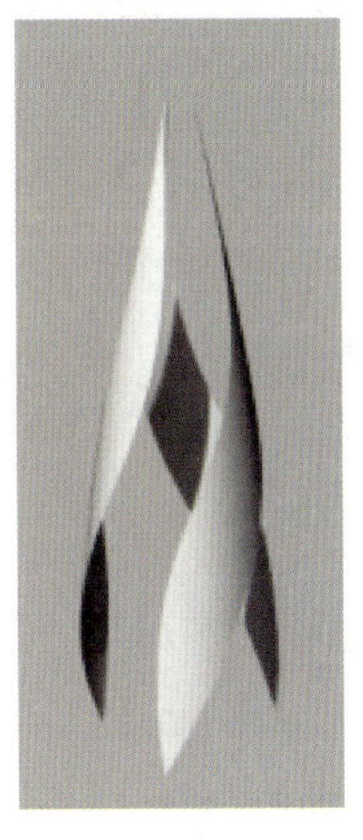
图 4-2-13 渲染模式

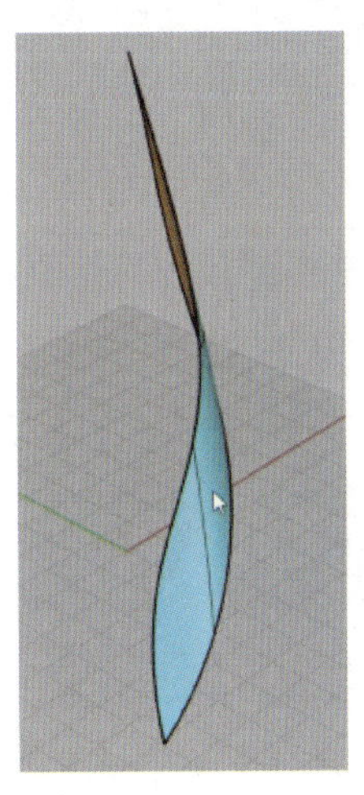
图 4-2-14 删除后形体

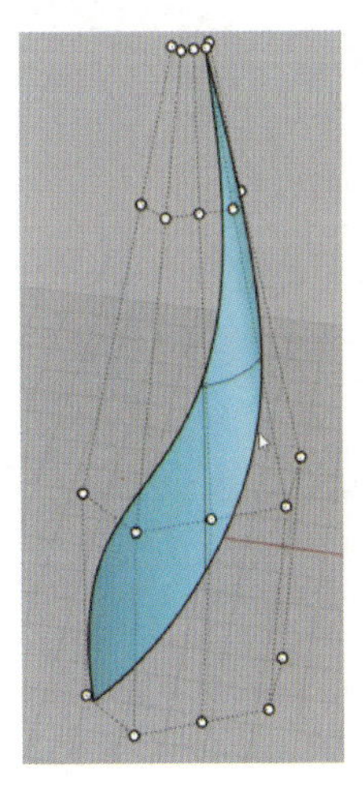
图 4-2-15 打开控制点

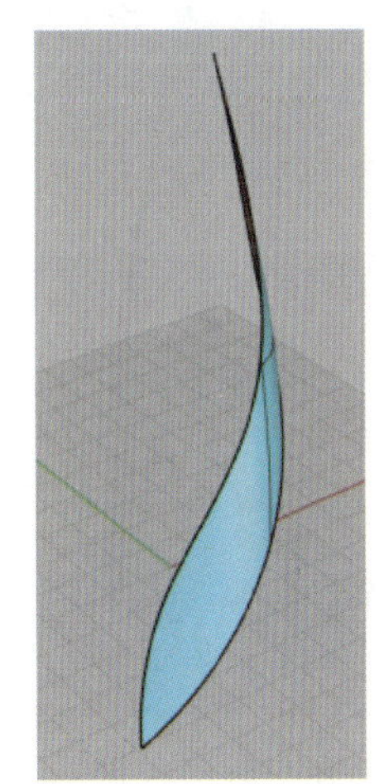
图 4-2-16 调整后的效果

开启状态栏的“记录建构历史”，在“变动”工具列中单击“环形阵列”按钮，设置“中心点”为“0”，“阵列数”为“3”，按两次空格键确认，效果如图 4-2-17 所示。选择图 4–2–18 所示的图素，调整此图素的形状，得到图 4–2–19 所示的效果。再整体放大形体，如图 4–2–20 所示。切换为渲染模式，如图 4–2–21 所示，查看台灯主体的整体形状。再次切换为调色模式，调整台灯主体的顶部形状，框选顶部的点，向内侧收缩，如图 4–2–22 所示，最后效果如图 4–2–23 所示，多次重复上述修整步骤后效果如图 4–2–24 所示。

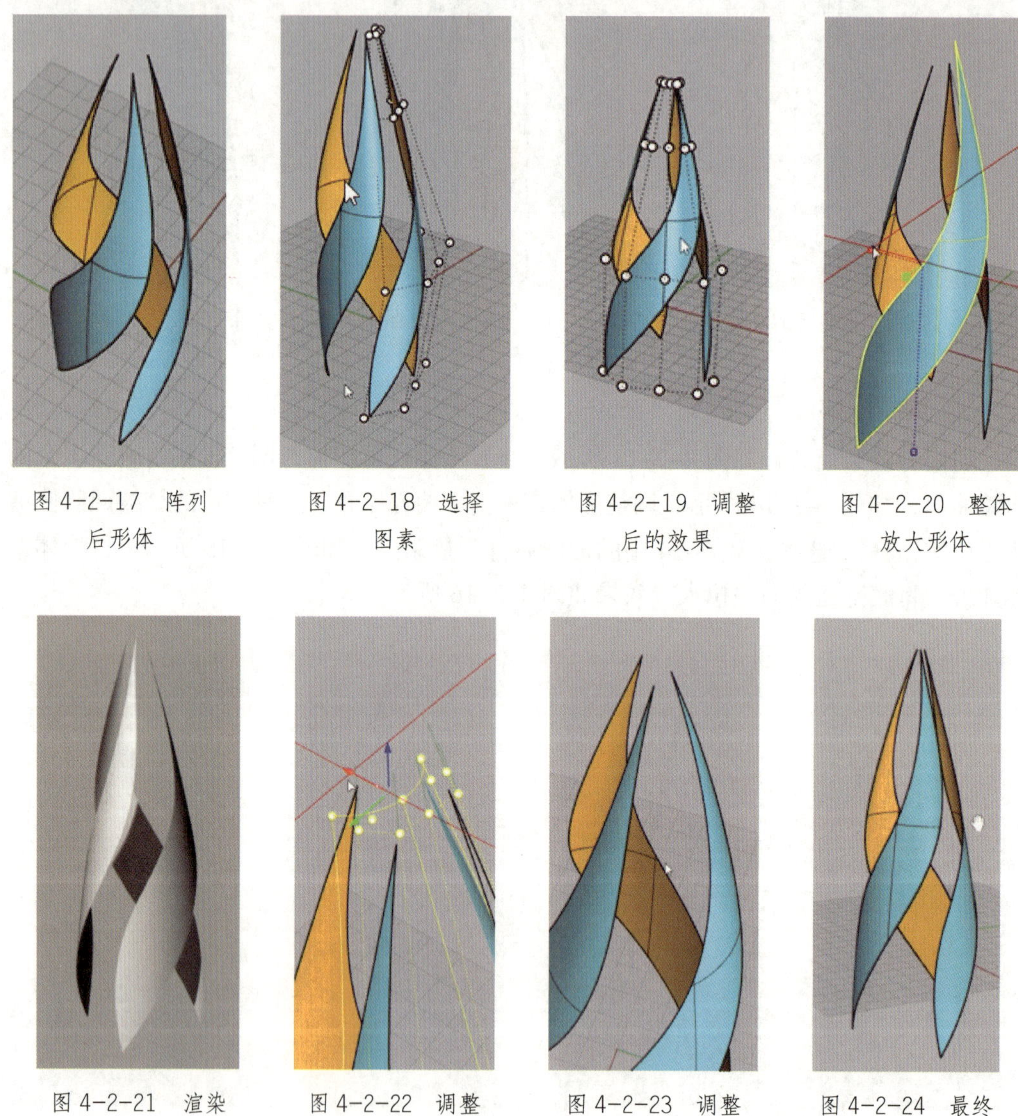

图 4–2–17 阵列后形体

图 4–2–18 选择图素

图 4–2–19 调整后的效果

图 4–2–20 整体放大形体

图 4–2–21 渲染模式

图 4–2–22 调整顶部

图 4–2–23 调整后的顶部

图 4–2–24 最终外形

在“曲面工具”工具列中单击“偏移曲面”按钮，偏移形体，如图 4–2–25 所示，再在指令提示行中单击“全部反转”，效果如图 4–2–26 所示，按空格键确认后如图 4–2–27 所示。

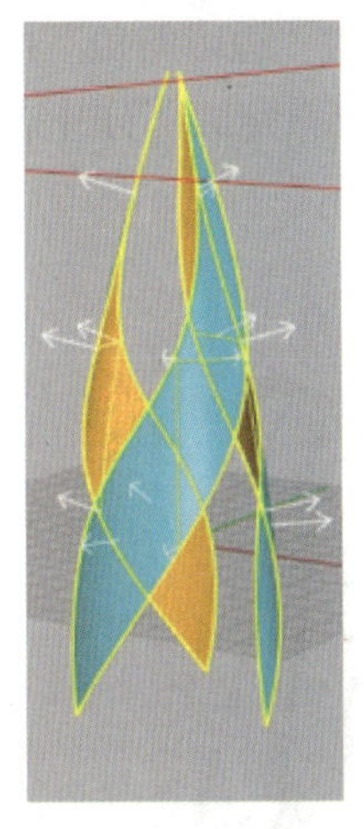
图 4-2-25 偏移曲面

图 4-2-26 全部反转

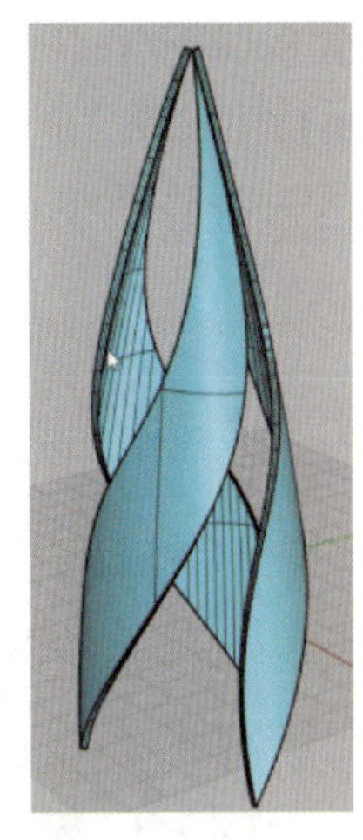
图 4-2-27 偏移后的曲面

切换至 Front 工作视窗，在“直线”工具列中单击“直线：从中点”按钮，绘制直线，如图 4-2-28 所示。单击工具列中的“分割”按钮，选择全部曲面再选择直线后效果如图 4-2-29 所示，分割后的曲面如图 4-2-30 所示。在“实体工具”工具列中单击“将平面洞加盖”按钮，确认后如图 4-2-31 所示。再用图 4-2-28、图 4-2-29、图 4-2-30 所示方法修剪下部并加盖，效果如图 4-2-32 所示。

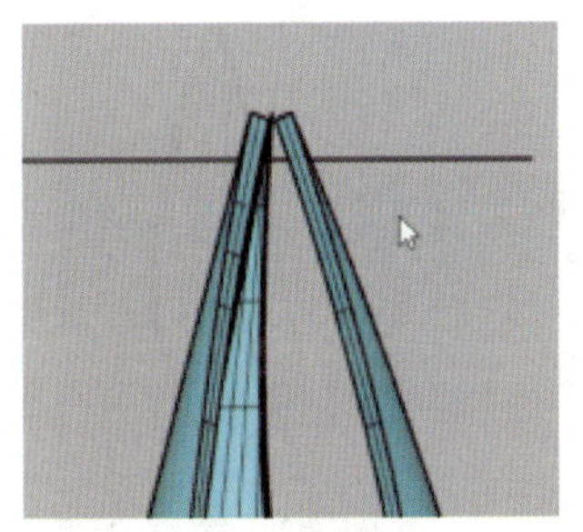
图 4-2-28 绘制直线

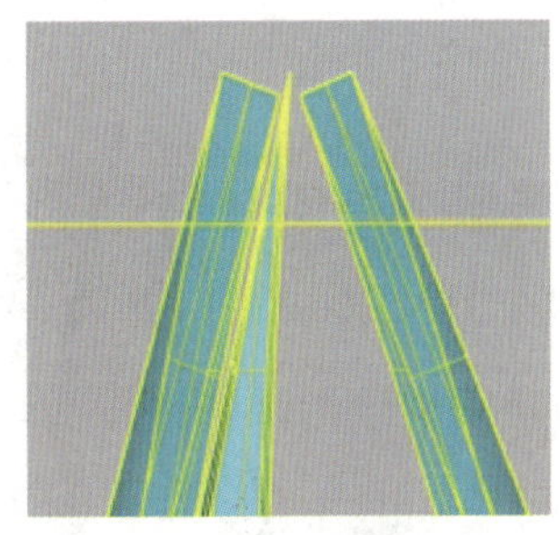
图 4-2-29 分割曲面

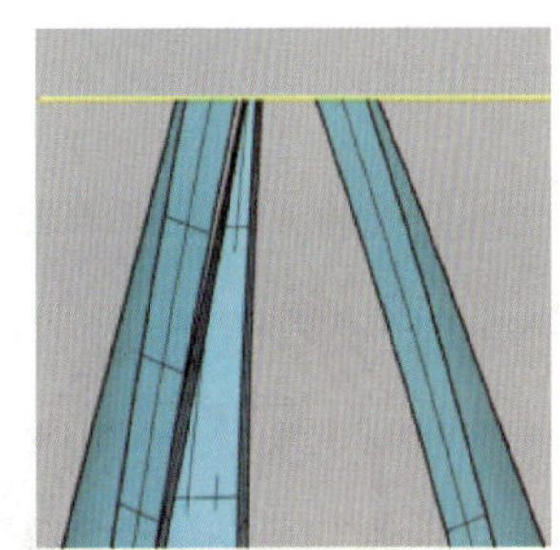
图 4-2-30 分割后的曲面

图 4-2-31 修剪上部后加盖

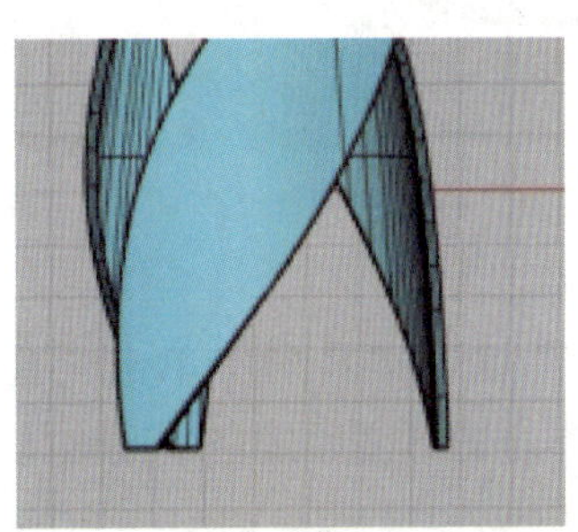
图 4-2-32 修剪下部后加盖

切换至 Perspective 工作视窗，在“实体工具”工具列中单击“边缘斜角”按钮，在指令提示行中设置“下一个半径”为“0.2”，框选全部需边缘斜角的部分并按空格键确定后如图 4-2-33 所示，再次按空格键确认后如图 4-2-34 所示。

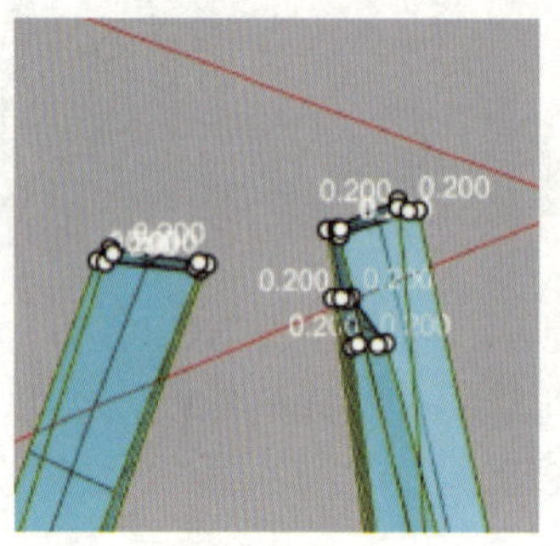

图 4-2-33　边缘斜角位置

图 4-2-34　边缘斜角后的效果

三、绘制台灯底座造型

1. 绘制底座

在 Front 工作视窗中绘制图 4-2-35 所示圆形。切换至 Perspective 工作视窗，如图 4-2-36 所示，将圆形下移后切换至着色模式，效果如图 4-2-37 所示。

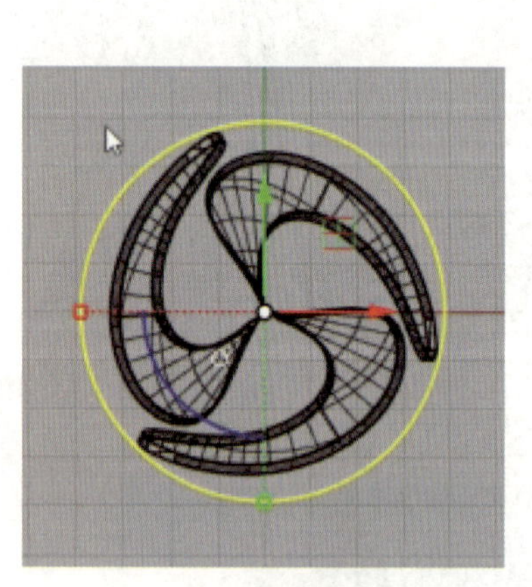
图 4-2-35　绘制圆形

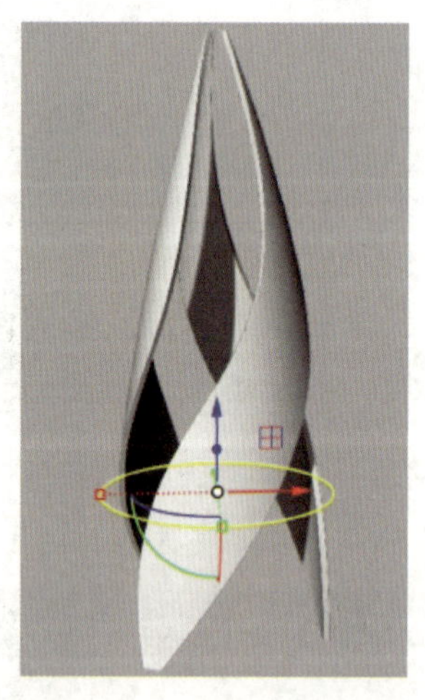
图 4-2-36　切换视窗

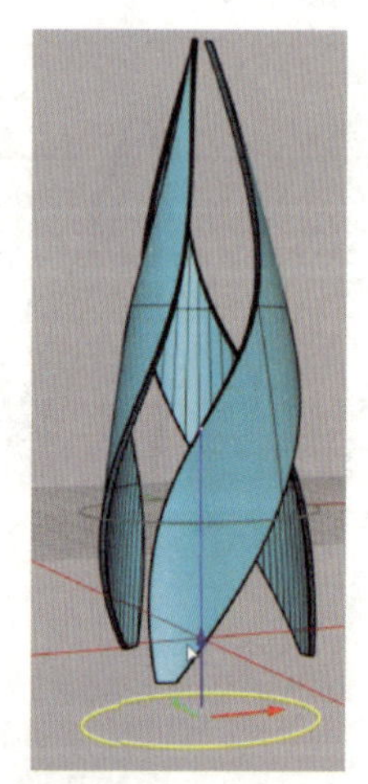
图 4-2-37　将圆形下移

在“建立曲面”工具列中单击“直线挤出”按钮，在指令提示行中设置“实体 = 是”，选择合适厚度后按空格键确认，如图 4-2-38 所示。

将底座上下移动、调整位置，如图 4-2-39 所示。按 Ctrl+Shift 组合键并选中底部平面，如图 4-2-40 所示，将底部平面向上移动，效果如图 4-2-41 所示。

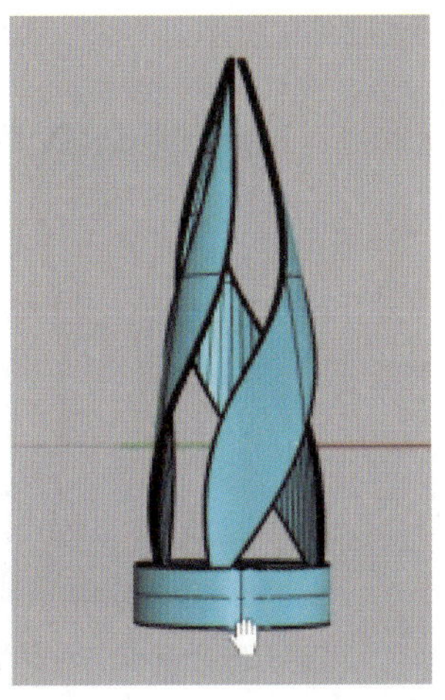
图 4-2-38　挤出底座

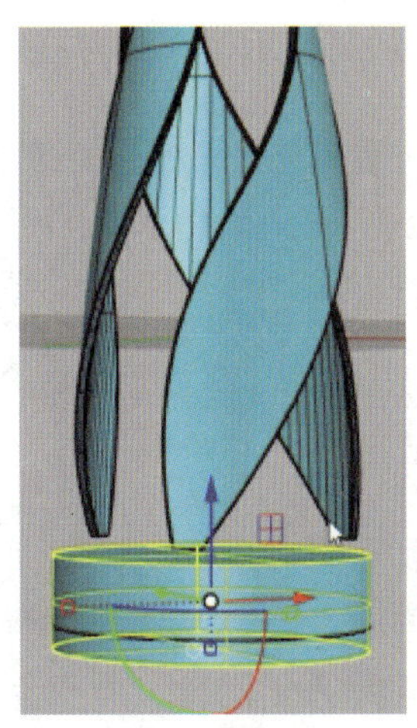
图 4-2-39　调整底座位置

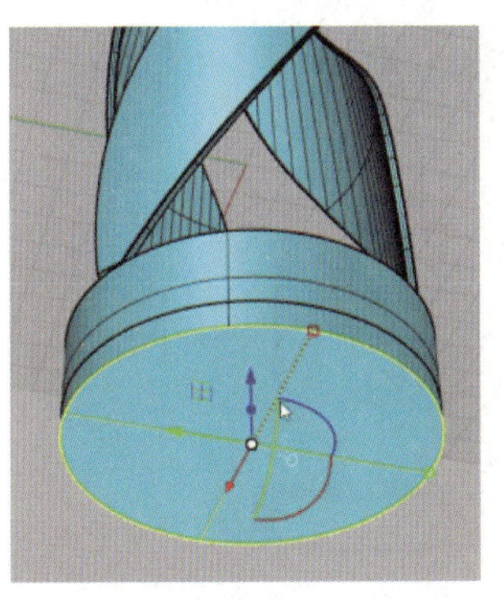
图 4-2-40　选中底部平面

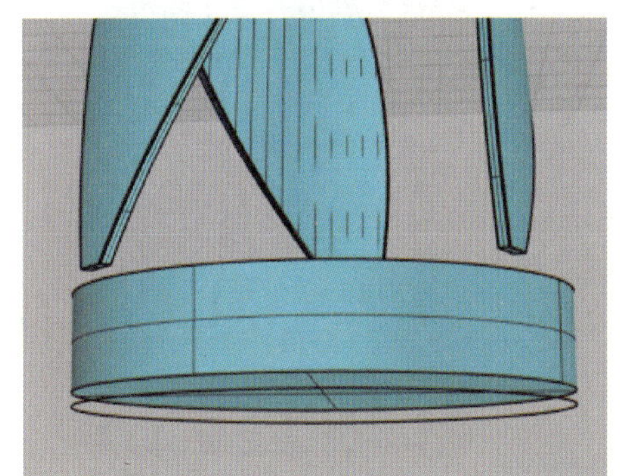
图 4-2-41　将底部平面上移

2. 绘制底座支撑杆

在 Front 工作视窗中绘制图 4-2-42 所示直线，在“建立实体”工具列中单击“圆管（平头盖）”按钮，在选择合适的圆管直径后按两次空格键确认，如图 4-2-43 所示。在“建立实体”工具列中单击“球体：中心点、半径”按钮，绘制球体，如图 4-2-44 所示。选择圆管和球体并在“实体工具”工具列中单击“布尔运算联集”按钮，效果如图 4-2-45 所示，再将底座、圆管和球体组合，如图 4-2-46 所示。切换为渲染模式后效果如图 4-2-47 所示。

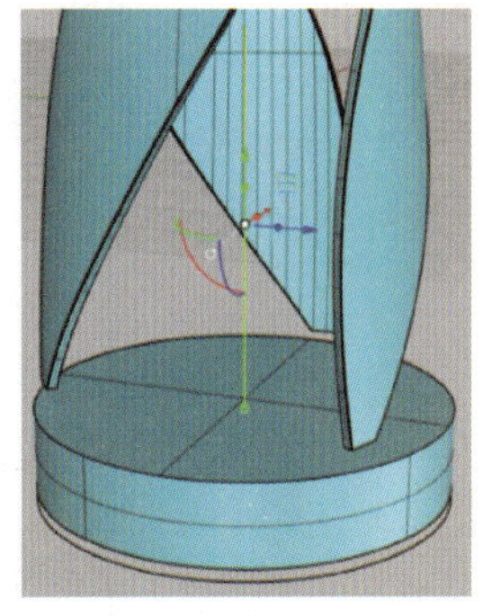
图 4-2-42　绘制直线

四、为台灯着色

在右侧“图层”面板中双击台灯材质，弹出图 4-2-48 所示的“图层材质”对话框，单击“颜色”后的空白框，弹出图 4-2-49 所示的“选取颜色”对话框，设置自己喜欢的颜色，然后将显示模式改为渲染模式，效果如图 4-2-50 所示。

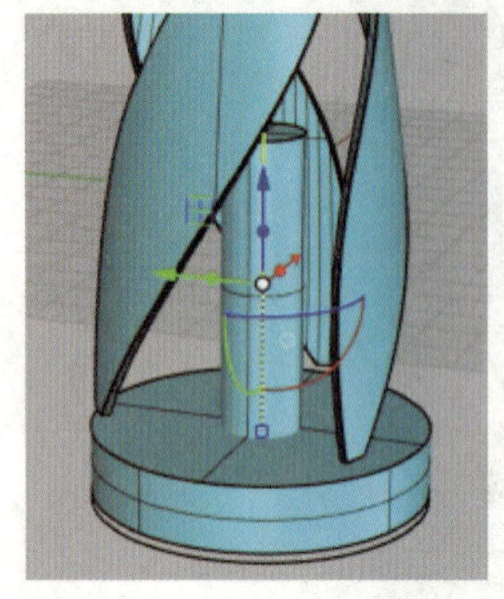

图 4-2-43　绘制圆管

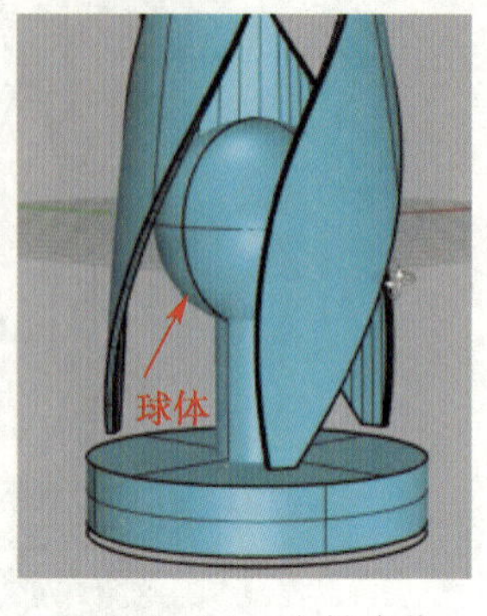

图 4-2-44　绘制球体

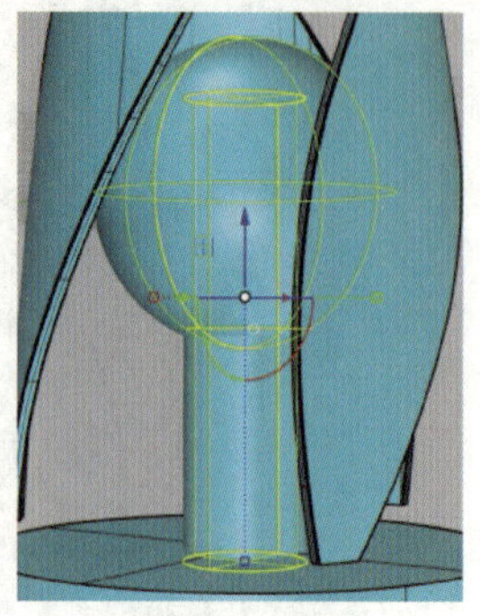

图 4-2-45　布尔运算联集效果

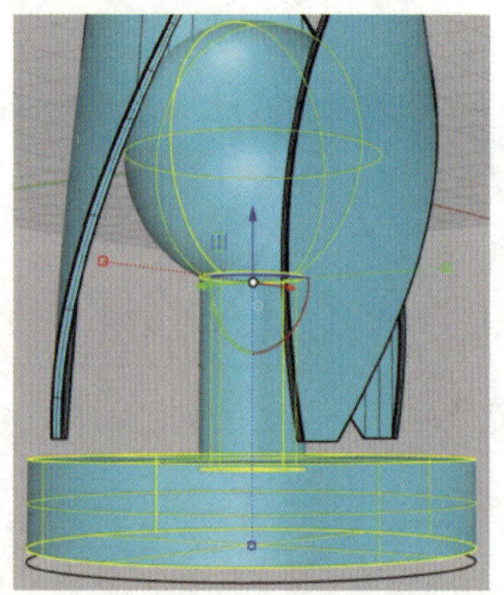

图 4-2-46　组合物件

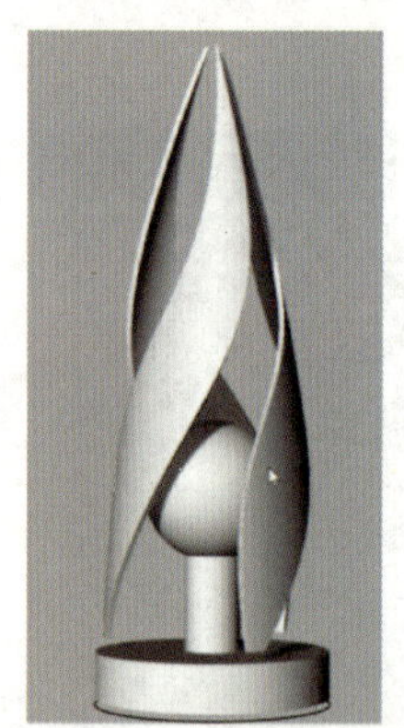

图 4-2-47　渲染模式

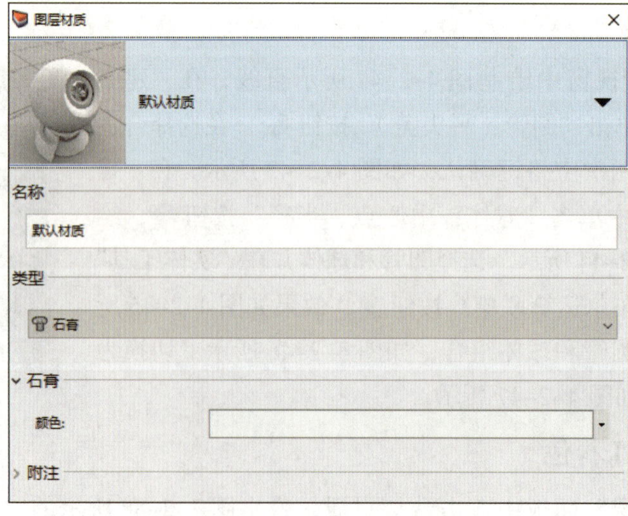

图 4-2-48 “图层材质”对话框

图 4-2-49 “选取颜色”对话框

图 4-2-50 渲染模式

五、保存文件

完成造型后，执行“文件”→“保存文件”命令，输入文件名“项目四任务 2 台灯造型”并单击“保存”按钮。

利用所学工具，完成图 4-2-51 所示风扇造型的绘制，并保存文件。

图 4-2-51 风扇造型

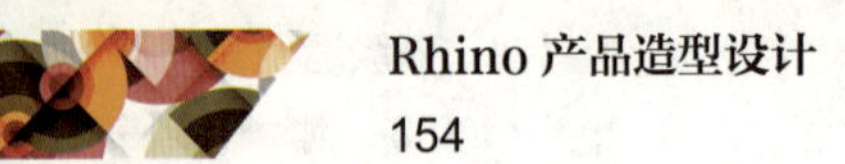

任务 3　便捷充电宝造型

1. 掌握嵌面和重建曲面工具的运用方法。
2. 掌握圆管工具的运用方法。
3. 能熟练使用控制点曲线工具。
4. 能用渲染工具设置颜色。

根据图 4-3-1a 所示便捷充电宝素材，完成图 4-3-1b 所示便捷充电宝造型的绘制。便捷充电宝由主体、拉手和插口等组成。主体采用圆管工具来完成创建。拉手通过拉伸、布尔运算差集、控制点曲线、可调式混接曲线，以及组合后嵌面等来完成创建。插口通过绘制矩形，拉伸后进行布尔运算差集来完成创建。最后可以渲染自己喜欢的颜色。

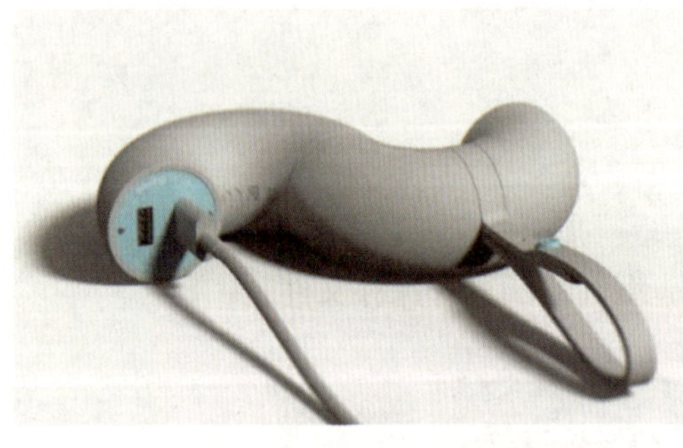

a）

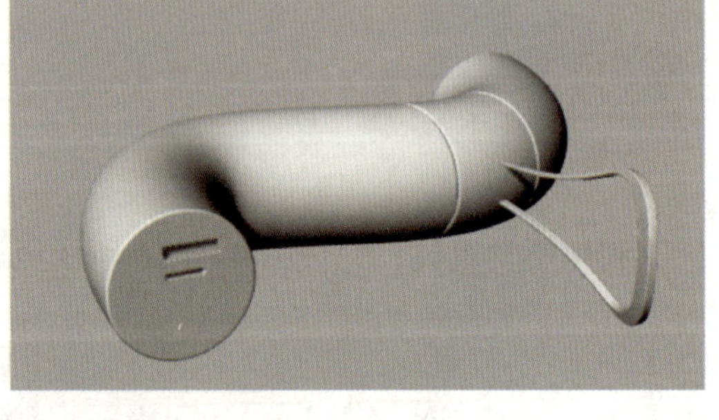

b）

图 4-3-1　便捷充电宝
a）素材　b）造型

嵌面工具可建立一种逼近所选取的点和线物件的曲面，其主要作用是修复破裂的曲面。

嵌面的具体操作为：在“建立曲面”工具列中单击“嵌面”按钮 ，如图 4–3–2 所示，在图 4–3–3 所示位置选择孔的边缘线 1，按 Enter 键或单击鼠标右键确认，在弹出的“嵌面曲面选项”对话框中设置相关参数，如图 4–3–4 所示，单击“确定”按钮，效果如图 4–3–5 所示。

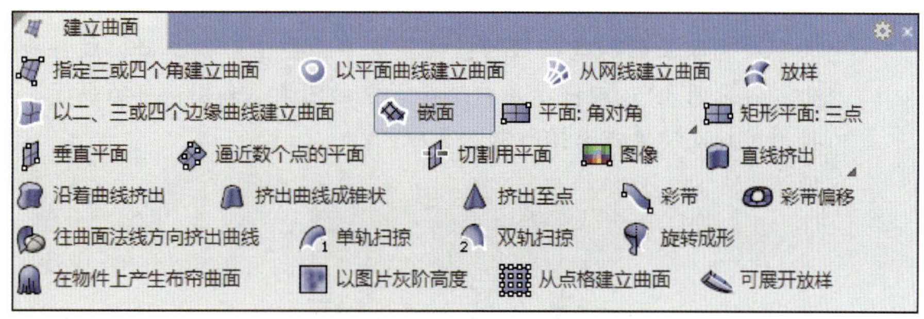

图 4–3–2 “建立曲面”工具列

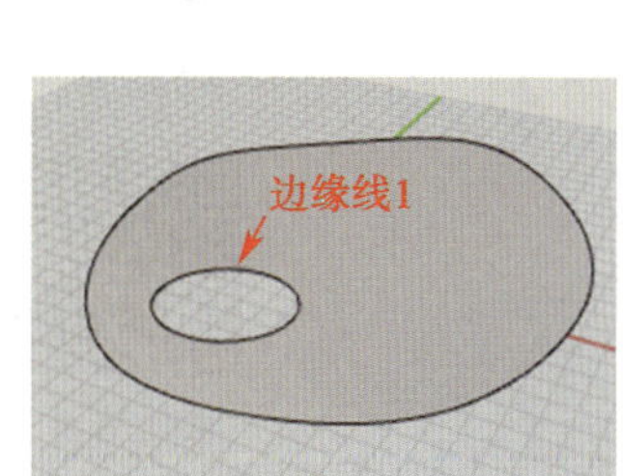

图 4–3–3 选择孔的边缘线 1

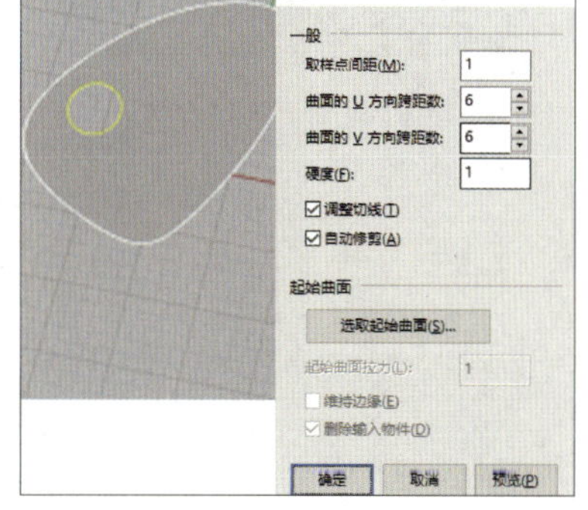

图 4–3–4 “嵌面曲面选项”对话框

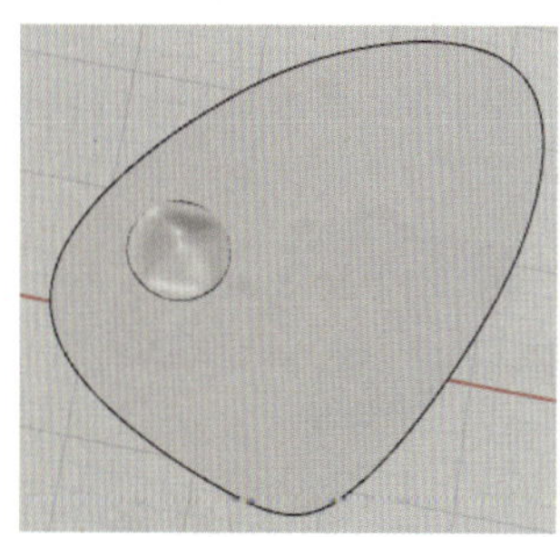

图 4–3–5 嵌面效果

“嵌面曲面选项”对话框中各项参数的说明如下。

取样点间距：设置取样点的间距，一条曲线最少可以放置 8 个取样点。

曲面的 *U* 方向跨距数：设置建立的曲面 *U* 方向上的跨距数。当起始曲面为两个方向都是一阶的平面时，也会启用这个设置。

曲面的 *V* 方向跨距数：设置建立的曲面 *V* 方向上的跨距数。当起始曲面为两个方向都是一阶的平面时，也会启用这个设置。

硬度：Rhino 在建立嵌面的第一个阶段会找出与选取的点和曲线上的取样点最符合的平面，然后将平面变形以逼近这两点。该选项用于设置平面的变形程度，其数值越大，得到的曲面越接近平面。可以使用非常小或非常大（>1 000）的数值来测试效果。

调整切线：如果输入的曲线为曲面的边缘，则建立的曲面会与周围的曲面相切。

自动修剪：试着找到封闭的边界曲线，并修剪边界以外的曲面。

选取起始曲面：选取一个参考曲面，修补的曲面将与参考曲面保持形状相似。

小贴士

在选取曲面的边缘线时，由于有多个图素可供选择，软件会弹出“候选列表”，以提示用户选择所需的图素，如图 4-3-6 所示，直接用鼠标左键单击选择所需选项即可。

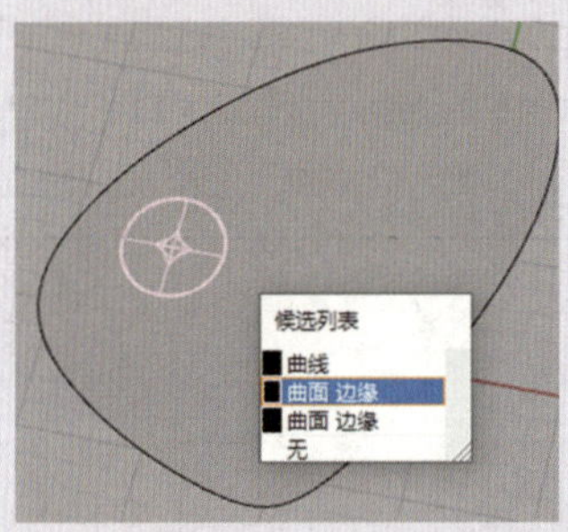

图 4-3-6　候选列表

操作演示

一、建模准备

启动 Rhino，进入绘图设计环境（模板文件默认为“小模型 - 毫米”）。

二、绘制便捷充电宝造型

1. 绘制主体

（1）绘制轮廓线

切换至 Top 工作视窗，在工具列中单击“控制点曲线”按钮，绘制主体的轮廓线。开启状态栏的“操作轴”，在工具列中单击“显示物件控制点”按钮，用控制点调整曲线轮廓，效果如图 4-3-7 所示。

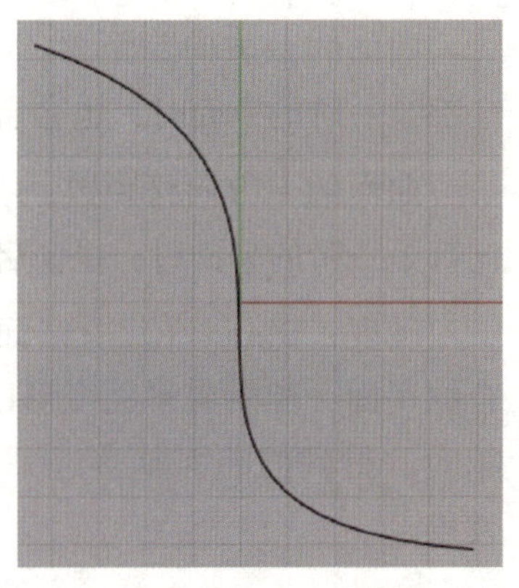

图 4-3-7　绘制主体轮廓线

（2）绘制圆管

切换至 Perspective 工作视窗，在“建立实体”工具列中单击“圆管（平头盖）”按钮，绘制图 4-3-8 所示的圆管，切换为着色模式，效果如图 4-3-9 所示。

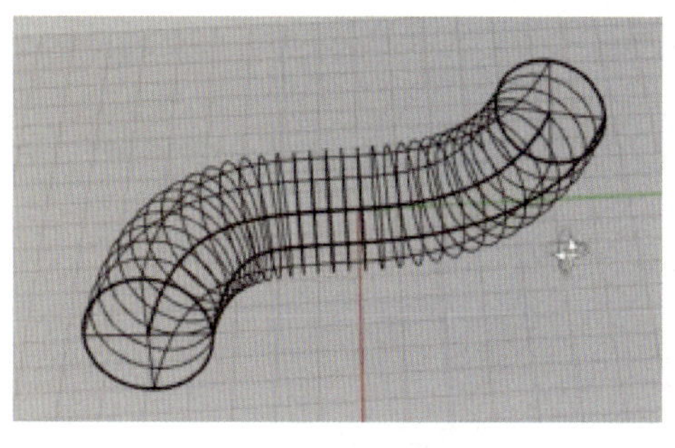
图 4-3-8　绘制圆管

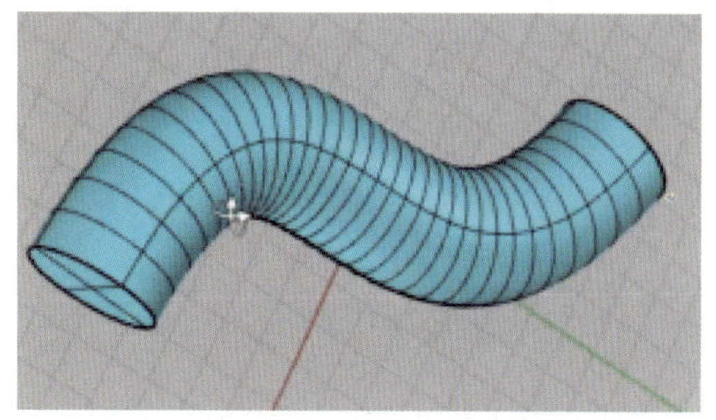
图 4-3-9　着色模式

2. 绘制拉手

（1）绘制拉手轮廓线

切换至 Top 工作视窗，绘制两条直线，如图 4-3-10 所示，调整直线位置，如图 4-3-11 所示。

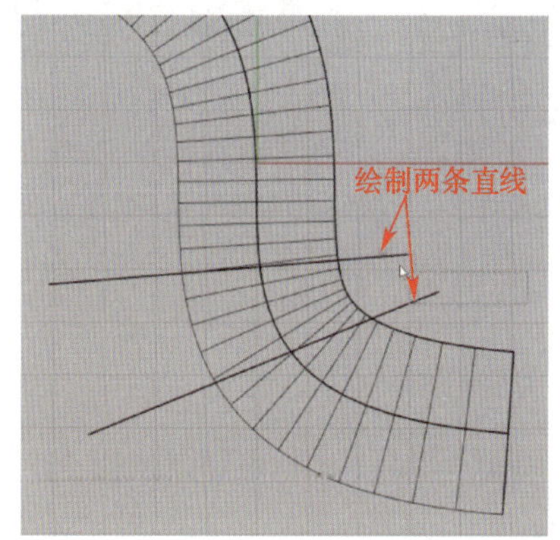

图 4-3-10　绘制两条直线

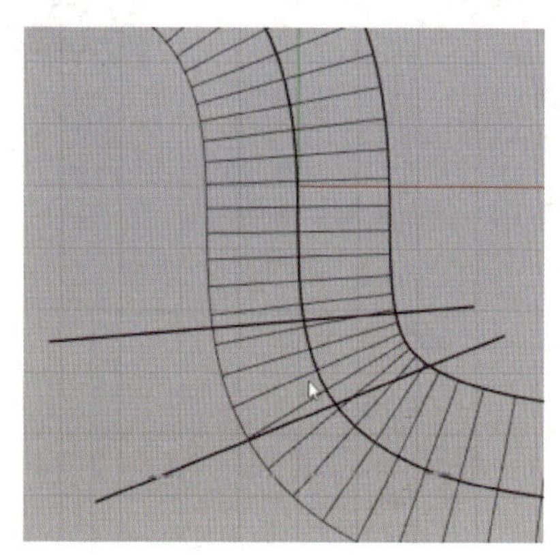
图 4-3-11　调整直线位置

切换至 Perspective 工作视窗，选取绘制好的两条直线，在“建立曲面”工具列中单击“直线挤出”按钮，在指令提示行中设置“两侧 = 是”，挤出曲面，如图 4-3-12 所示。在“实体工具”工具列中单击“布尔运算差集”按钮，先选择图 4-3-12 所示的圆管再选择曲面，然后删除直线挤出的曲面，结果如图 4-3-13 所示。

切换至 Top 工作视窗，在工具列中单击“控制点曲线”按钮，绘制控制点曲线，如图 4-3-14 所示。在“变动”工具列中单击“镜像”按钮，镜像曲线后效果如图 4-3-15 所示。在工具列中单击“显示物件控制点”按钮，调整曲线形状，如图 4-3-16 所示。在“曲线工具”工具列中单击“可调式混接曲线”按钮，选择图 4-3-16 中的两条曲线，将会弹出图 4-3-17 所示的“调整曲线混接”对话框，调整点的位置然后按空格键确认，如图 4-3-18 所示。在 Perspective 工作视窗中选择混接后的曲线并按 Ctrl+Z 组合键或者在工具列中单击“组合”按钮。

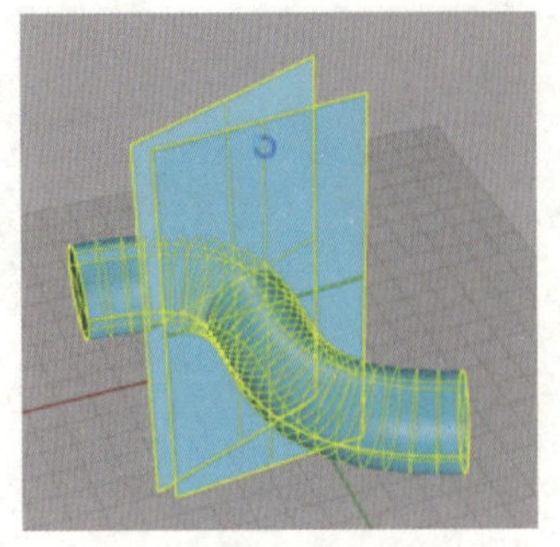

图 4-3-12　直线挤出

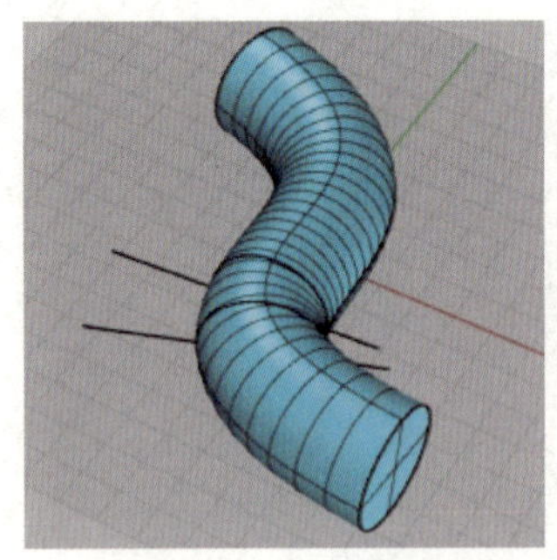

图 4-3-13　进行布尔运算差集并删除直线挤出的曲面

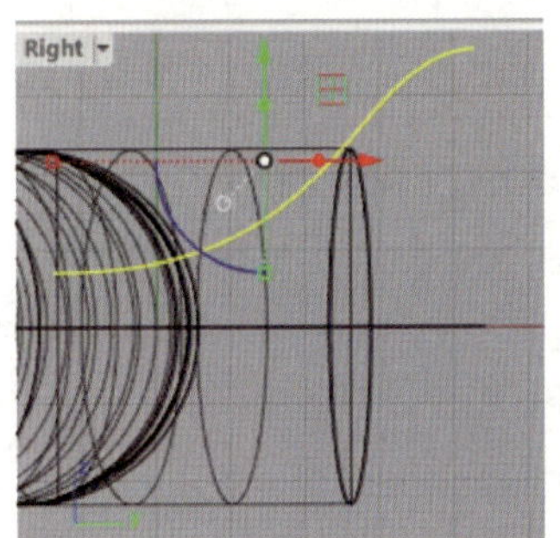

图 4-3-14　绘制控制点曲线

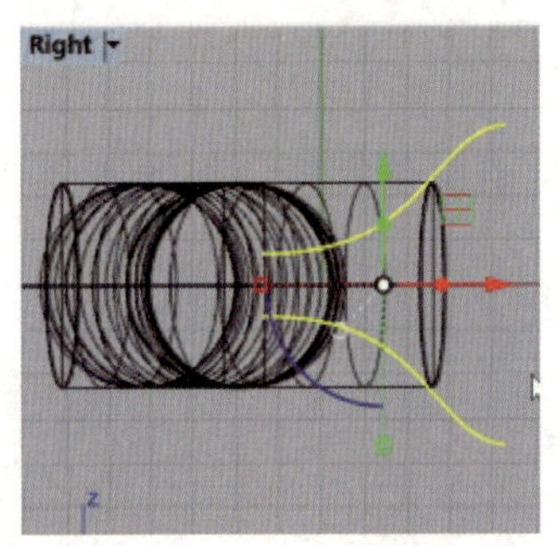

图 4-3-15　镜像曲线

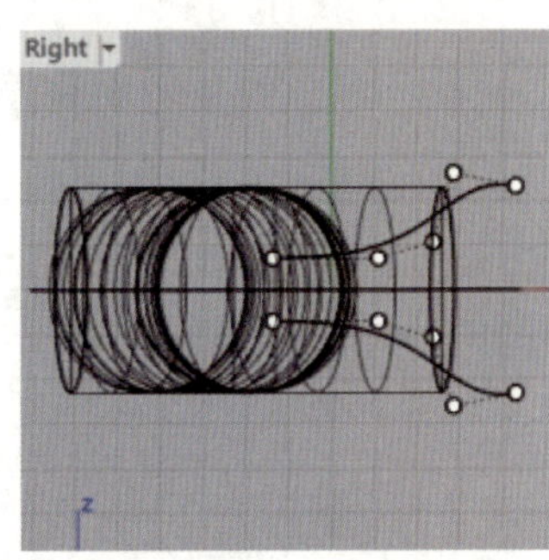

图 4-3-16　调整曲线形状

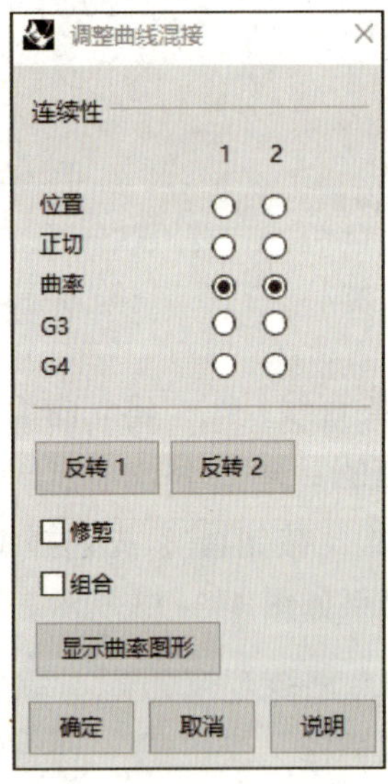

图 4-3-17　“调整曲线混接”对话框

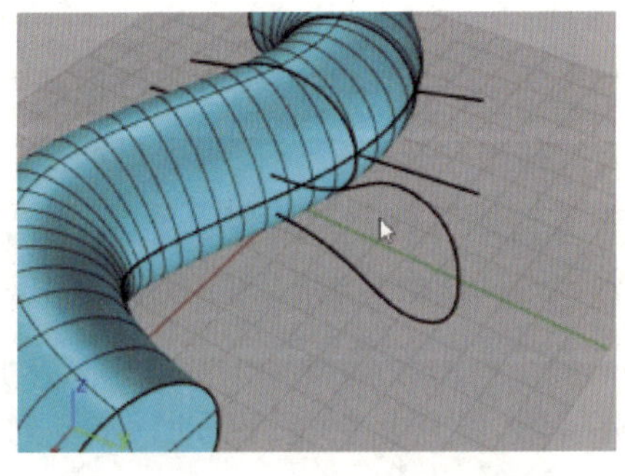

图 4-3-18　绘制后的混接曲线

将绘制好的混接曲线移动到合适的位置，如图 4-3-19 所示。在工具列中单击“显示物件控制点”按钮，在 Top 工作视窗中调整曲线弧度，如图 4-3-20 所示。在 Perspective 工作视窗中调整曲线形状，如图 4-3-21 所示。

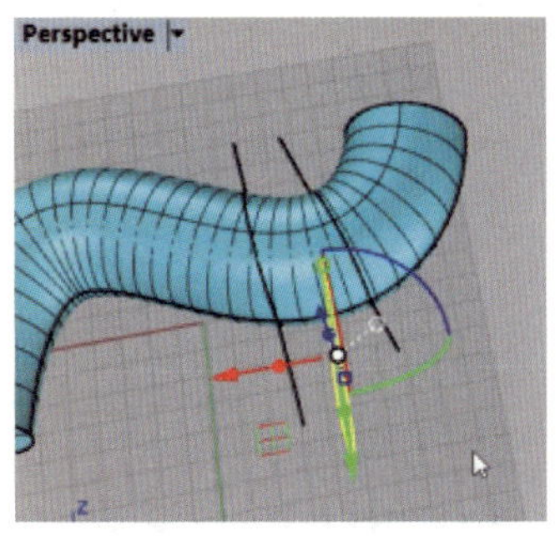

图 4-3-19　调整曲线位置

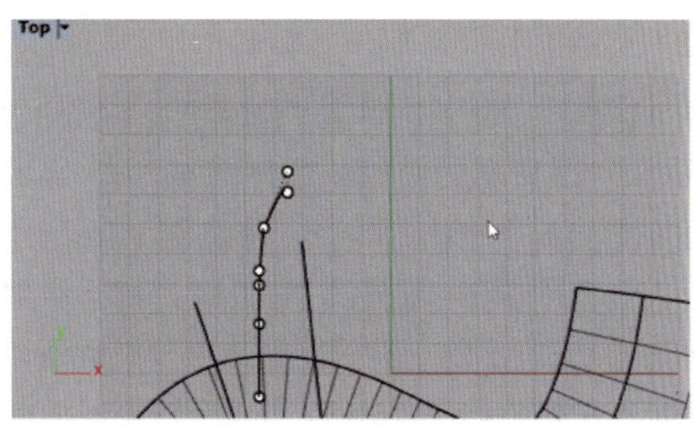

图 4-3-20　调整曲线弧度

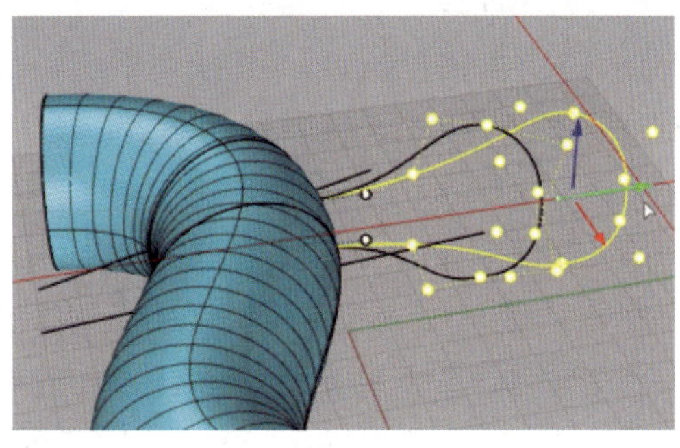
图 4-3-21　调整曲线形状

选择图 4-3-21 中的曲线，然后在工具列中单击“炸开”按钮，在“曲线工具”工具列中单击“衔接曲线”按钮，弹出图 4-3-22 所示的“衔接曲线”对话框，选择图 4-3-23 所示的曲线 1 和曲线 2 并确认，再选择曲线 1 和曲线 3 并确认，将衔接好的曲线的另外两个端点用直线连接起来。

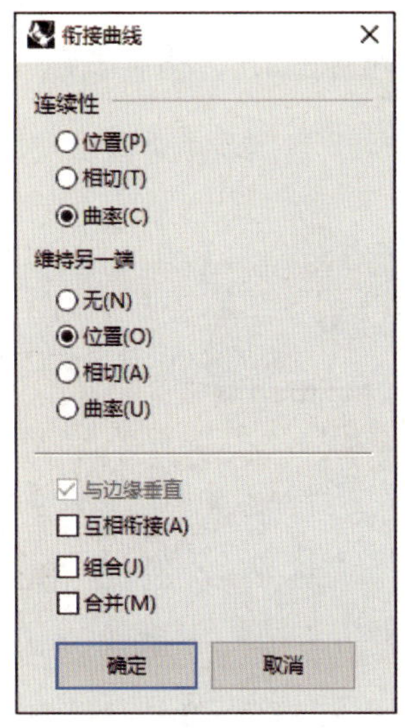

图 4-3-22　“衔接曲线”对话框

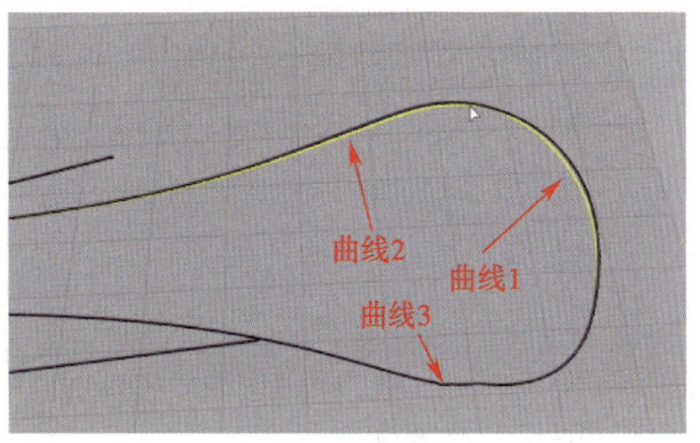

图 4-3-23　衔接曲线

（2）绘制拉手曲面

在“标准”工具列中单击“隐藏物件”按钮，选择图 4-3-24 所示的曲面。选择图 4-3-25 所示的曲线并在工具列中单击“炸开”按钮，在“建立曲面”工具列中单击“嵌面”按钮，按空格键以弹出图 4-3-26 所示的“嵌面曲面选项”对话框，单击“确定”按钮后如图 4-3-27 所示。选择嵌面曲面的边缘后将其缩小，如图 4-3-28 所示。开启状态栏的“操作轴”，利用红色箭头移出曲线，如图 4-3-29 所示。选择图 4-3-30 所示的操作轴控制点，利用此点向左拉伸以形成拉伸曲面，效果如图 4-3-31 所示。

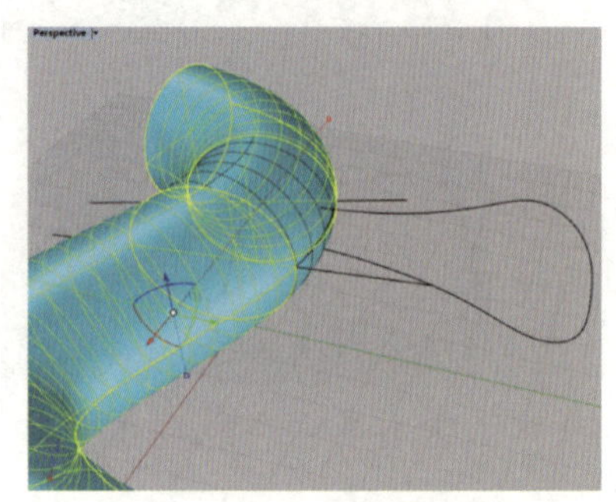
图 4-3-24　隐藏曲面

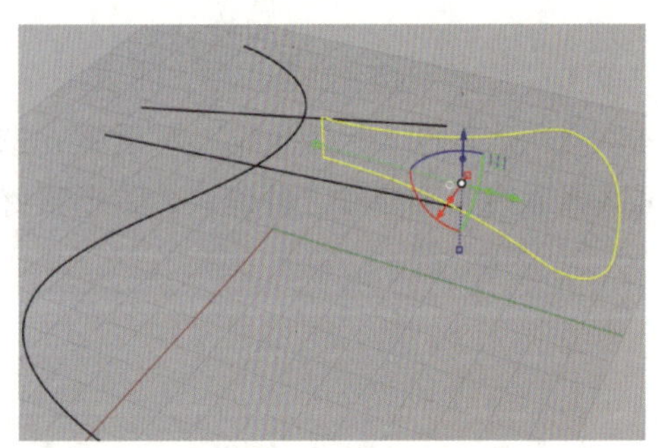
图 4-3-25　炸开曲线

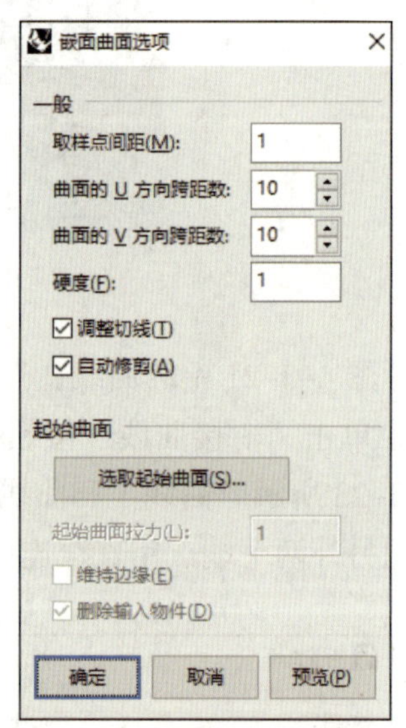

图 4-3-26　“嵌面曲面选项”对话框

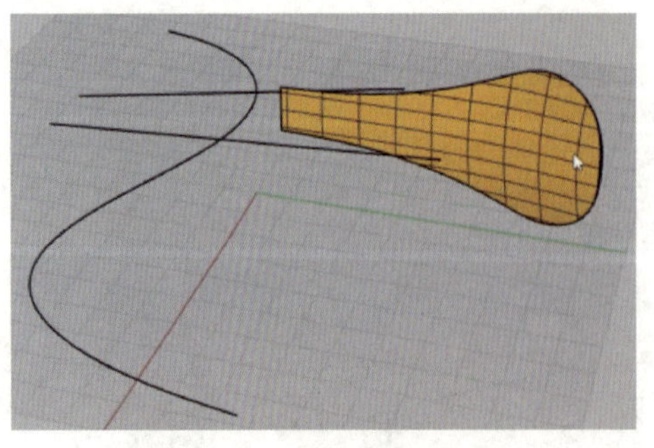
图 4-3-27　嵌面曲面

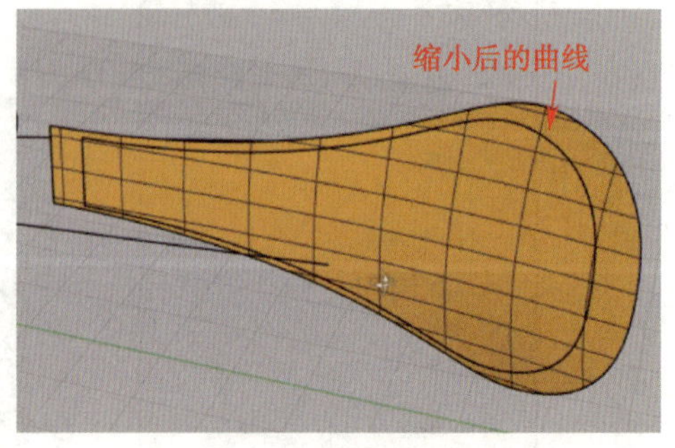

图 4-3-28　缩小后的曲线

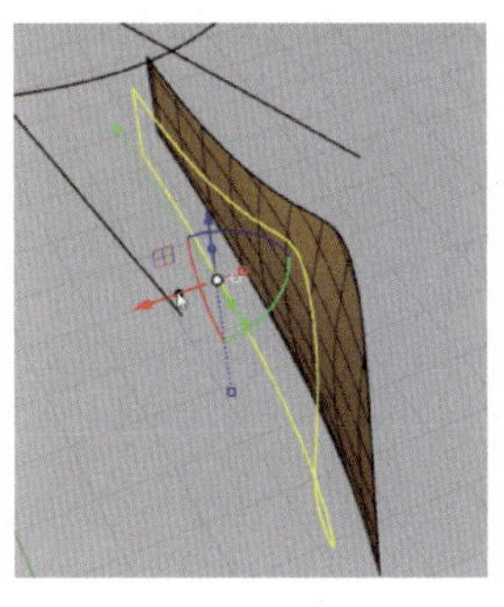

图 4-3-29　移出曲线

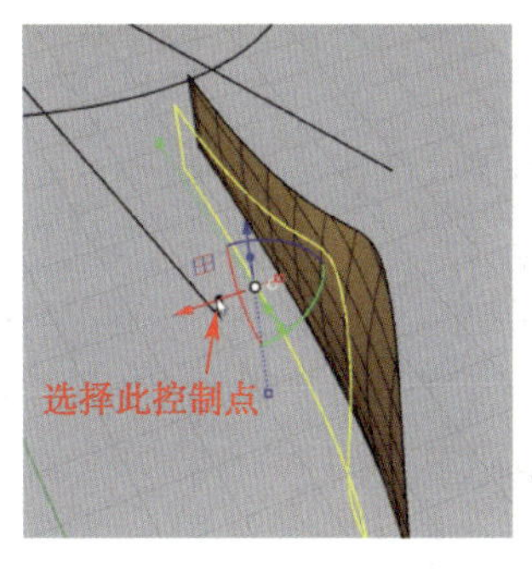

图 4-3-30　选择控制点

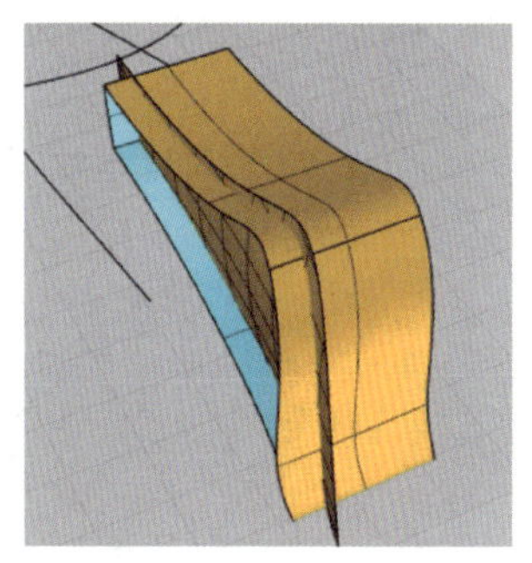
图 4-3-31　拉伸曲面

选择图 4-3-32 所示的嵌面曲面，单击工具列中的“分割”按钮，选择图 4-3-33 所示的拉伸曲面，按空格键确认，然后删除多余曲面，效果如图 4-3-34 所示。在“曲面工具”工具列中单击“偏移曲面”按钮，选择图 4-3-35 所示的曲面，在指令提示行中设置“全部反转”，并将“距离”设置为“3”，按空格键确认，得到图 4-3-36 所示的偏移曲面。在“标准”工具列中右击“隐藏物件”按钮以解除隐藏，效果如图 4-3-37 所示。

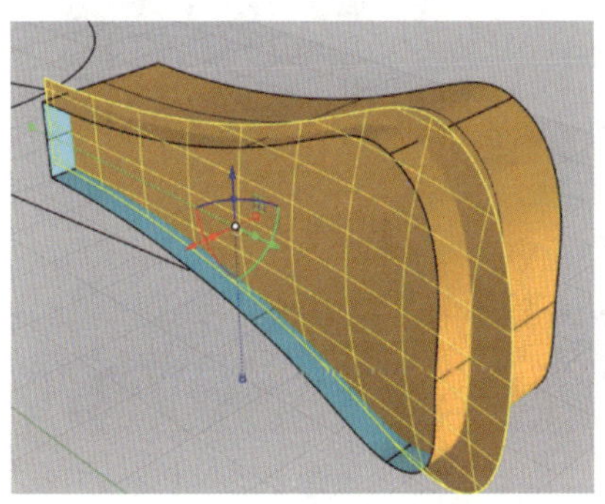
图 4-3-32　选择嵌面曲面

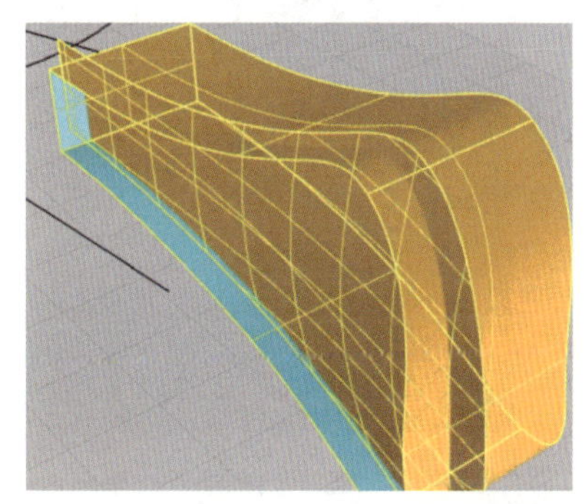
图 4-3-33　选择拉伸曲面

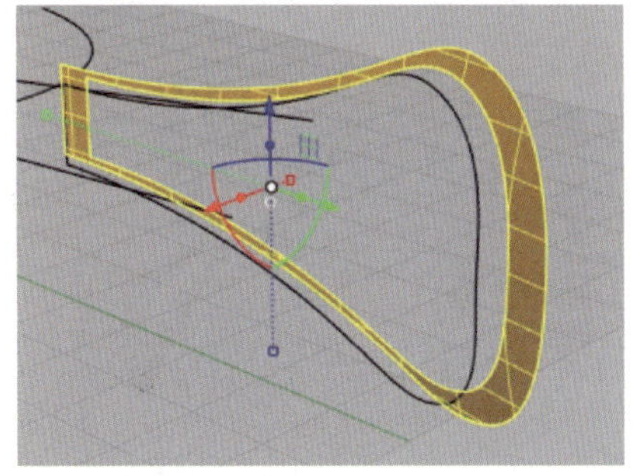
图 4-3-34　分割后删除多余曲面

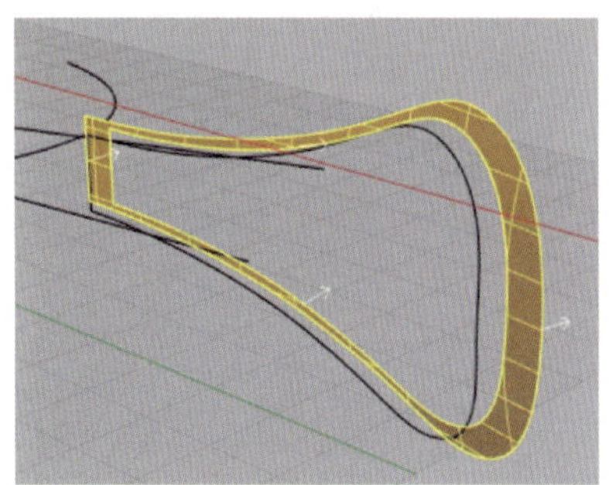
图 4-3-35　选择要偏移的曲面

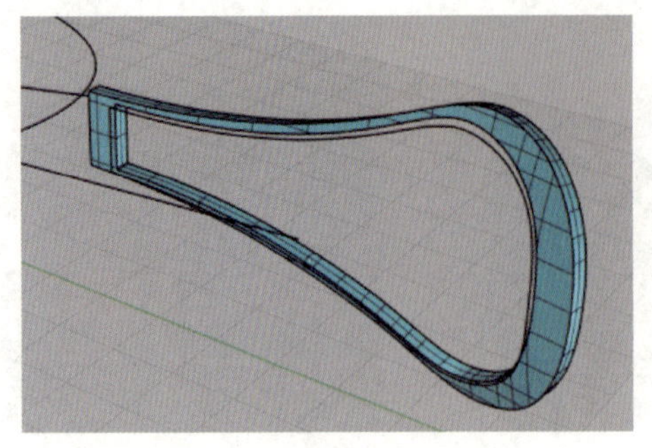

图 4-3-36 偏移曲面

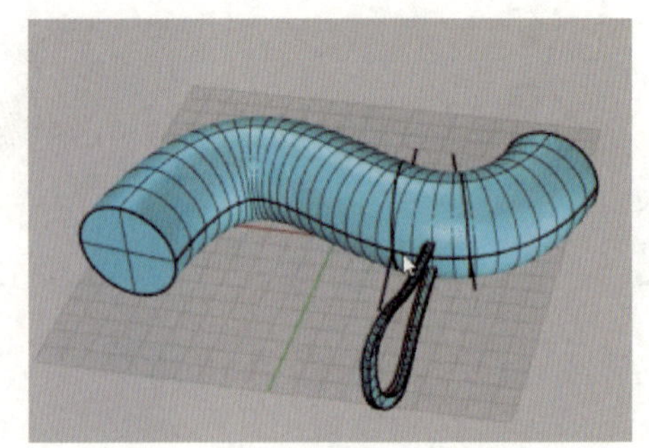

图 4-3-37 显示所有曲面

选择图 4-3-38 所示曲面，在“实体工具”工具列中单击“布尔运算联集”按钮使曲面结合。再单击“实体工具”工具列中的“边缘圆角”按钮，选择图 4-3-39 所示的曲面边缘并在指令提示行中设置“圆角半径”为“1”。再依次在图 4-3-40、图 4-3-41 所示位置倒圆角，继续在图 4-3-42 所示位置倒圆角，并在指令提示行中设置“圆角半径”为“0.4”，效果如图 4-3-43 所示。

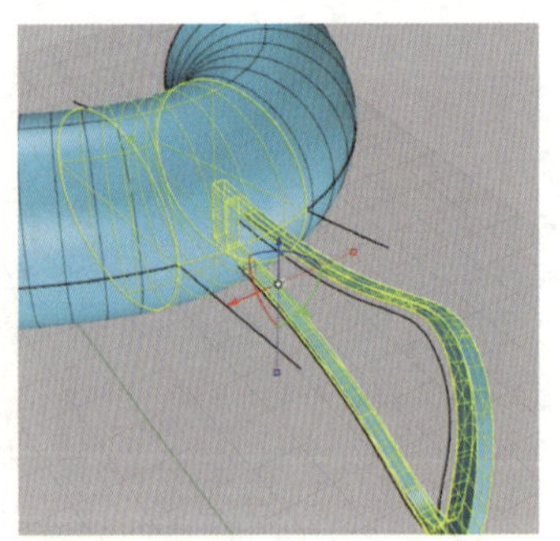

图 4-3-38 选择需进行布尔运算联集的曲面

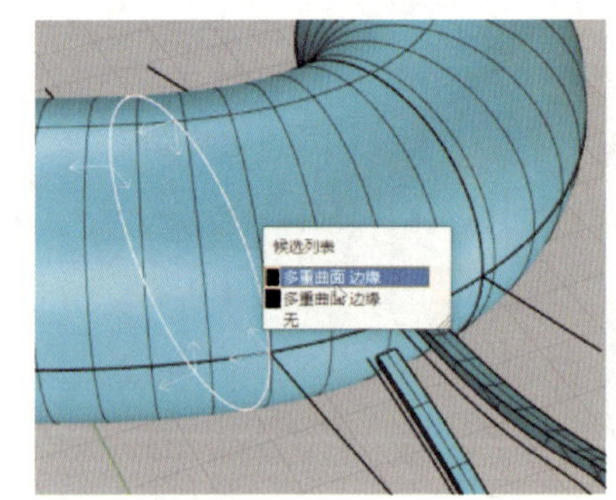

图 4-3-39 圆角半径为 1 的边缘圆角

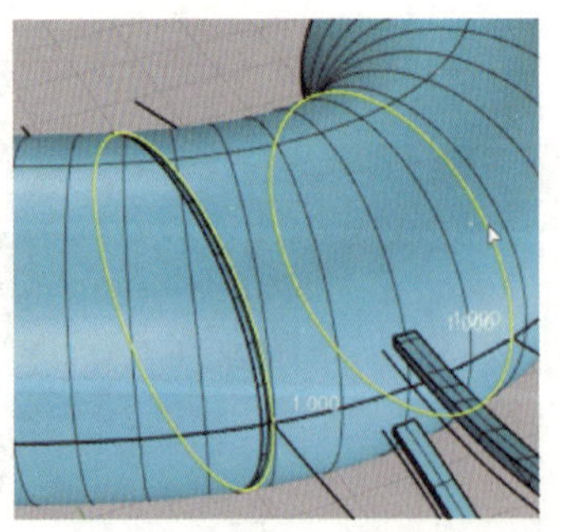

图 4-3-40 再次边缘圆角 1

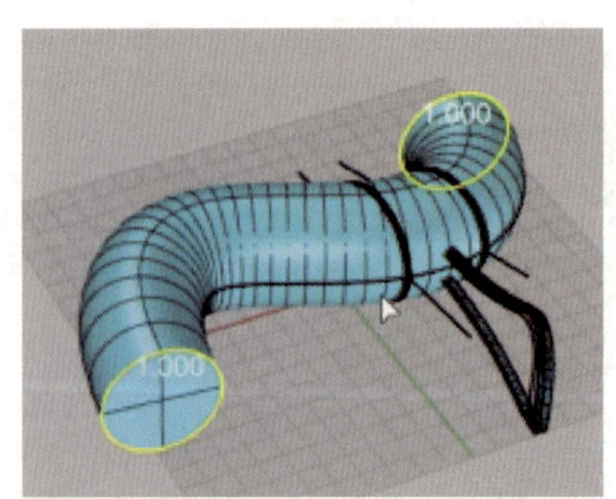

图 4-3-41 再次边缘圆角 2

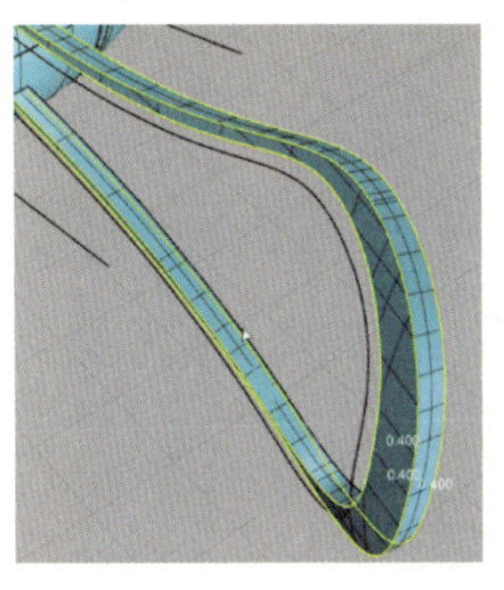

图 4-3-42　圆角半径为 0.4 的边缘圆角

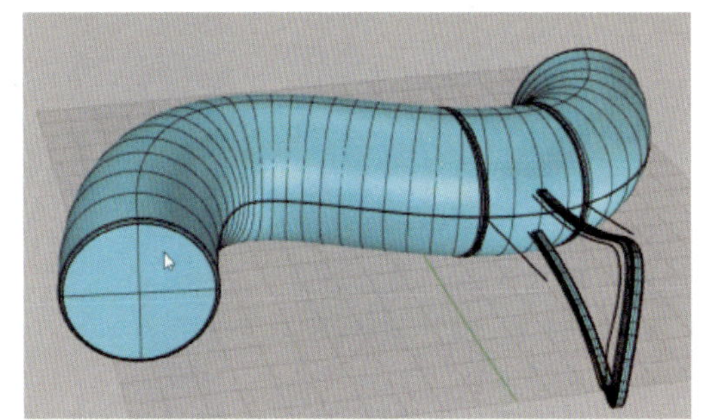

图 4-3-43　边缘圆角效果

3. 绘制插口

切换至 Right 工作视窗，在“矩形”工具列中单击“圆角矩形”按钮，绘制图 4-3-44 所示的圆角矩形。再单击“矩形：角对角”按钮，绘制图 4-3-44 所示的直角矩形。切换至 Perspective 工作视窗，将圆角矩形和直角矩形移动到合适的位置，如图 4-3-45 所示。选中并拖动图 4-3-45 中红色箭头上的控制点以拉伸矩形面，如图 4-3-46 所示。选择图 4-3-47 所示的主体曲面，在“实体工具”工具列中单击“布尔运算差集”按钮，效果如图 4-3-48 所示。再选择图 4-3-49 所示的拉伸曲面，删除多余曲面并对边缘倒圆角，效果如图 4-3-50 所示。

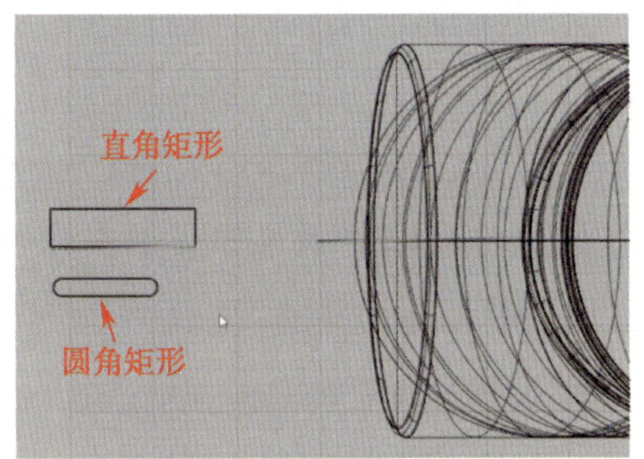

图 4-3-44　绘制矩形

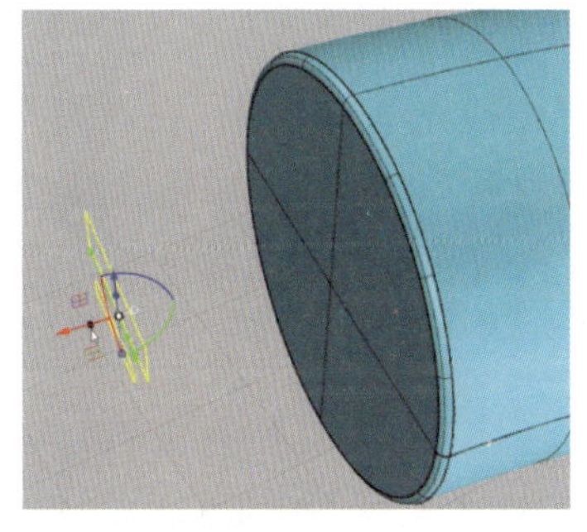

图 4-3-45　放置矩形到合适的位置

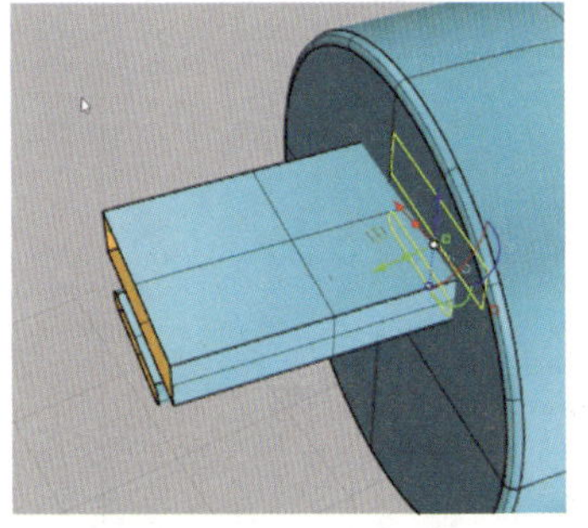

图 4-3-46　拉伸矩形面

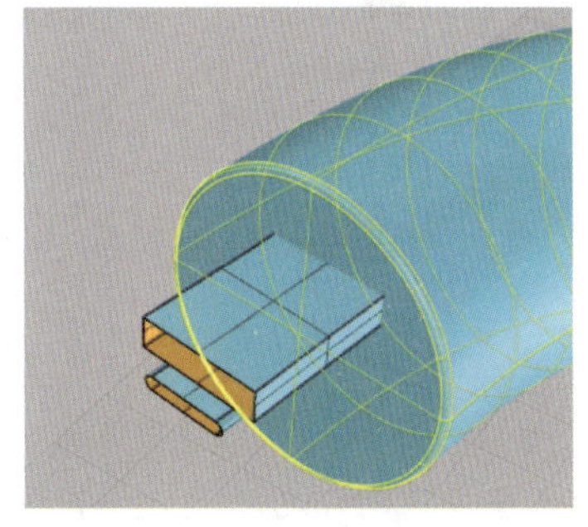

图 4-3-47　选择主体曲面

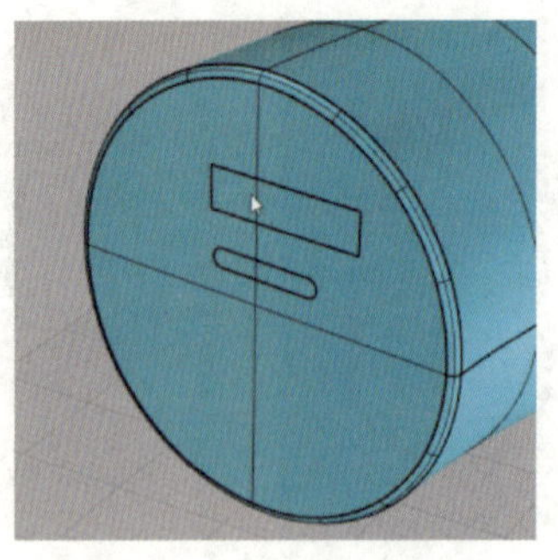
图 4-3-48　布尔运算差集

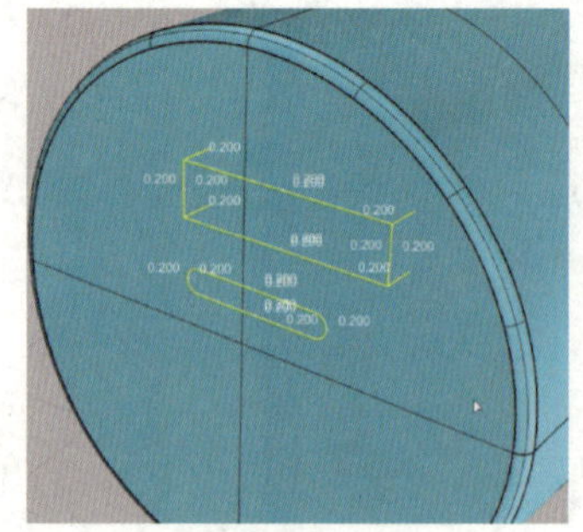
图 4-3-49　选择曲面

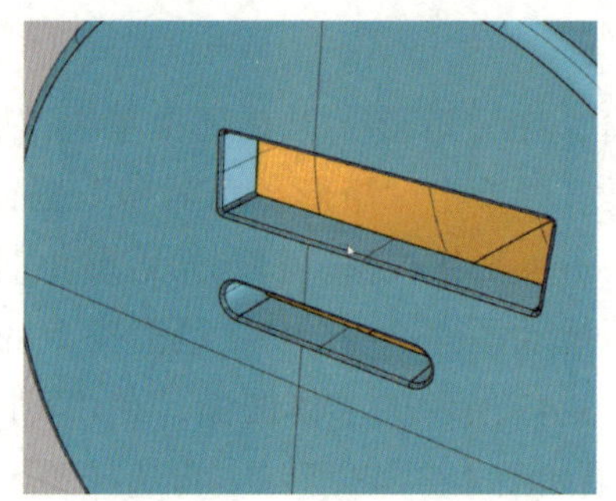
图 4-3-50　倒圆角效果

4. 模型渲染

选择便捷充电宝模型，在右侧“图层”面板中双击模型材质，弹出图 4-3-51 所示的“图层材质”对话框，单击“颜色”后的空白框，弹出图 4-3-52 所示的“选取颜色”对话框，选择自己喜欢的颜色后，将显示模式改为渲染模式，效果如图 4-3-53 所示。

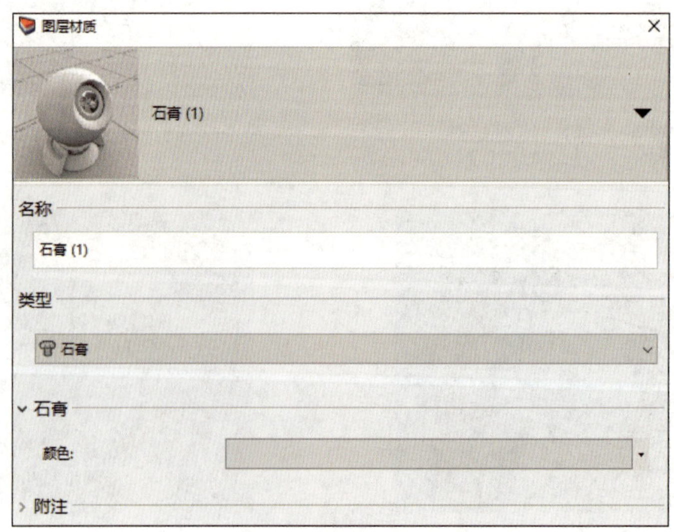

图 4-3-51　“图层材质”对话框

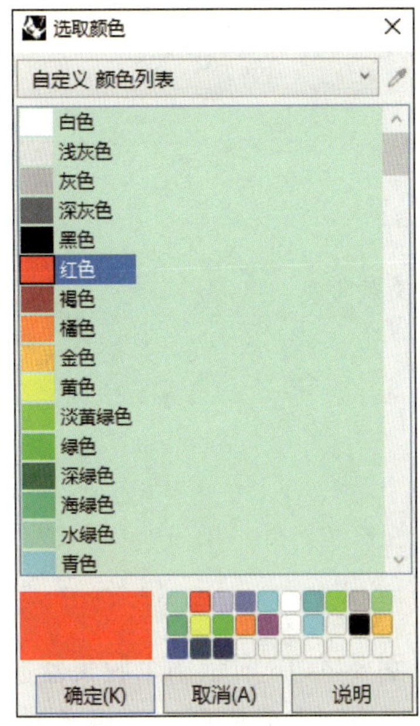

图 4-3-52　“选取颜色”对话框

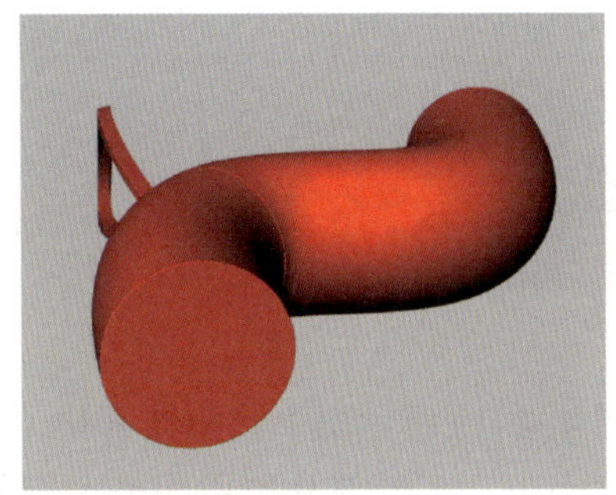
图 4-3-53　渲染模式

三、保存文件

完成造型后，执行“文件”→“保存文件”命令，输入文件名“项目四任务 3 便捷充电宝造型”并单击“保存”按钮。

利用所学工具，完成图 4-3-54 所示耳机造型的绘制，并保存文件。

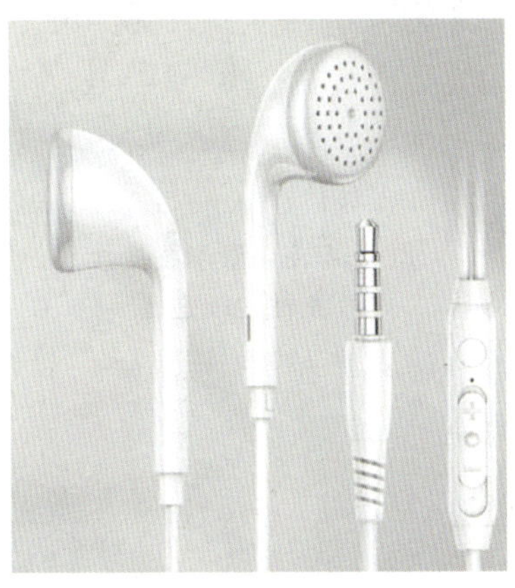
图 4-3-54　耳机造型

任务 4　雨伞收集器造型

1. 能熟练使用布尔运算差集工具。
2. 能熟练使用操作轴的相应功能更改曲面。
3. 能使用渲染工具设置颜色。

根据图 4-4-1a 所示雨伞收集器素材，完成图 4-4-1b 所示雨伞收集器造型的绘制。雨伞收集器由上、下两部分组成，可采用先绘制控制点曲线再旋转成形，调整曲面后将其切割成上、下两部分，最后渲染来完成创建。

a）

b）

图 4-4-1　雨伞收集器
a）素材　b）造型

操作演示

一、建模准备

1. 新建文件

启动 Rhino，进入绘图设计环境（模板文件默认为“小模型－毫米”）。

2. 导入参考图片

在 Front 工作视窗中导入雨伞收集器的参考图片，并调整其尺寸和位置，如图 4-4-2 所示。

图 4-4-2　导入参考图片并调整其尺寸和位置

3. 新建图层

新建图层，修改图层名称为“背景图”，将参考图片放入该背景图层中并锁定图层。

二、绘制雨伞收集器主体造型

1. 绘制雨伞收集器

（1）绘制轮廓线

在“直线”工具列中单击“直线：从中点”按钮，绘制一条直线作为中心线。在工具列中单击“控制点曲线”按钮，绘制雨伞收集器的轮廓，如图 4-4-3 所示。在工具列中单击“显示物件控制点”按钮，用控制点调整曲线轮廓，效果如图 4-4-4 所示。

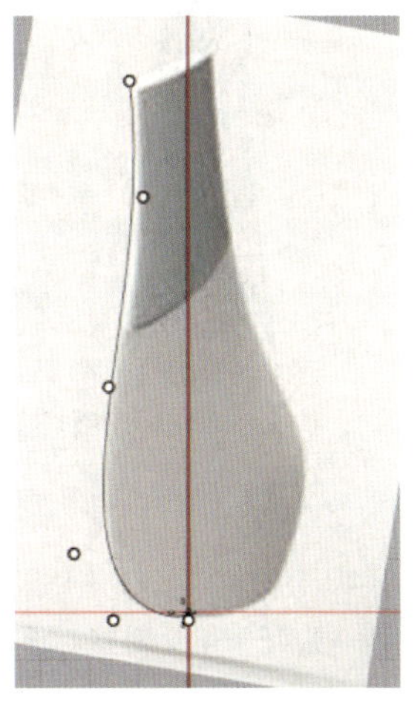
图 4-4-3　绘制轮廓线

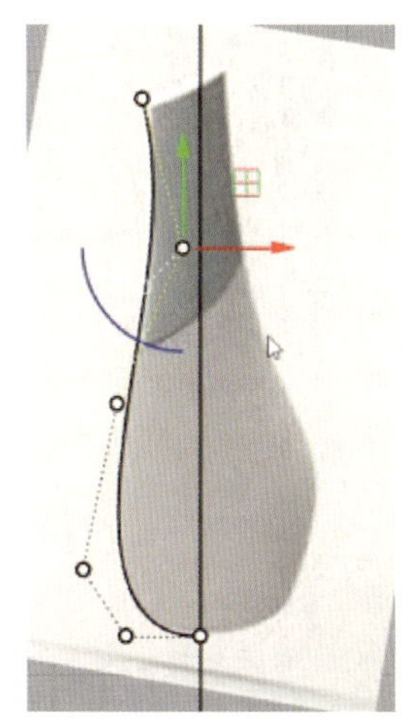
图 4-4-4　调整轮廓线

（2）旋转曲面

在“建立曲面”工具列中单击“旋转成形”按钮，按指令提示行中的提示选取图 4-4-5 所示的中心线和轮廓线，并将其旋转 360°，效果如图 4-4-6 所示。

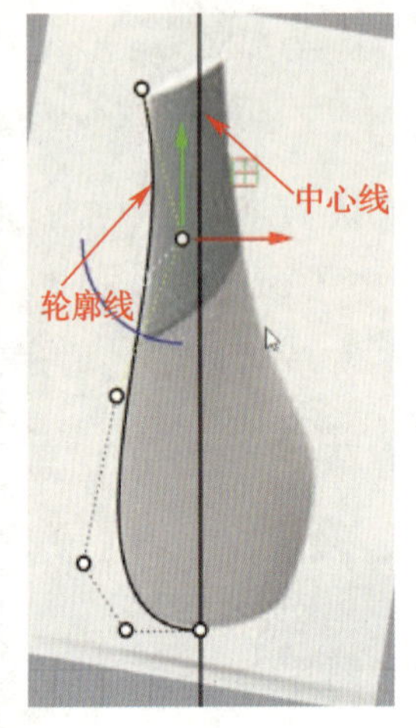

图 4-4-5　旋转中心线和轮廓线

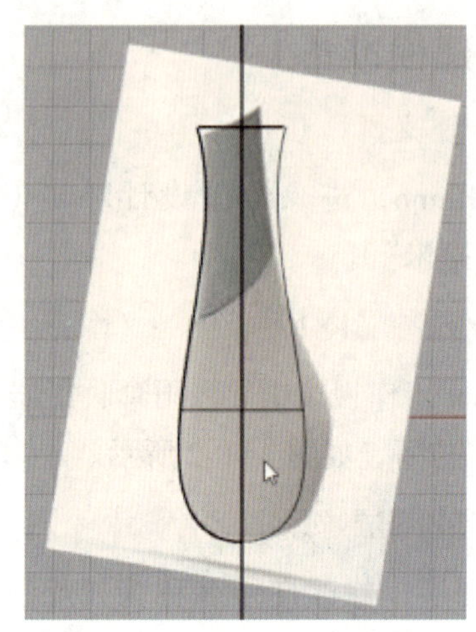

图 4-4-6　旋转曲面

（3）调整曲面

在工具列中单击“显示物件控制点”按钮，如图 4-4-7 所示。调整曲面外形，如图 4-4-8 所示。在 Right 工作视窗中选择曲面左侧和右侧的控制点，如图 4-4-9 所示。在 Perspective 工作视窗中利用操作轴调整曲面，效果如图 4-4-10 所示。隐藏曲线后如图 4-4-11 所示。

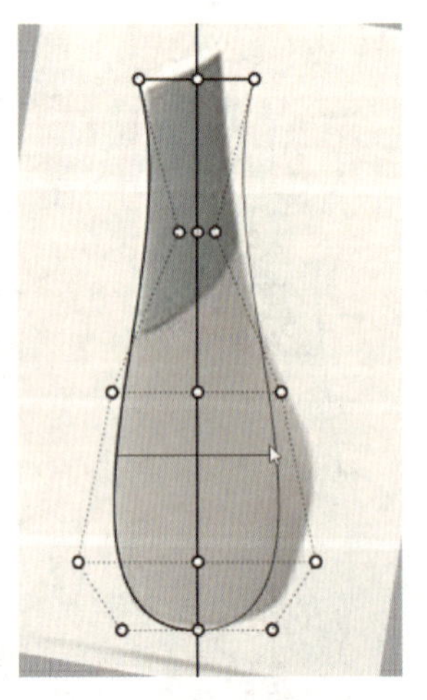

图 4-4-7　显示物件控制点

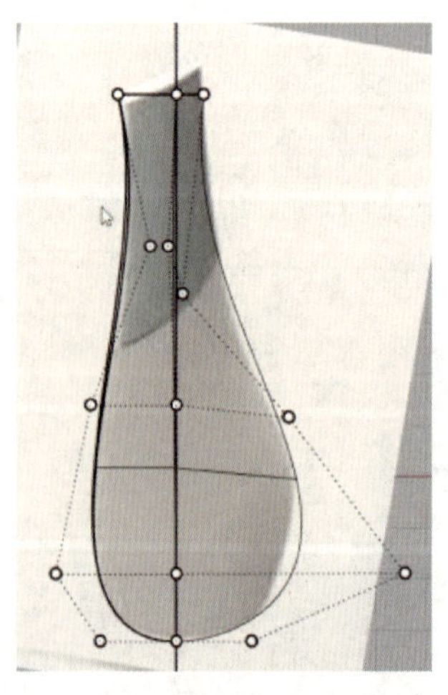

图 4-4-8　调整曲面外形

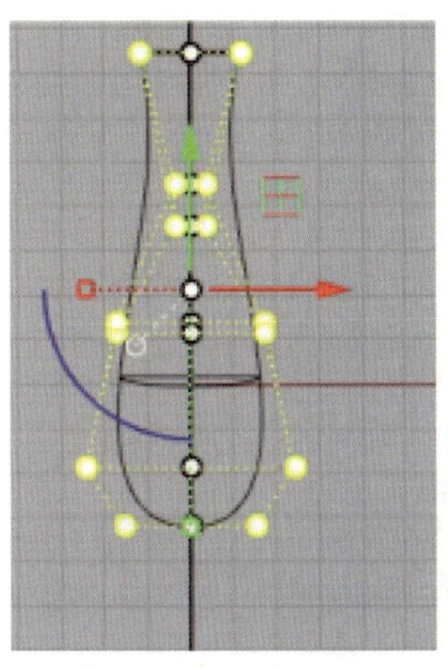

图 4-4-9　选择曲面左侧和右侧的控制点

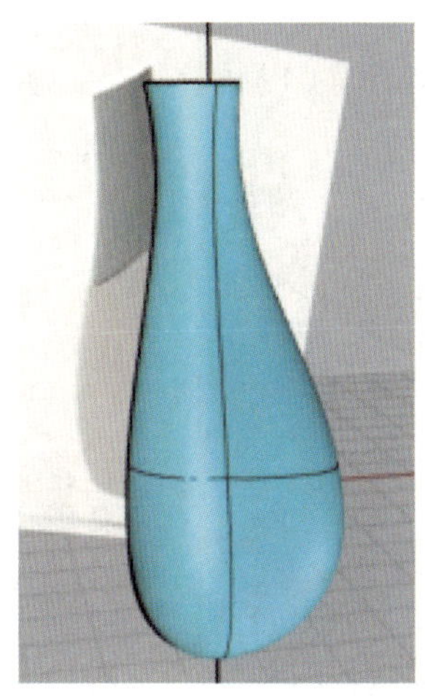

图 4-4-10　调整曲面

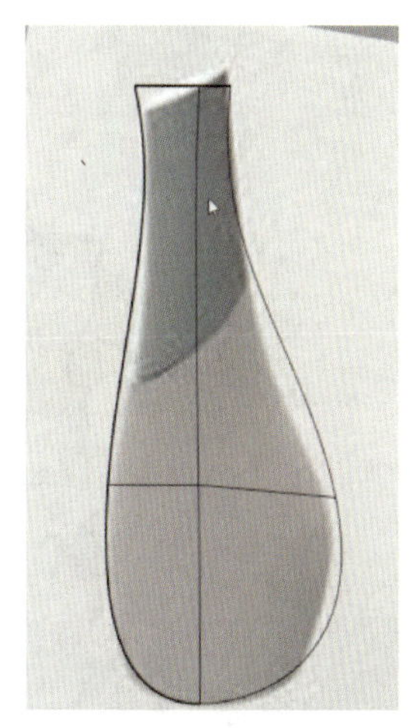

图 4-4-11　隐藏曲线

2. 切割雨伞收集器

（1）绘制切割面

绘制切割线，如图 4-4-12 所示，选择绘制的三条线，在“建立曲面”工具列中单击“直线挤出”按钮，效果如图 4-4-13 所示。

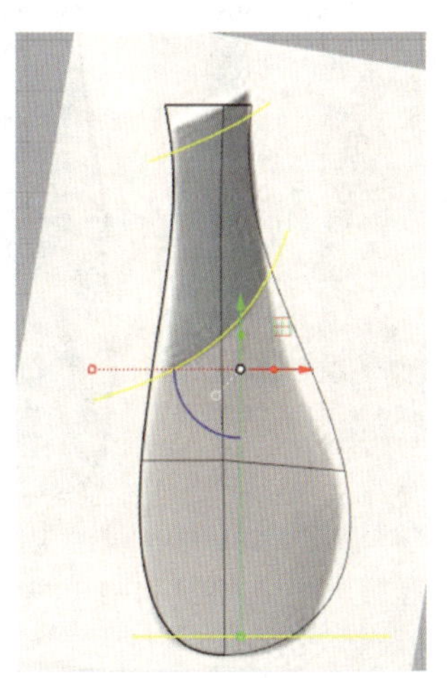

图 4-4-12　绘制切割线

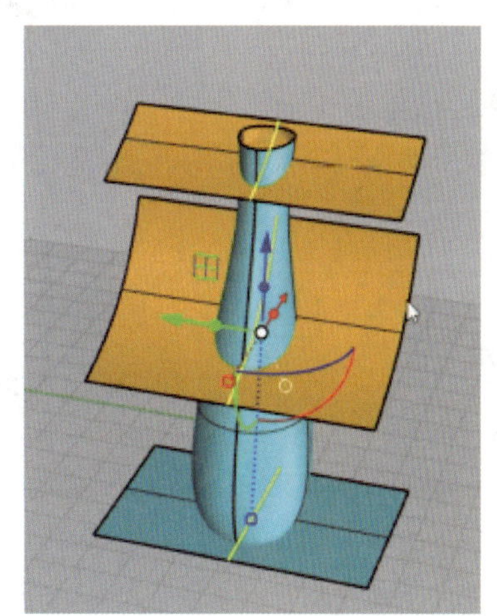

图 4-4-13　挤出切割面

（2）处理雨伞收集器主体

在“实体工具”工具列中单击“将平面洞加盖”按钮，效果如图 4-4-14 所示，再单击“布尔运算差集”按钮，先选择雨伞收集器主体，再选择三个切割面，以删除多余曲面，如图 4-4-15 所示。

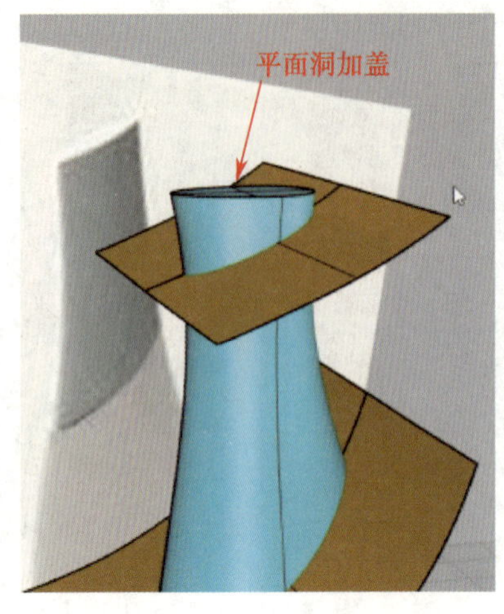

图 4-4-14 将平面洞加盖

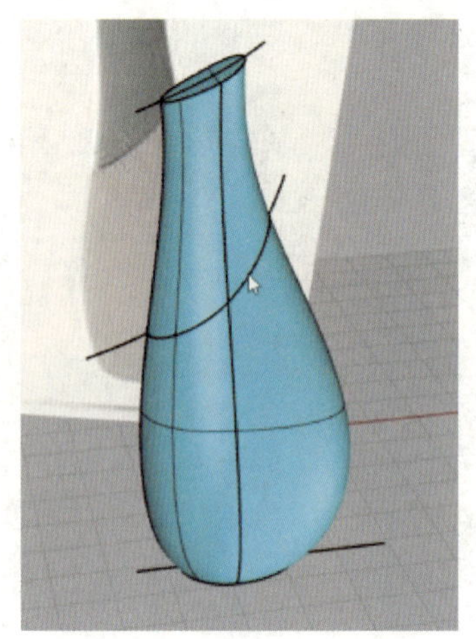

图 4-4-15 布尔运算差集

（3）雨伞收集器成形

选择雨伞收集器的上半部分，如图 4-4-16 所示，开启状态栏的“操作轴”，调整上半部分的形状，如图 4-4-17 所示，然后删除所有曲线，如图 4-4-18 所示。

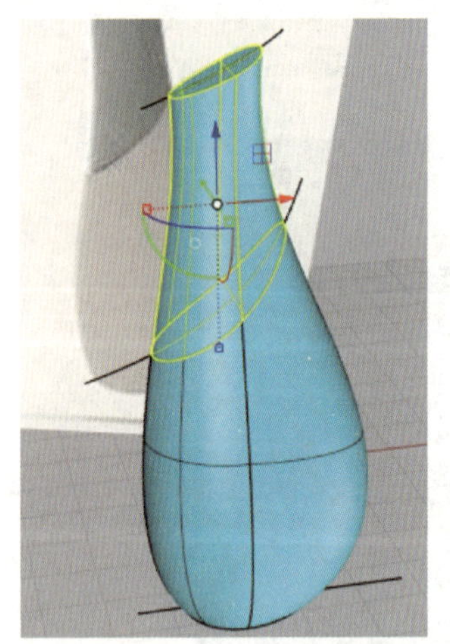

图 4-4-16 选择雨伞收集器的上半部分

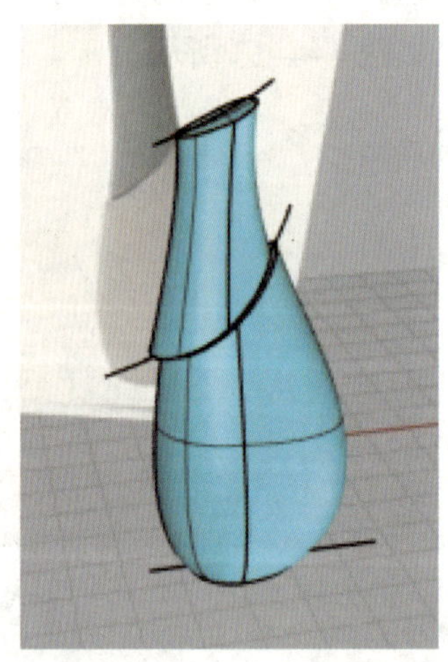

图 4-4-17 利用操作轴调整形状

图 4-4-18 删除所有曲线

（4）各部位倒圆角

在“实体工具”工具列中单击“边缘圆角”按钮，选择雨伞收集器上半部分的边缘倒圆角，并在指令提示行中设置“下一个半径”为“1.2”，如图 4-4-19a 所示，其余部位的倒圆角则设置“下一个半径”为“0.8”，如图 4-4-19b 所示，最后效果如图 4-4-19c 所示。

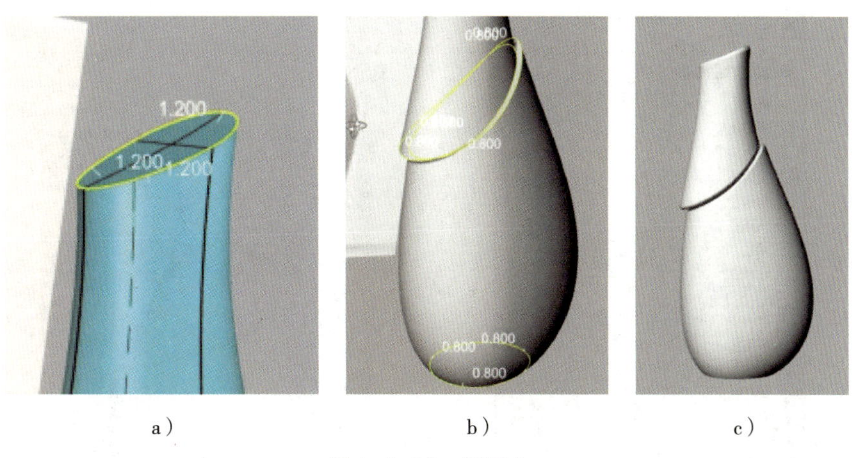

a）　　b）　　c）

图 4-4-19　倒圆角

a）下一个半径 =1.2　b）下一个半径 =0.8　c）最后效果

三、为雨伞收集器着色

选择雨伞收集器的上半部分，在右侧“图层”面板中双击其材质，弹出图 4-4-20 所示“图层材质”对话框，单击“颜色”后的空白框，弹出图 4-4-21 所示的“选取颜色”对话框，选择自己喜欢的颜色，然后将显示模式改为渲染模式，效果如图 4-4-22 所示。

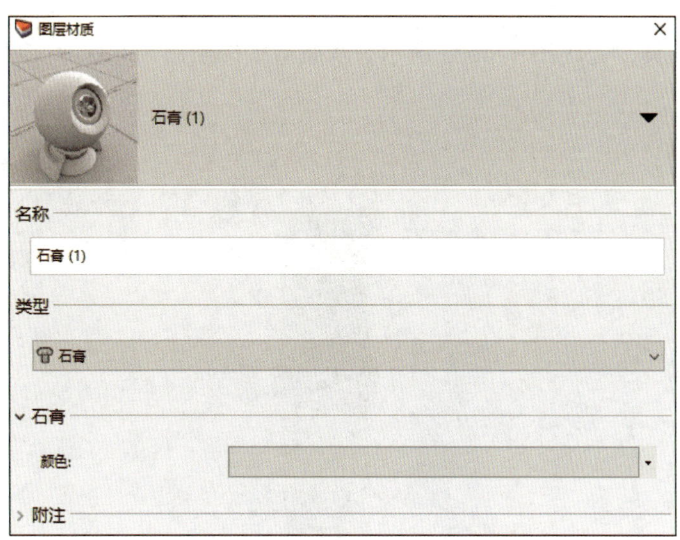

图 4-4-20　“图层材质”对话框

四、保存文件

完成造型后，执行“文件”→“保存文件”命令，输入文件名“项目四任务 4 雨伞收集器造型”并单击“保存”按钮。

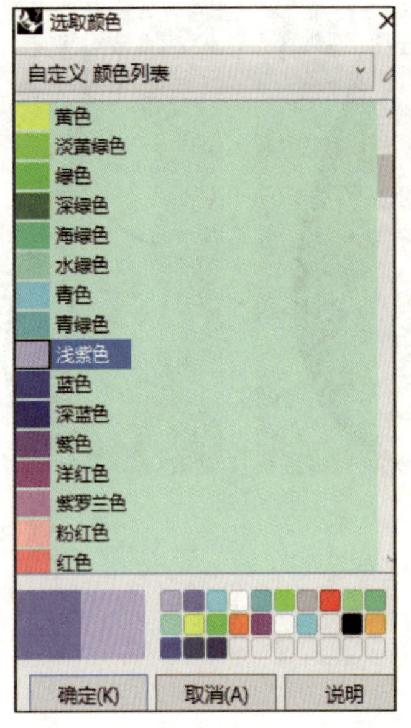

图 4-4-21 “选取颜色”对话框

图 4-4-22 渲染模式

利用所学工具，完成图 4-4-23 所示香水瓶造型的绘制，并保存文件。

图 4-4-23 香水瓶造型

项目五
产品造型

任务 1　运动水壶造型

学习目标

1. 以运动水壶造型为载体，熟悉造型编辑工具，如可调式混接曲线、抽离结构线、分割、衔接曲线和显示物件控制点等工具的使用，进一步提高建模能力。

2. 进一步掌握曲线、曲面和实体工具的运用方法。

根据图 5–1–1a 所示运动水壶素材，完成图 5–1–1b 所示运动水壶造型的绘制。运动水壶造型主要由壶盖、壶嘴、壶身和把手等组成。

可通过绘制壶盖轮廓线并以平面曲线建立曲面来生成壶盖；通过绘制控制点曲线，并将其镜像、抽离结构线和可调式混接来生成壶嘴的轮廓线，再利用放样和衔接曲面等功能来生成壶嘴曲面；利用抽离结构线和分割等功能来绘制壶身（上半部分）曲线，再通过混接曲面功能生成壶身（上半部分）曲面；通过衔接曲线和旋转成形等功能来绘制壶身（下半部分）曲面；利用直线、分割、曲线圆角、可调式混接曲线和圆管等功能来生成把手曲面。最终完成运动水壶造型。

在建模时需要综合使用“曲线”“曲线工具”“建立曲面”和“曲面工具”等工具列。

a）

b）

图 5-1-1　运动水壶
a）素材　b）造型

操作演示

一、绘制壶盖造型

1. 新建文件

启动 Rhino，进入绘图设计环境（模板文件默认为“小模型 - 毫米”）。

2. 绘制轮廓线

切换至 Front 工作视窗，开启状态栏的“平面模式”和“操作轴”，在工具列中单击“圆：中心点、半径”按钮，在指令提示行中设置“圆心”为“0”，“半径”为“18.8”，绘制壶盖的轮廓线，如图 5-1-2 所示。

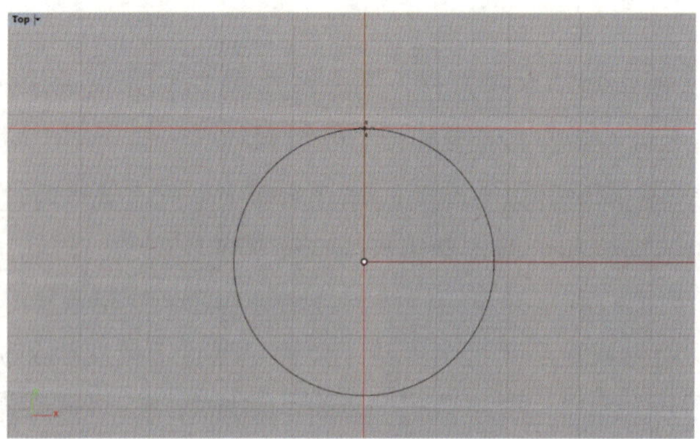

图 5-1-2　绘制壶盖的轮廓线

3. 绘制曲面

切换至 Perspective 工作视窗，选取壶盖轮廓线，在“建立曲面”工具列中单击

"以平面曲线建立曲面"按钮 ，按 Enter 键确定，以生成壶盖曲面，然后转换为着色模式，如图 5-1-3 所示。

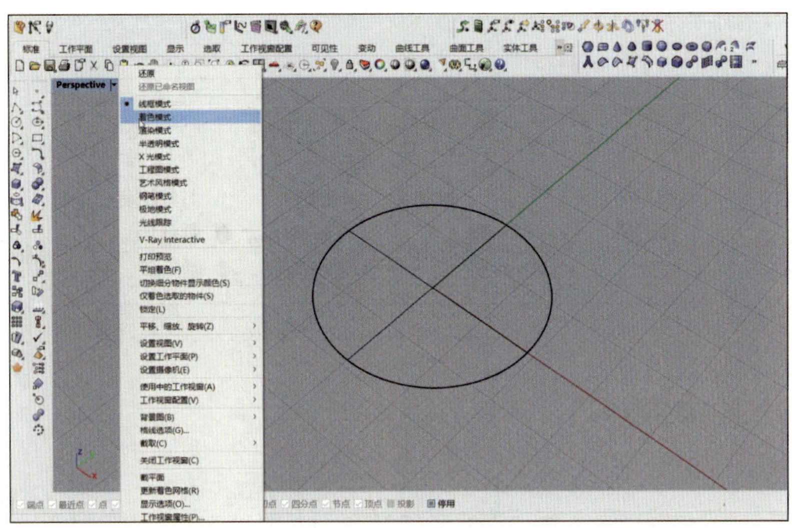

图 5-1-3 绘制壶盖曲面

4. 保存文件

在完成以上操作后，执行"文件"→"另存为"命令，在弹出的"储存"对话框中设置"文件名"为"运动水壶"，"保存类型"为"*.3dm"。为了防止数据丢失，应及时进行保存，如图 5-1-4 所示。

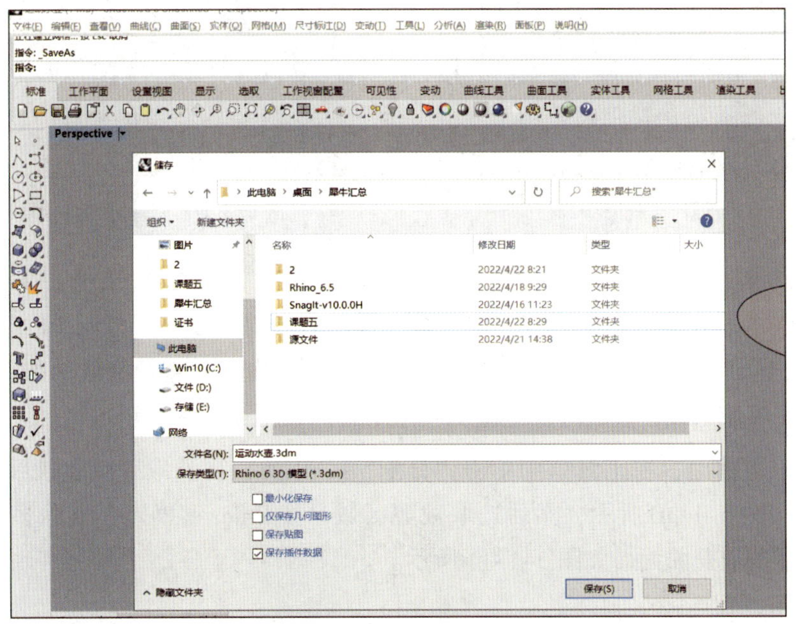

图 5-1-4 保存文件

5. 新建图层

新建图层，修改图层名称为“壶盖”，选取壶盖曲面，将其放入新图层中，如图 5-1-5 所示。

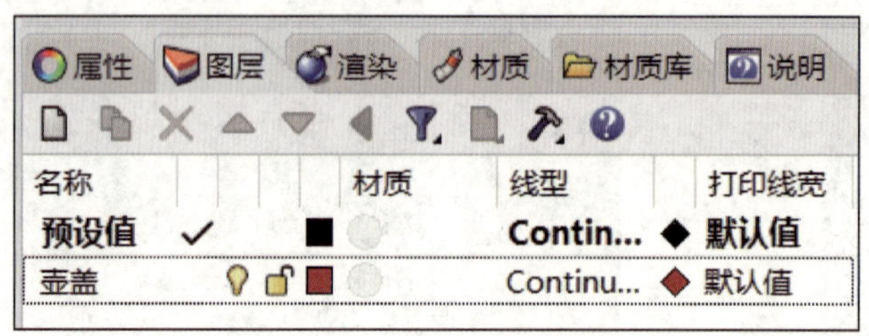

图 5-1-5 新建“壶盖”图层

二、绘制壶嘴造型

1. 绘制轮廓线

切换至 Front 工作视窗，在“直线”工具列中单击“直线：从中点”按钮，选取圆弧圆心，再按住 Shift 键选择点 1，绘制中心线，如图 5-1-6 所示。在工具列中单击“控制点曲线”按钮，根据壶嘴形状分别绘制点 1、点 2、点 3 和点 4，然后按住 Shift 键选择点 5，绘制壶嘴轮廓线（左），如图 5-1-7 所示。

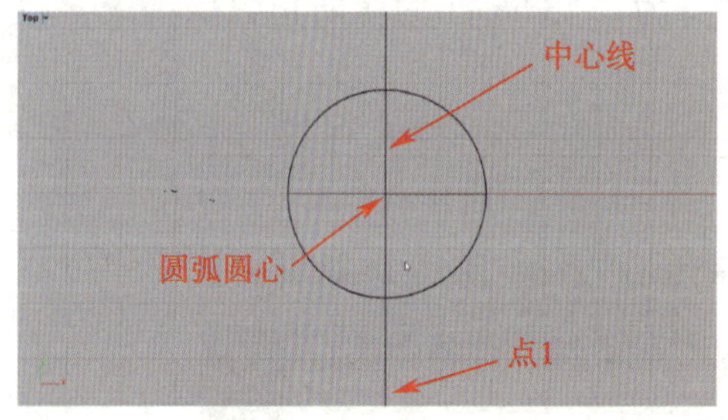

图 5-1-6 绘制中心线

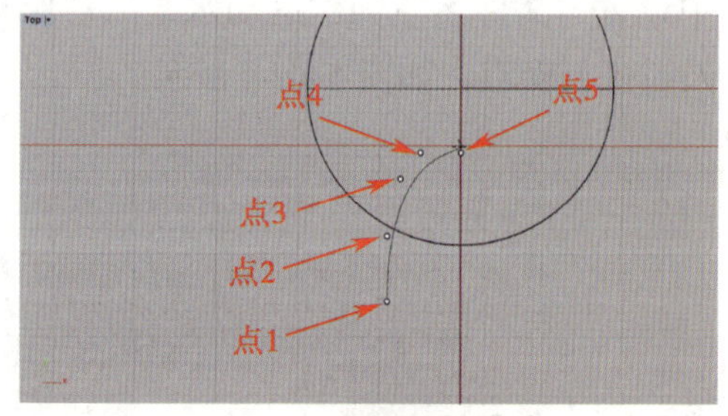

图 5-1-7 绘制壶嘴轮廓线（左）

选取壶嘴轮廓线（左），在“变动”工具列中单击“镜像”按钮，并按 Enter 键确定，选取中心线的起点与终点，按照指令提示行的提示设置“复制（C）”为“是”，按 Enter 键确定，最终壶嘴轮廓线（左）将镜像成对称的壶嘴轮廓线，如图 5-1-8 所示。选取壶嘴轮廓线，按 F10 功能键调整控制点，如图 5-1-9 所示。

选取壶盖曲面，在工具列中单击“分割”按钮，再选取壶嘴轮廓线，按 Enter 键确定，如图 5-1-10 所示；然后选取裁剪区域，按 Enter 键确定，删除多余的线条，得到裁剪后的壶盖曲面，如图 5-1-11 所示。

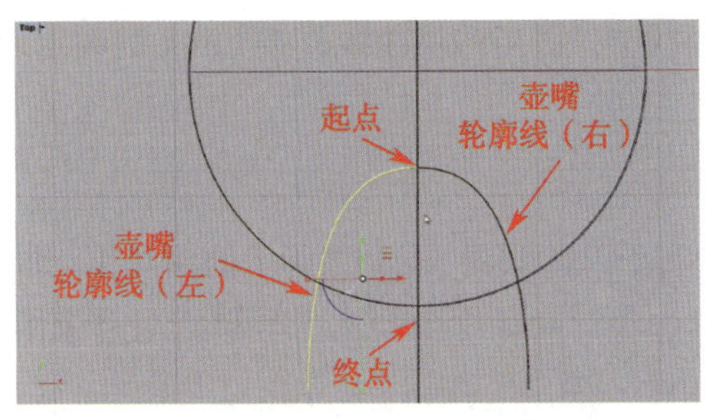

图 5-1-8　镜像成对称的壶嘴轮廓线

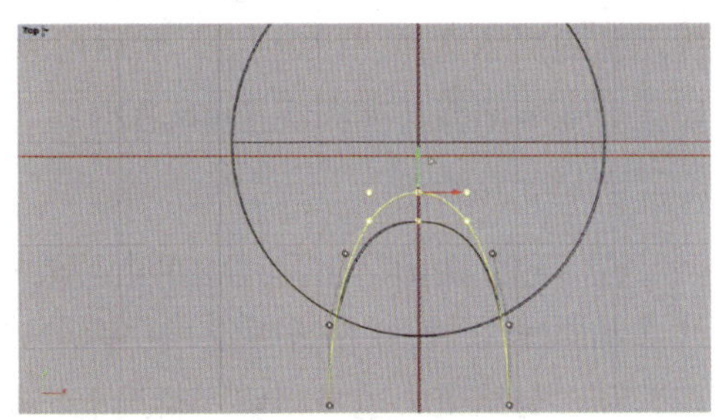

图 5-1-9　调整壶嘴轮廓线

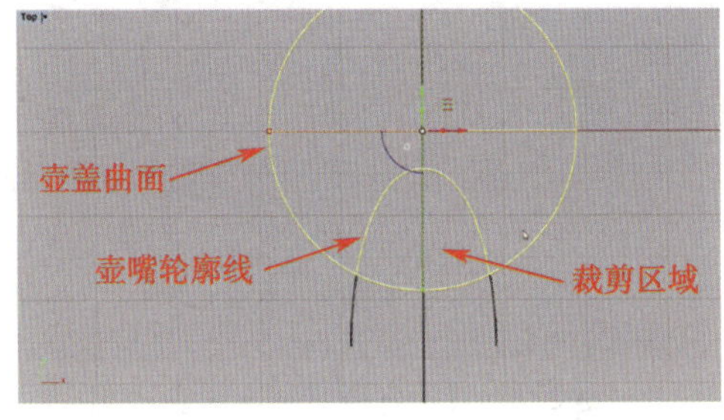

图 5-1-10　分割壶盖曲面

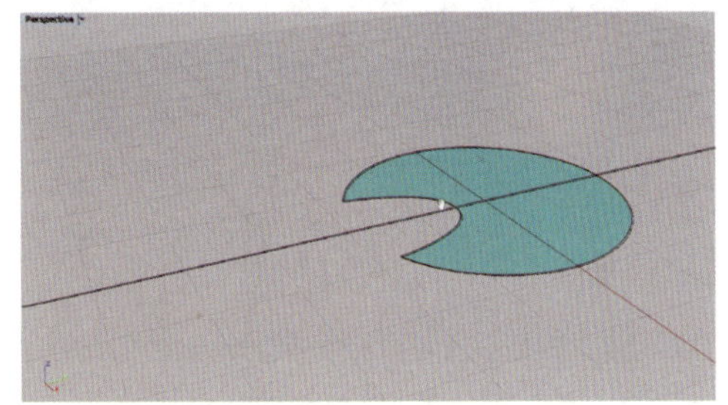

图 5-1-11　裁剪后的壶盖曲面

切换至 Perspective 工作视窗，在“曲线工具”工具列中单击“可调式混接曲线”按钮，选取边 1，再选择该边的“曲面边缘”，然后选取边 2，再选择该边的“曲面边缘”，如图 5-1-12 所示。选取点 1 并将其调整到点 3（交点），选取点 2 并将其调整到点 4（交点），如图 5-1-13 所示，完成后单击确定按钮。

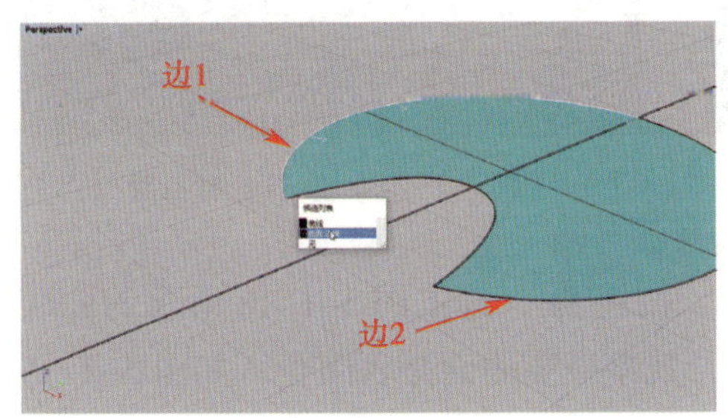

图 5-1-12　用可调式混接曲线工具混接边 1 和边 2

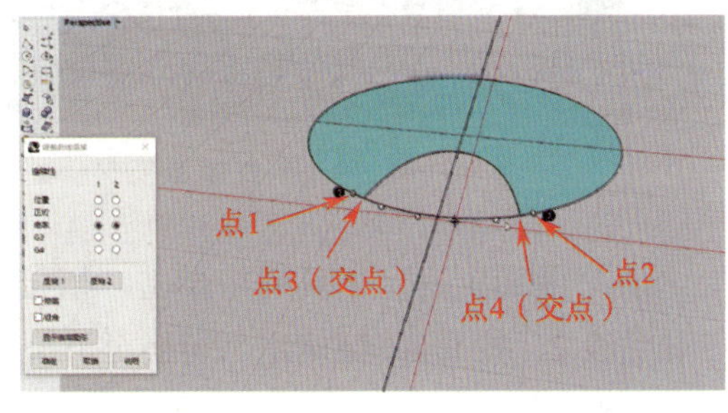

图 5-1-13　调整点 1 和点 2 位置

选取壶嘴轮廓线，按 F10 功能键，再选取轮廓线上的点 1 和点 2，将其向上调整到合适位置，删除中心线，如图 5-1-14 所示。

在“从物件建立曲线”工具列中单击“抽离结构线”按钮，单击壶盖曲面，按照指令提示行的提示设置“方向（D）”为“V”，选取壶盖曲面的中点，绘制中线，如图 5-1-15 所示。

在“曲线工具”工具列中单击“可调式混接曲线”按钮，选取中线，按照指令提示行的提示选择“指定点”，然后选取点 1（中点），适当调整曲线，按 Enter 键确定，以生成壶嘴曲线，如图 5-1-16 所示。

2. 绘制曲面

在“建立曲面”工具列中单击“放样”按钮，选取图 5-1-17 所示的曲线 1、曲线 2 和曲线 3，按空格键确定，在弹出的“放样选项”对话框中勾选“与起始端边缘相切”和“与结束端边缘相切”复选框，完成后单击“确定”按钮。

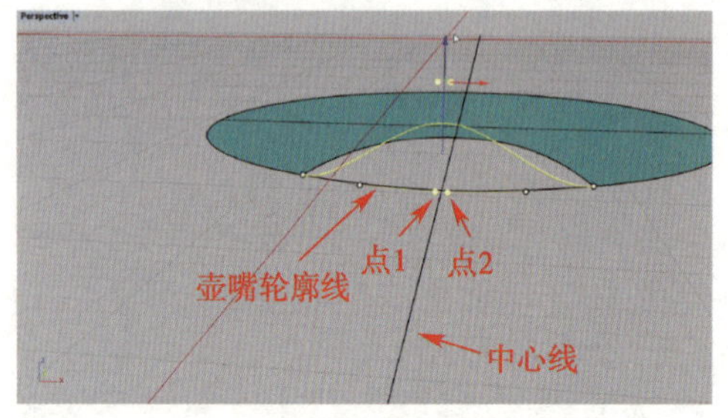

图 5-1-14 调整壶嘴轮廓线

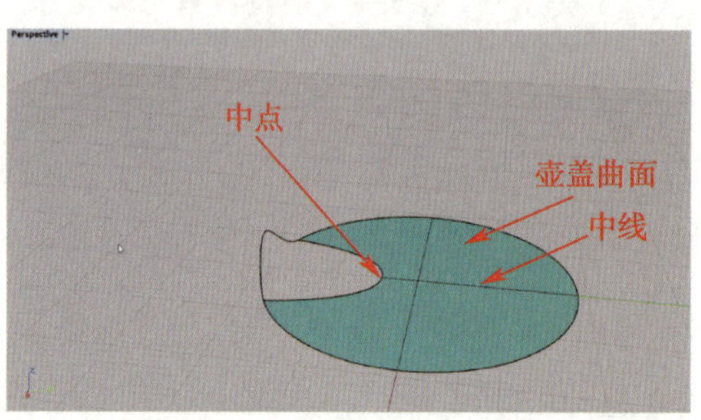

图 5-1-15 绘制壶盖曲面中线

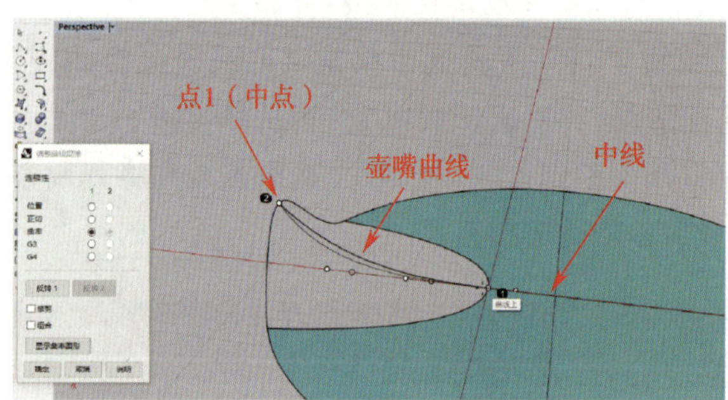

图 5-1-16 绘制壶嘴曲线

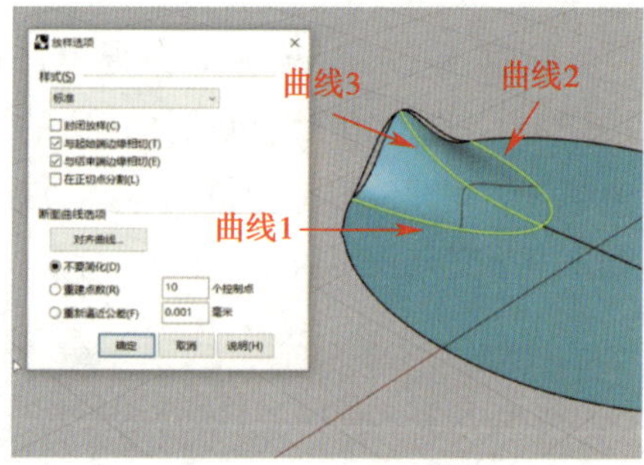

图 5-1-17 绘制壶嘴曲面

在“曲面工具”工具列中单击“衔接曲面”按钮，选取图 5-1-18 所示的曲线 1 和曲线 2，按 Enter 键确定。切换至渲染模式，观察壶嘴曲面是否闭合，如图 5-1-19 所示。

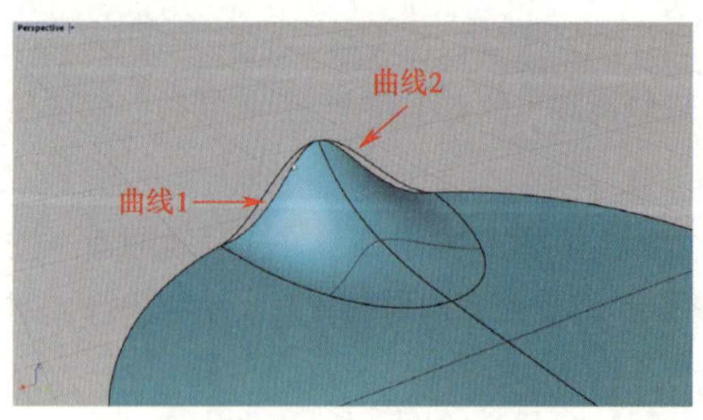

图 5-1-18 衔接曲面

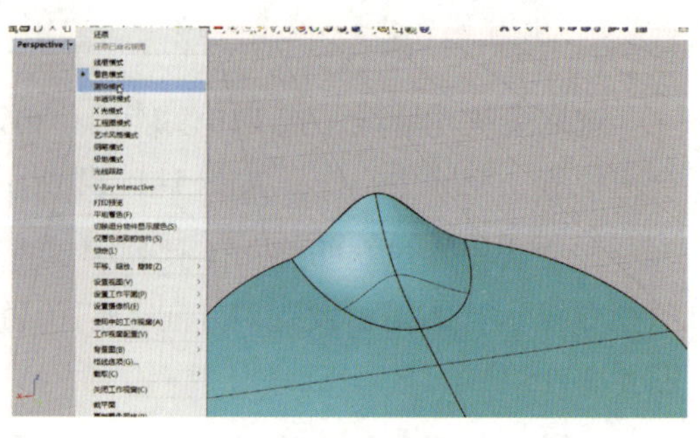

图 5-1-19 观察壶嘴曲面是否闭合

切换至着色模式，在“曲面工具”工具列中单击“重建曲面”按钮，选取壶嘴曲面，在弹出的“重建曲面”对话框中设置“点数U”为“10”、“点数V”为“10”、“阶数U”为“5”以及“阶数V”为“5”，然后单击“确定”按钮，如图5-1-20所示。

在“曲面工具”工具列中单击“衔接曲面”按钮，选取壶嘴曲线1，在弹出的“衔接曲面”对话框中设置“连续性”为“曲率（C）”，其他参数为默认，按Enter键确定，如图5-1-21所示。

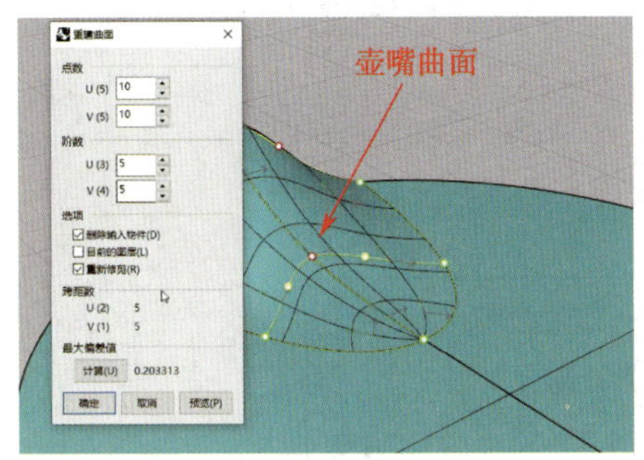

图5-1-20　重建曲面

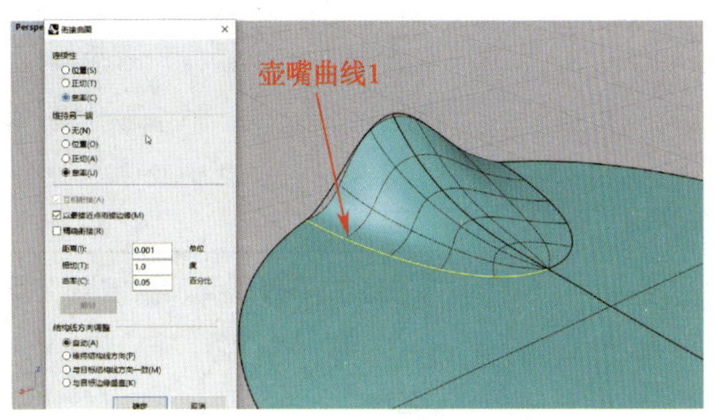

图5-1-21　衔接壶嘴曲线1

在“曲面工具”工具列中单击“衔接曲面”按钮，选取壶嘴曲线2，在弹出的“衔接曲面”对话框中设置“连续性”为“曲率（C）”，其他参数为默认，按Enter键确定，如图5-1-22所示。

在“曲面工具”工具列中单击“衔接曲面”按钮，选取壶嘴曲线3和壶嘴曲线4，在弹出的“衔接曲面”对话框中设置“连续性”为“位置（S）”、“维持另一端”为“曲率（U）”，其他参数为默认，按Enter键确定，如图5-1-23所示。

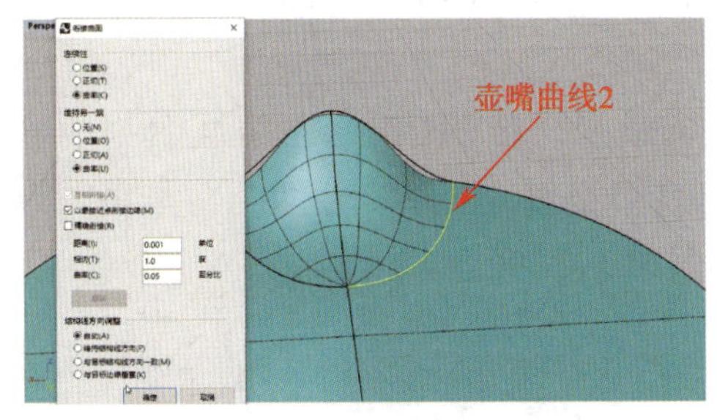

图5-1-22　衔接壶嘴曲线2

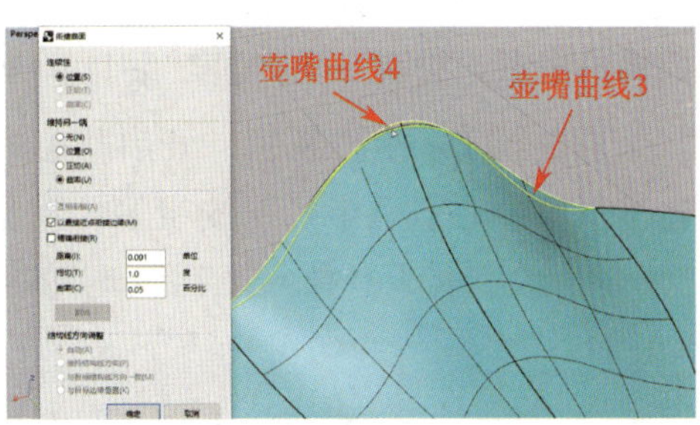

图5-1-23　衔接壶嘴曲线3和壶嘴曲线4

切换至渲染模式，检查壶嘴曲面衔接壶盖曲面的情况，如图5-1-24所示。

3. 新建图层

新建图层，修改图层名称为“壶嘴”，选取壶嘴曲面，将其放入新图层中，如图5-1-25所示。

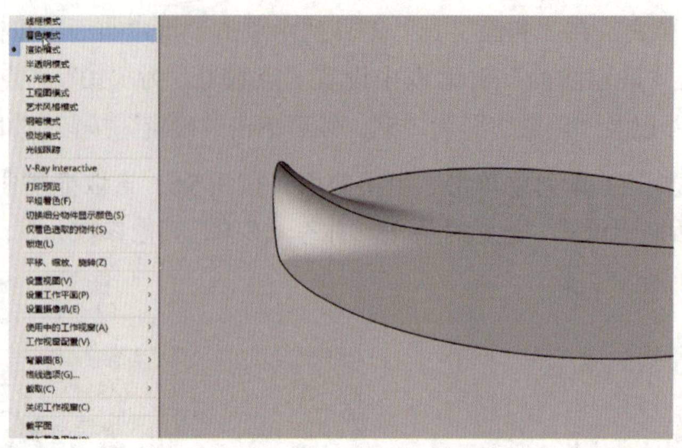

图 5-1-24　检查曲面衔接情况

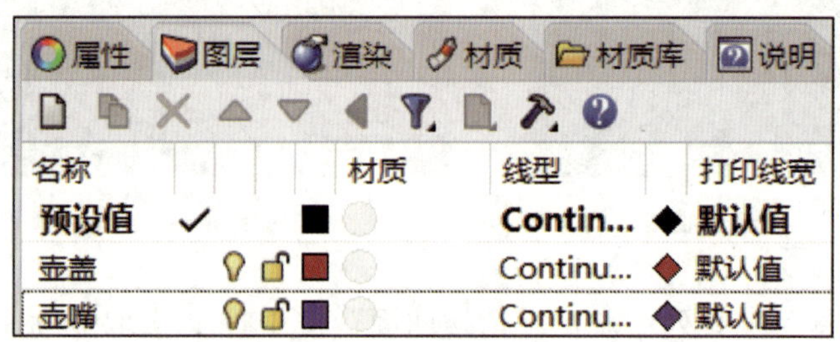

图 5-1-25　新建“壶嘴”图层

三、绘制壶身（上半部分）造型

1. 绘制轮廓线

切换至 Perspective 工作视窗，在“从物件建立曲线”工具列中单击“抽离结构线”按钮，单击壶盖曲面，按照指令提示行的提示设置“方向（D）”为“U”，选取壶盖曲面的中点，绘制中线，如图 5-1-26 所示。

切换至 Top 工作视窗，开启状态栏的“平面模式”和“操作轴”，在工具列中单击“圆：中心点、半径”按钮，在指令提示行中设置“圆心”为“0”，“半径”为“18.8”，绘制属于壶身（上半部分）的圆 1，如图 5-1-27 所示。

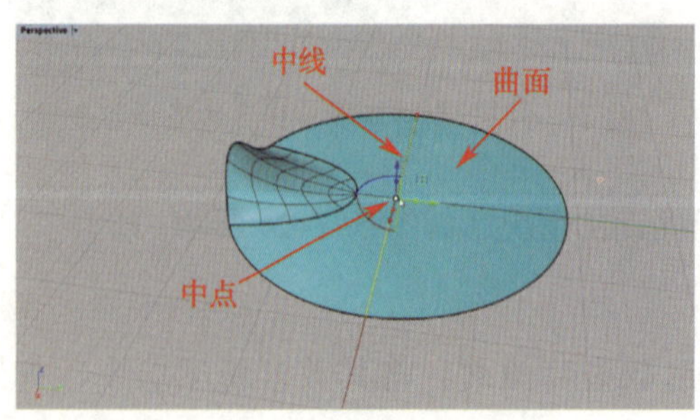

图 5-1-26　绘制壶盖曲面中线

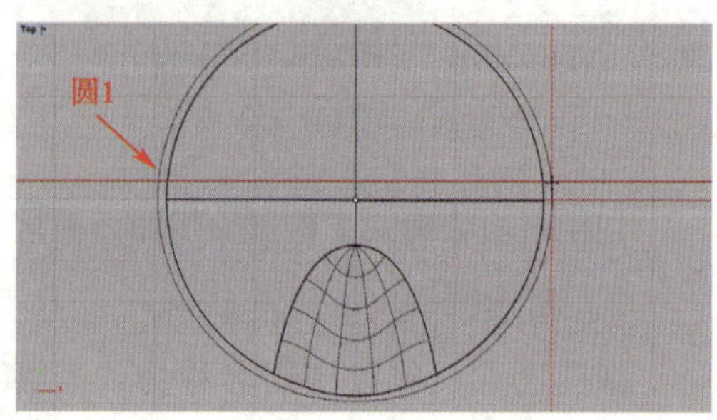

图 5-1-27　绘制圆 1

在工具列中单击“圆：中心点、半径”按钮，先选取图 5–1–28 所示的点 1（四分点），再选取点 2，绘制属于壶身（上半部分）的圆 2。

切换至 Perspective 工作视窗，选取圆 2，将其沿 *Y* 轴方向垂直移动至切点位置，如图 5–1–29 所示。

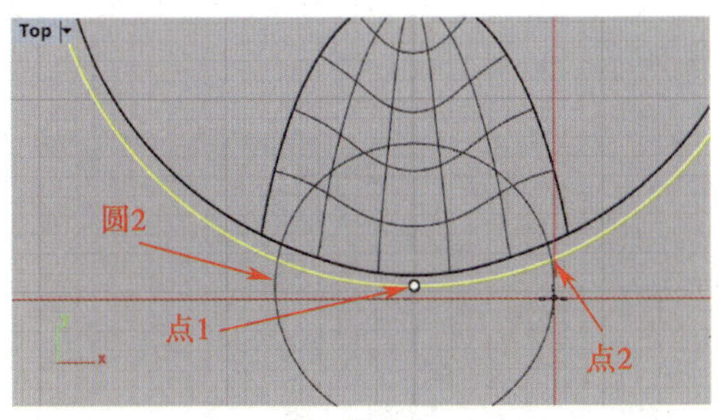

图 5–1–28　绘制圆 2

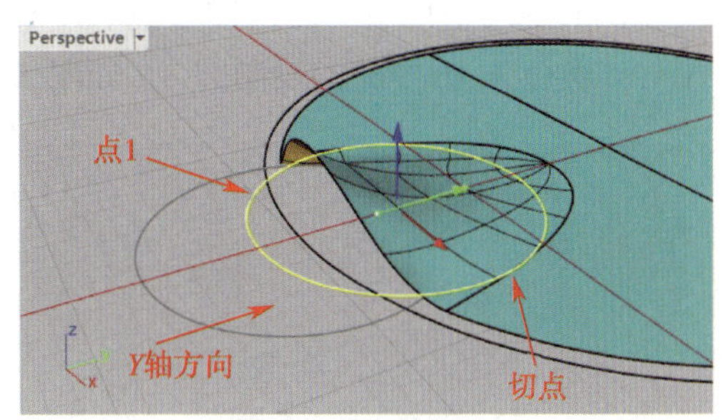

图 5–1–29　移动圆 2

切换至 Top 工作视窗，在工具列中单击“分割”按钮，选取圆 1 和圆 2，按 Enter 键确定，以在圆 1 和圆 2 交点处分割它们，如图 5–1–30 所示。选取图 5–1–31 所示的圆弧 1，按 Delete 键将其删除。

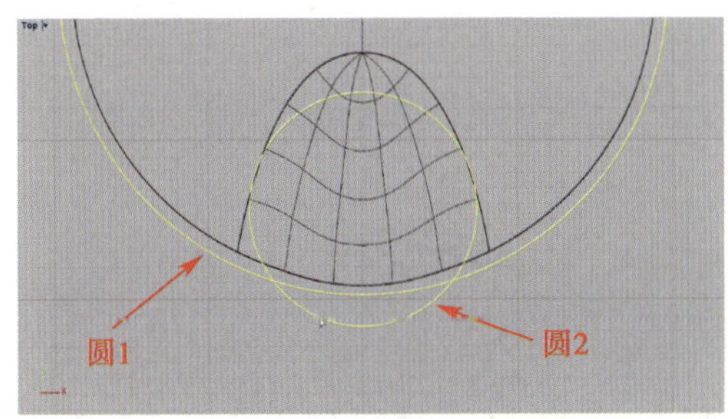

图 5–1–30　分割圆 1 和圆 2

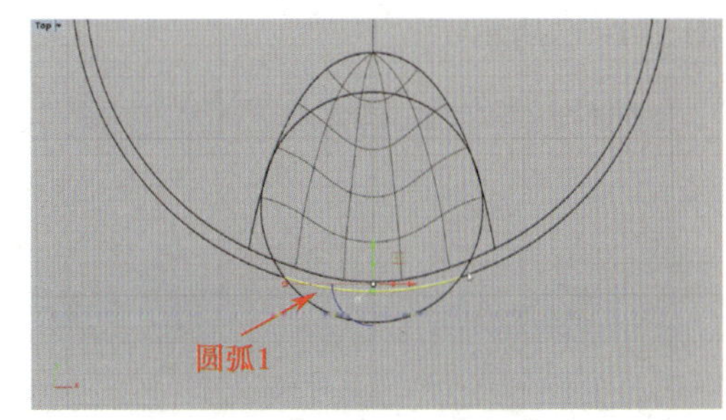

图 5–1–31　删除圆弧 1

选取圆 2，在工具列中单击“分割”按钮，然后选取图 5–1–32 所示的圆弧 2，按 Enter 键确定，以在圆 2 和圆弧 2 交点处分割它们。选取图 5–1–33 所示的圆弧 3，按 Delete 键将其删除。

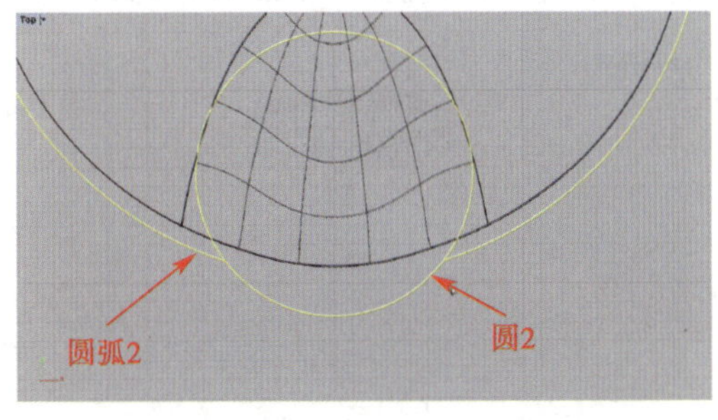

图 5–1–32　分割圆 2 和圆弧 2

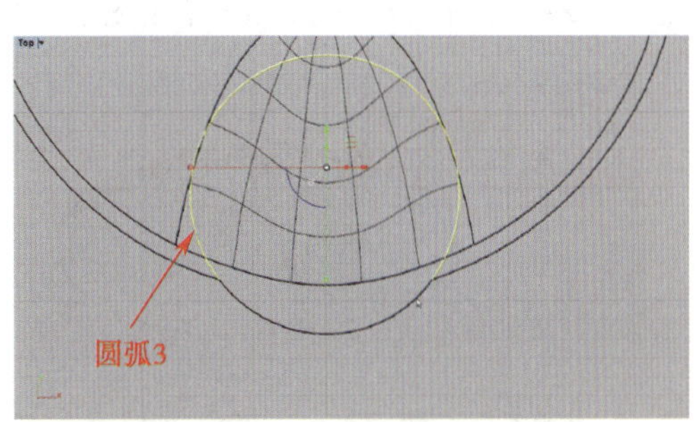

图 5–1–33　删除圆弧 3

在“曲线工具”工具列中单击“曲线圆角”按钮，在指令提示行中设置“半径”为“3”，选取图 5-1-34 所示的圆弧 5（左）和图 5-1-33 所示的圆弧 3，完成两段圆弧的倒圆角；选取图 5-1-34 所示的圆弧 5（右）和图 5-1-33 所示的圆弧 3，完成两段圆弧的倒圆角。

在工具列中单击“圆：中心点、半径”按钮，在指令提示行中设置“圆心”为“0”，“半径”为“26”，绘制圆 3，如图 5-1-35 所示。

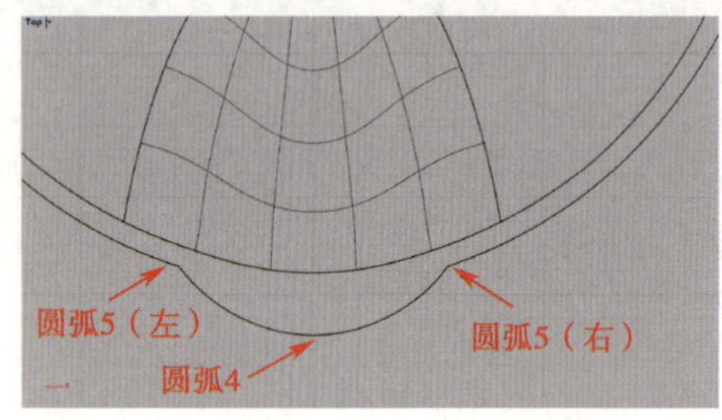

图 5-1-34 倒圆角

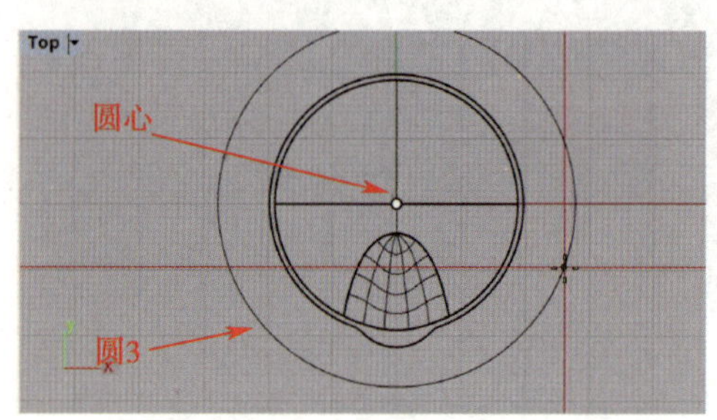

图 5-1-35 绘制圆 3

切换至 Perspective 工作视窗，选取已经绘制的所有曲面和曲线，并将其向上垂直移动至 Z=70 位置，如图 5-1-36 所示。选取圆 3，并将其向下垂直移动适当距离，如图 5-1-37 所示。

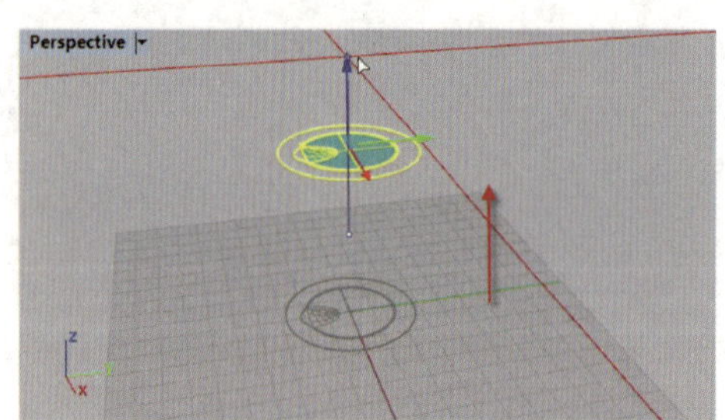

图 5-1-36 移动曲面和曲线

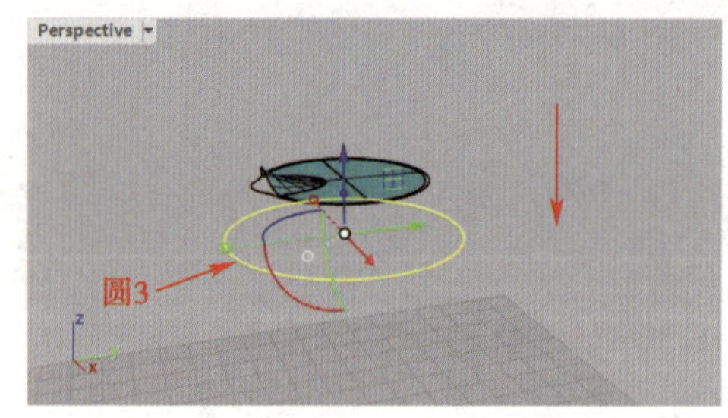

图 5-1-37 向下垂直移动圆 3

2. 绘制曲面

选取图 5-1-38 中的壶嘴曲线，单击图中点 1，并将其向上垂直移动 3 个单位，生成曲面。选取图 5-1-39 中的圆 3，单击图中点 2，并将其向下垂直移动 3 个单位，生成曲面。

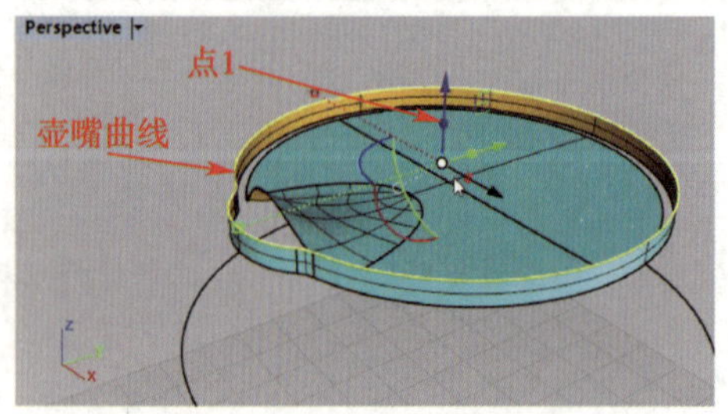

图 5-1-38 生成壶嘴曲面

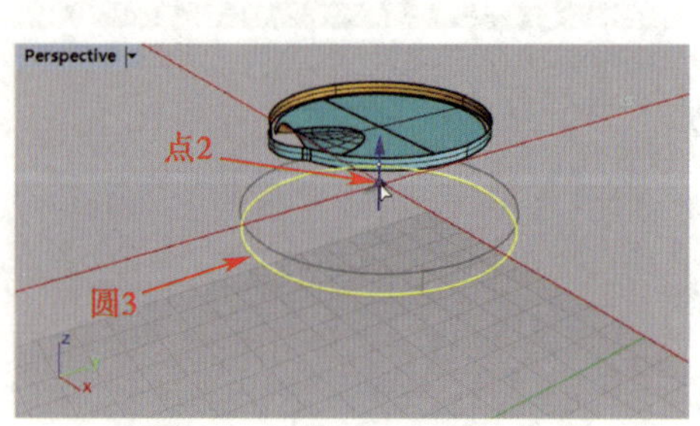

图 5-1-39 生成圆 3 曲面

在“曲面工具”工具列中单击“混接曲面”按钮，选取图 5–1–40 所示的壶嘴曲线和圆 3，按 Enter 键确定，在弹出的对话框中保持默认值不变并单击“确定”按钮，如图 5–1–41 所示。

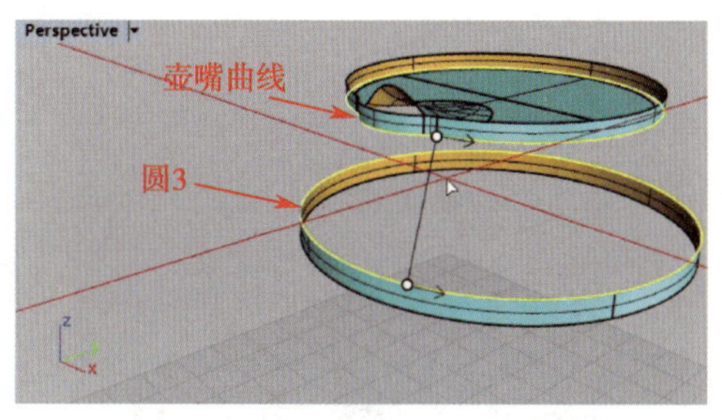

图 5–1–40　选取混接曲面元素

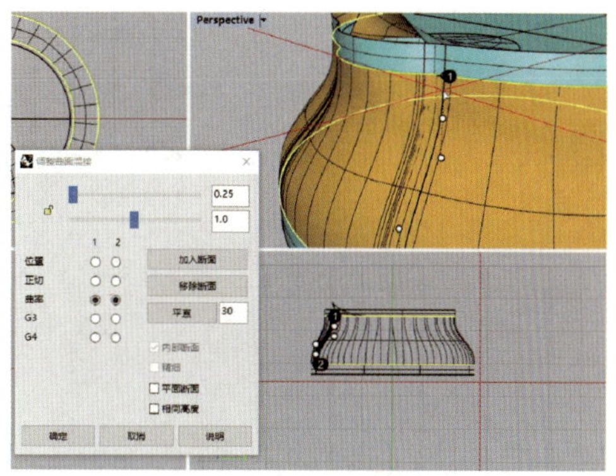

图 5–1–41　混接曲面

选取图 5–1–42 中的参考面 1 和参考面 2，按 Delete 键删除，再选中所有曲面和曲线，在“实体工具”工具列中单击“将平面洞加盖”按钮，然后按 Enter 键确定，效果如图 5–1–43 所示。

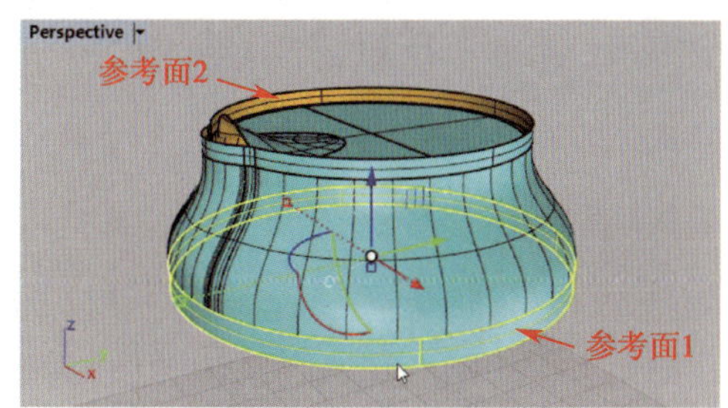

图 5–1–42　删除参考面

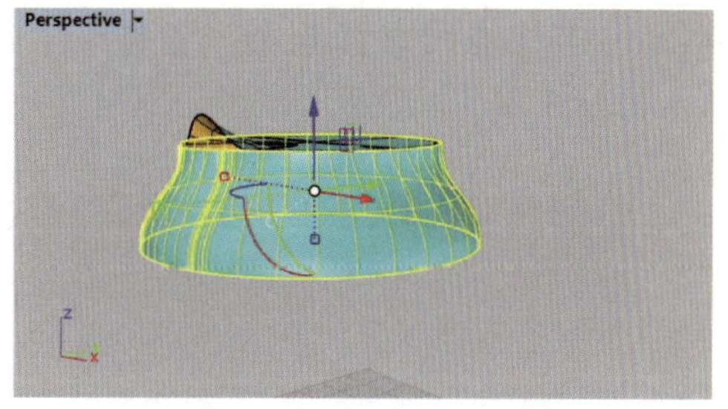

图 5–1–43　将平面洞加盖

3. 新建图层

新建图层，修改图层名称为“壶身（上半部分）”，选取壶身（上半部分）曲面，将其放入新图层中，如图 5–1–44 所示。

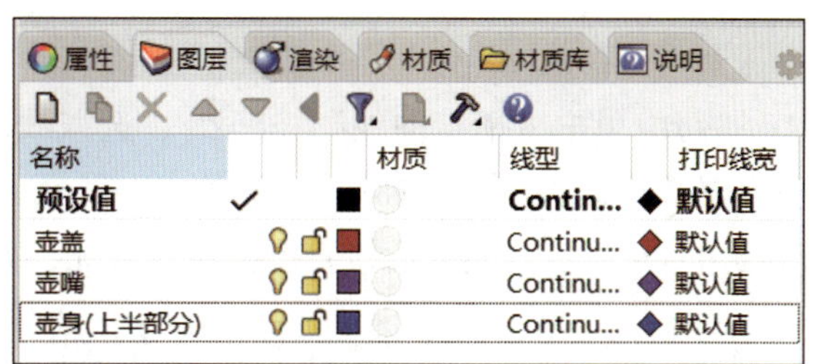

图 5–1–44　新建“壶身（上半部分）”图层

四、绘制壶身（下半部分）造型

1. 绘制轮廓线

切换至 Right 工作视窗，在“直线”工具列中单击“直线：从中点”按钮，在指令提示行中设置“直线中点”为“0”，再选取图 5-1-45 所示的点 1，绘制中心线。在“直线”工具列中单击“多重直线”按钮，依次选取图 5-1-46 所示的点 2（交点）和点 3，绘制线 1；然后选取点 4，绘制线 2。

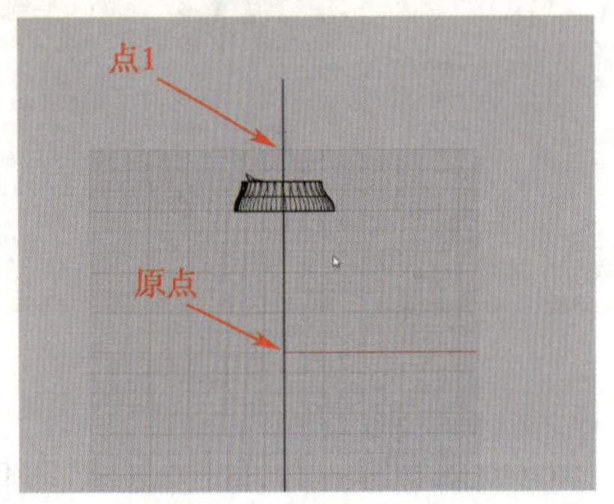

图 5-1-45 绘制中心线

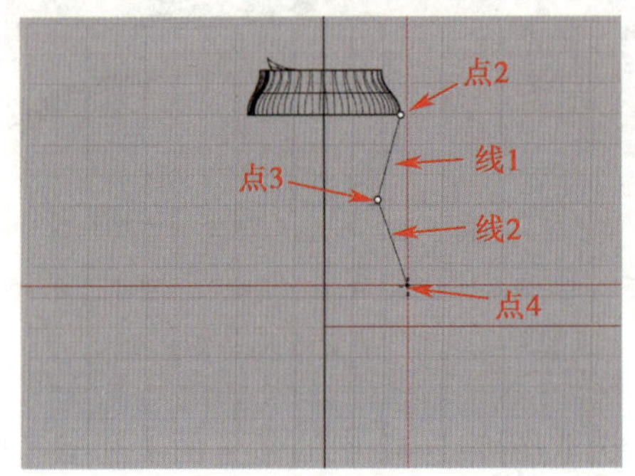

图 5-1-46 绘制线 1 和线 2

在“直线”工具列中单击“直线”按钮，选取图 5-1-47 所示的点 5 和点 6，绘制线 3（与中心线垂直）。在“直线”工具列中单击“直线”按钮，选取图 5-1-48 所示的点 6 和点 4（端点），绘制线 4。

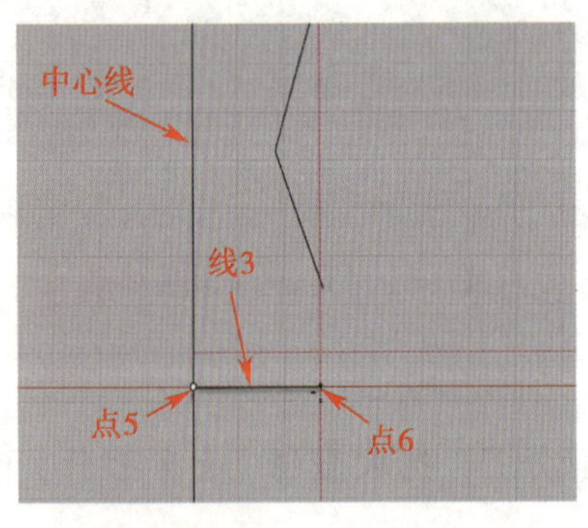

图 5-1-47 绘制线 3

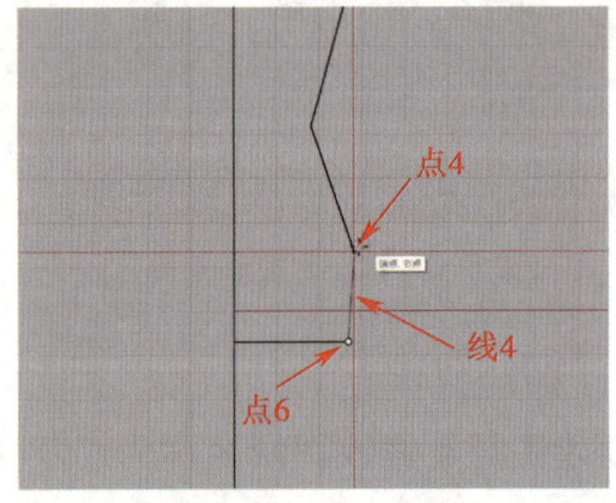

图 5-1-48 绘制线 4

2. 绘制曲面

在“曲线工具”工具列中单击“衔接曲线”按钮，选取线 2 和线 4，在弹出的“衔接曲线”对话框中设置“连续性”为“曲率”，其他参数为默认，按 Enter 键确定，以生成衔接曲线，如图 5-1-49 所示。完成后检查衔接曲线情况，如图 5-1-50 所示。

选取壶身（下半部分）母线，在“建立曲面”工具列中单击“旋转成形”按钮，然后选取中心线的起点和终点，如图 5-1-51 所示，按 Enter 键确定，以旋转生成曲面，如图 5-1-52 所示。

3. 新建图层

新建图层，修改图层名称为“壶身（下半部分）”，选取壶身（下半部分）曲面，将其放入新图层中，如图 5-1-53 所示。

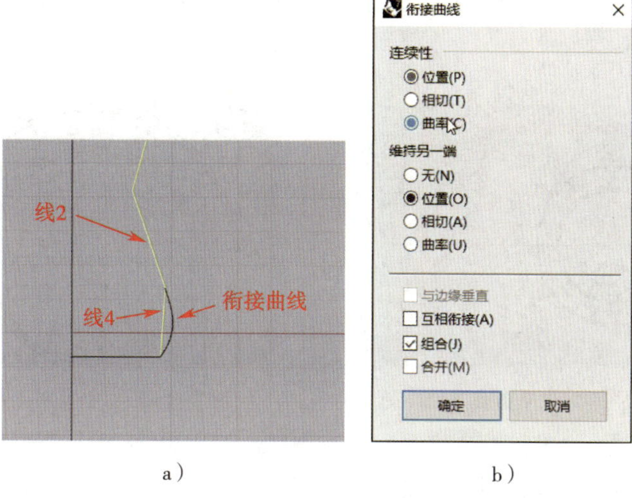

a）　　b）

图 5-1-49　衔接曲线

a）选取线 2 和线 4　b）“衔接曲线”对话框

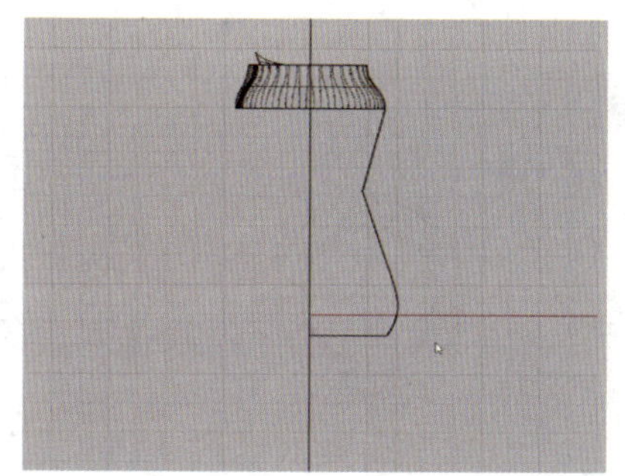

图 5-1-50　检查衔接曲线情况

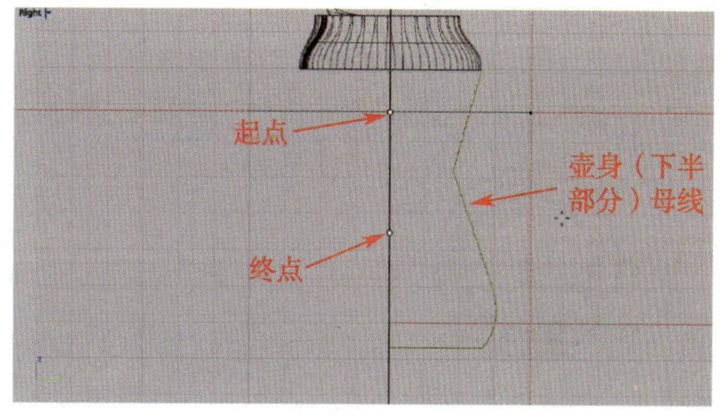

图 5-1-51　选取旋转成形元素

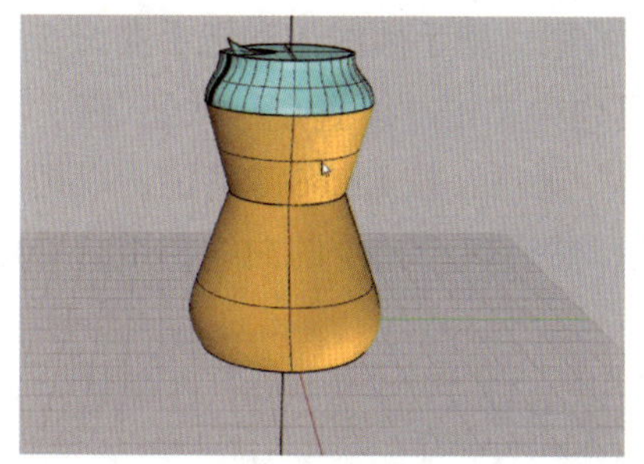

图 5-1-52　旋转生成曲面

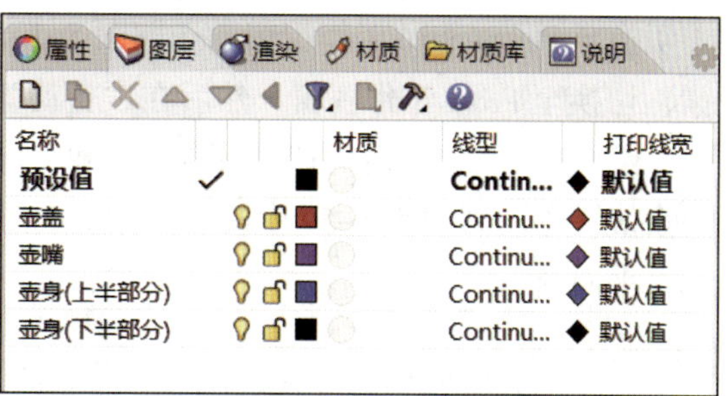

图 5-1-53　新建“壶身（下半部分）”图层

五、绘制把手造型

1. 绘制轮廓线

切换至 Top 工作视窗，在“直线”工具列中单击“直线：从中点”按钮 ，在指令提示行中设置“直线中点”为“0”，再选取图 5-1-54 所示的点 1，绘制把手曲线 1。选取把手曲线 1，按住其绿色箭头，并将其垂直向上移动到图 5-1-55 所示的点 2 位置。

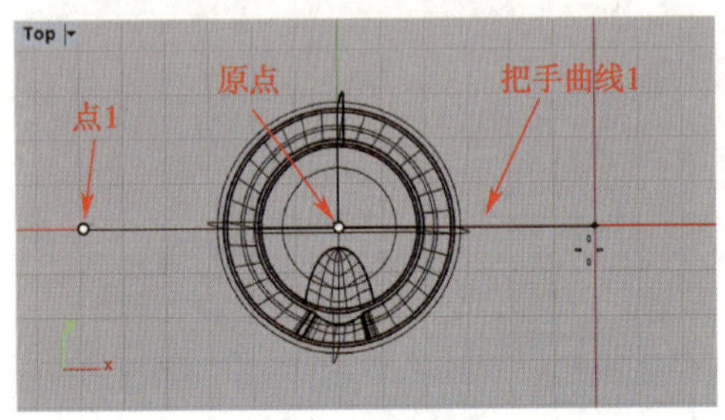

图 5-1-54　绘制把手曲线 1

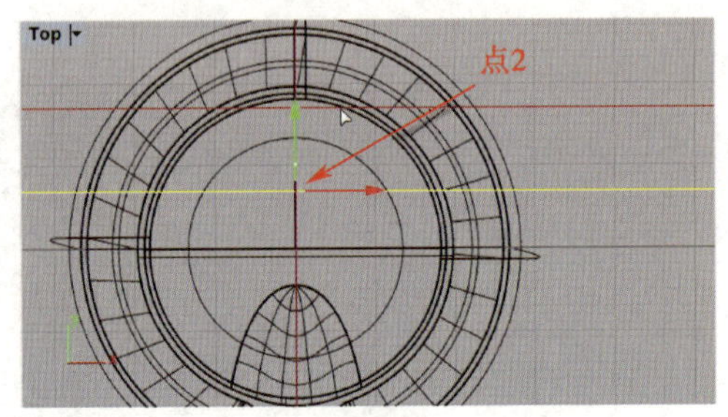

图 5-1-55　垂直向上移动把手曲线 1

选取把手曲线 1，按住其红色箭头，并将其垂直向右移动到图 5-1-56 所示的点 3 位置。在“变动”工具列中单击“镜像”按钮 ，按照指令提示行的提示设置“镜像平面起点”为“0”，按 Enter 键确定，以镜像绘制把手曲线 2，如图 5-1-57 所示。

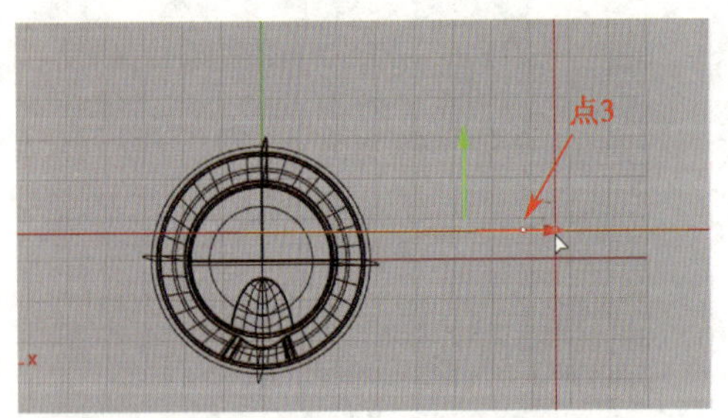

图 5-1-56　垂直向右移动把手曲线 1

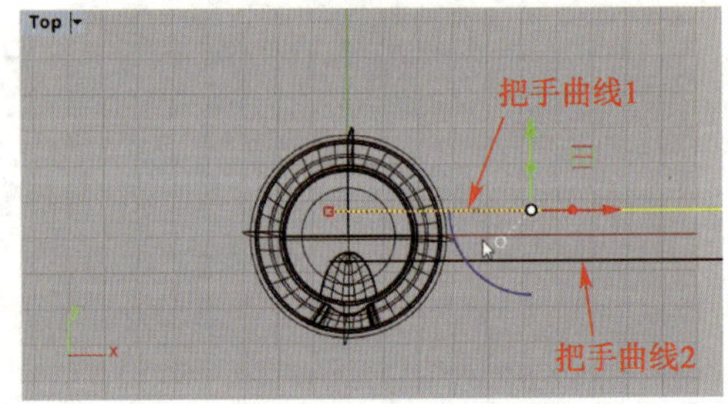

图 5-1-57　镜像绘制把手曲线 2

切换至 Perspective 工作视窗，选取图 5-1-58 中的圆、把手曲线 1 和把手曲线 2 等元素，切换至 Front 工作视窗，然后在“变动”工具列中单击“设置点”按钮 ，在“设置点”对话框中取消勾选“设置 X”和“设置 Y”选项，按 Enter 键确定，以把三个元素统一移动到图 5-1-59 中的点 1（四分点）处，然后属于把手的曲线将组合并处于同一平面内。

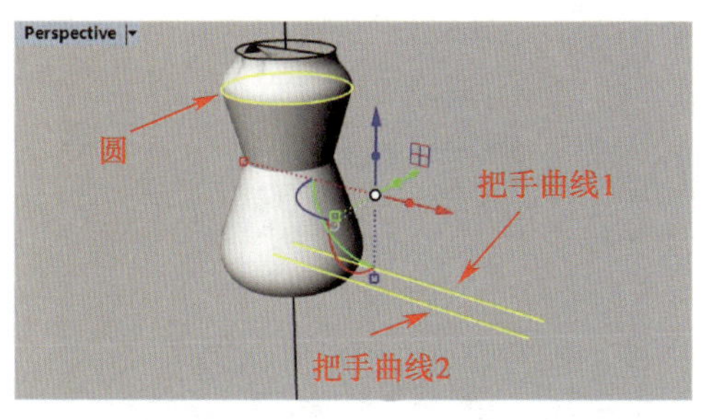

图 5-1-58　选取元素

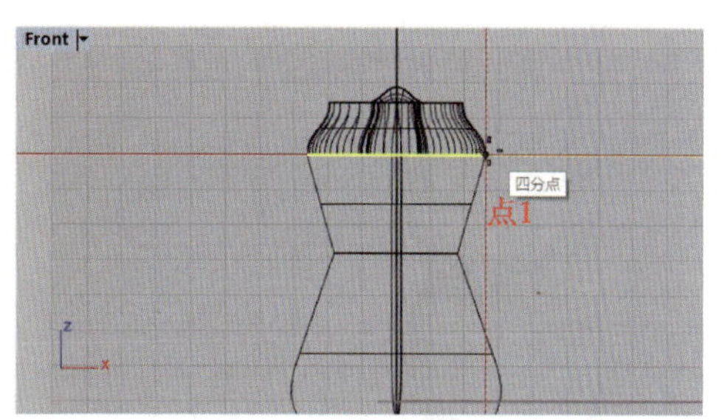

图 5-1-59　使元素处于同一平面

切换至 Perspective 工作视窗，选取图 5-1-60 中的圆，在工具列中单击“分割”按钮，然后选取把手曲线 1 和把手曲线 2，按 Enter 键确定，以在交点处分割元素。选取图 5-1-61 中的多余曲线，按 Delete 键将其删除。

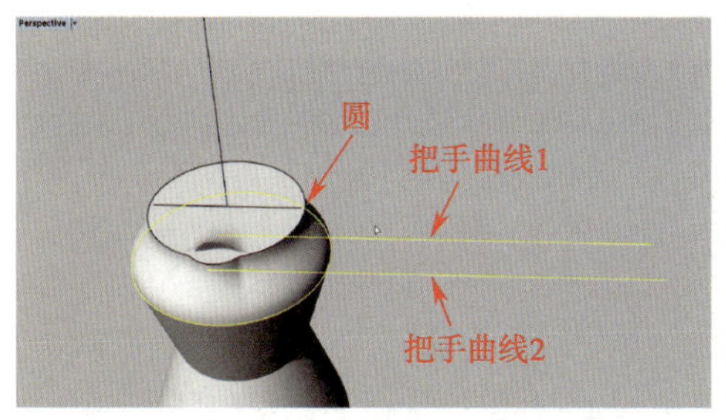

图 5-1-60　在交点处分割元素

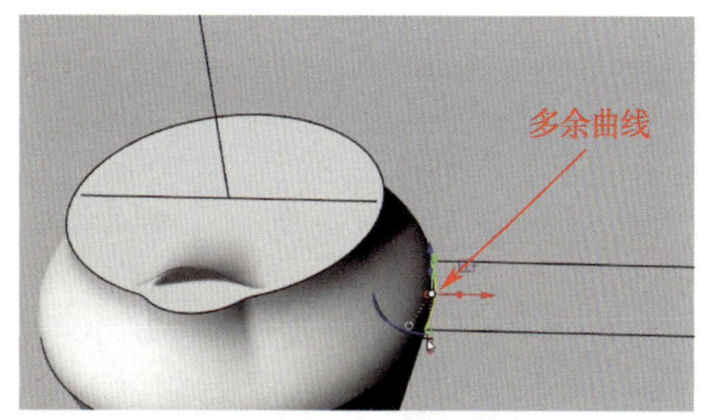

图 5-1-61　删除多余曲线

选取图 5-1-62 中的把手曲线 1 和把手曲线 2，在工具列中单击“分割”按钮，然后选取曲线，按 Enter 键确定，以在交点处再分割元素。选取图 5-1-63 中的多余曲线，按 Delete 键将其删除。

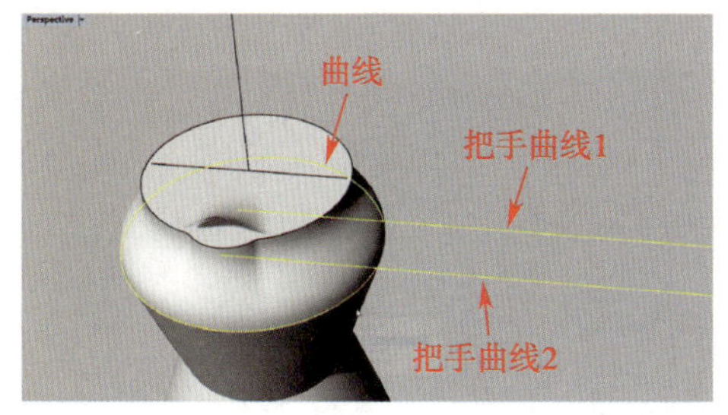

图 5-1-62　在交点处再分割元素

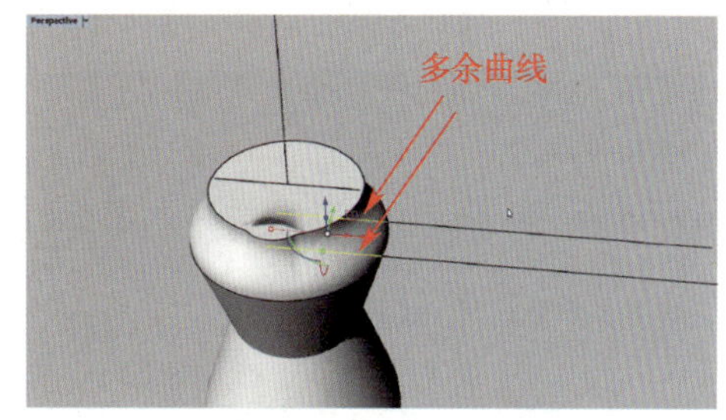

图 5-1-63　删除多余曲线

选取图 5-1-64 中的曲线、把手曲线 1 和把手曲线 2，按 Ctrl+J 组合键，以将以上 3 条曲线组合为 1 条开放的曲线（把手轮廓线）。然后转换为着色模式，检查图形整体情况和轮廓线位置是否正确，如出现位置不对的情况，可以及时调整，如图 5-1-65 所示。

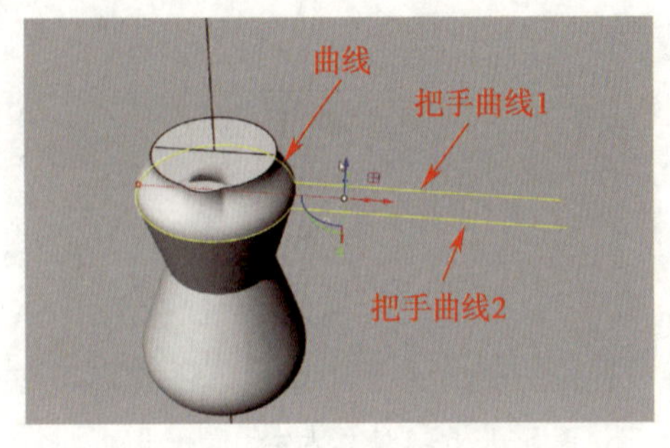

图 5-1-64　组合把手轮廓线

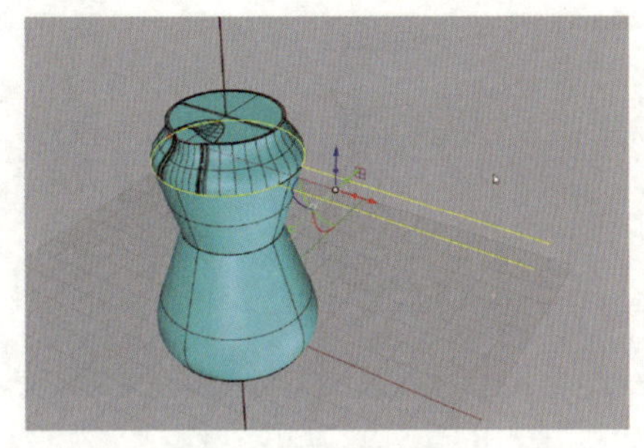
图 5-1-65　检查图形整体情况

选取图 5-1-66 中的把手轮廓线，按 F10 功能键，将控制点向左调整到合适位置。在“曲线工具”工具列中单击“曲线圆角”按钮，在指令提示行中设置“半径”为“5”，选取曲线 1 和曲线 2，完成两段曲线的倒圆角，如图 5-1-67 所示。

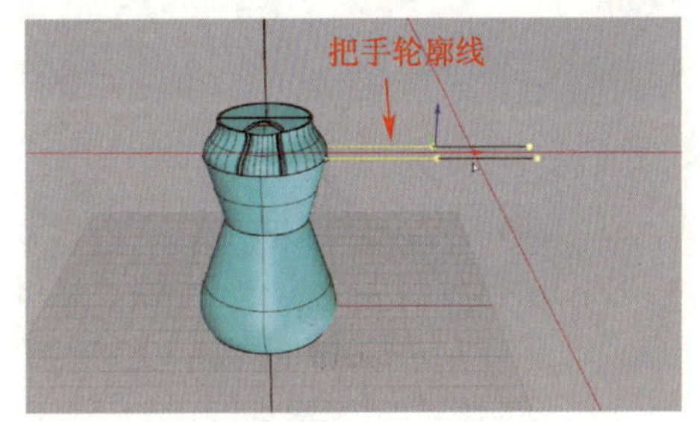

图 5-1-66　调整把手轮廓线

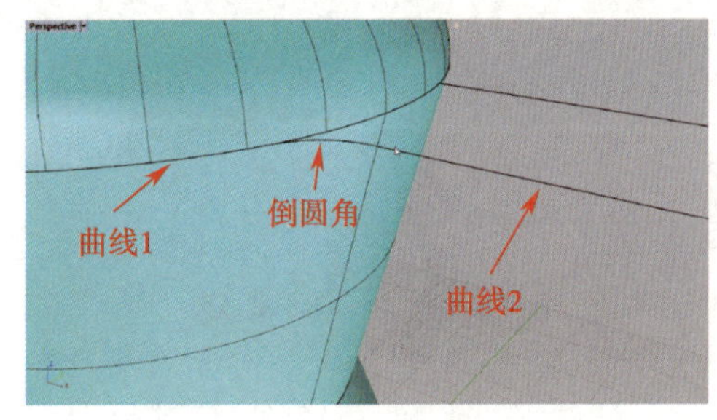

图 5-1-67　倒圆角

在“曲线工具”工具列中单击“曲线圆角”按钮，在指令提示行中设置“半径”为“5”，选取曲线 1 和曲线 2，完成两段曲线的倒圆角，如图 5-1-68 所示。完成后检查两曲线的圆角情况，如图 5-1-69 所示。

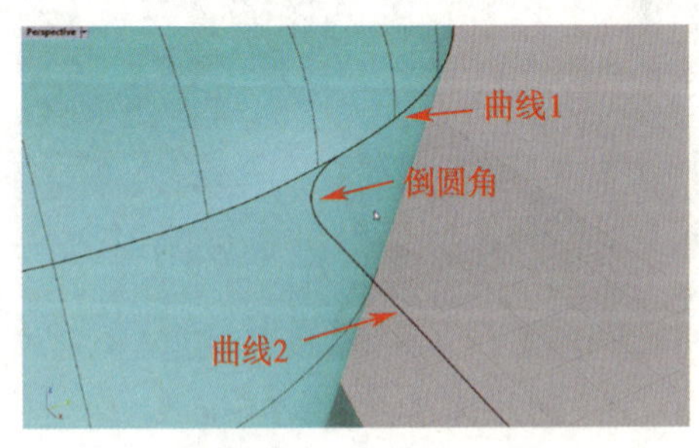

图 5-1-68　倒圆角

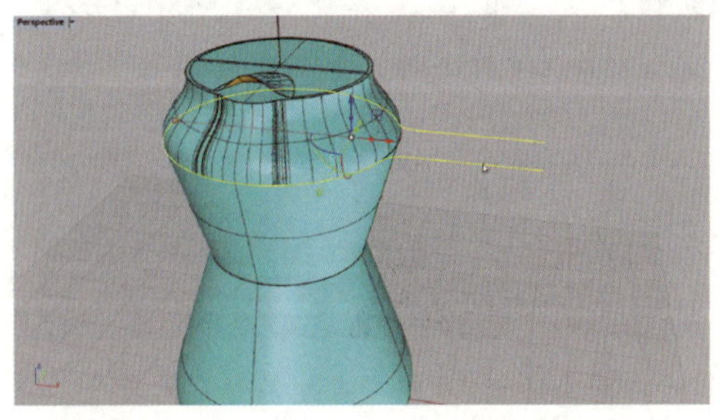
图 5-1-69　检查两曲线的圆角情况

在“曲线工具”工具列中单击“可调式混接曲线”按钮，选取图 5-1-70 中的把手曲线 1 和把手曲线 2，在弹出的“调整曲线混接”对话框中选择“反转 2”，调整把手曲线 2 的位置，如图 5-1-71 所示。

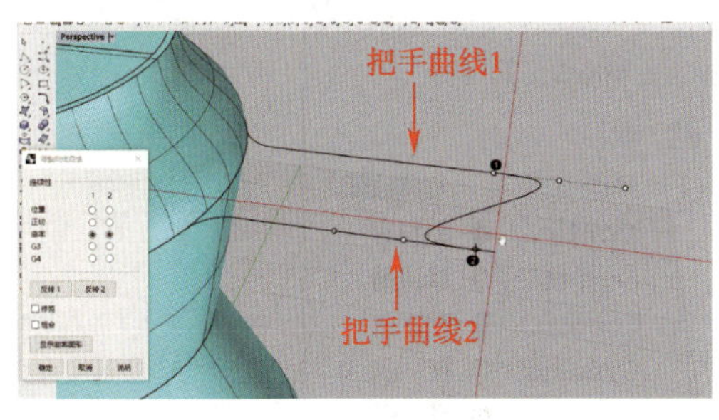

图 5-1-70 可调式混接曲线

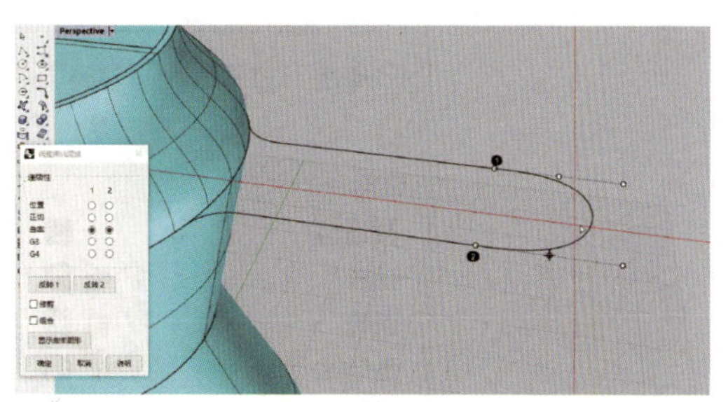

图 5-1-71 调整把手曲线 2 的位置

分别选取图 5-1-72 中的点 1 和点 2，并将其向右调整至使曲线位于合适位置。分别选取图 5-1-73 中的点 3 和点 4，按住 Shift 键，并将其向左调整至使曲线位于合适位置。

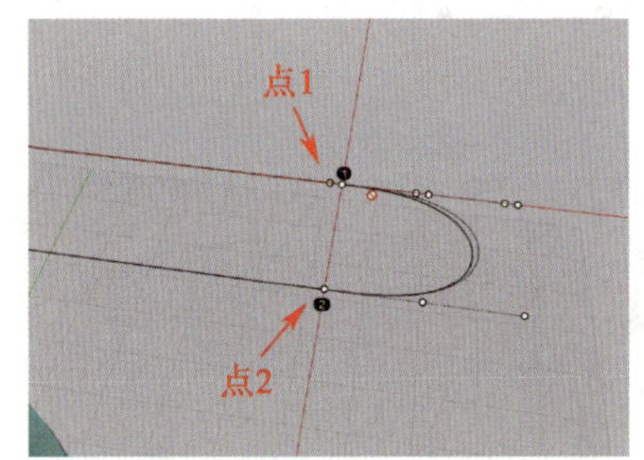

图 5-1-72 调整点 1 和点 2

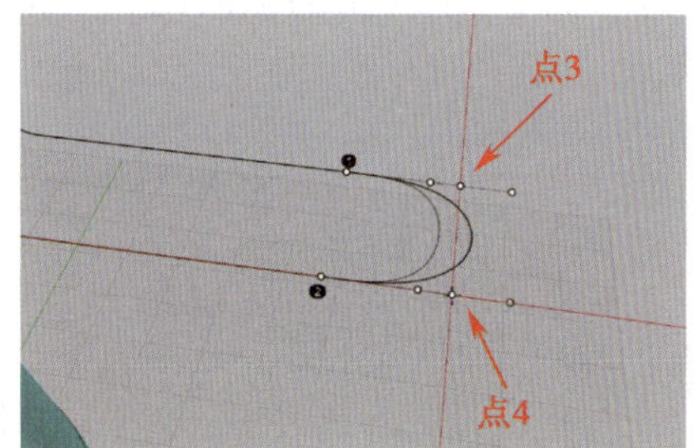

图 5-1-73 调整点 3 和点 4

2. 绘制曲面

选取把手轮廓线，然后在“建立实体”工具列中单击“圆管（圆头盖）”按钮，按照指令提示行的提示设置“镜像平面起点”为“0.8”，绘制圆管，如图 5-1-74 所示。然后按 Enter 键确定，效果如图 5-1-75 所示。

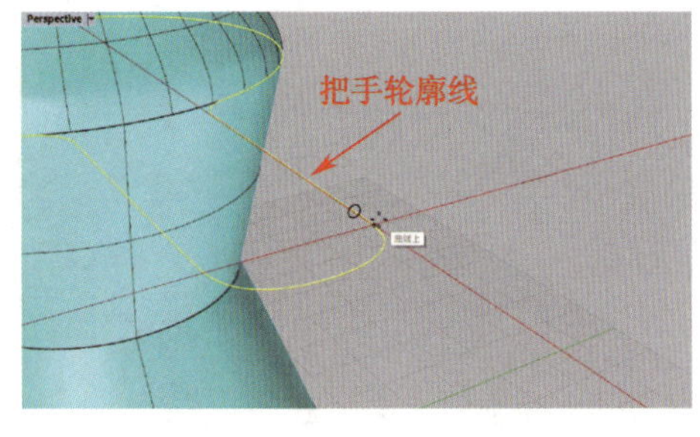

图 5-1-74 绘制圆管

图 5-1-75 把手效果

3. 新建图层

新建图层，修改图层名称为“水壶把手”，选取把手圆管曲面，将其放入新图层中，如图 5-1-76 所示。

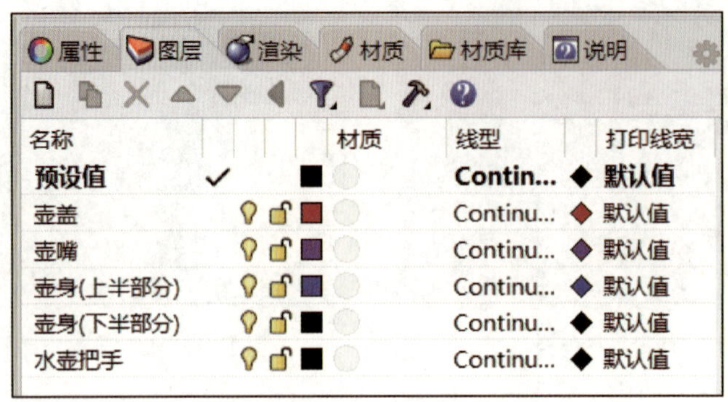

图 5-1-76　新建“水壶把手”图层

六、绘制整体造型

选取图 5-1-77 中的顶面曲面，按 Delete 键将其删除，删除后的效果如图 5-1-78 所示。

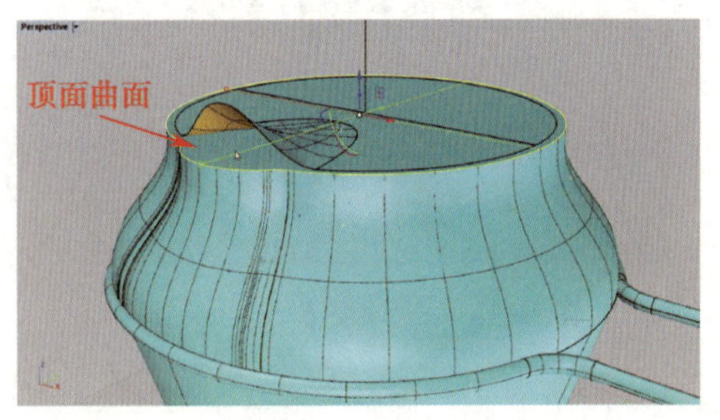

图 5-1-77　删除顶面曲面

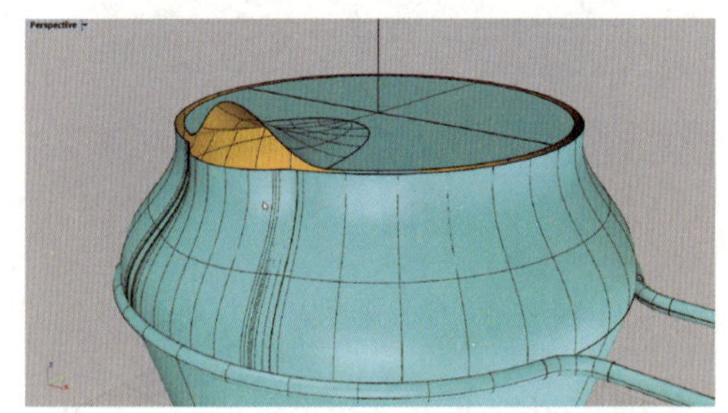

图 5-1-78　删除顶面曲面后的效果

选取图 5-1-79 中的壶身（上半部分）曲面和壶身（下半部分）曲面，在“曲面工具”工具列中单击“偏移曲面”按钮，效果如图 5-1-80 所示。

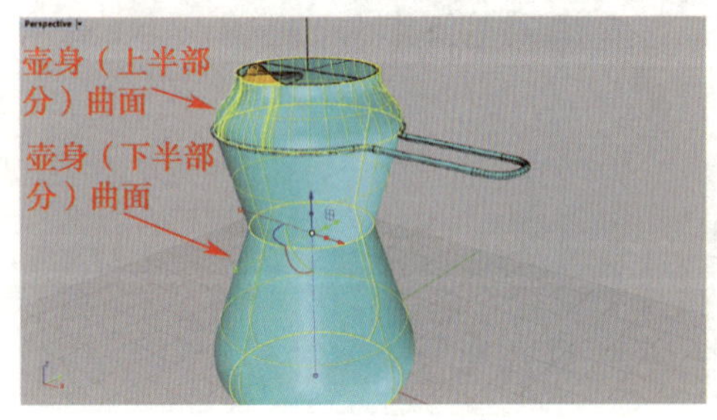

图 5-1-79　选取壶身曲面

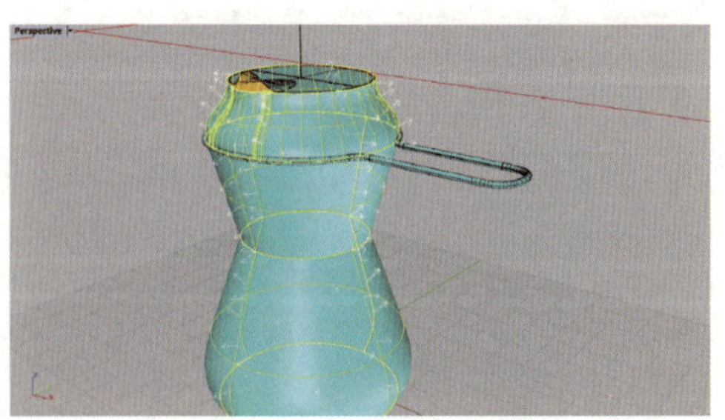

图 5-1-80　偏移曲面

按照指令提示行的提示打开“全部反转”，使偏移曲面的方向箭头指向曲面内部，完成后的效果如图 5-1-81 所示。按照指令提示行的提示设置“距离（D）”为“0.8”，按 Enter 键确定，完成后偏移效果如图 5-1-82 所示。

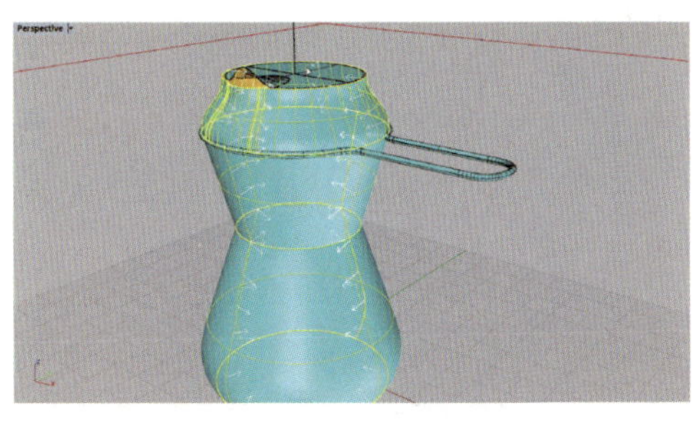

图 5-1-81 箭头全部反转

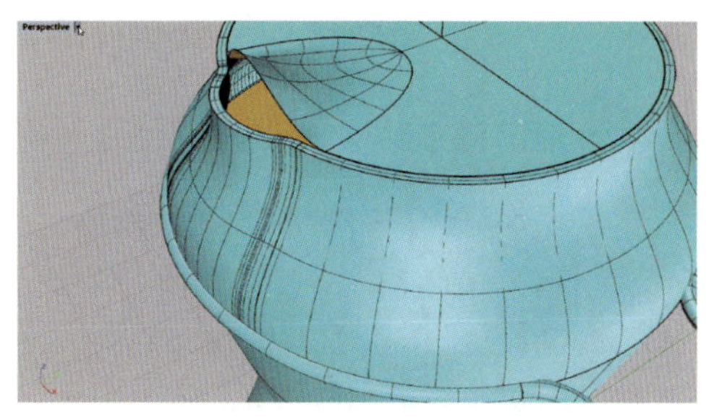

图 5-1-82 偏移效果

选取图 5-1-83 中的壶盖和壶嘴两部分，在“曲面工具”工具列中单击“偏移曲面”按钮，完成后的效果如图 5-1-84 所示。

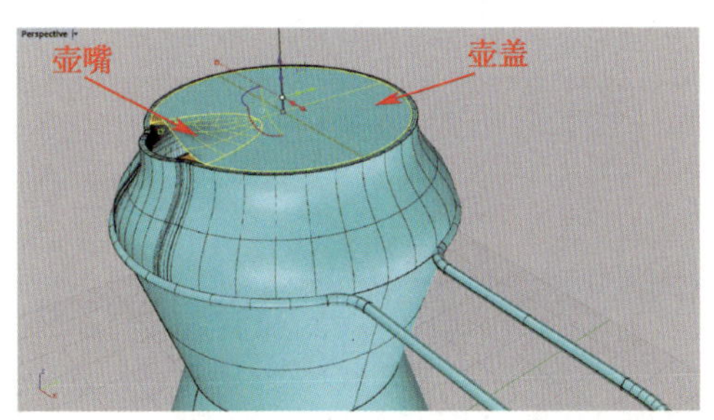

图 5-1-83 选取壶盖和壶嘴

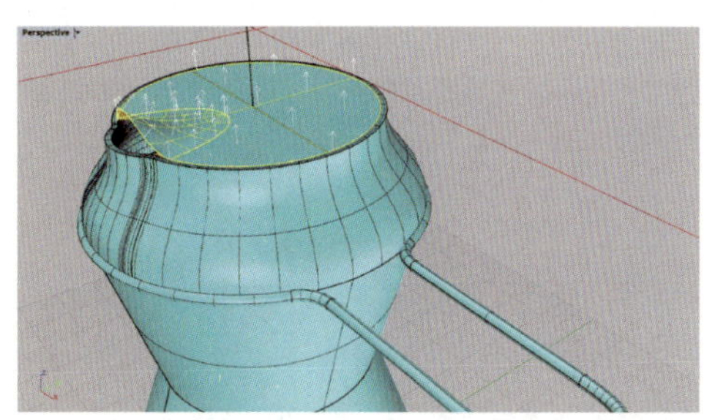

图 5-1-84 偏移曲面后的效果

按照指令提示行的提示打开“全部反转”，使偏移曲面的方向箭头指向曲面内部，完成后的效果如图 5-1-85 所示。按照指令提示行的提示设置“距离（D）”为“0.8”，按 Enter 键确定，完成后的偏移效果如图 5-1-86 所示。

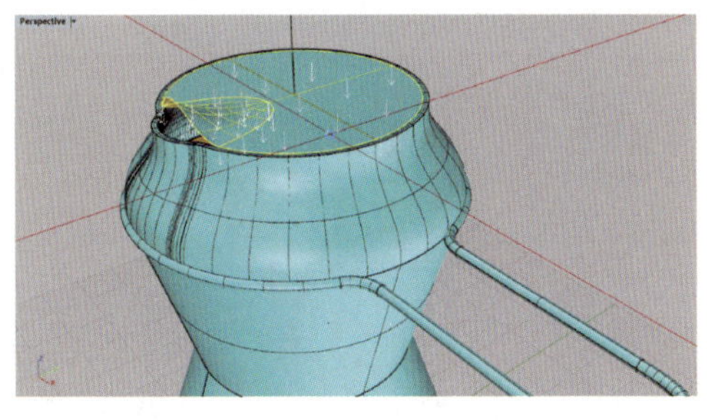

图 5-1-85 箭头全部反转

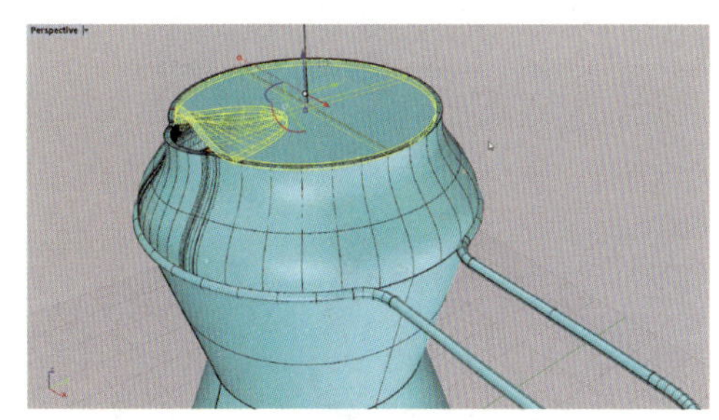

图 5-1-86 偏移效果

在“曲面工具”工具列中单击“曲面圆角”按钮，选取图 5-1-87 中的曲面 1 和曲面 2，按照指令提示行的提示设置“半径（D）”为“8”，按 Enter 键确定，完成后的效果如图 5-1-88 所示。

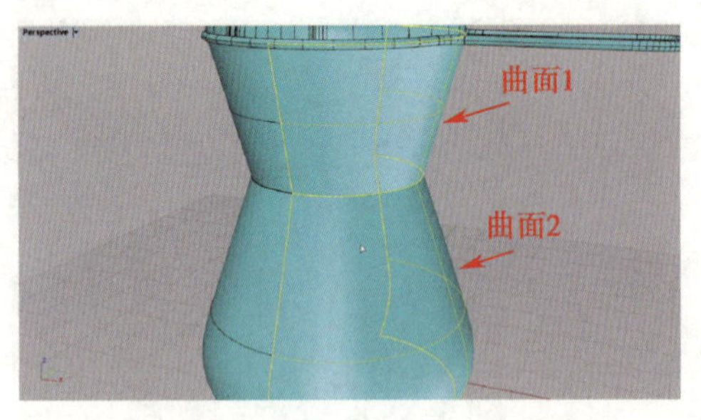

图 5-1-87　选取曲面 1 和曲面 2

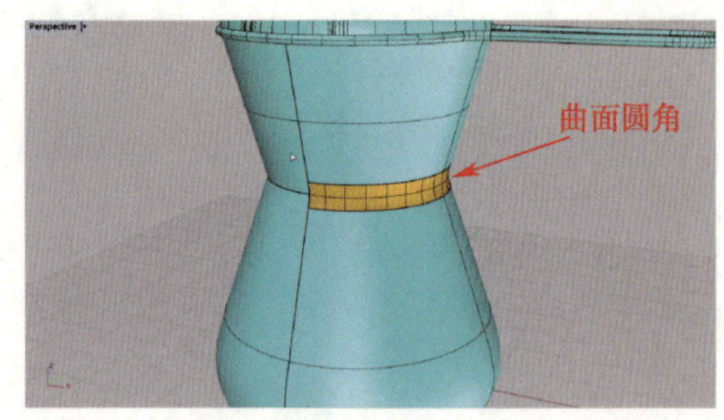

图 5-1-88　曲面圆角效果

在“曲面工具”工具列中单击“曲面圆角”按钮，选取图 5-1-89 中的曲面 3 和曲面 4，按照指令提示行的提示设置“半径（D）”为“8”，按 Enter 键确定，完成后的效果如图 5-1-90 所示。

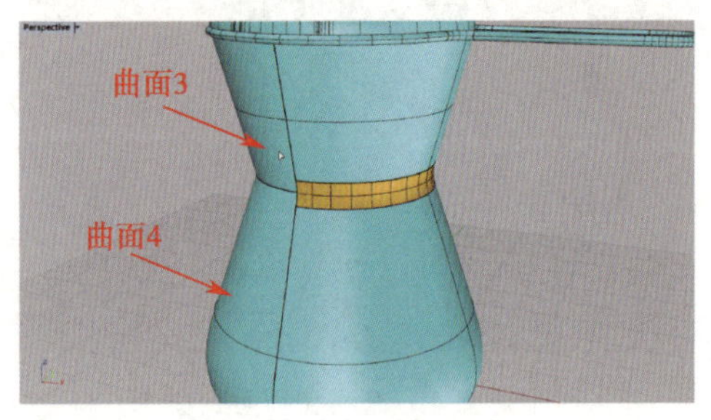

图 5-1-89　选取曲面 3 和曲面 4

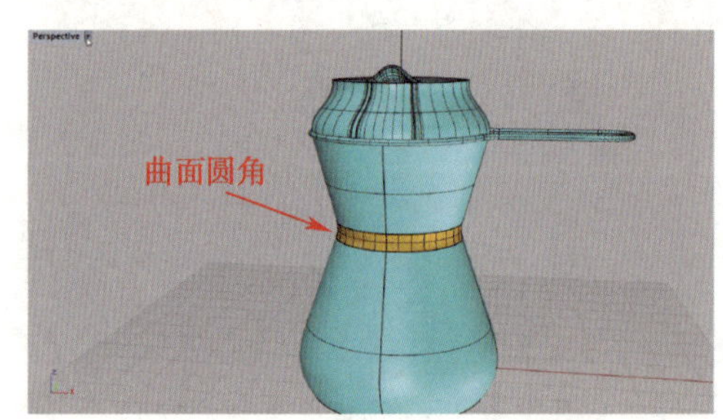

图 5-1-90　曲面圆角效果

切换至渲染模式，检查最终图形情况，如图 5-1-91 所示。在“选取”工具列中单击“选取曲线”按钮，选取多余的曲线，按 Delete 键将其删除，效果如图 5-1-92 所示。

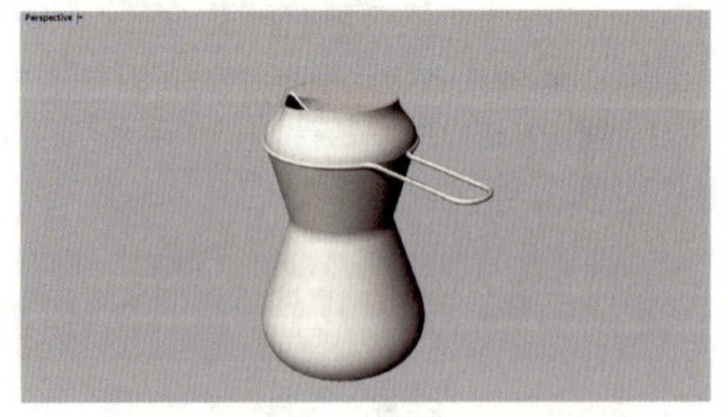
图 5-1-91　检查最终图形情况

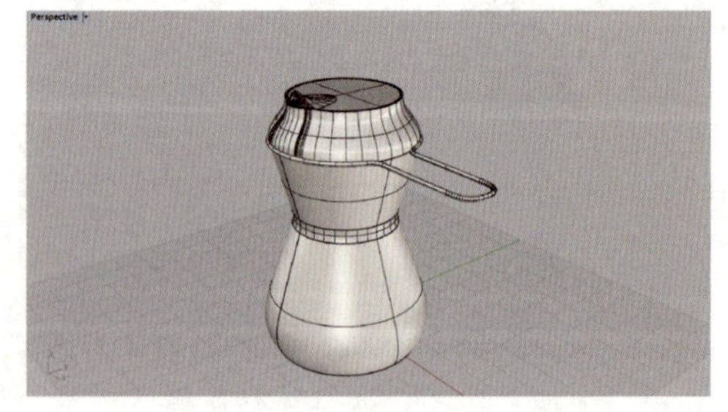
图 5-1-92　删除多余的曲线

七、保存文件

完成造型后，执行“文件”→“保存文件”命令，输入文件名“项目五任务 1 运动水壶造型”并单击“保存”按钮。

课后练习

利用所学工具，完成图 5-1-93 所示玩具造型的绘制，并保存文件。

图 5-1-93　玩具造型

任务 2　智能音响造型

学习目标

1. 以智能音响造型为载体，熟悉造型编辑工具，如重建曲线、衔接曲线、衔接曲面和布尔运算差集等工具的使用，进一步提高建模能力。
2. 进一步掌握曲面和实体工具的运用方法。

任务描述

根据图 5-2-1a 所示智能音响素材，完成图 5-2-1b 所示智能音响造型的绘制。智能音响造型主要由主体、显示屏和控制按钮等组成。

可通过绘制并重建曲线来生成主体轮廓线；通过衔接曲线、放样、镜像和衔接曲面等功能来生成主体造型；在绘制显示屏轮廓线后，利用直线挤出、组合、布尔运算差集和布尔运算交集等功能来生成显示屏造型；然后绘制控制按钮轮廓线，通过环形阵列、分割、挤出曲面、组合、将平面洞加盖和布尔运算差集等功能来生成控制按钮造型；最后对智能音响整体进行造型处理（如倒圆角），完成智能音响造型。

在建模时需要综合使用“曲线”“曲线工具”“建立曲面”“曲面工具”和“实体工具”等工具列。

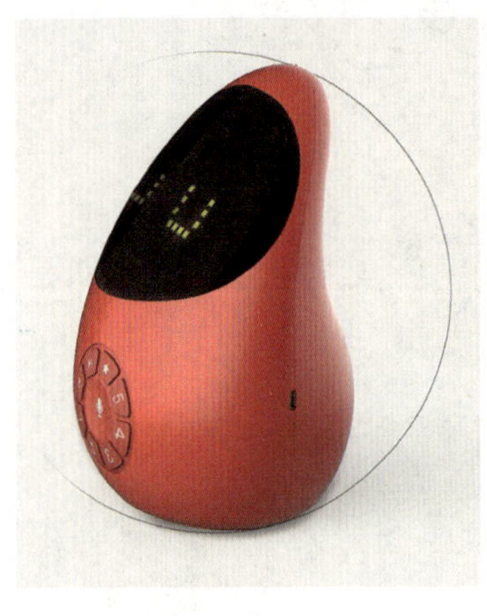

a）

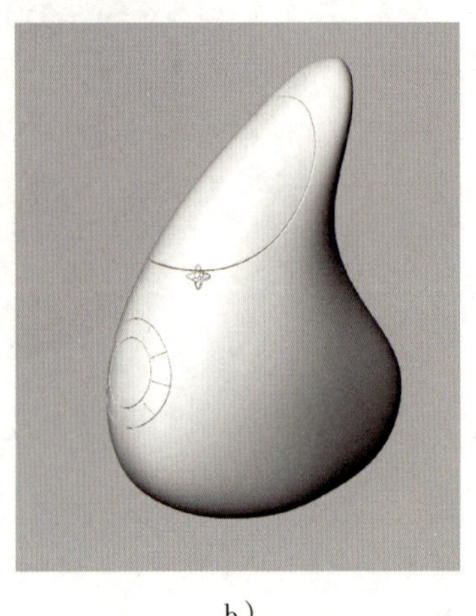

b）

图 5-2-1　智能音响
a）素材　b）造型

操作演示

一、绘制主体造型

1. 新建文件

启动 Rhino，进入绘图设计环境（模板文件默认为“小模型－毫米”）。

2. 绘制轮廓线

切换至 Front 工作视窗，开启状态栏的“平面模式”和“操作轴”，在工具列中单击“控制点曲线”按钮，根据图 5-2-2 所示的智能音响主体轮廓线 1 的形状依次绘制点 1～点 6，以形成智能音响主体轮廓线 1。在工具列中单击“控制点曲线”按钮，根据图 5-2-3 所示的智能音响主体轮廓线 2 的形状依次绘制点 1～点 7，以形成智能音响主体轮廓线 2。

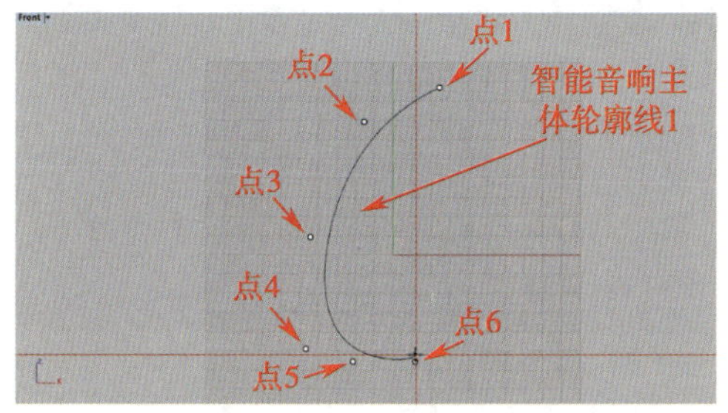

图 5-2-2　绘制智能音响主体轮廓线 1

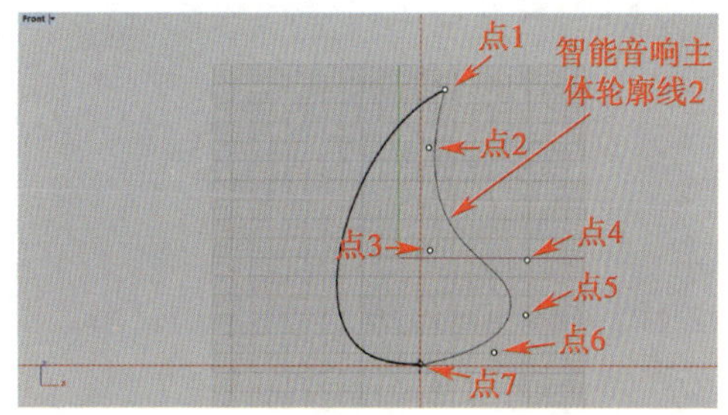

图 5-2-3　绘制智能音响主体轮廓线 2

选取智能音响主体轮廓线 1 和智能音响主体轮廓线 2，按 F10 功能键，选取图 5-2-4 中的控制点 1，将其水平向右调整至合适位置；框选图 5-2-5 中的控制点 2、控制点 3 和控制点 4，将其水平向左调整至合适位置。

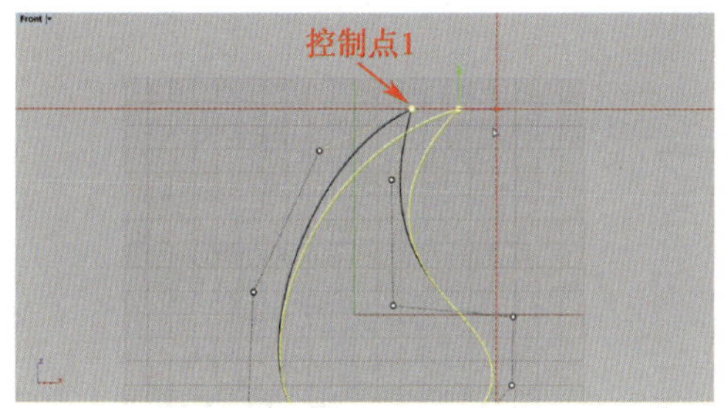

图 5-2-4　调整控制点 1

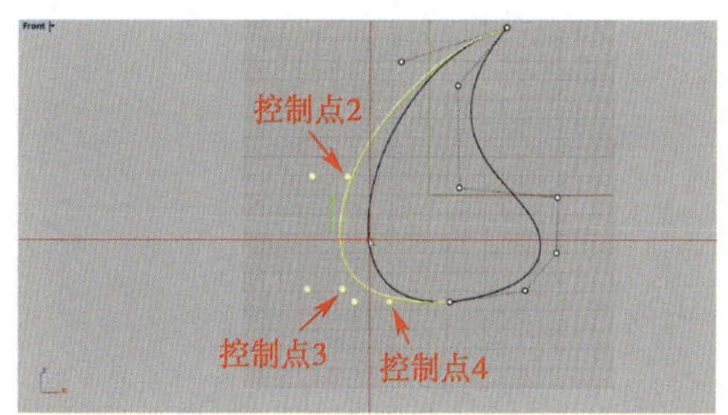

图 5-2-5　调整控制点 2、控制点 3 和控制点 4

框选图 5-2-6 中的控制点 5 和控制点 6，将其垂直向下调整至合适位置；框选图 5-2-7 中的控制点 7，将其垂直向下调整至合适位置。

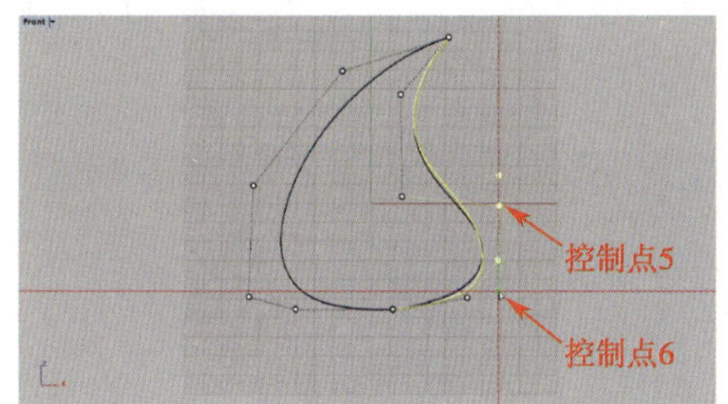

图 5-2-6　调整控制点 5 和控制点 6

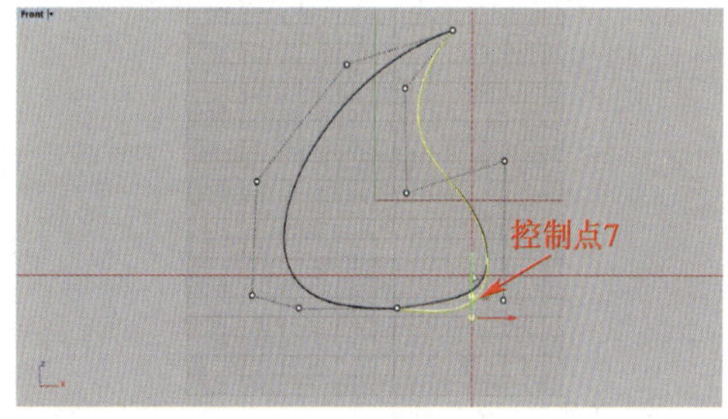

图 5-2-7　调整控制点 7

框选图 5-2-8 中的控制点 8 和控制点 9，将其水平向右调整至合适位置。在“曲线工具”工具列中单击“重建曲线”按钮，选取智能音响主体轮廓线 1 和智能音响主体轮廓线 2，在弹出的“重建”对话框中设置“点数”为“10”、“阶数”为“5”，然后单击“确定”按钮，如图 5-2-9 所示。

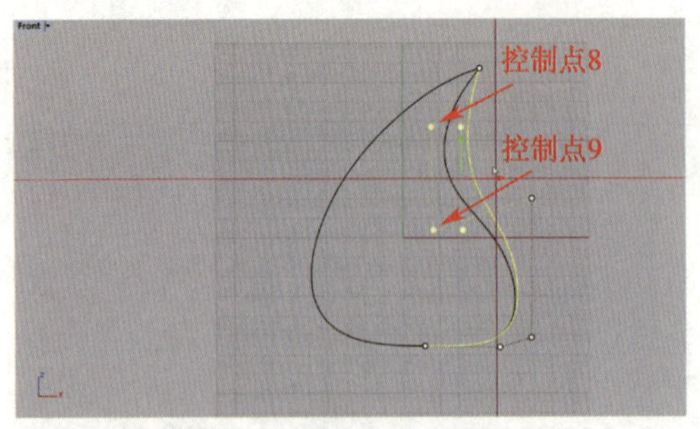

图 5-2-8　调整控制点 8 和控制点 9

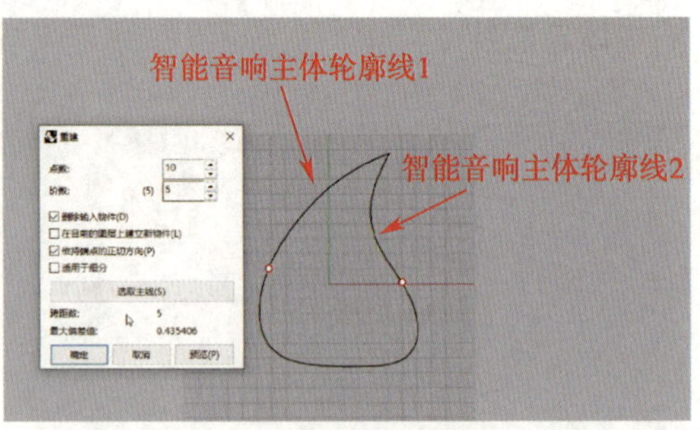

图 5-2-9　重建曲线

在“曲线工具”工具列中单击“衔接曲线”按钮，选取智能音响主体轮廓线 1 和智能音响主体轮廓线 2，如图 5-2-10 所示，在弹出的“衔接曲线”对话框中设置“连续性”为“相切（T）”、“维持另一端”为“位置（O）”，勾选“互相衔接（A）”复选框，完成后单击“确定”按钮，生成衔接曲线，如图 5-2-11 所示。

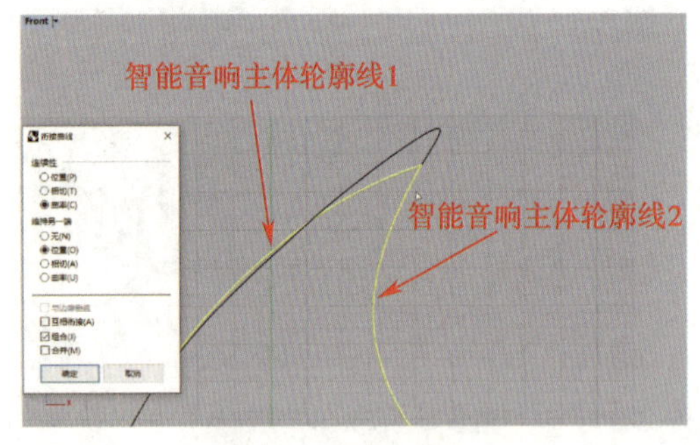

图 5-2-10　衔接曲线

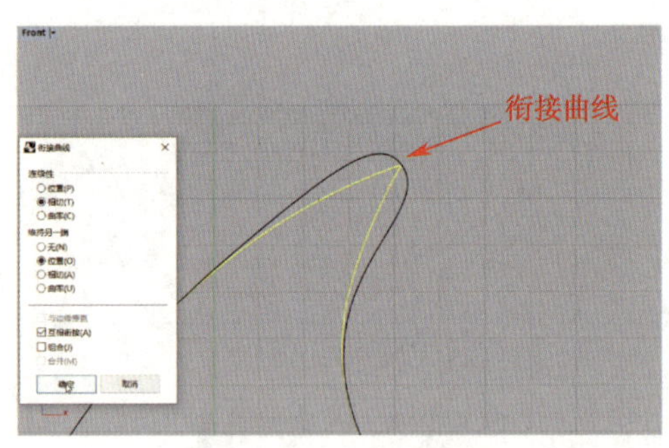

图 5-2-11　衔接曲线

选取智能音响主体轮廓线 2，按 F10 功能键，选取图 5-2-12 中的控制点 1 和控制点 2，将其垂直向下调整至合适位置；选取图 5-2-13 中的控制点 3，将其向外调整至合适位置。

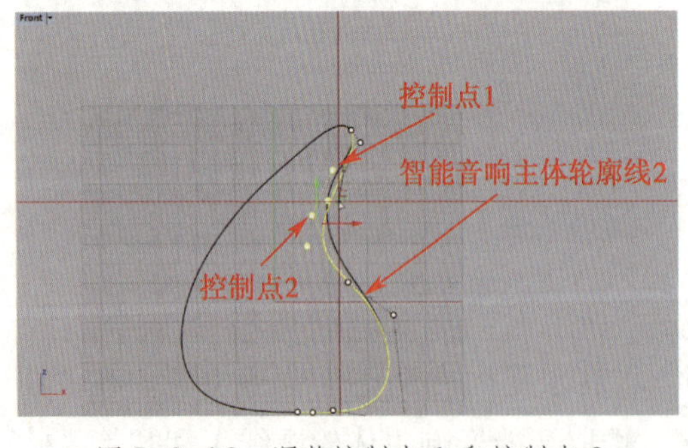

图 5-2-12　调整控制点 1 和控制点 2

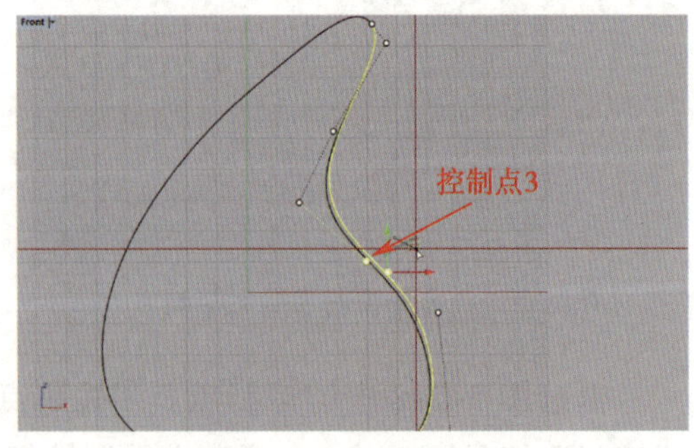

图 5-2-13　调整控制点 3

选取图 5-2-14 中的控制点 4，将其向外调整至合适位置。在“曲线工具”工具列中单击“衔接曲线”按钮，选取智能音响主体轮廓线 1 和智能音响主体轮廓线 2，在弹出的“衔接曲线”对话框中设置“连续性”为“相切（T）”、“维持另一端”为“相切（A）”，勾选“互相衔接（A）”复选框，完成后单击“确定”按钮，生成衔接曲线，如图 5-2-15 所示。

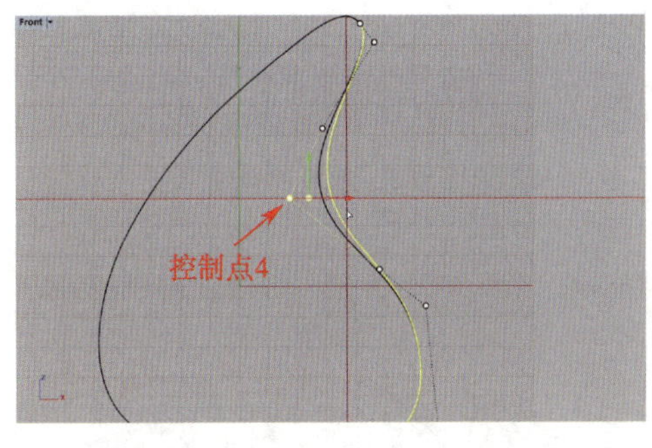

图 5-2-14　调整控制点 4

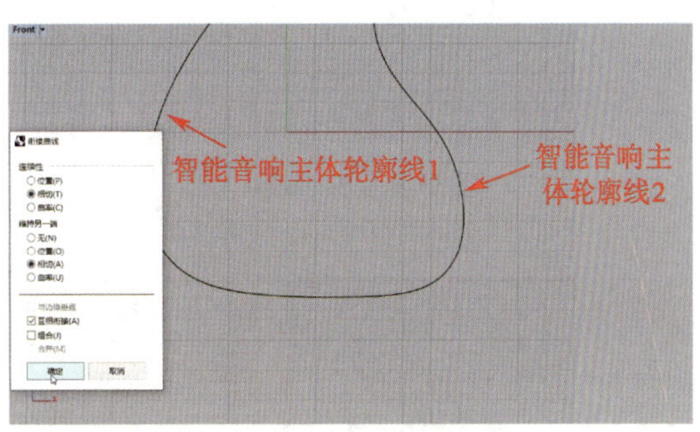

图 5-2-15　衔接曲线

选取智能音响主体轮廓线 1 和智能音响主体轮廓线 2，按 F10 功能键，选取图 5-2-16 中的控制点 1，将其垂直向上调整至合适位置；选取图 5-2-17 中的控制点 2 ~ 控制点 5，将其垂直向上调整至合适位置。

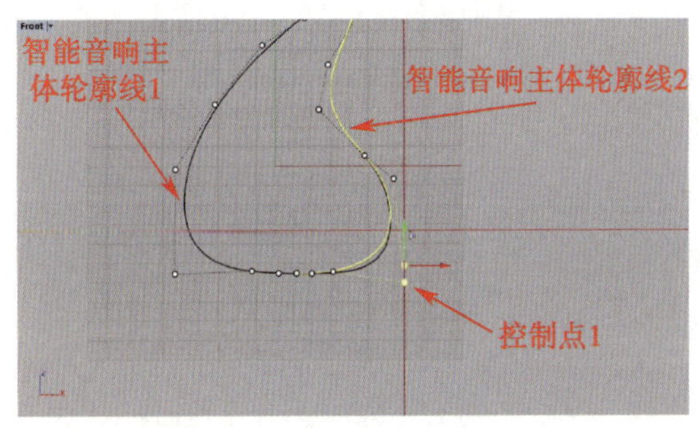

图 5-2-16　调整控制点 1

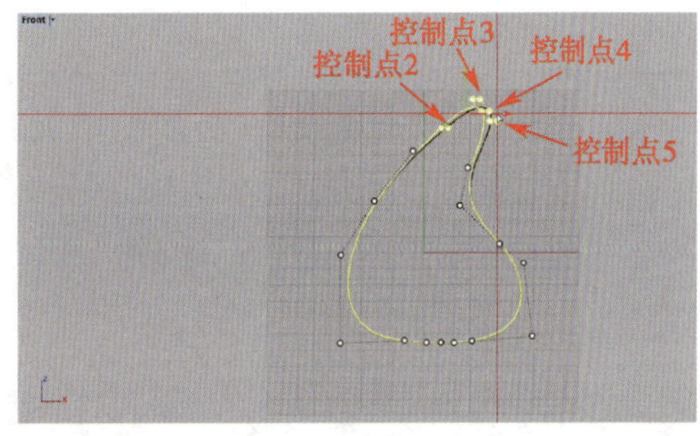

图 5-2-17　调整控制点 2 ~ 控制点 5

3. 绘制曲面

切换至 Perspective 工作视窗，在“建立曲面”工具列中单击“放样”按钮，选取智能音响主体轮廓线 1 和智能音响主体轮廓线 2，如图 5-2-18 所示。在弹出的“放样选项”对话框中保持默认值，单击“确定”按钮，如图 5-2-19 所示。

切换至着色模式，如图 5-2-20 所示，完成后检查智能音响主体轮廓曲面，如图 5-2-21 所示。

选取智能音响主体轮廓曲面，按 F10 功能键，框选图 5-2-22 中的点 1 和点 2，在“选取”工具列中单击“全部选取”按钮，再单击“选取 *V* 方向”按钮，完成后的效果如图 5-2-23 所示。

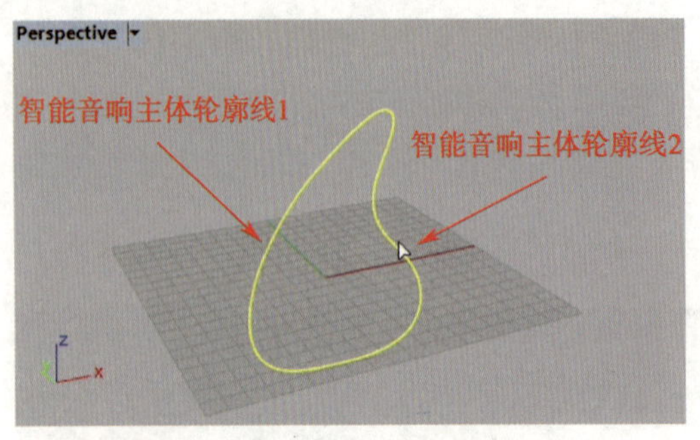

图 5-2-18　放样

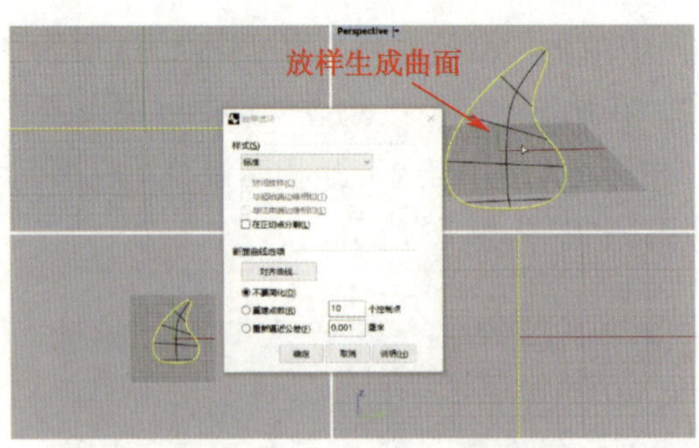

图 5-2-19　放样生成曲面

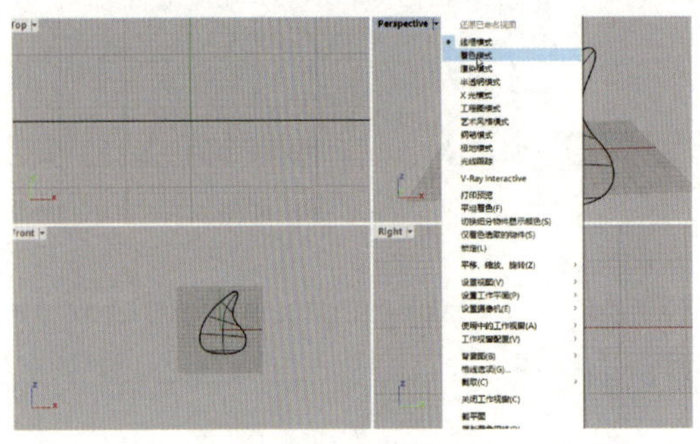

图 5-2-20　着色模式

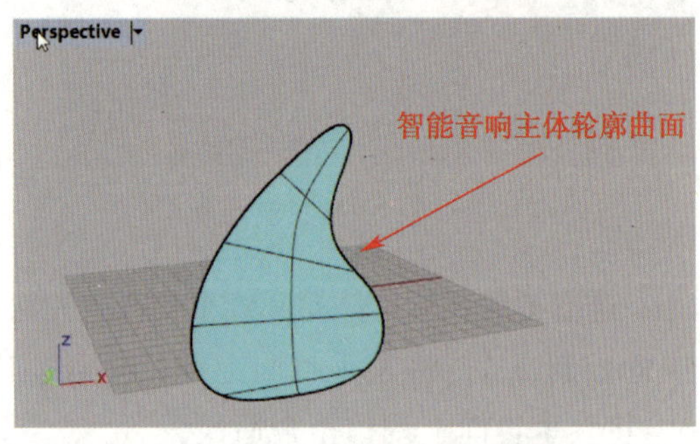

图 5-2-21　检查智能音响主体轮廓曲面

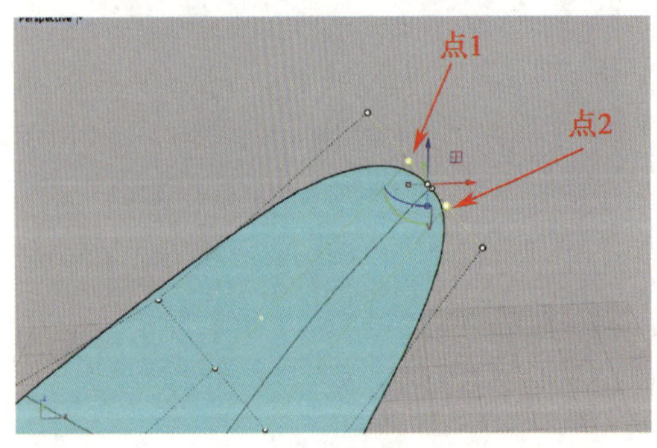

图 5-2-22　选取点 1 和点 2

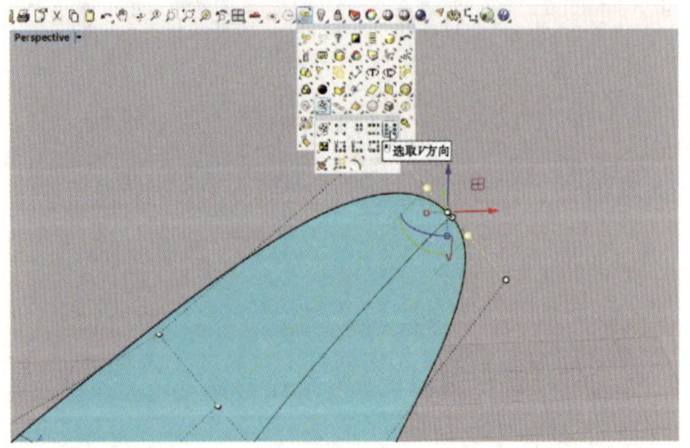

图 5-2-23　选取 *V* 方向的点

利用鼠标中键的缩放功能和长按鼠标右键的移动功能等来局部放大画面，并将视窗移动到图 5-2-24 中的点 1（曲面顶部）位置，按 Ctrl 键选取点 1。然后再用同样的方法将视窗移动到图 5-2-25 中的点 2（曲面底部）位置，按 Ctrl 键选取点 2。

选取图 5-2-26 中的坐标点，并将其沿绿色箭头方向拉伸至合适位置，完成后检查曲面情况，如图 5-2-27 所示。

通过移动坐标点向外适当扩大曲面，如图 5-2-28 所示。框选图 5-2-29 中的点 1 和点 2，并将其向左适当调整。

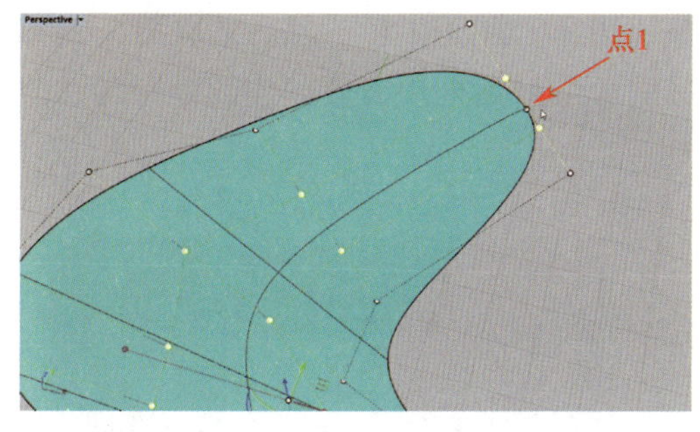

图 5-2-24 选取点 1

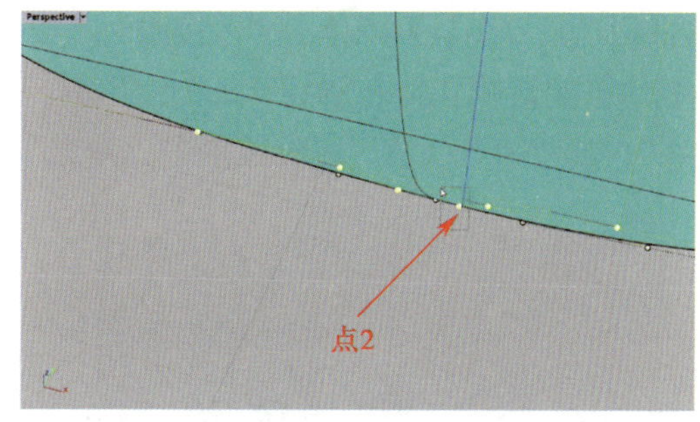

图 5-2-25 选取点 2

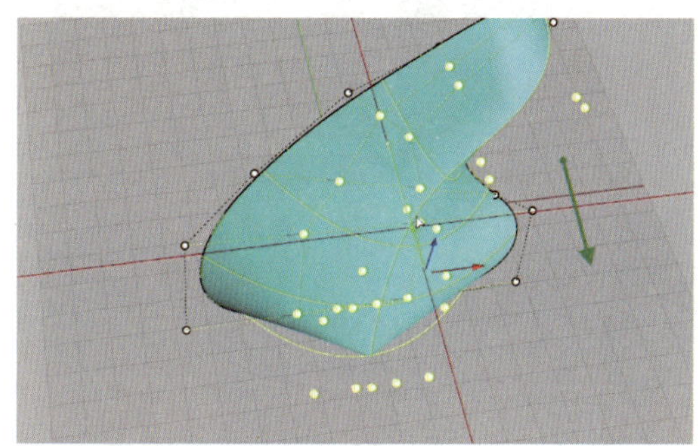

图 5-2-26 拉伸

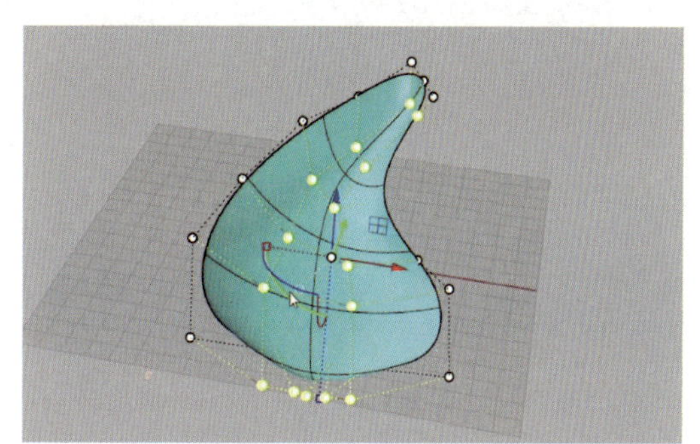

图 5-2-27 检查曲面情况

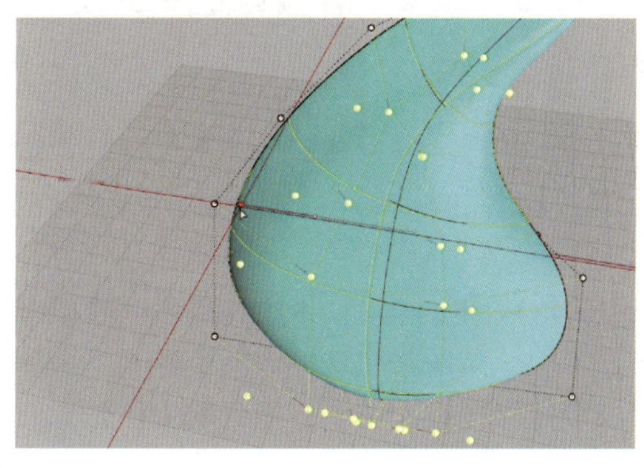

图 5-2-28 扩大曲面

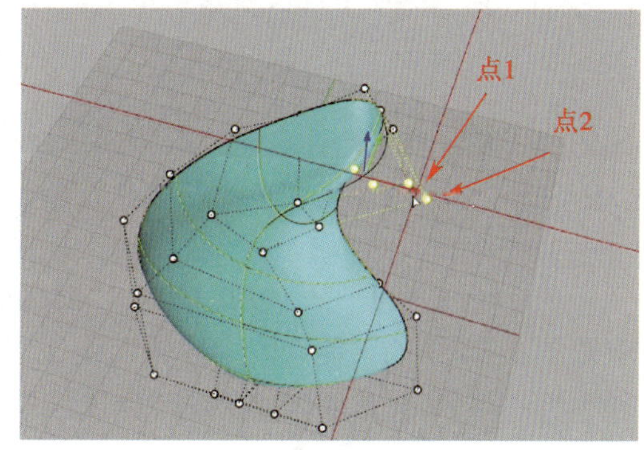

图 5-2-29 调整点 1 和点 2

切换至 Perspective 工作视窗，利用鼠标中键的缩放功能和长按鼠标右键的移动功能等来将视窗移动到图 5-2-30 中的位置。框选点 3 和点 4，并将其向左进行适当调整。在“曲面工具”工具列中单击“重建曲面”按钮，选取智能音响主体轮廓曲面，在弹出的“重建曲面”对话框中设置“点数 U”为“10”、“点数 V”为“10”、“阶数 U”为“5”以及“阶数 V”为“5”，然后单击“确定”按钮，如图 5-2-31 所示。

选取智能音响主体轮廓曲面，在“变动”工具列中单击“镜像”按钮，在指令提示行中设置“镜像平面起点”为“0”、“复制（C）”为“是”，按 Enter 键确定，最终选中的曲面将镜像出对称的智能音响主体轮廓曲面（镜像），如图 5-2-32 所示。在

“曲面工具”工具列中单击“衔接曲面”按钮，选择“曲面边缘”，然后选取图 5-2-33 中的智能音响主体轮廓线 1，在弹出的“衔接曲面”对话框中设置“连续性”为“曲率”，其他为默认值，完成后单击“确定”按钮。

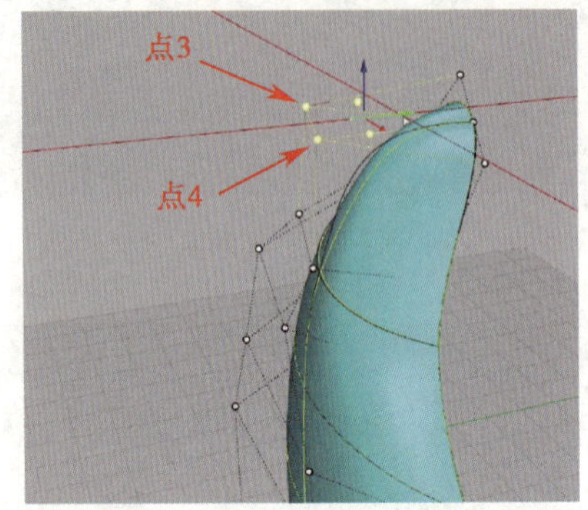

图 5-2-30 调整点 3 和点 4

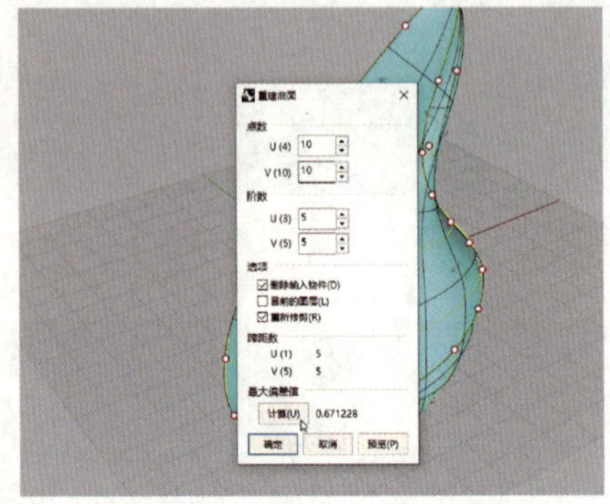

图 5-2-31 重建曲面

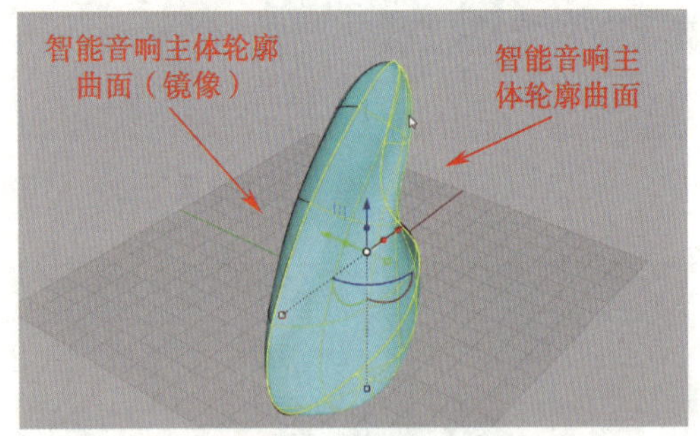

图 5-2-32 镜像曲面

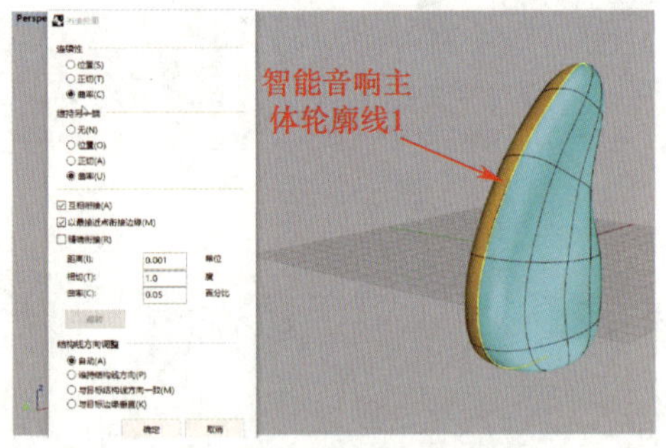

图 5-2-33 衔接曲面（左）

在“曲面工具”工具列中单击“衔接曲面”按钮，选择“曲面边缘”，然后选取图 5-2-34 中的智能音响主体轮廓线 2，在弹出的“衔接曲面”对话框中设置“连续性”为“曲率”，其他为默认值，完成后单击“确定”按钮。选取智能音响主体轮廓曲面（镜像），按 Delete 键将其删除，如图 5-2-35 所示。

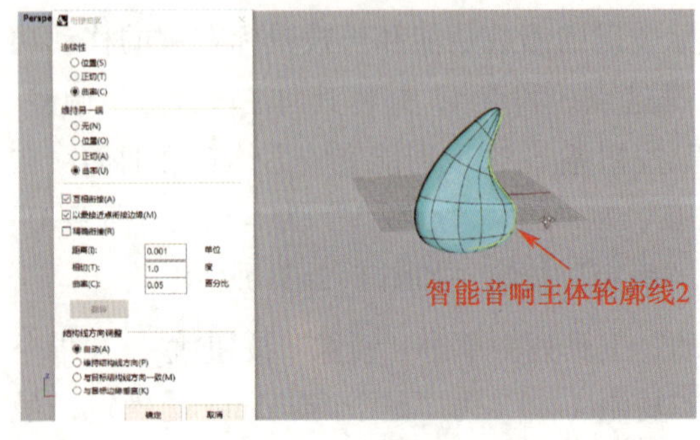

图 5-2-34 衔接曲面（右）

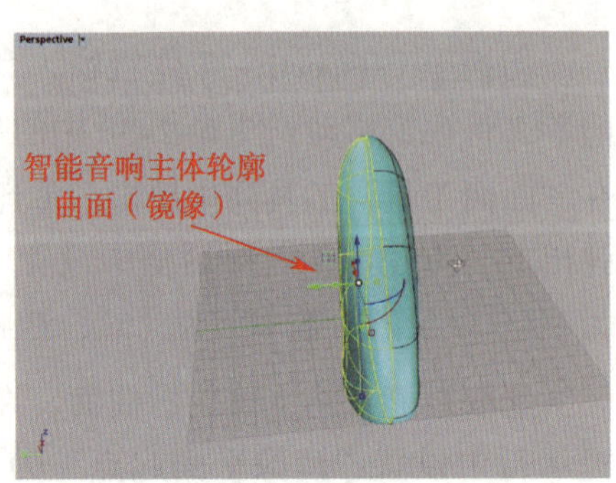

图 5-2-35 删除曲面

选取智能音响主体轮廓曲面，按 F10 功能键，框选图 5-2-36 中的点 1 ~ 点 6，将其向外调整至合适位置。然后在智能音响主体轮廓曲面的背面框选图 5-2-37 中的点 1 ~ 点 5，将其向外调整至合适位置。

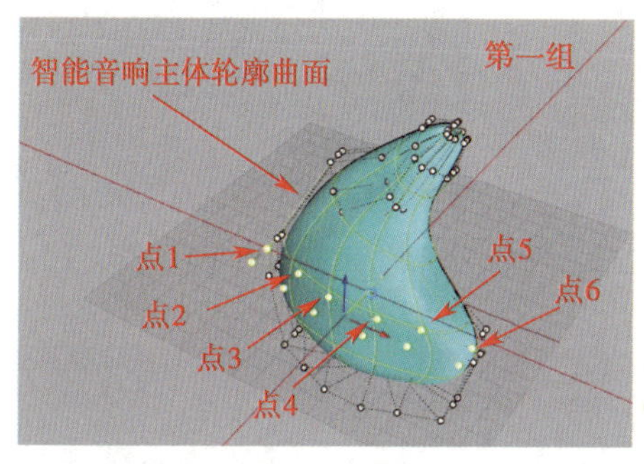

图 5-2-36　调整控制点（第一组）

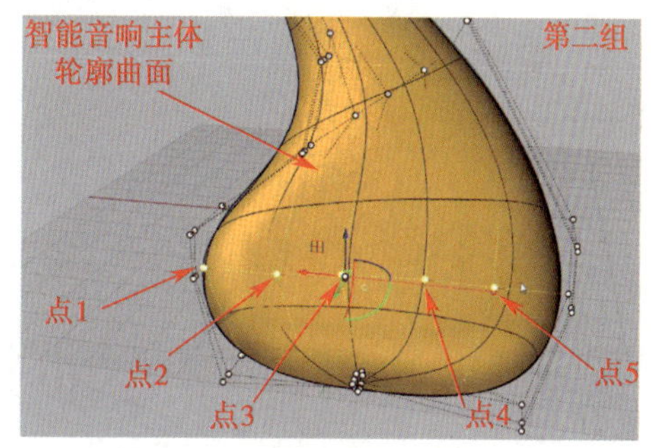

图 5-2-37　调整控制点（第二组）

完成后检查智能音响主体轮廓曲面的情况，调整后的曲面应比较饱满，如图 5-2-38 所示。选取智能音响主体轮廓曲面，在“变动”工具列中单击“镜像”按钮，在指令提示行中设置“镜像平面起点”为“0”、“复制（C）”为“是”，按 Enter 键确定，最终选中的曲面将镜像成对称的智能音响主体轮廓曲面（镜像），如图 5-2-39 所示。

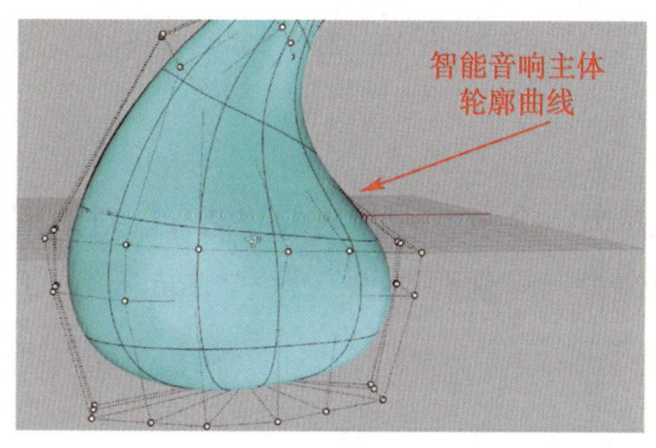

图 5-2-38　调整后的曲面

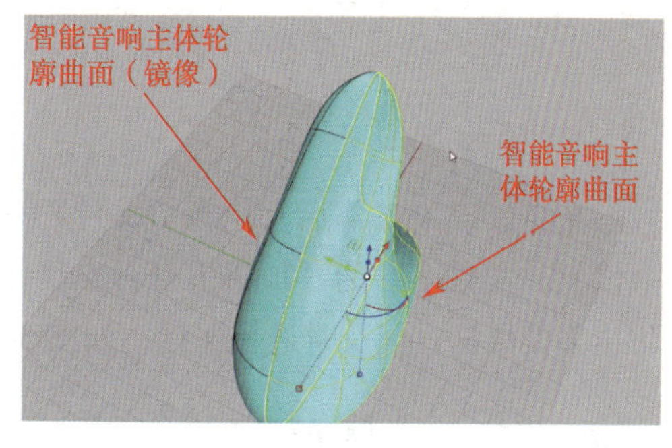

图 5-2-39　镜像曲面

在“曲面工具”工具列中单击“衔接曲面”按钮，选择“曲面边缘”，然后选取图 5-2-40 中的智能音响主体轮廓线 1，在弹出的“衔接曲面”对话框中设置“连续性”为“曲率”，其他为默认值，完成后单击“确定”按钮。在“曲面工具”工具列中单击“衔接曲面”按钮，选择“曲面边缘”，然后选取图 5-2-41 中的智能音响主体轮廓线 2，在弹出的“衔接曲面”对话框中设置“连续性”为“曲率”，其他为默认值，完成后单击“确定”按钮。

切换至渲染模式，检查智能音响主体轮廓曲面情况，如图 5-2-42 所示。在“选取”工具列中单击“选取曲线”按钮，然后在“可见性”工具列中单击“隐藏物件”按钮，以隐藏选取的曲线，如图 5-2-43 所示。

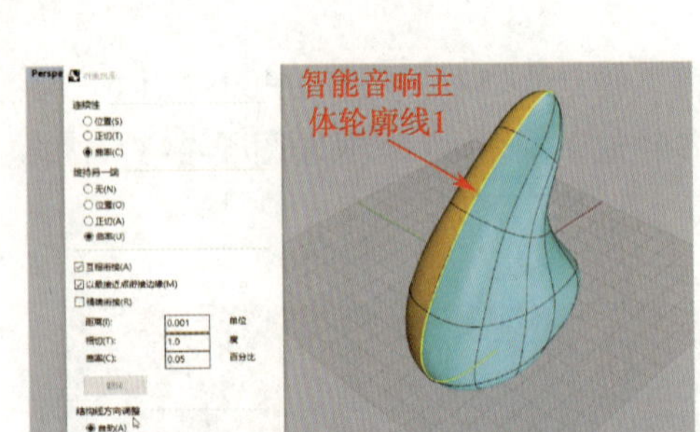

图 5-2-40　衔接曲面（左）

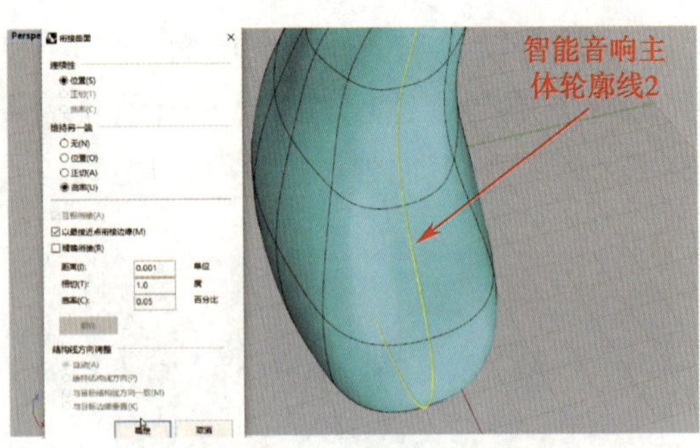

图 5-2-41　衔接曲面（右）

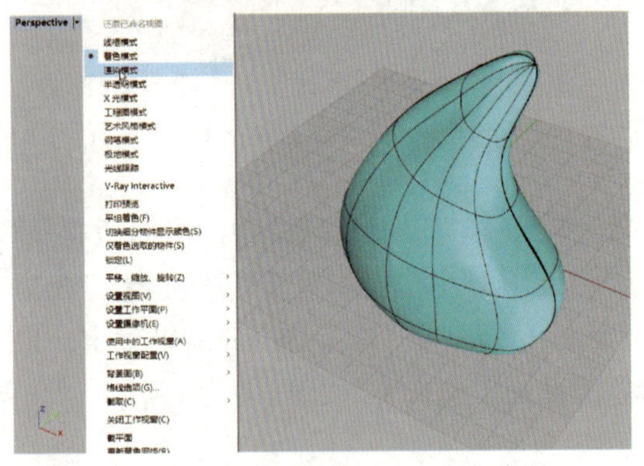

图 5-2-42　检查曲面情况

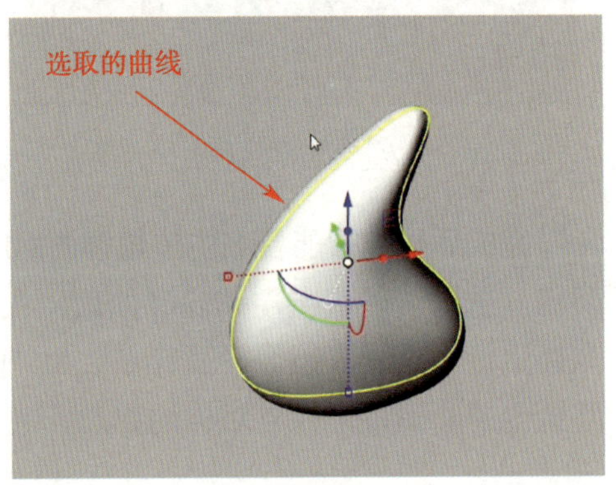

图 5-2-43　隐藏选取的曲线

4. 保存文件

在完成以上操作后，执行“文件”→“另存为”命令，在弹出的“储存”对话框中设置“文件名”为“项目五任务 2 智能音响造型”，“保存类型”为“*.3dm”。为了防止丢失数据，应及时进行保存，如图 5-2-44 所示。

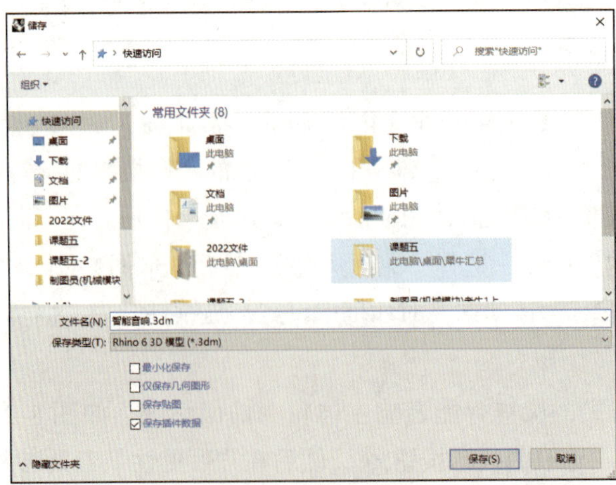

图 5-2-44　保存文件

5. 新建图层

新建图层，修改图层名称为“智能音响主体”，选取智能音响主体轮廓曲面，将其放入新图层中，如图 5-2-45 所示。

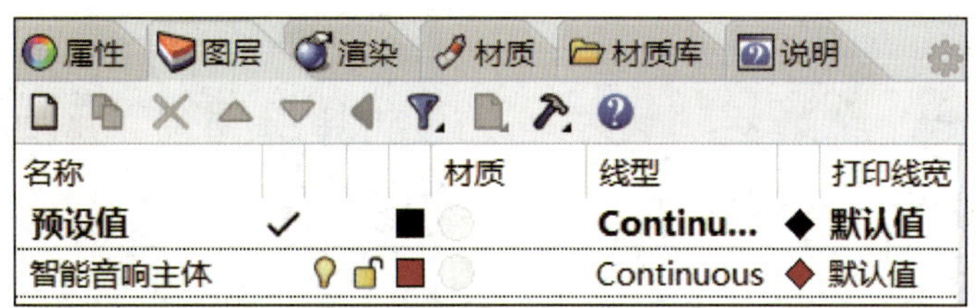

图 5-2-45　新建“智能音响主体”图层

二、绘制显示屏造型

1. 绘制轮廓线

切换至 Front 工作视窗、着色模式，在工具列中单击“圆：中心点、半径”按钮，参考图 5-2-46 中的圆心和半径，绘制智能音响显示屏的圆形辅助线。切换至 Perspective 工作视窗，选取绘制的圆形辅助线，并将其水平向右移动至合适位置，如图 5-2-47 所示。

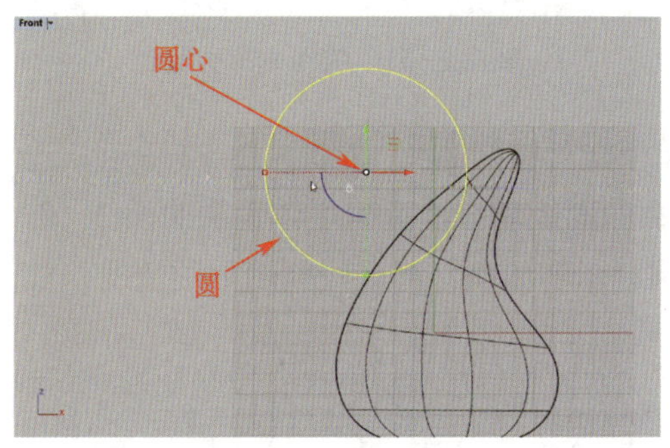

图 5-2-46　绘制圆形辅助线

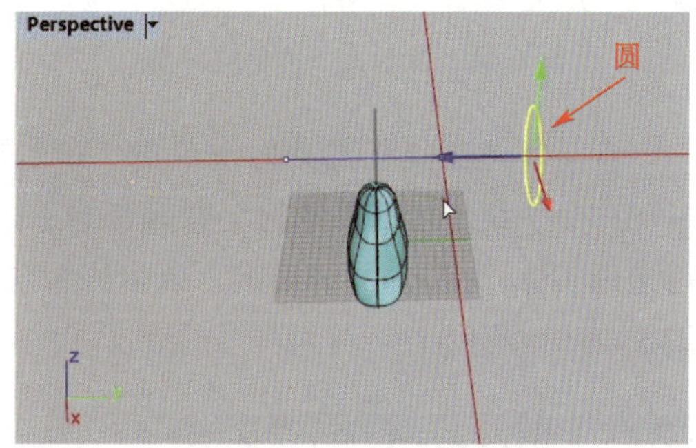

图 5-2-47　移动圆形辅助线

2. 绘制曲面

选取绘制的圆形辅助线，在“建立曲面”工具列中单击“直线挤出”按钮，在指令提示行中设置“实体（S）”为“是”，其他为默认值，挤出实体，长度如图 5-2-48 所示，按 Enter 键确定，生成实体。在工具列中单击“组合”按钮，选取智能音响主体轮廓曲面 1 和智能音响主体轮廓曲面 2，按 Enter 键确定，以将两曲面组合，如图 5-2-49 所示。

选取智能音响主体轮廓曲面 1、智能音响主体轮廓曲面 2 和实体，按 Ctrl+C 组合键复制，按 Ctrl+V 组合键粘贴，以复制出一组新的曲面，用于接下来的布尔运算，如

图 5-2-50 所示。在“实体工具”工具列中单击“布尔运算差集”按钮，选取智能音响主体轮廓曲面 1 和智能音响主体轮廓曲面 2，在指令提示行中设置“删除输入物件（D）”为“否”，按 Enter 键确定，再选取实体，按 Enter 键确定，结果如图 5-2-51 所示。

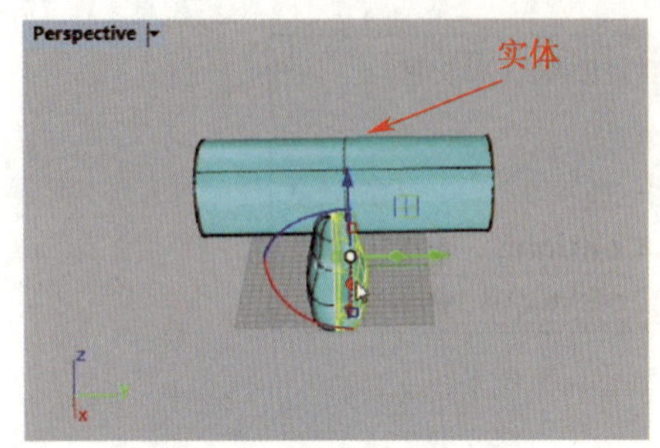

图 5-2-48 绘制实体

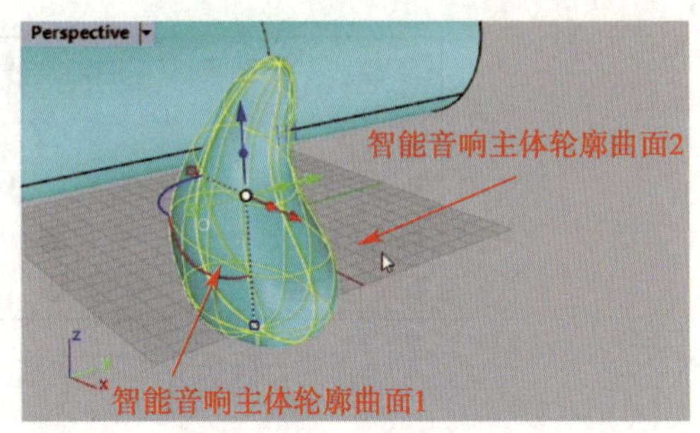

图 5-2-49 组合曲面

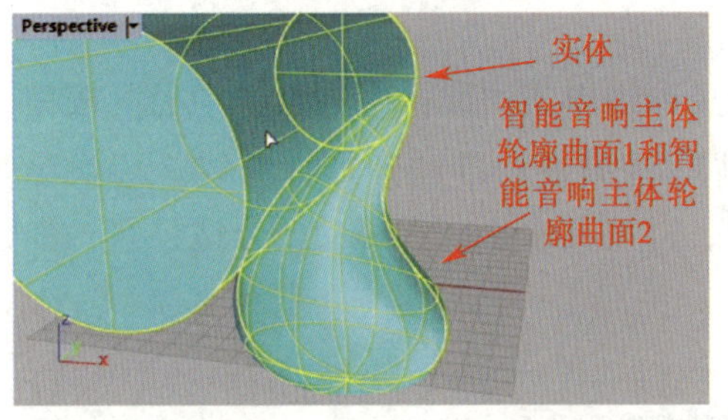

图 5-2-50 复制出一组新的曲面

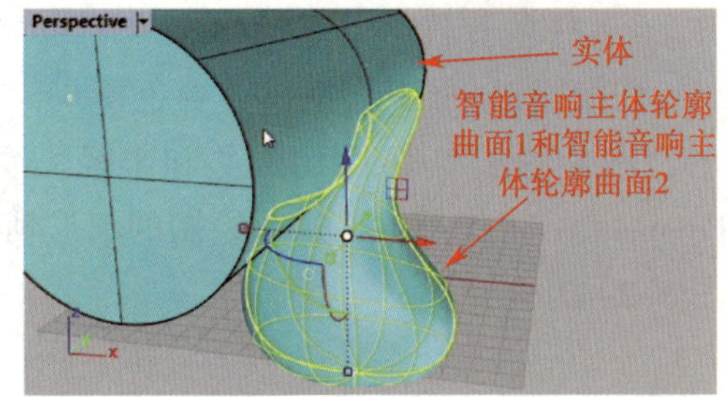

图 5-2-51 布尔运算差集

在“实体工具”工具列中单击“布尔运算相交”按钮，如图 5-2-52 所示，选取图中另一组（之前复制的）智能音响主体轮廓曲面 1 和智能音响主体轮廓曲面 2，然后选取实体，按 Enter 键确定，以生成智能音响显示屏曲面，检查绘制图形的情况，如图 5-2-53 所示。

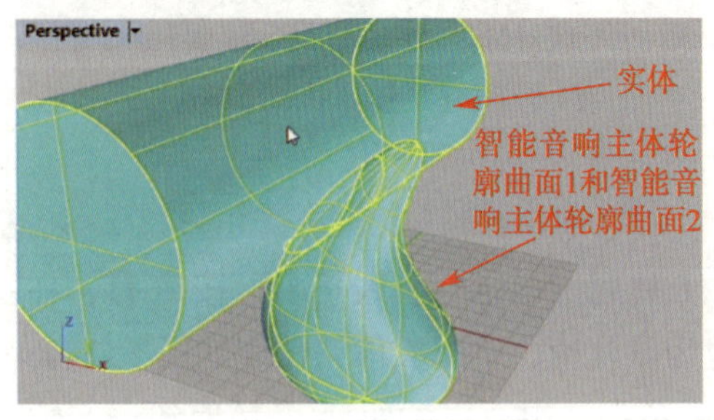

图 5-2-52 布尔运算相交

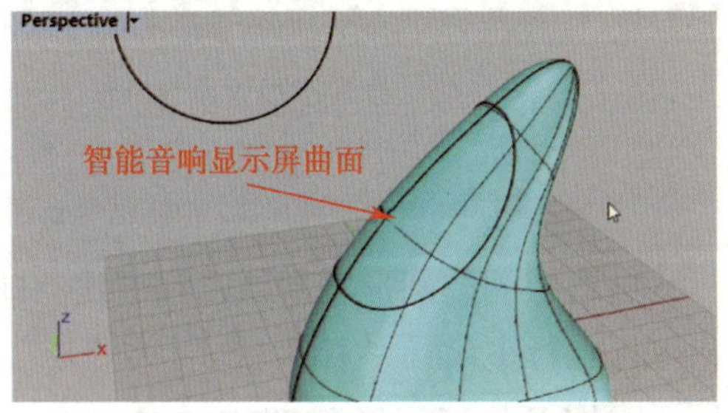

图 5-2-53 生成智能音响显示屏曲面

3. 新建图层

新建图层，修改图层名称为“智能音响显示屏”，选取智能音响显示屏曲面，将其放入新图层中，如图 5-2-54 所示。

图 5-2-54　新建“智能音响显示屏”图层

三、绘制控制按钮造型

1. 绘制轮廓线

切换至 Right 工作视窗、着色模式，在工具列中单击“圆：中心点、半径”按钮 ，参考图 5-2-55 中的圆心（四分点）和半径，绘制智能音响控制按钮的圆形部分。选取绘制的圆形部分，并将其垂直向上移动至合适位置，如图 5-2-56 所示。

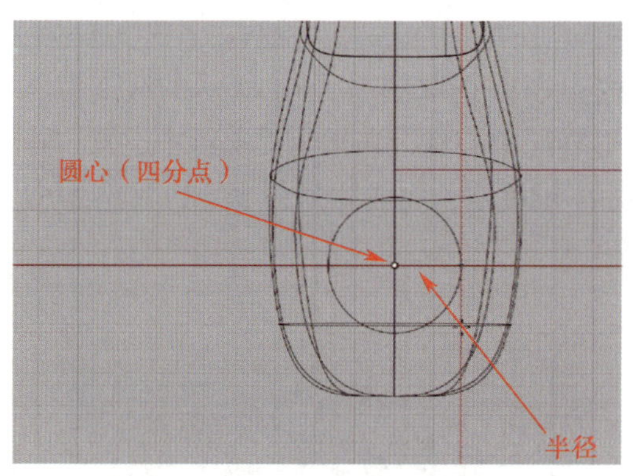

图 5-2-55　绘制圆形部分

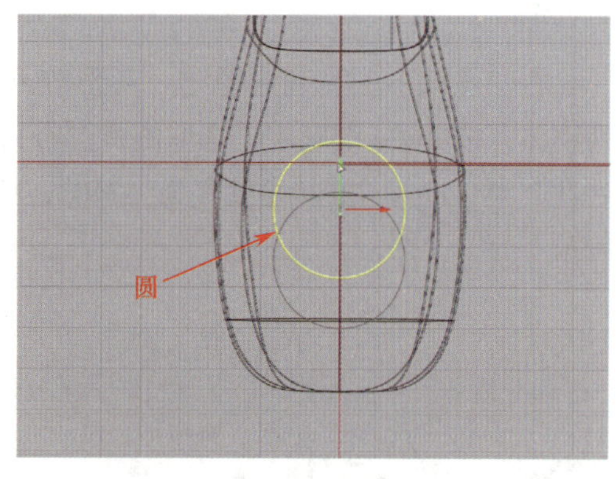

图 5-2-56　移动圆形部分

选取图 5-2-57 所示的圆 1，按 Ctrl+C 组合键复制，按 Ctrl+V 组合键粘贴，以复制出圆 2，将圆 2 调整至合适尺寸。选取智能音响主体轮廓曲面和智能音响显示屏曲面，在“可见性”工具列中单击“隐藏物件”按钮 ，效果如图 5-2-58 所示。

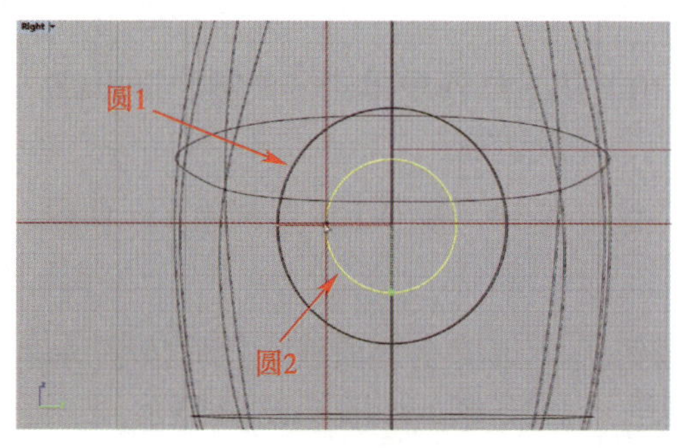

图 5-2-57　复制和调整圆 2

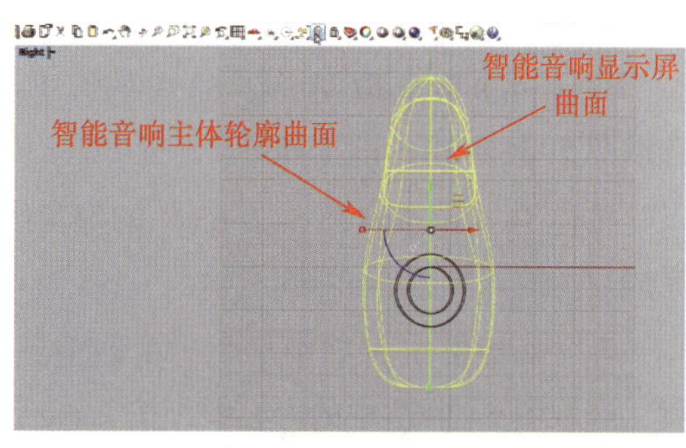

图 5-2-58　隐藏曲面

在“直线”工具列中单击“直线：从中点”按钮，选取图 5-2-59 所示的圆弧圆心，再按住 Shift 键选择点 1，绘制出线 1。在“直线”工具列中单击“直线”按钮，开启物件锁点控制中的“中心点”和状态栏的“正交”，选取图 5-2-60 所示的圆弧圆心，再选取点 2，绘制出线 2。

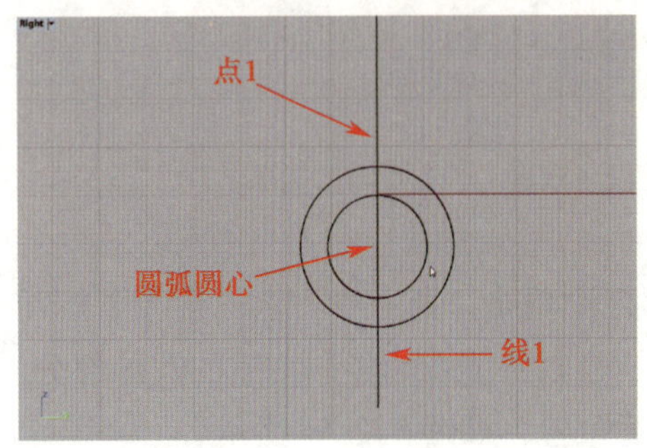

图 5-2-59　绘制线 1

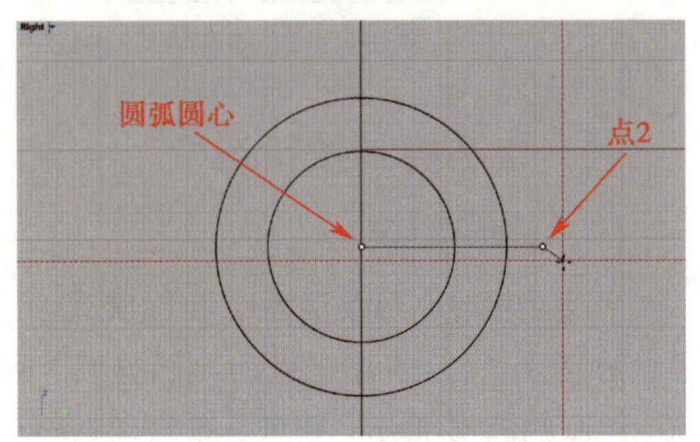

图 5-2-60　绘制线 2

在“变动”工具列中单击“环形阵列”按钮，选取图 5-2-61 所示的线 2 为阵列物体，按 Enter 键确定，选取圆弧圆心为环形阵列中心点，在指令提示行中设置“阵列数”为“10”，“旋转角度”为“360”，按 Enter 键确定，完成阵列，效果如图 5-2-62 所示。

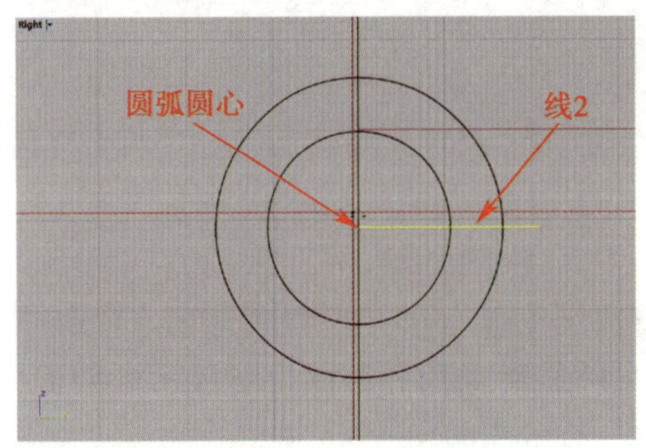

图 5-2-61　阵列线 2

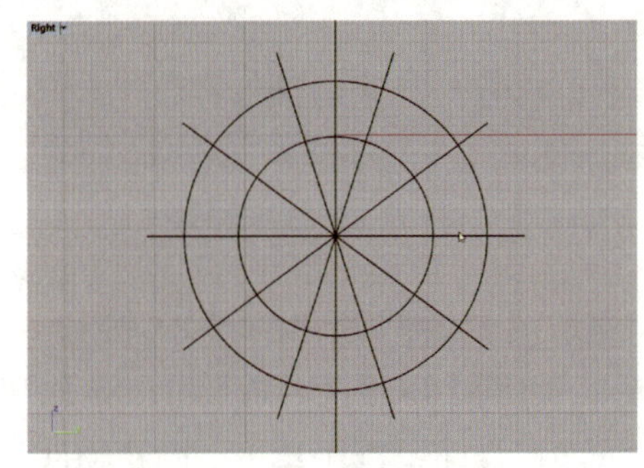

图 5-2-62　阵列效果

按住 Shift 键选取图 5-2-63 中的线 1 ~ 线 10，在工具列中单击“分割”按钮，选取图 5-2-64 中的圆 1 和圆 2，按 Enter 键确定，完成切割。

按住 Shift 键选取图 5-2-65 中的保留线 1 ~ 保留线 10，按 Delete 键删除多余曲线，完成后的效果如图 5-2-66 所示。

在“选取”工具列中单击“选取曲线”按钮，选取全部曲线，然后按住 Shift 键，选取图 5-2-67 中的中心线，按 Enter 键确定，完成切割，如图 5-2-68 所示。

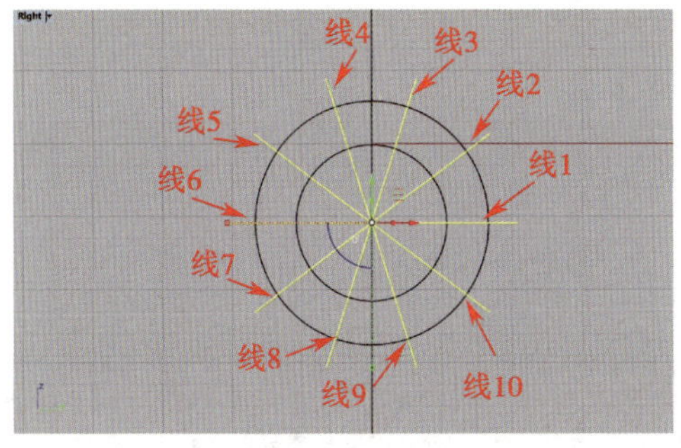

图 5-2-63 选取切割线

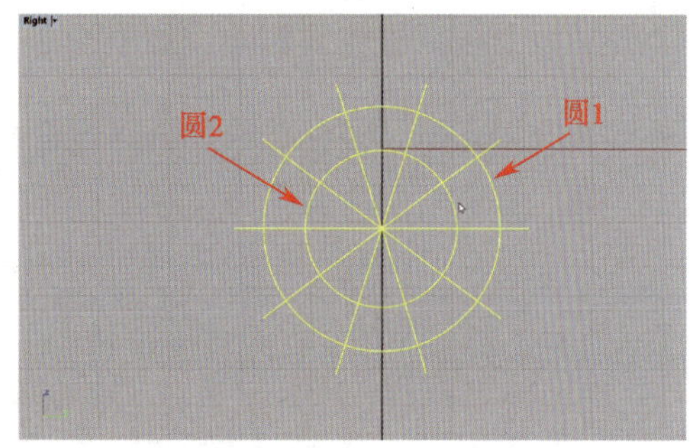

图 5-2-64 切割曲线

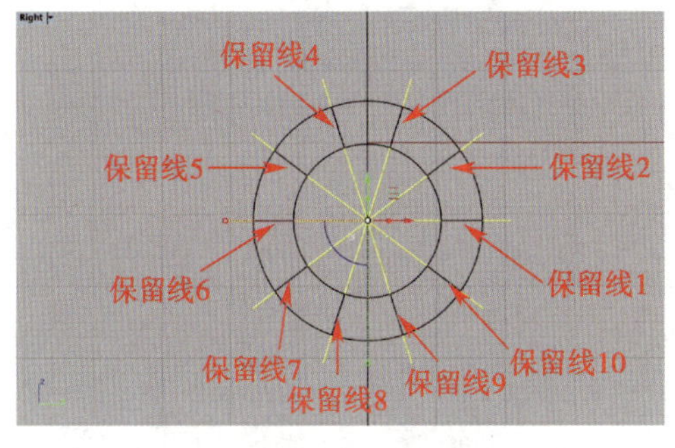

图 5-2-65 选取保留线

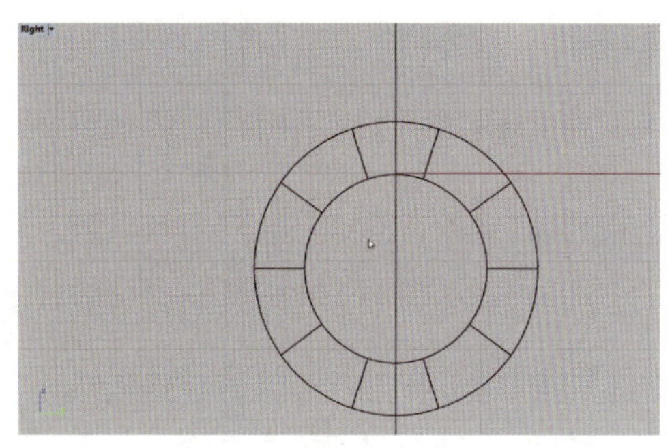
图 5-2-66 完成图形

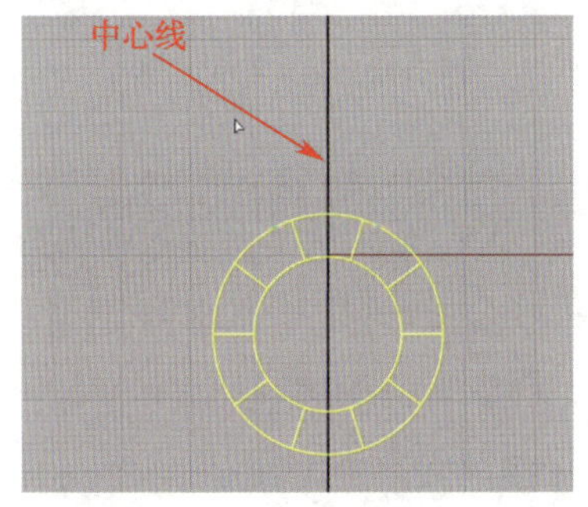

图 5-2-67 选取曲线

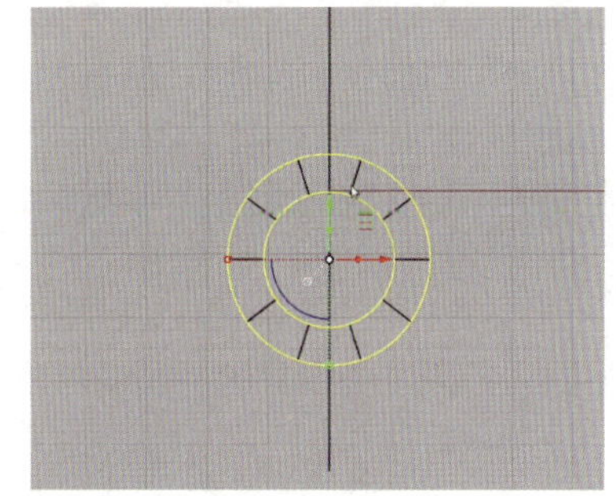
图 5-2-68 完成切割

按住 Shift 键，选取图 5-2-69 中的曲线 1 ~ 曲线 4，在工具列中单击“组合”按钮，按 Enter 键确定，完成组合。在工具列中单击“单点”按钮，绘制中心点，如图 5-2-70 所示。

在“选取”工具列中单击“选取曲线”按钮，选取全部曲线，然后按住 Shift 键，选取图 5-2-71 中的组合曲线，按 Delete 键删除多余曲线，效果如图 5-2-72 所示。

在“变动”工具列中单击“环形阵列”按钮，选取组合曲线为阵列物体，按 Enter 键确定，选取中心点为环形阵列中心点，在指令提示行中设置“阵列数”为“10”，“旋转角度”为“360”，按 Enter 键确定，完成阵列，如图 5-2-73 所示。选取中心点，按 Delete 键将其删除，如图 5-2-74 所示。

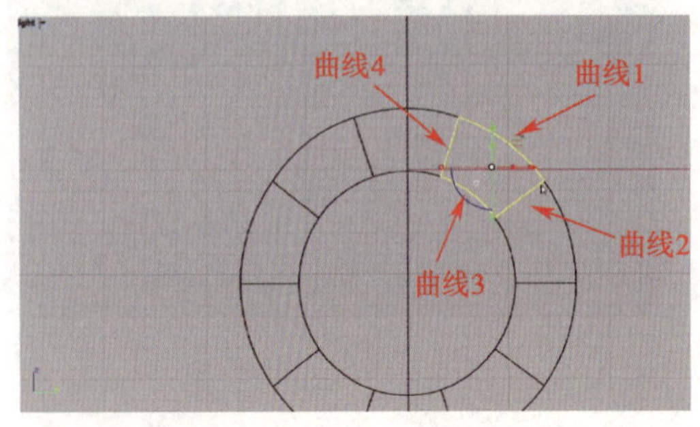

图 5-2-69　完成组合

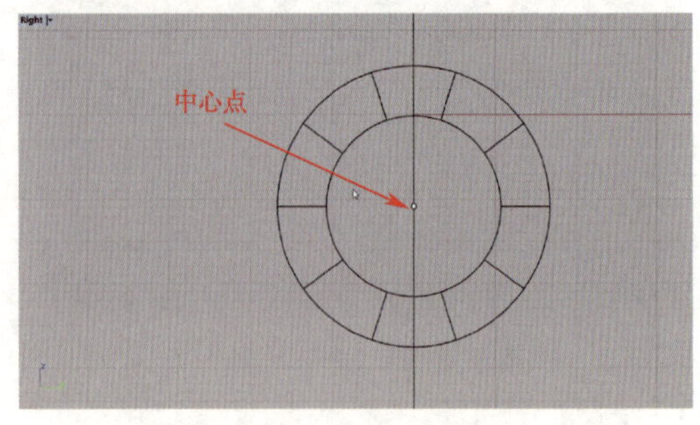

图 5-2-70　绘制中心点

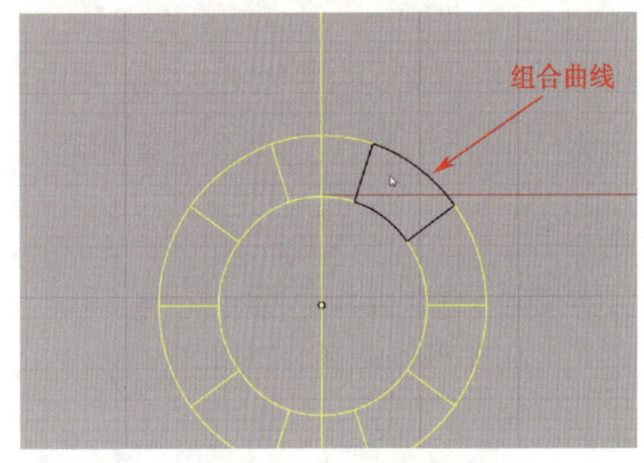

图 5-2-71　删除多余曲线

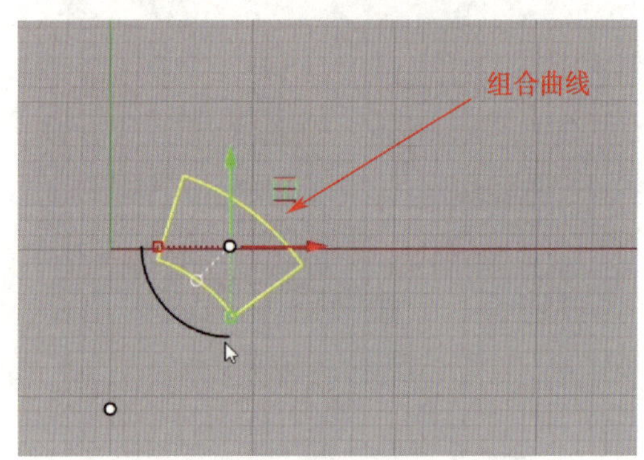

图 5-2-72　完成图形

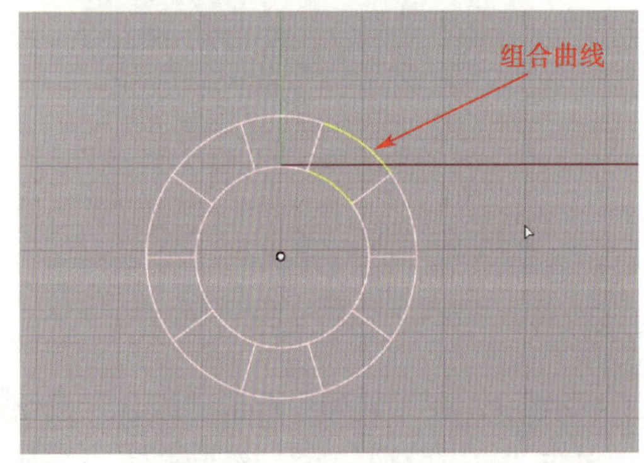

图 5-2-73　阵列组合曲线

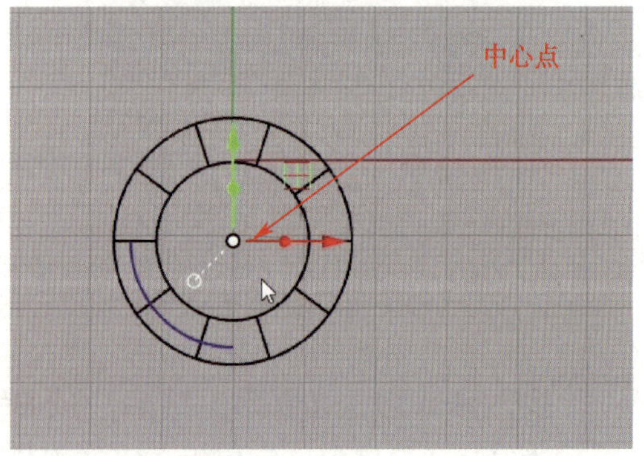

图 5-2-74　删除中心点

2. 绘制曲面

切换至 Front 工作视窗，在“可见性”工具列中单击“显示”按钮，将之前隐藏的智能音响显示屏曲面和智能音响主体轮廓曲面显示出来，如图 5-2-75 所示。选取智能音响控制按钮曲线，并将其水平向左移动到合适位置，如图 5-2-76 所示。

选取图 5-2-77 中的智能音响控制按钮曲线的旋转按钮，将曲线沿顺时针方向调整至适当角度，如图 5-2-78 所示。

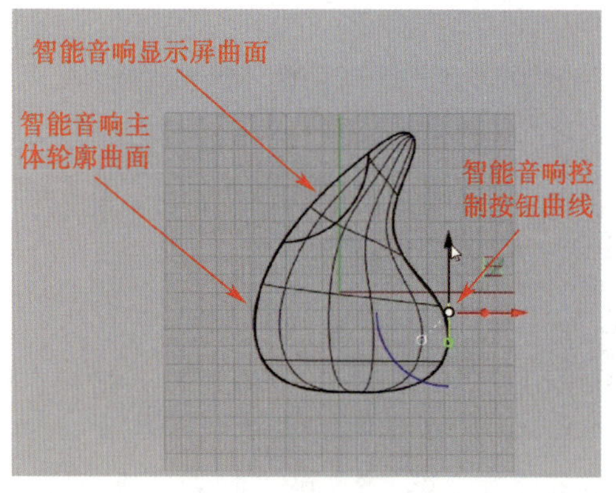

图 5-2-75　显示曲面

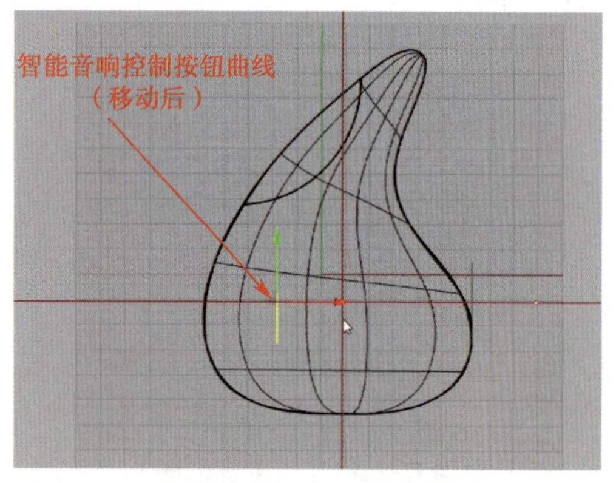

图 5-2-76　移动曲线

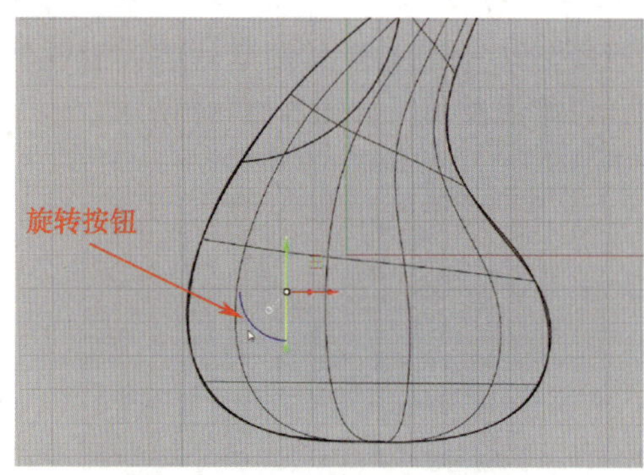

图 5-2-77　选取旋转按钮

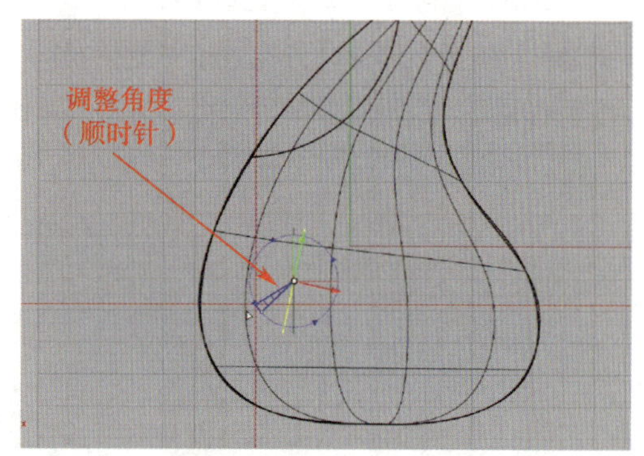

图 5-2-78　调整角度

选取图 5-2-79 中的智能音响控制按钮曲线的旋转按钮，将曲线水平旋转至合适位置，选取图 5-2-80 中的红点，将曲线向左拉伸，挤出适当厚度，以生成智能音响控制按钮曲面。

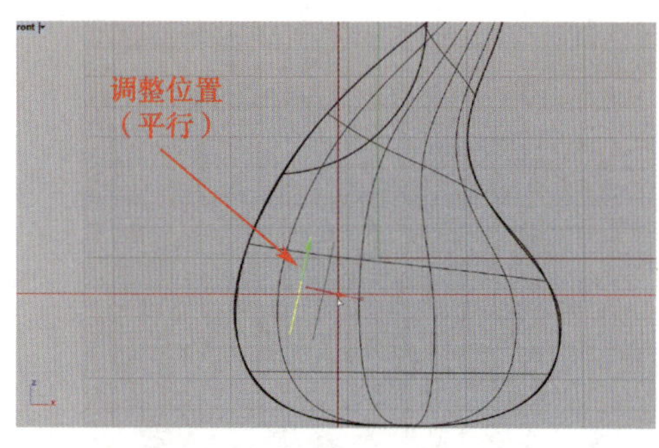

图 5-2-79　调整位置

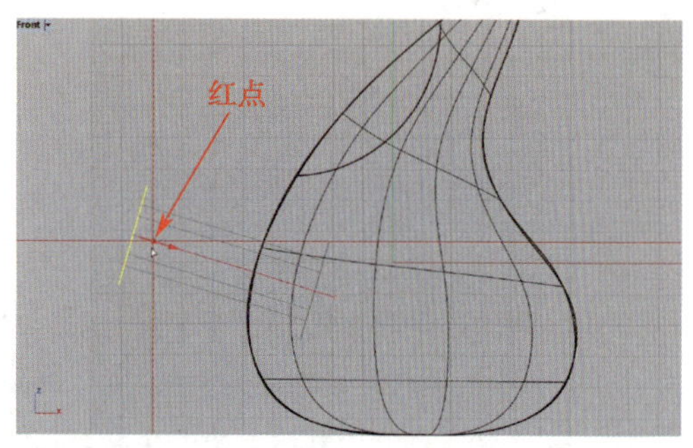

图 5-2-80　拉伸挤出

切换至 Perspective 工作视窗、着色模式，检查图形情况，如图 5-2-81 所示。选取智能音响控制按钮曲面，在“实体工具”工具列中单击“将平面洞加盖”按钮，然后按 Enter 键确定，以使曲面加盖封闭，如图 5–2–82 所示。

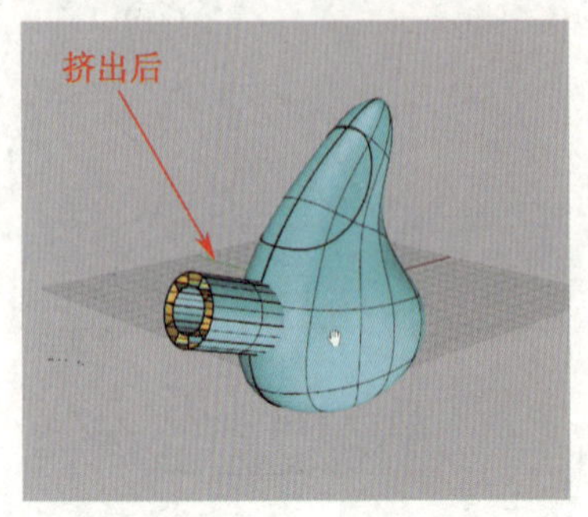

图 5–2–81　检查图形情况

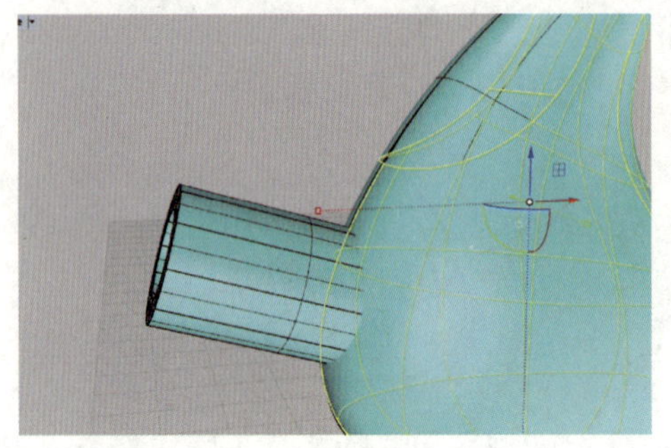

图 5–2–82　将平面洞加盖

选取智能音响主体轮廓曲面，在“实体工具”工具列中单击“布尔运算差集”按钮，在指令提示行中设置“删除输入物件（D）”为“否”，然后选取智能音响控制按钮曲面，如图 5–2–83 所示。按 Enter 键确定，以生成曲面，如图 5–2–84 所示。

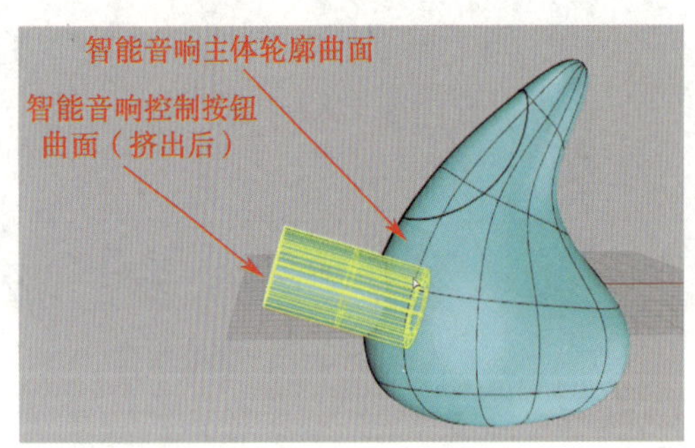

图 5–2–83　选取元素

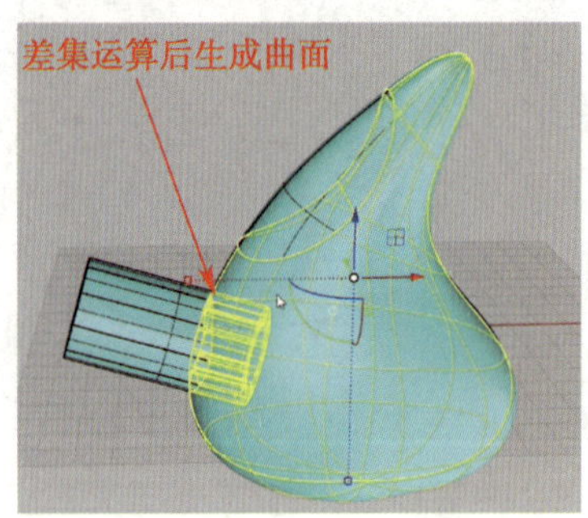

图 5–2–84　布尔运算差集

选取智能音响控制按钮曲面，如图 5–2–85 所示，然后按 Delete 键删除曲面，效果如图 5–2–86 所示。

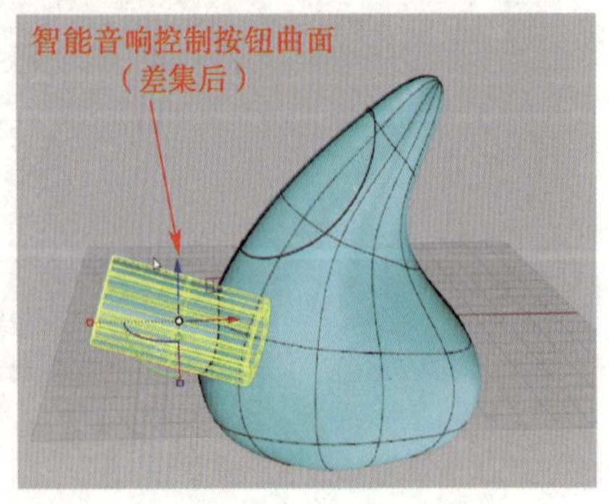

图 5–2–85　选取曲面

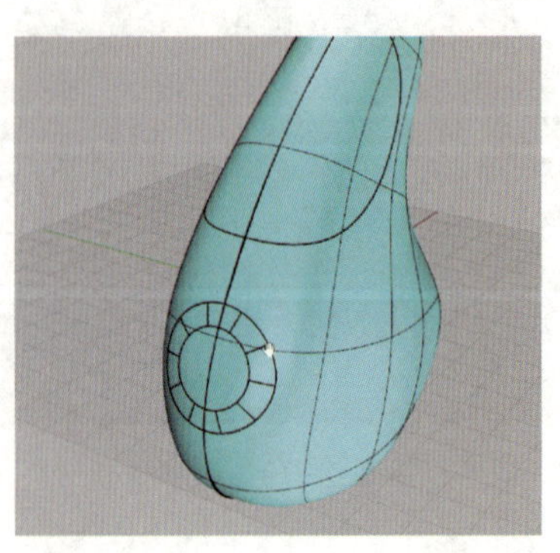

图 5–2–86　删除曲面

3. 新建图层

新建图层，修改图层名称为“智能音响控制按钮”，选取智能音响控制按钮曲面，将其放入新图层中，如图 5-2-87 所示。

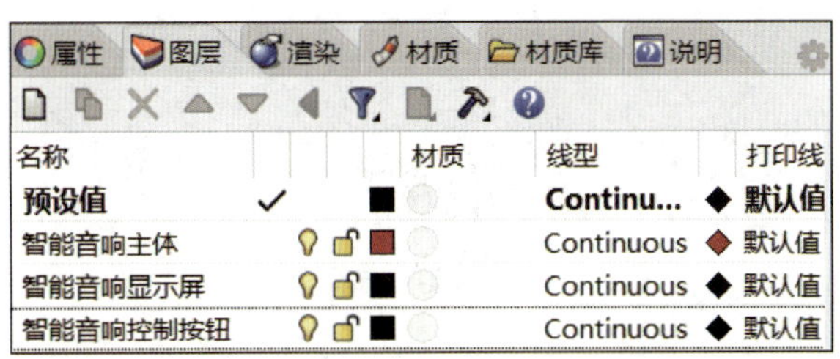

图 5-2-87　新建“智能音响控制按钮”图层

四、绘制整体造型

1. 智能音响显示屏曲线圆弧处理

框选智能音响显示屏曲线，如图 5-2-88 所示。在“实体工具”工具列中单击“边缘圆角”按钮，在指令提示行中设置“半径”为“0.4”，按 Enter 键确定，以生成智能音响显示屏曲线（倒圆角后），如图 5-2-89 所示。

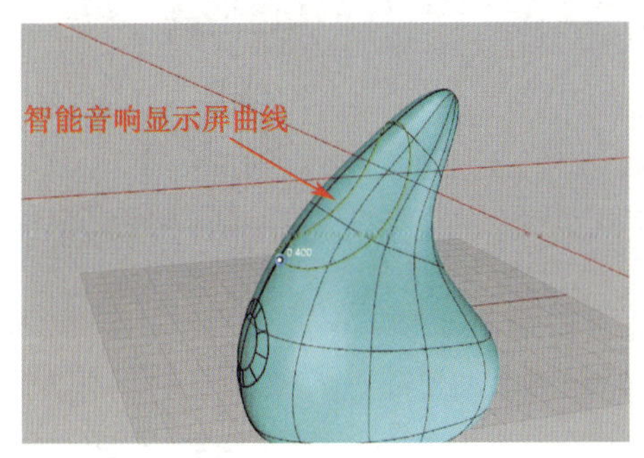

图 5-2-88　选取曲线

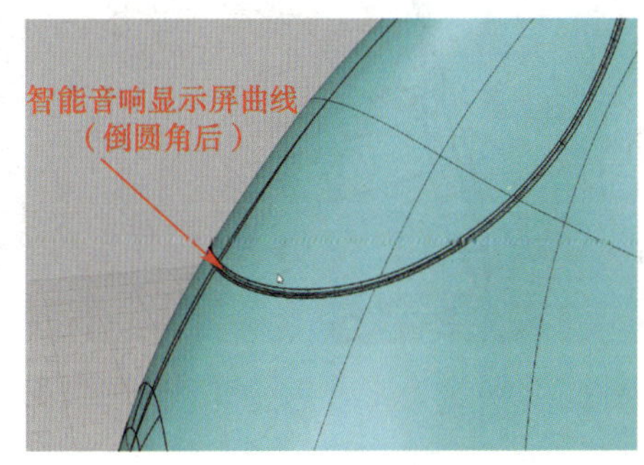

图 5-2-89　边缘圆角

2. 智能音响控制按钮曲线圆弧处理

切换至 Front 工作视窗，框选智能音响控制按钮曲线，如图 5-2-90 所示。在“实体工具”工具列中单击“边缘圆角”按钮，在指令提示行中设置“半径”为“0.2”，按 Enter 键确定，以生成智能音响控制按钮圆角，如图 5-2-91 所示。完成后检查图形情况，如图 5-2-92 所示。

五、保存文件

完成造型后，执行“文件”→“保存文件”命令，输入文件名“项目五任务 2 智能音响造型”并单击“保存”按钮。

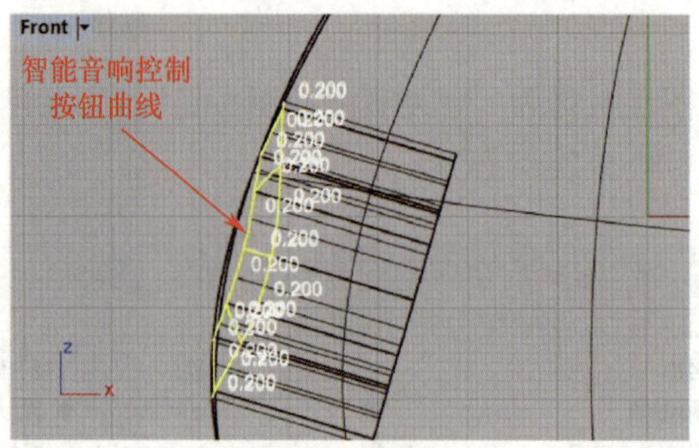

图 5-2-90　选取曲线

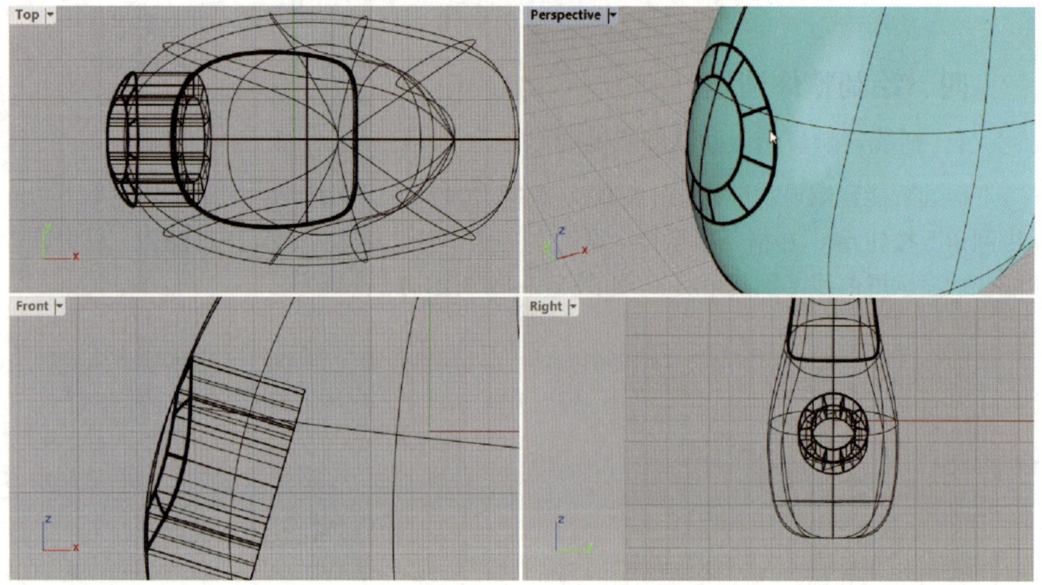

图 5-2-91　生成智能音响控制按钮圆角

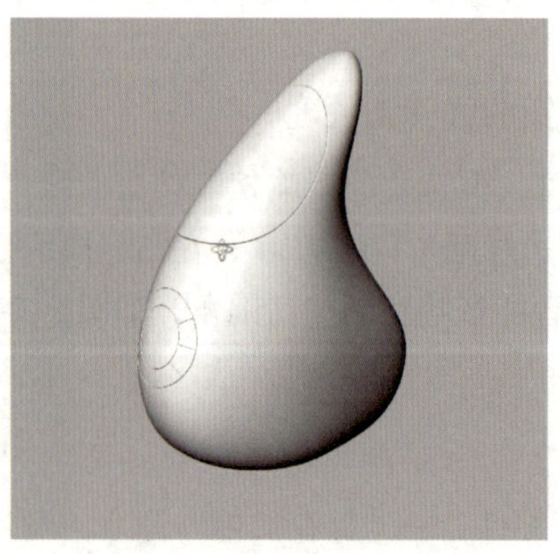

图 5-2-92　检查图形情况

利用所学工具，完成图 5-2-93 所示的智能遥控器造型的绘制，并保存文件。

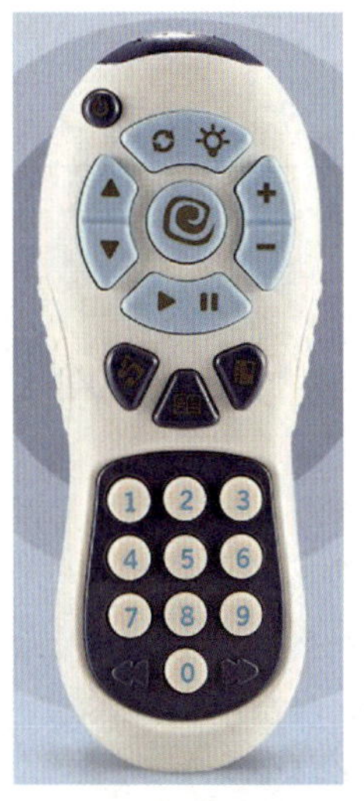

图 5-2-93　智能遥控器造型

项目六
KeyShot 渲染

任务 1　投影仪造型渲染

1. 了解 KeyShot 的软件界面和渲染工作流程。
2. 了解 KeyShot 的模型导入方法和支持的文件类型。
3. 熟悉 KeyShot 的模型操作方法。
4. 掌握 KeyShot 的模型渲染输出方法。

本任务通过完成图 6-1-1 所示投影仪造型的绘制，学习 KeyShot 软件的渲染方法，熟悉 KeyShot 的软件界面以及材质赋予、环境选择、相机设置和渲染输出的基本操作方法。

图 6-1-1　投影仪

一、KeyShot 软件界面简介

KeyShot 软件界面主要包括主窗口标题、菜单、功能区、库、主工具列、项目库和实时窗口，如图 6-1-2 所示。

图 6-1-2　KeyShot 界面

1. 功能区

在功能区中用户可以快速访问常用的设置、工具、命令和窗口，如图 6-1-3 所示。

（1）工作区：用于选择预定义的工作区（如“默认”“启动”“动画”“高级”）以及创建和管理自己的工作区。

（2）渲染相关工具：主要包括 CPU 使用量、暂停、性能模式和区域等工具。

（3）移动工具：用于移动被选择的物体，包括翻滚、平移和推移等工具。

（4）相机操作相关工具：主要包括视角、添加相机和重置相机等工具。

图 6-1-3　功能区

2. 主工具列

主工具列一般位于实时窗口下方，也可以被移动到实时窗口的顶部或任意一侧，包含云库、导入、库、项目、动画、KeyShotXR、渲染和截屏等图标，可以快速访问 KeyShot 的主要功能，如图 6-1-4 所示。

图 6-1-4　主工具列

主工具列各图标的功能如下：

（1）导入

单击主工具列中的“导入”图标，弹出“导入文件”对话框，选择目标模型所在的根目录，即可导入相关文件。在导入的过程中 KeyShot 会自动识别模型的向上方向并与之匹配。

1）导入单个模型。“KeyShot 导入”对话框主要包含位置、向上、环境和相机、材质和结构、几何图形五个选项，如图 6-1-5 所示。

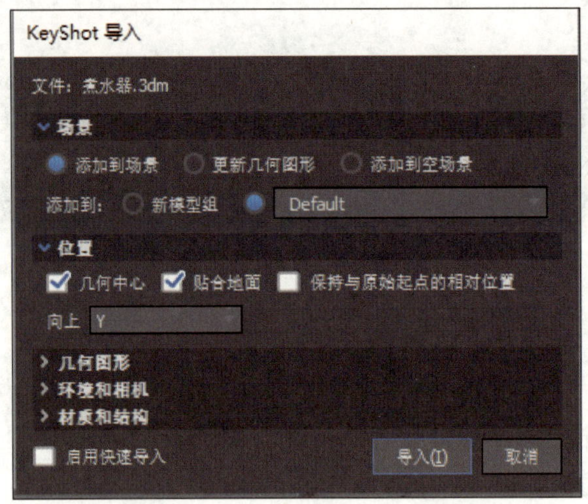

图 6-1-5 “KeyShot 导入”对话框

①位置：主要包括几何中心、贴合地面和保持原始状态三个选项。

几何中心：选中该项，被导入的模型将忽略原坐标信息，因而被放置在场景的中心；不选中该项，被导入的模型将按照原坐标信息被放置在场景中。

贴合地面：选中该项，被导入的模型将忽略原坐标信息，因而被放置在地面上。

保持原始状态：选中该项，则会使被导入的模型保持在三维建模软件中的坐标系状态。

②向上：在不同的三维建模软件中，定义向上方向的坐标轴不是完全一致的，可以选择默认 *Y* 轴向上或其他轴向上。如果导入模型后发现物体的方向不正确，则可以重新导入模型，并选择其他的轴向上。

③环境和相机：主要包括调整相机来查看几何图形、调整环境来适应几何图形和导入相机三个选项。

④材质和结构：主要包括按层分隔材质和通过库分配材质两个选项。

⑤几何图形：选择是否导入 NURBS 数据。

2）导入多个模型。在导入多个模型时，“KeyShot 导入”对话框的设置与导入单个模型时基本相同。

（2）库

单击主工具列中的“库”图标可以访问库，如图 6-1-6 所示。库中预先载入了 KeyShot 储存在默认文件夹中的材质、纹理、环境和背景图等文件，也可显示 KeyShot 渲染后的图片。库的具体储存位置可通过执行“编辑”→“首选项”→“文件夹”命令来查看。

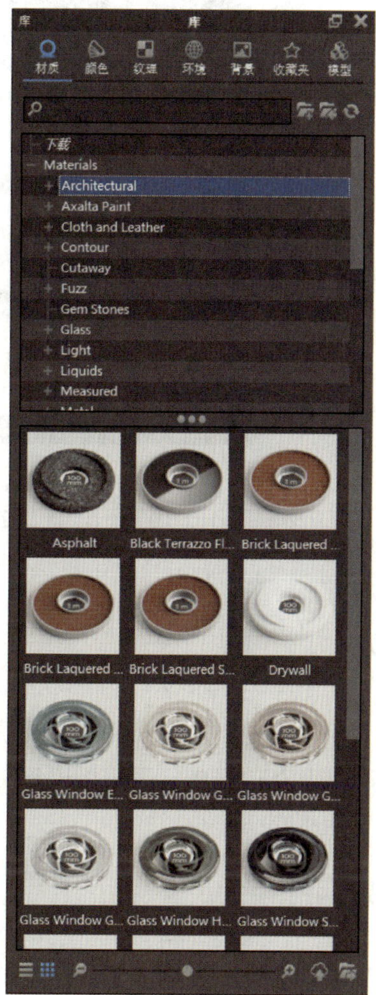

图 6-1-6 库

“库”窗口被分为上、下两部分，上半部分显示库文件的目录结构，下半部分以缩略图的形式显示库文件中的具体内容，用户可以在库中选择要使用的材质或环境等文件，并将其拖动到实时窗口中，以进行材质赋予或环境设置等操作。

库主要包含“材质”“颜色”“纹理”“环境”“背景”和“收藏夹”等选项卡，其主要作用如下：

1）“材质”选项卡显示了系统默认安装的材质，主要包含布与皮革（Cloth and Leather）、宝石（Gem Stones）、玻璃（Glass）、发光体（Light）、液体（Liquids）、金属（Metal）、混杂的（Miscellaneous）、油漆喷涂（Paint）、塑料（Plastic）、丝绒（Soft Touch）、石材（Stone）、半透明（Translucent）和木材（Wood）等类型，涵盖了常用的材质类型，如图 6-1-7 所示。KeyShot 提供了常用的材质类型模板，用户只需对其进行简单的修改就可以调整出复杂的材质。

2）“颜色”选项卡提供了常用的模型材质颜色。

3）“纹理”选项卡提供了常用的模型材质纹理图。

4）“环境”选项卡提供了室内、室外和工作室中常用的照明文件，这些照明文件一般为 HDRI（高动态范围图像）照明文件，也可以作为渲染图像的背景文件。

5）“背景”选项卡提供了室内和室外渲染时常用的背景文件。

6）“收藏夹”选项卡可以让用户将常用的资源组织到集合中，以简化工作流程。

a）

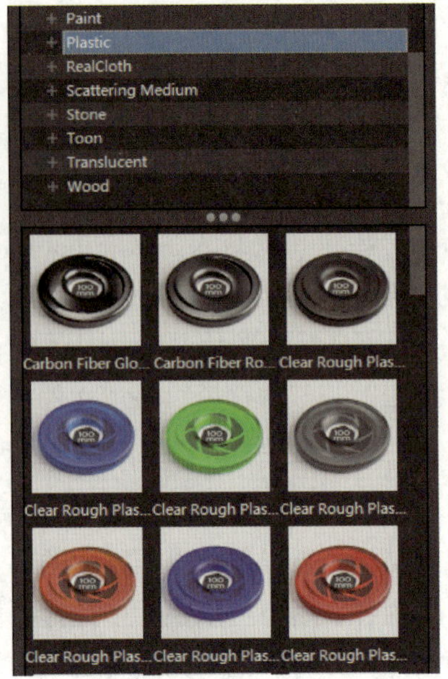

b）

图 6-1-7　常用的油漆喷涂、塑料材质

a）油漆喷涂材质　b）塑料材质

（3）项目

单击主工具列中的“项目”图标或按空格键可以快速访问项目。

项目是当前场景文件、场景中使用的材质和环境文件、相机设置和图像设置的综合体，在项目中，用户可以进行复制或删除三维模型、编辑材质、调整环境照明和调整相机等操作。

项目包含“场景”“材质”“环境”“照明”“相机”和“图像”六个选项卡。

1）“场景”选项卡。“场景”选项卡显示了模型、相机和场景的设置，以及被导入模型的文件名称和图层名称等原始信息。通过单击模型文件名称前的“+”可展开物件的层级，单击“-”可关闭物件的层级。用户可以在“场景设置”中折叠场景树、隐藏组件、显示组件、锁定物体，以及重新组合部件，以实现对物件的管理，如图 6-1-8 所示。

在“场景”选项卡中选择组件后，可以查看组件的材质，对组件进行移动、旋转和缩放等操作，还可以设置沿 X 轴、Y 轴和 Z 轴方向的位置操作，也可以使组件贴合地面、中心或将其重置。

单击“位置”中的“移动工具”，弹出移动轴，则可以平移、旋转或缩放选定的物体。

2）“材质”选项卡。“材质”选项卡显示了当前场景中使用的材质，双击任意材质球和材质的属性，可以对材质进行重命名、保存到材质库、改变材质类型、调整材质参数、调整纹理及标签等操作。

①赋予材质。从库的“材质”选项卡中任选一个材质球，将其拖动到实时窗口中的物体上，物体即会显示赋予材质后的效果。当把库中的材质赋予物体后，在项目的“材质”选项卡（见图 6–1–9）中就会显示一份正在使用的材质。

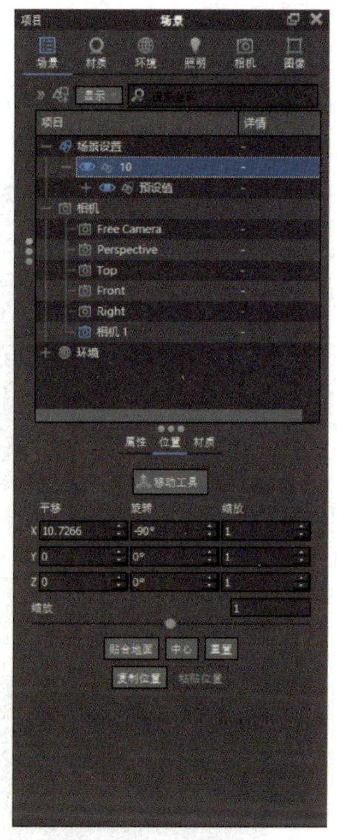

图 6-1-8 “场景”选项卡

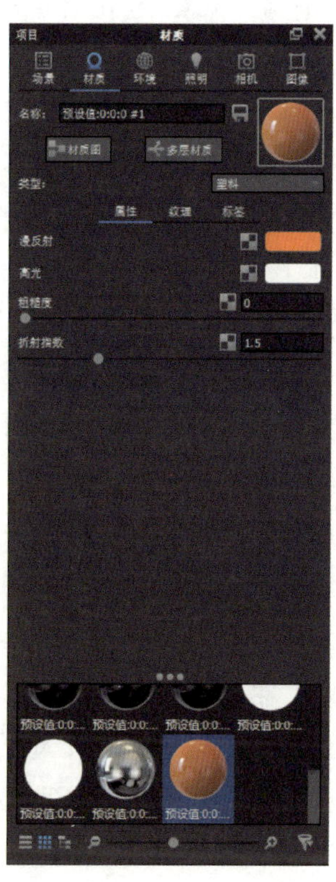

图 6-1-9 “材质”选项卡

②编辑材质。查看材质属性的方法主要有在实时窗口中双击目标物体，以及在“材质”选项卡中双击材质球图标。编辑材质主要通过“材质”选项卡来进行，编辑材质后，实时窗口中的物体会自动更新材质。

③复制与粘贴材质。当从一个物体复制材质并将其粘贴到另一个物体上时，修改材质会同时影响以上两个物体。最常用的复制与粘贴材质的方法是按住 Shift 键并单击实时窗口中已指定材质的物体，即可复制该物体的材质，然后再次按住 Shift 键并右击另一个物体，即可将该材质粘贴给该物体。

④保存材质。保存材质主要有两种方法，一种是右击模型，在弹出的快捷菜单中选择“将材质添加到库”；另一种是单击“材质”选项卡中“名称”输入框右侧的“保存”按钮。

⑤链接材质。在“场景”选项卡的“材质”项中选择两种材质并右击，在弹出的快捷菜单中选择“链接材质”，即可将两个物体的材质更改为同一种，即更改场景树中位于上面的材质。如果场景中有多个物体使用同一种材质，选择其中一个物体后，在弹出的快捷菜单中选择“解除链接材质”，即可解除该物体与其他物体的链接，并自动在材质名称上增加数字序号，此时可对该物体的材质进行单独编辑。

3）“环境”选项卡。KeyShot 环境库主要包含三种类型的环境文件，一种是真实的室内或室外环境照片，比较适合汽车等产品的渲染；一种是 Studio（灯光模式），非常适合产品或工程方面的渲染；还有一种是太阳光及天空。无论采用哪种类型的环境，都会产生真实的渲染效果。

KeyShot 主要通过 HDRI 来为场景提供照明，这类似于在球体上贴图。当相机在球体内部时，其处于一个完全封闭的环境，因而可以产生照片级真实光线。“环境”选项卡主要包含设置（调节、转换、背景、地面）和 HDRI 编辑器两项，如图 6-1-10 所示。

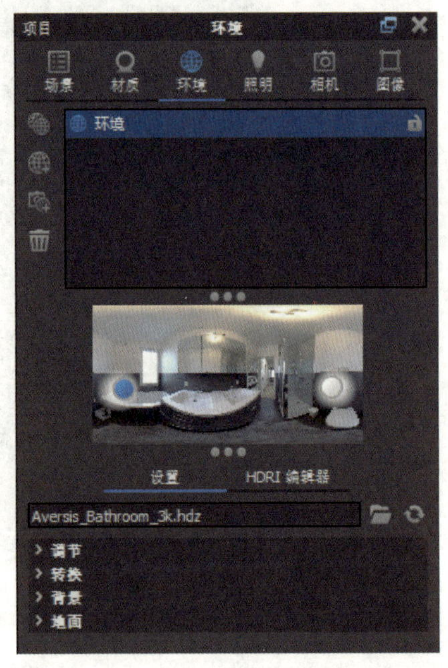

图 6-1-10 “环境”选项卡

在 KeyShot 中，当前使用的环境决定了场景中的照明，在库的“环境”选项卡中选取对应的图像并将其拖动到实时窗口中即可更换环境。

①添加环境。在 KeyShot 环境库或 KeyShot 云库中找到环境预设，可以创建一个新的环境或添加一个环境，在实时窗口中可以实时查看所有显示的内容。

②调节。单击“设置”项中的“调节”，拖动“对比度”滑动条，即可调整对比度，低对比度会产生柔和的阴影，高对比度会产生尖锐的阴影。单击“设置”项中的“转换”，拖动“旋转”滑动条或“大小”滑动条，可以直接调整环境的角度。

对灯光方向和反射方向的调整则需要通过在实时窗口中按住 Ctrl 键和鼠标左键来实现，将鼠标左右拖动可旋转环境，环境的变化值在“设置”项的“转换”中体现。KeyShot 会根据当前的环境角度来确定阴影的方向和产生阴影。

图 6-1-11 “背景”项

③背景。背景主要包括照明环境、颜色和背景图像三个选项，如图 6-1-11 所示。

照明环境：当选择“照明环境”时，在使用

环境文件作为照明的同时，也使用环境文件作为模型的背景图像，此选项适用于简单的场景设置。

颜色：当选择“颜色”时，模型背景将改为设定的颜色，不再显示环境文件。选择“颜色”并不影响照明效果，若场景中有透明的材质，透过透明的材质可以看见背景色。

背景图像：背景图像指放置在三维模型后作为背景的图像，用于进行场景合成。当选择“背景图像”时，照明效果不受影响，若场景中有透明物体，透过透明物体可以看见背景。选择“背景图像”，在弹出的“打开背景”对话框中选择合适的背景图片，即可设置背景图像，在背景图片保存的目录中可以查看“首选项”中关于背景图片的目录设置。

若要更改背景图片，可以单击背景图片文件名称后的“打开背景”图标，重新打开“打开背景”对话框。

将在库的“背景”选项卡中选定的背景文件直接拖动到实时窗口中，可以快速设置背景图片，此方法较为常用。

④地面。地面主要用于设置是否在地面上产生阴影、反射及阴影的颜色。地面大小的设置将影响阴影质量、是否产生阴影，以及是否反射。可通过“设置”项中的“地面”来调整地面的大小。在保证不剪切掉阴影的前提下，地面值的设置应尽可能小，若地面大小与物体大小基本相同，将产生粗糙的阴影效果。“地面”项如图 6–1–12 所示。

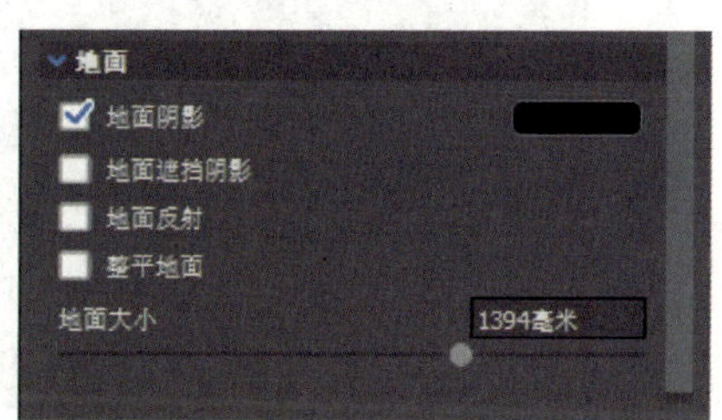

图 6–1–12 “地面”项

地面阴影：选中该项，地面上将产生阴影。

地面遮挡阴影：选中该项，将用遮挡阴影代替阴影。

地面反射：选中该项，物体在地面上将产生倒影，地面具有一定的反射性。

整平地面：选中该项，如果场景中的背景可见照明环境，则将其位于地平面以下的环境部分投影到地平面上。

地面大小：允许设置虚拟地面的大小，仅影响地面阴影。

4）“照明”选项卡。“照明”选项卡用于选择照明设置情况，主要包含照明预设值、环境照明、通用照明和渲染技术四项，如图 6–1–13 所示。在照明预设值中可以选择性能模式、基本、产品、室内或珠宝，也可以自定义模式，添加自定义照明配置文件。在环境照明中可以设置阴影质量、地面间接照明及细化阴影。在通用照明中可以设置射线反弹、全局照明及焦散线。在渲染技术中可以选择产品模式或室内模式。

5）“相机”选项卡。KeyShot 相机与实际相机的功能基本相同。“相机”选项卡主要包括相机命名、位置和方向、镜头设置、立体环绕和景深等项，如图 6–1–14 所示。

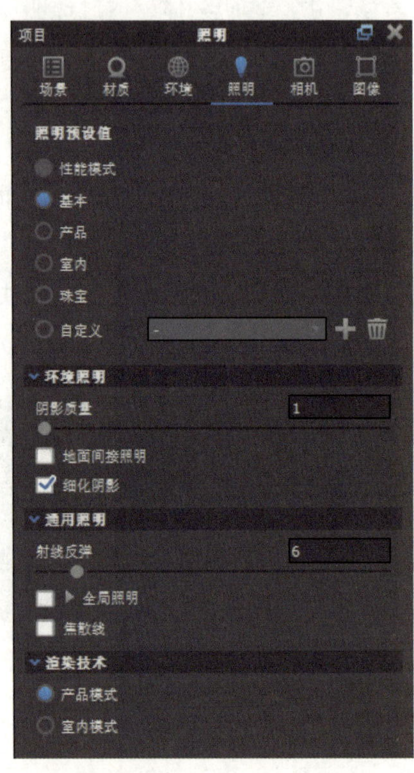

图 6–1–13 “照明”选项卡

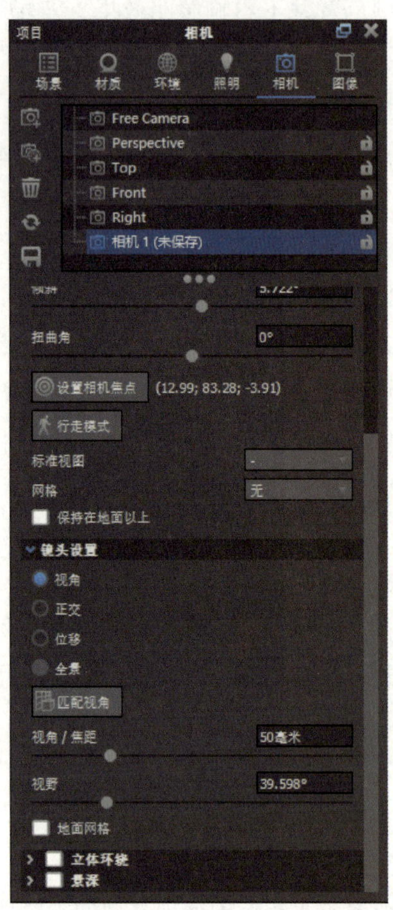

图 6–1–14 “相机”选项卡

在“相机”选项卡中可以切换不同的相机，在相机列表中默认的活动相机会显示为淡蓝色底纹形式，在相机列表中选择非活动相机后，在弹出的快捷菜单中选择“设置成活动相机”，即可在不同相机之间进行切换。激活目标相机后，实时窗口会自动根据相机的设置发生变化。

①位置和方向。相机的定位包含球形和绝对两种方式，球形定位方式包含扭曲角、设置相机焦点和标准视图等设置。

扭曲角：让相机绕注视点旋转，当按住鼠标左键并将其在实时窗口中向上或向下拖动时，此数值会相应变化。

设置相机焦点：此选项可以随时将模型设置为查看点，相机将绕该点进行旋转。

使用 Ctrl+Alt+ 鼠标右键选择物体，或者选择模型中的一个组件后，在弹出的快捷菜单中选择“查看”，即可快速将物体或组件设置为查看点。

标准视图：在其下拉列表中可以直接设置相机方向为前、后、左、右、顶部或底部。

②镜头设置。镜头设置主要包括视角、正交、位移、全景、视角 / 焦距、视野和地面网格等项。

视角：选中该项，可以根据视角 / 焦距滑动条的设置在实时窗口中产生准确的透视效果。

正交：选中该项，可将实时窗口中的透视效果删除，切换为正交模式。

视角 / 焦距：模拟实际相机的焦距效果，焦距值小可模仿广角镜头，焦距值大可模仿放大镜。使用较大的焦距值，相机仍位于原位置，可产生与物体拉近的效果。虽然增加焦距可产生放大效果，但透视效果会减弱，而在推拉相机时，透视效果会保持不变。

视野：用于设置相机的视野，即在正对方向上相机能看到的角度范围，广角镜头的视野可以达到 180°，放大镜的视野可以达到 20°。视角、焦距和视野具有一定的关联性，调节其中任意一个，其他两个的数值都会发生相应的变化。

地面网格：选中该项，将在实时窗口中显示网格。

③立体环绕。“立体环绕”项用于设置垂直并列或水平并列模式。

④景深。“景深”项用于设置类似于摄影中景深的效果。当人的眼睛注视一个区域时，此区域内的图像比较清晰，而此区域外的图像存在一定程度的模糊效果，即为景深。

选中“景深”项后，单击“选择‘聚焦点’”按钮，在实时窗口中选择一个物体作为焦点，或者使用滑动条调整对焦距离，然后再设置光圈大小，小的光圈值将产生较大的模糊效果。

6）“图像”选项卡。“图像”选项卡显示了当前渲染输出的设置情况，主要包含分辨率、图像样式和调节等项，如图 6-1-15 所示。

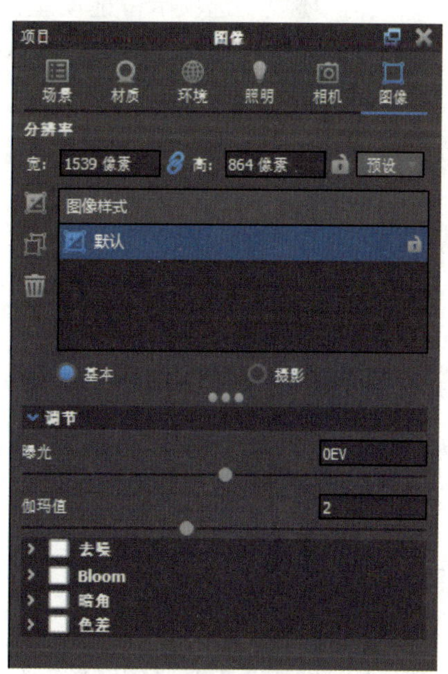

图 6-1-15　“图像”选项卡

分辨率：可以设置实时分辨率的大小，改变分辨率将自动更新实时窗口的大小，一般会选择锁定幅面，以保持实时窗口合适的长宽比。

图像样式：可以向场景中添加非破坏性图像

并进行调整，还可以立即查看调整后的效果，包含在实时窗口或渲染输出窗口中应用和查看色调、曲线、颜色和图像效果的设置，主要包括基本和摄影两种图像样式。

调节：此部分设置一般不需要修改，保持默认值即可，若调整过大可能造成图像失真的后果。

3．实时窗口

实时窗口为 3D 模型文件的显示窗口，在实时窗口中用户可对模型进行移动、材质赋予和相机调整等操作。

二、渲染工作流程

KeyShot 的渲染工作流程比较简单，一般流程如下。

1．Rhino 模型格式转换

KeyShot 支持 STEP 和 IGES 等文件格式的转换。

2．导入三维模型

执行“文件”→“导入”命令，导入三维模型。

3．指定材质

从材质库中选择材质，并将其拖动到实时窗口的模型中，将材质指定给目标物体并进行调整。

4．选择环境

在“环境”选项卡中拖动室内、室外或工作室的照明环境文件到场景中，即可看到光线的变化以及受其影响的物体颜色、材料和表面效果。

5．调整相机角度

实时调整相机角度，以满足产品表现的需要。可以通过拖动鼠标或在“相机”选项卡中对相机进行旋转、放大或缩小，以及左右倾斜等操作，来实现对相机角度的调整。

6．保存快照或渲染场景

使用默认设置或调整输出选项，使图像呈现渲染效果。

三、KeyShot 支持的文件格式

KeyShot 目前支持 SketchUp、SolidWorks、SolidEdge、Pro/Engineer、Creo、Rhino、Maya 和 3ds Max 等软件的文件格式。

四、渲染输出

在 KeyShot 中完成环境及材质的设置后，需要根据被渲染物体的性质设置合适的参数，输出静态图像或动画。若参数值设置得过高，会增加渲染时间，却不一定能得到

好的效果，因此，理解渲染设置、掌握如何节省渲染时间非常重要。

单击主工具列中的“渲染”图标，如图 6–1–16 所示，弹出“渲染”对话框，如图 6–1–17 所示。渲染输出包含静态图像、动画、KeyShotXR 和配置程序四种类型。

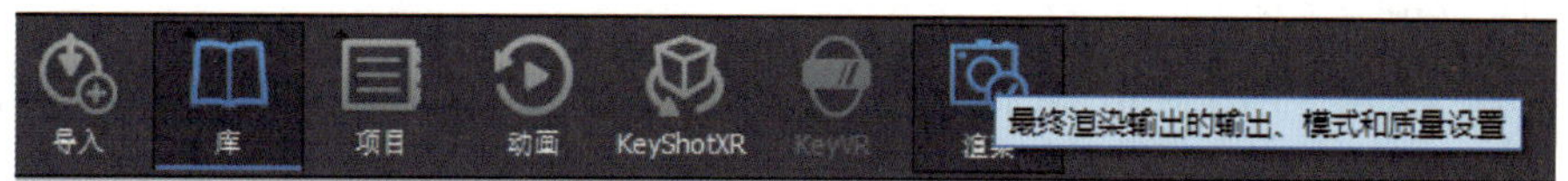

图 6-1-16 单击主工具列中的“渲染”图标

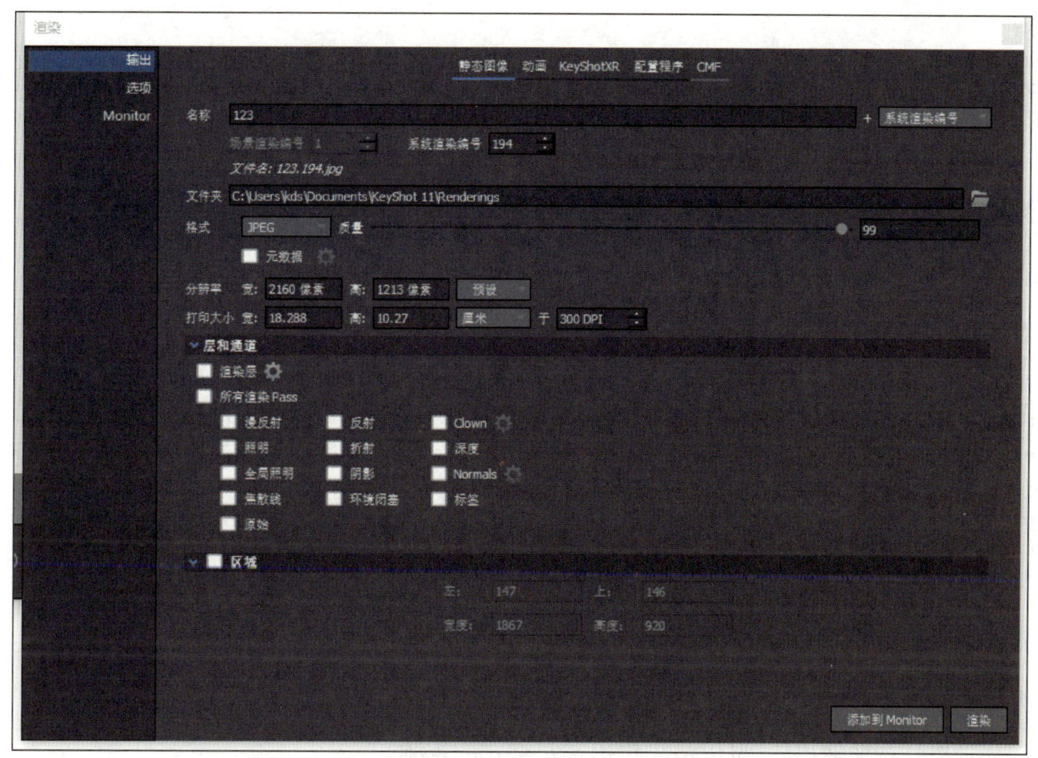

图 6-1-17 “渲染”对话框

1. 静态图像输出

（1）“输出”选项卡

在“输出”选项卡的“静态图像”界面中可以设置输出静态图片的名称、文件夹、文件格式等，在“格式”下拉列表中可以选择“jpeg”“tiff”“exr”或“png”格式，除选择格式外，还可以选择是否“包含 alpha（透明度）”。

分辨率的设置非常重要，可以直接在对应的分辨率编辑框中输入数字或在预设值中选择合适的分辨率大小。

打印大小是根据打印时的分辨率（默认为 300 dpi）自动计算出来的渲染图像的打

印尺寸，建议将其单位由英寸改为厘米。

勾选“区域”复选框，可在渲染过程中仅选择模型局部进行渲染。当场景中仅有部分物体发生变化时，使用区域渲染可以节省时间。

（2）“选项”选项卡

“选项”选项卡用于在渲染时设置最大采样、最长时间和自定义控制项，以得到不同的质量和效果。

最大采样：用于设置渲染过程中使用的最大采样数，数值越大，渲染耗费的时间越长。

最长时间：选中该项，可以设置渲染消耗的最长时间，超过最长时间后软件将自动结束渲染。

自定义控制项：包含采样、全局照明质量、光线折射次数、像素过滤器大小、抗锯齿、DOF 质量、阴影品质及阴影锐化、锐化纹理过滤等设置。

（3）“Monitor”选项卡

“Monitor”选项卡用于对一系列图片进行渲染，即按照队列的次序完成渲染[①]。

使用“截屏”功能可以快速获得静态图像。按 P 键或单击主工具列中的“截屏”图标，可以对实时窗口进行截屏操作。截屏后得到的文件将被保存到“首选项”的“文件夹”选项卡的“渲染”文件夹中，通过“首选项”中的“常规”选项卡可以设置截屏时图片的格式、质量，以及各个截屏的保存位置和是否每一个截屏保存一个相机。

2. 动画输出

若场景中设置了动画，在“输出”选项卡的“动画”界面中可以设置渲染分辨率大小、渲染动画的时间范围、视频输出的名称和格式，以及文件的保存位置等。

选择“视频输出”，可以渲染输出选定格式的视频。

选择“帧输出”，可以渲染输出一系列的图片。

操作演示

一、Rhino 模型格式转换

渲染一般是直接对实体化模型进行操作，而 Rhino 建模是先通过绘制曲线来生成

① 在不同的软件版本中，此选项卡的名称有所不同，其作用都是设置渲染队列。

曲面，再将其实体化得到的造型，因此在渲染前要先删除多余曲线和曲面。

在 Rhino 中打开投影仪模型，如图 6-1-18 所示，在“选取”工具列中单击“选取曲线”按钮后删除模型中残留的曲线，在“选取”工具列中单击“选取曲面”按钮后删除模型中残留的曲面，如图 6-1-19 所示。

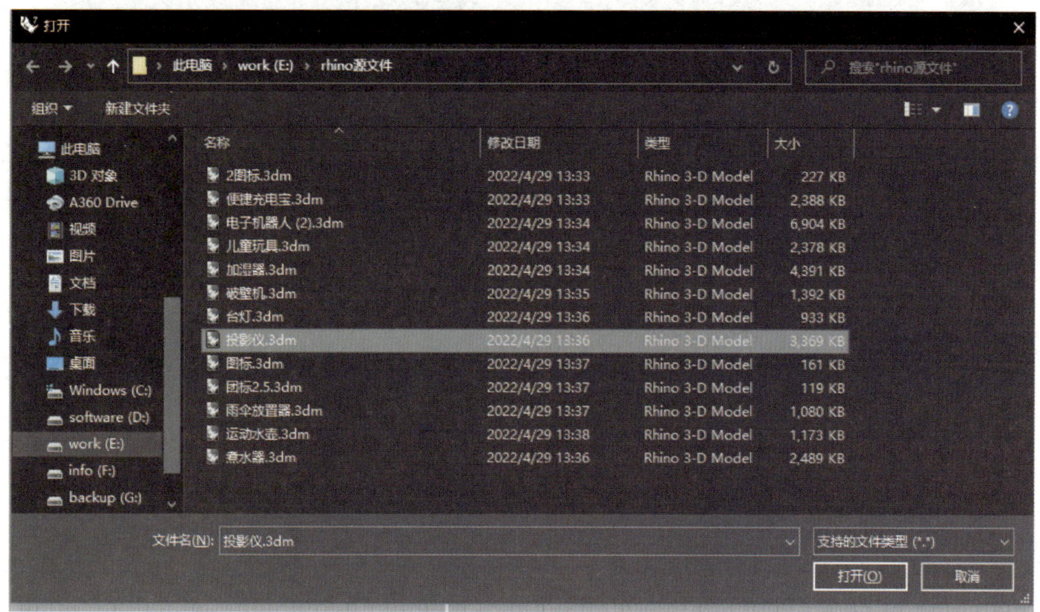

图 6-1-18　在 Rhino 中打开投影仪模型

在删除了所有多余曲线和曲面后可得到实体化投影仪模型，如图 6-1-20 所示。执行“文件”→“另存为”命令，在弹出的“储存”对话框中选择保存类型为“*.step”，如图 6-1-21 所示，单击“保存”按钮，弹出“STP 导出选项”对话框，保持默认设置，并单击“确定”按钮，如图 6-1-22 所示。

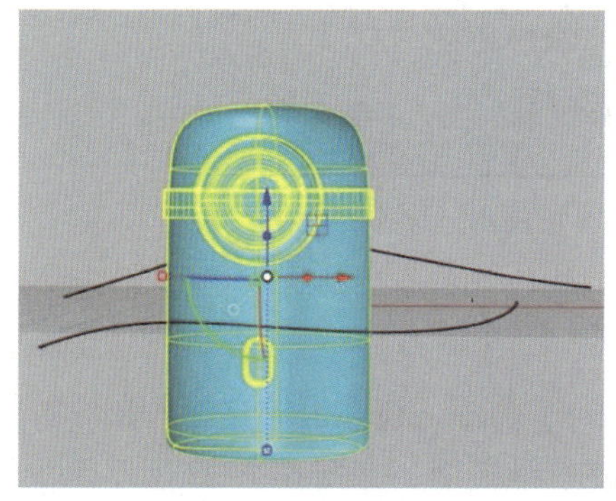

图 6-1-19　删除多余曲线和曲面

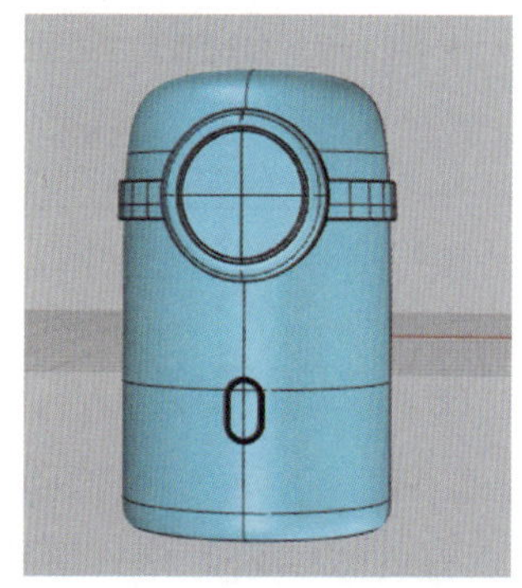

图 6-1-20　投影仪模型

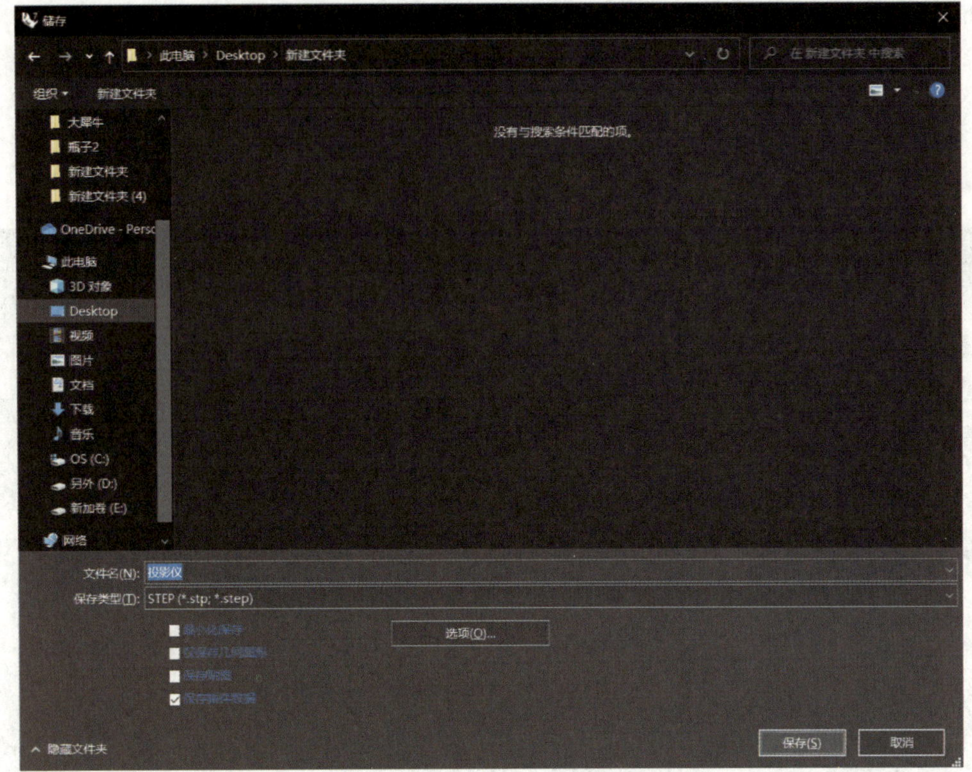

图 6-1-21 “储存”对话框

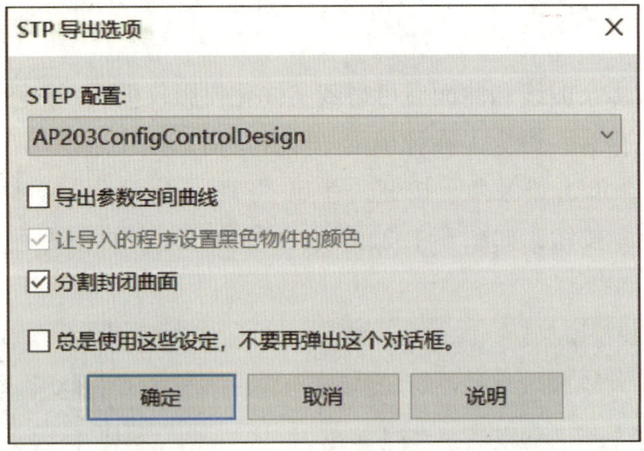

图 6-1-22 “STP 导出选项”对话框

二、导入三维模型

启动 KeyShot 后，单击主工具列的“导入”图标，在弹出的“导入文件”对话框中找到刚才存好的“*.step”格式模型后导入该三维模型，如图 6-1-23 所示。

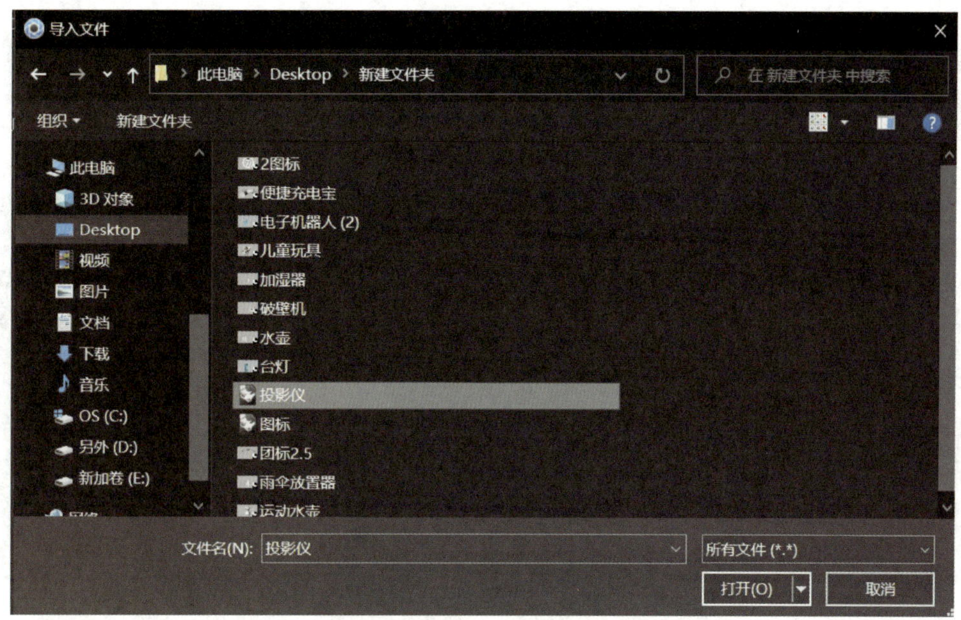

图 6-1-23　“导入文件”对话框

在模型上弹出的对话框中选中“贴合地面”，让导入的模型忽略原坐标信息，从而被放置在地面上，如图 6-1-24 所示。

图 6-1-24　贴合地面

三、指定材质

单击主工具列中的“库”图标，在“材质”选项卡中任选一个材质球，并将其拖动到实时窗口中的投影仪模型上，投影仪模型即会显示赋予材质后的效果，如图 6-1-25 所示。这时单击主工具列中的“项目”图标，在“场景”选项卡中可看到以材质球的方式显示的场景中所有物体的材质。

图 6-1-25　赋予材质

四、选择环境

单击主工具列中的“库”图标，在“环境”选项卡中选择“3 Panels Tilted 4K”照明环境到场景中，可立即看到投影仪模型表面光线的变化以及物体带颜色的外观、材料和表面效果，如图 6-1-26 所示。

图 6-1-26　选择环境

五、编辑材质

单击主工具列中的“库”图标，在“材质”选项卡中选择“Paint”材质的塑料喷涂类型下的一个橙色的材质球，并将其拖动到实时窗口中的模型上，替换掉刚才的玻璃材质，如图 6–1–27 所示；然后单击工具列中的“项目”图标，在“材质”选项卡中的“属性”项右侧单击色彩块，弹出“色彩”对话框，选择贴合素材的颜色即可，如图 6–1–28 所示。编辑材质后，在实时窗口中会自动更新材质。

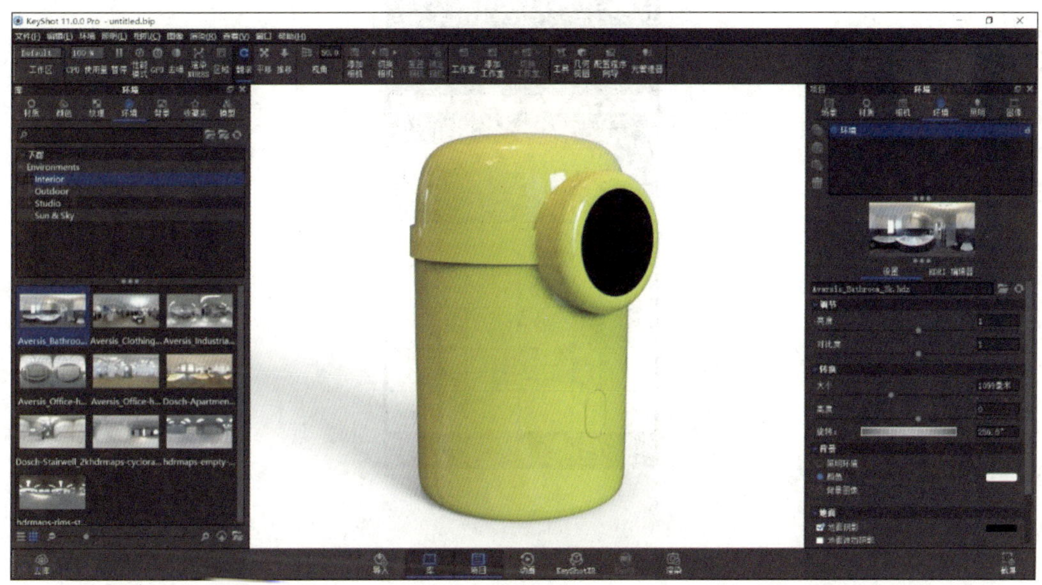

图 6–1–27　赋予喷涂材质

六、调整相机角度

单击主工具列中的“项目”图标，在“相机”选项卡中实时拖动相机的“位置和方向”滑动条，以满足产品表现的需要。也可通过拖动鼠标左键进行相机的旋转、左右倾斜等操作，可以按住鼠标中键进行相机距离的远近调整。

七、保存快照或渲染场景

1. 静态图像输出

单击主工具列中的“渲染”图标，在弹出的“渲染选项”窗口中选择“静态图像”输出，设置输出静态图片的文件“名称”为默认，设置“文件夹”时建议单击最右侧图标来选择自己需要的路径，文件“格式”设置为“JPEG”，“分辨率”设置为“800”和“600”，其余默认，单击“渲染”按钮，即可进行单张图片的渲染，静态图像输出如图 6–1–29 所示。

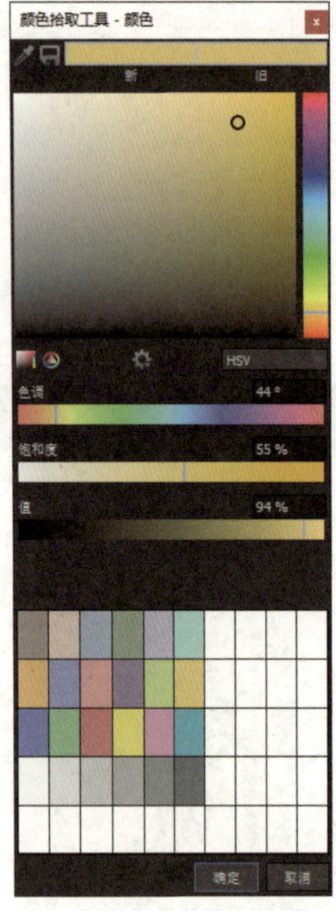

图 6-1-28 “色彩”对话框

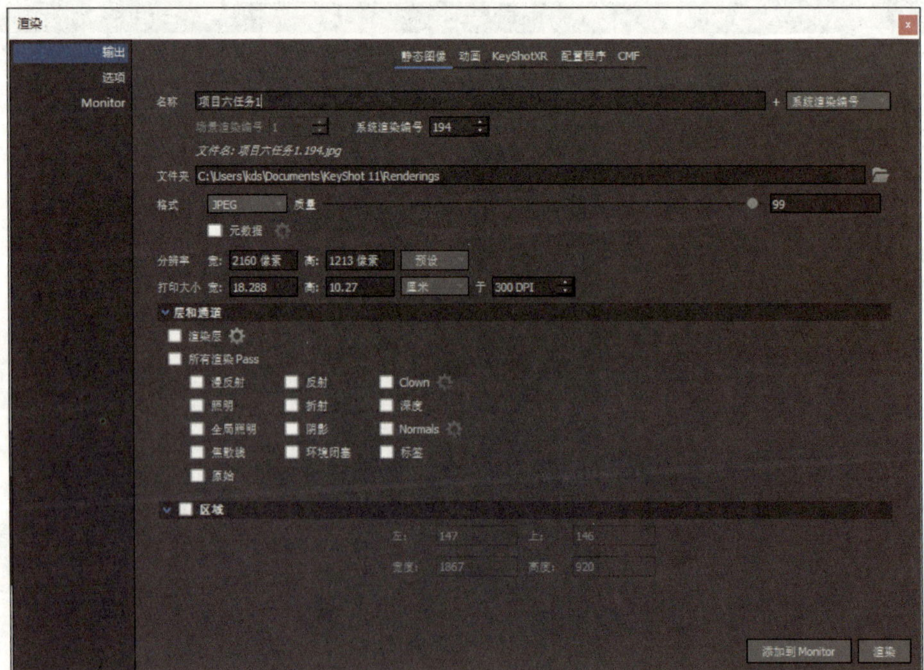

图 6-1-29 静态图像输出

2. 渲染队列

为了节约渲染时间，也可以用渲染队列来对一系列相机角度进行渲染，按照队列的次序完成渲染。在调好了材质、环境、相机以及渲染输出的参数后，打开“Monitor”选项卡中的“添加任务”，就可以新增一张静态图像输出。如果需要其他角度的渲染照片，只需重复以上操作，然后单击添加任务即可，如图 6-1-30 所示。

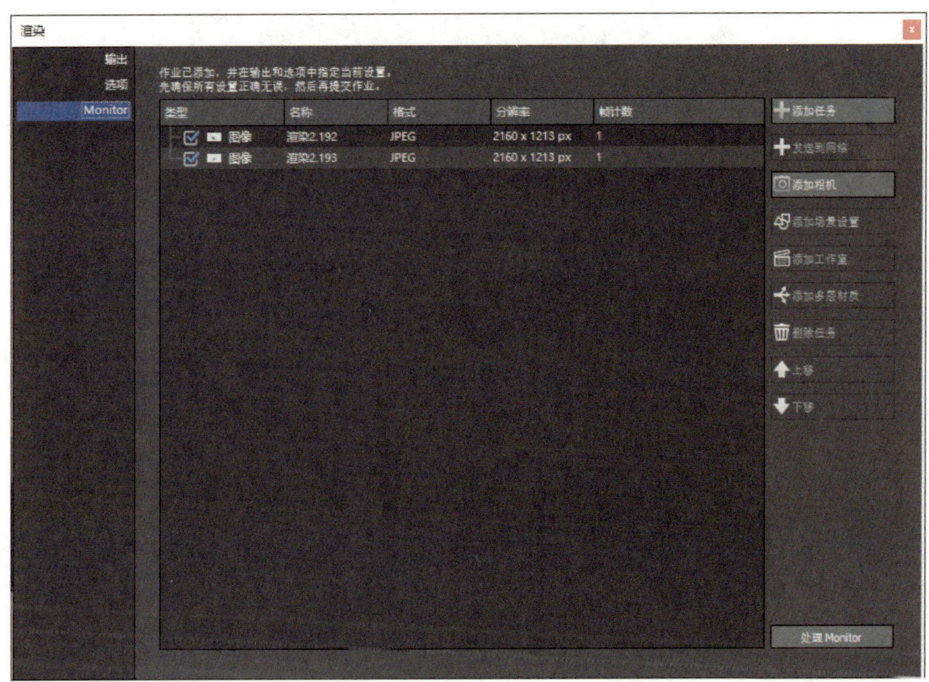

图 6-1-30 渲染队列

本任务的最终渲染效果图如图 6-1-31 所示。

图 6-1-31 最终渲染效果图

完成图 6-1-32 所示运动水壶造型的渲染。

图 6-1-32　运动水壶造型

任务 2　煮水器造型渲染

1. 掌握 KeyShot 的模型导入方法。
2. 掌握 KeyShot 的模型操作方法。
3. 掌握 KeyShot 的模型渲染输出方法。

本任务通过完成图 6–2–1 所示的煮水器造型的渲染，掌握 KeyShot 软件中材质赋予、环境选择、相机设置和渲染输出的基本操作方法。

图 6–2–1　煮水器

操作演示

一、Rhino 模型格式转换

在 Rhino 中打开煮水器模型，在“选取”工具列中单击“选取曲线”按钮后删除模型中残留的曲线，在“选取”工具列中单击“选取曲面”按钮后删除模型中残留的曲面。

在删除了所有多余曲线和曲面后可得到实体化煮水器模型。执行“文件”→“另存为”命令，在弹出的“储存”对话框中选择保存类型为“*.step”，单击“保存”按钮，弹出“STP 导出选项”对话框，保持默认设置，并单击“确定”按钮，如图 6–2–2 所示。

二、导入三维模型

启动 KeyShot 后，单击主工具列的“导入”图标，在弹出的“导入文件”对话框中找到刚才存好的“*.step”格式模型后导入该三维模型，如图 6–2–3 所示。

STP 导出选项

STEP 配置:

AP203ConfigControlDesign

导出参数空间曲线

让导入的程序设置黑色物件的颜色

分割封闭曲面

总是使用这些设定，不要再弹出这个对话框。

确定 取消 说明

图 6-2-2 “STP 导出选项”对话框

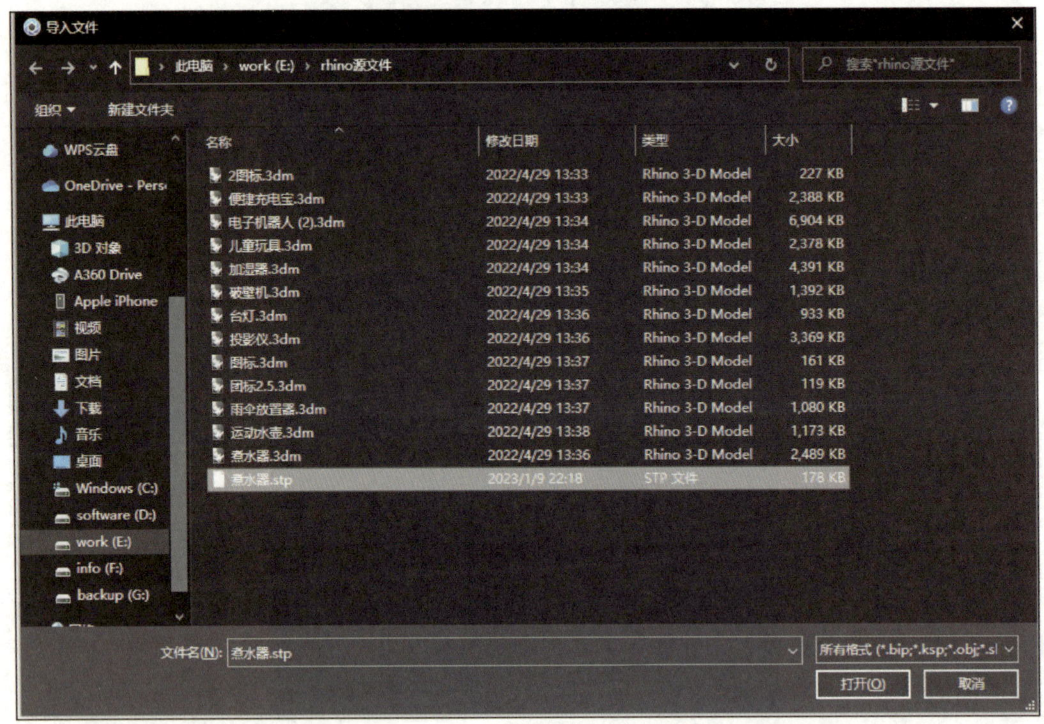

图 6-2-3 “导入文件”对话框

在模型上弹出的对话框中选中“贴合地面”，让导入的模型忽略原坐标信息，从而被放置在地面上，如图 6-2-4 所示。因为实时窗口中的模型是低像素的快速呈现形式，所以画面上会有不少噪点。

三、选择环境

单击主工具列中的“库”图标，在“环境”选项卡中选择“2 Panels Tilted 4K”照明环境到场景中，可立即看到煮水器模型表面光线的变化以及物体带颜色的外观、材料和表面效果，如图 6–2–5 所示。

图 6-2-4　贴合地面

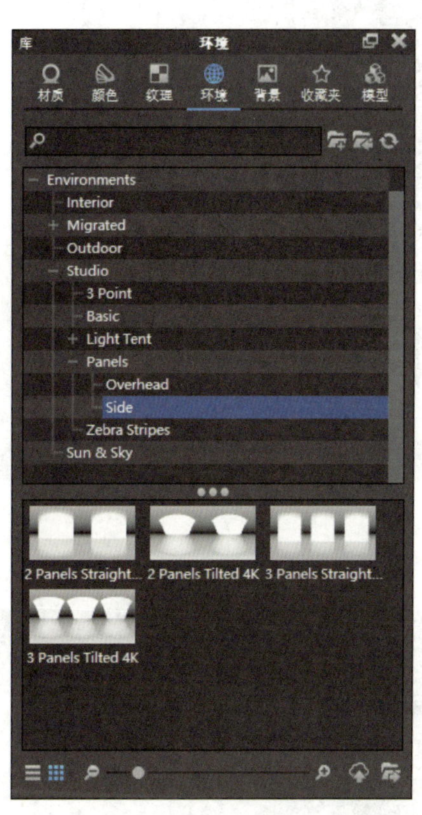

图 6-2-5　选择环境

四、指定材质

1. 赋予材质

单击主工具列中的“库”图标，在“材质”选项卡的“Paint”材质的塑料喷涂类型中选择一个金色的材质球，并将其拖动到实时窗口中的煮水器模型上，煮水器模型即会显示赋予材质后的效果，如图 6–2–6 所示，此时，实时窗口中的多个物体都使用了同一个材质。

2. 指定材质

（1）解除链接材质

在选择一个物体后，单击鼠标右键弹出快捷菜单，在其中选择“解除链接材质”即可解除该物体与其他物体之间的链接。将煮水器主体、手柄和按键依次按上述步骤解除链接材质，如图 6–2–7 所示。

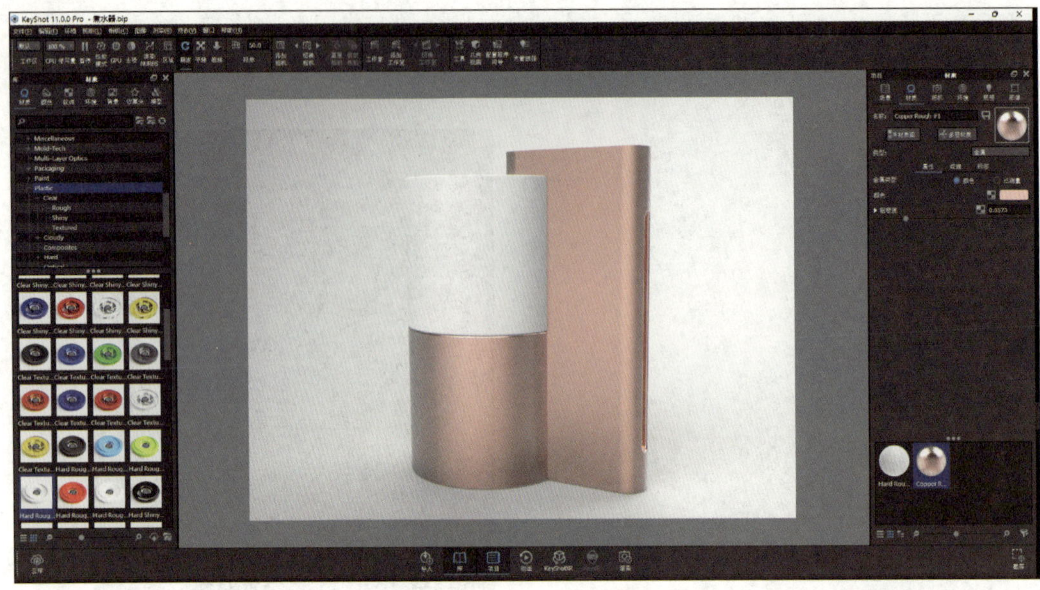

图 6-2-6 赋予材质

图 6-2-7 解除链接材质

（2）编辑材质

单击主工具列中的“项目”图标，在“材质”选项卡中的“属性”项右侧单击色彩块，弹出“色彩”对话框，选择贴合素材的颜色即可，如图 6-2-8 所示。编辑材质后，在实时窗口中会自动更新材质。

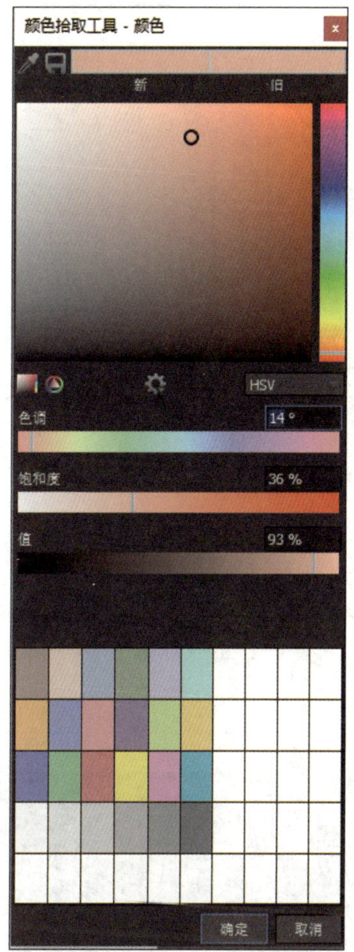

图 6-2-8 “色彩”对话框

五、调整相机角度

单击主工具列中的“项目”图标，在“相机”选项卡中实时拖动相机的“位置和方向”滑动条，以满足产品表现的需要，如图 6-2-9 所示。也可通过拖动鼠标左键进行相机的旋转、左右倾斜等操作，可以按住鼠标中键进行相机距离的远近调整。

六、保存快照或渲染场景

单击主工具列中的“渲染”图标，在弹出的“渲染选项”窗口中选择“静态图像”输出，设置输出静态图片的文件“名称”为默认，设置“文件夹”时建议单击最右侧图标来选择自己需要的路径，文件“格式”设置为“JPEG”，“分辨率”设置为“800”和“600”，其余默认，单击“渲染”按钮，即可进行单张图片的渲染，静态图像输出如图 6-2-10 所示。

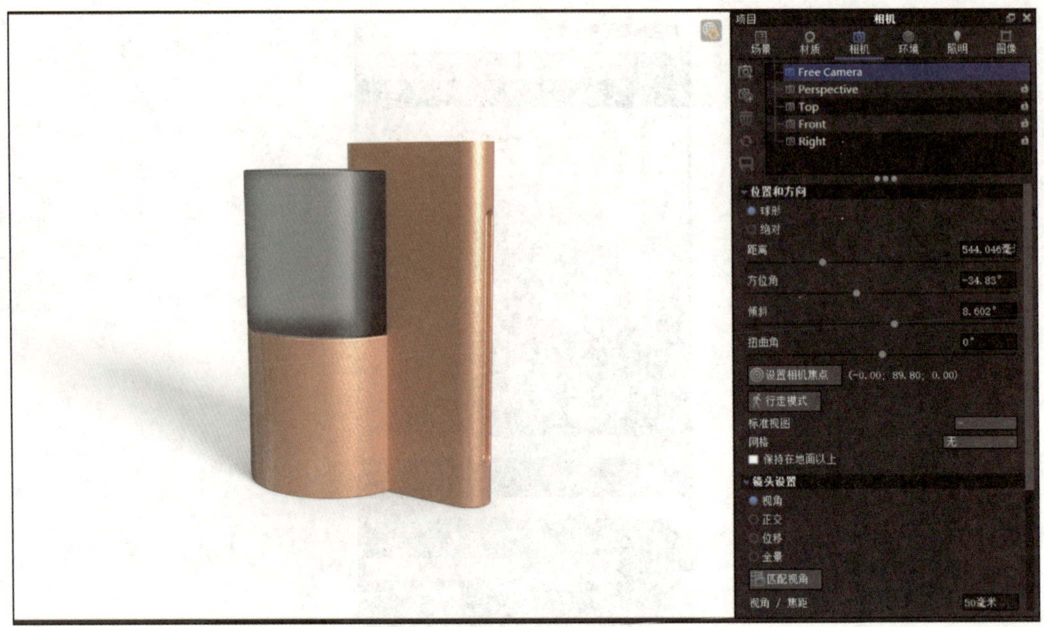

图 6-2-9 “相机”对话框

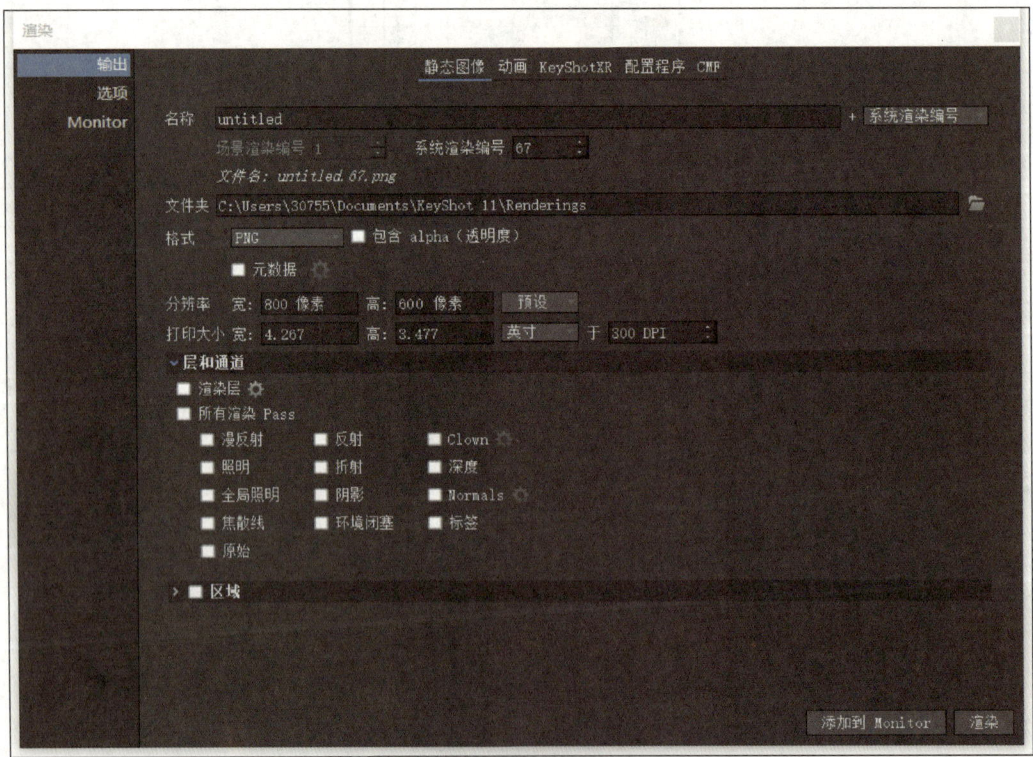

图 6-2-10 静态图像输出

完成图 6-2-11 所示智能音箱造型的渲染。

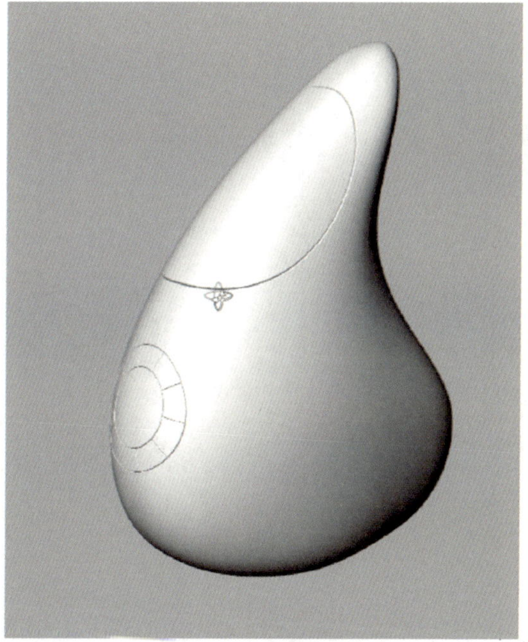

图 6-2-11 智能音箱造型